ALLGEMEINE NATURGESCHICHTE

(1839)

- Botanik -

VON

**PROFESSOR OKEN**

NACHDRUCK DER ORIGINALAUSGABE VON 1839
(HOFF'MANNSCHE VERLAGS-BUCHHANDLUNG,
STUTTGART)

ISBN: 978-3-86741-168-4
©EUROPÄISCHER HOCHSCHULVERLAG GMBH & CO
KG (WWW.EH-VERLAG.DE)

REIHE: HISTORICAL SCIENCE, BAND 7

# Allgemeine Naturgeschichte

für

alle Stände.

von

Professor Oken.

---

Zweyter Band

oder

Botanik erster Band.

---

Stuttgart,
Hoffmann'sche Verlags-Buchhandlung.
1839.

# Uebersicht
## der
# Botanik.
(Band I.)

## Allgemeine Pflanzenkunde.

|  | Seite |  | Seite |
|---|---|---|---|
| **Begriff der Pflanze.** | 3 | b. Stengel | 25 |
| I. Anatomie der Pflanze | 12 | Knospe | 29 |
| 1. Gewebe | 12 | c. Blätter | 32 |
| a. Zellen | 13 |  |  |
| b. Adern | 15 | B. Strauß | 38 |
| c. Spiralgefäße | 17 | 1. Blüthe | 46 |
| 2. Anatomische Systeme | 19 | a. Bluft | 47 |
| a. Rinde | 20 | 1. Kelch | 47 |
| b. Baft | 21 | 2. Blume | 60 |
| c. Holz | 22 | Farben | 61 |
| 3. Organe | 23 | b. Gröps | 71 |
| A. Pflanzenftock | 23 | c. Samen | 79 |
| a. Wurzel | 24 | 2. Frucht | 89 |
|  |  | Literatur | 94 |

|  | Seite |
|---|---|
| II. Pflanzen-Chemie | 97 |
| 1. Pflanzenstoffe | 97 |
| A. Unorganische | 99 |
| a. Urstoffe | 101 |
| b. Elemente | 101 |
| 1. Feuer ob. Aether | 101 |
| 2. Luft | 101 |
| 3. Wasser | 102 |
| 4. Erde | 103 |
| c. Mineralien | 103 |
| B. Organische Pflanzenstoffe | 111 |
| 1. Einfache | 112 |
| a. Organische Elemente | |
| 1. Aetherartige | 112 |
| 2. Luftartige | 112 |
| 3. Wasserartige | 115 |
| b. Organische Mineralien | 118 |
| 4. Erdartige Pflanzenstoffe | 118 |
| 5. Salzartige | 120 |
| 6. Brenzartige | 127 |
| 7. Erzartige | 128 |
| 2. Zusammengesetzte | 130 |
| 1. Nahrungssäfte | 130 |
| 2. Absonderungssäfte | 131 |
| Pflanzengerüche | 135 |
| Pflanzengeschmäcke | 138 |
| 3. Chemische Processe | 139 |
| Gährung, Fäulniß | 139 |
| III. Pflanzen-Physik | 144 |
| A. Einwirkung der Elemente | 145 |

|  | Seite |
|---|---|
| a. Aether | 145 |
| 1. Schwere, Richtung | 145 |
| 2. Licht | 151 |
| Pflanzenschlaf | 157 |
| 3. Wärme | 163 |
| b. Luft | 169 |
| c. Wasser | 170 |
| d. Erde | 172 |
| B. Einwirkung der Mineralien | 172 |
| IV. Pflanzen-Physiologie | 175 |
| A. Wachsthum | 177 |
| a. Allgemeine Verrichtungen | 177 |
| b. Besondere | 183 |
| 1. Verdauung oder Einsaugung | 183 |
| 2. Athmung und Ausdünstung | 190 |
| 3. Saftlauf oder Ernährung | 200 |
| Absteigen des Saftes | 205 |
| 4. Erscheinungen | 211 |
| a. Absonderungen | 212 |
| b. Vergrößerung | 216 |
| c. Theilung | 219 |
| d. Vermehrung | 221 |
| e. Reproduction | 226 |
| B. Fortpflanzung | 227 |
| Bestäubung | 235 |
| Reifung | 239 |
| Keimen | 247 |

| | Seite | | Seite |
|---|---|---|---|
| Gattung | . . . 253 | Blattfall | . . . 257 |
| Dauer der Gewächse | . 256 | Literatur | . . . . 259 |

## Besondere Pflanzenkunde,
S. 285.

| | Seite | | Seite |
|---|---|---|---|
| **Pflanzensystem:** zuletzt. | | Knollen | . . . . 323 |
| **I. Verhältniß der Pflanzen zu den Elementen.** | | Früchte | . . . . 324 |
| | | Getränk | . . . . 326 |
| **Pflanzen-Geographie** | 288 | Faserpflanzen | . . . 326 |
| A. Verhältniß der Pflanzen zur Sonne. | | **Angewandte Botanik.** | |
| | | **I. Oeconomische Botanik** | . . . . 329 |
| Verbreitung | . . . . 289 | A. Nahrungspflanzen | . . 330 |
| B. Verhältniß zum Planeten: | | 1. Obst | . . . . 330 |
| Standort | . . . . . 300 | In America | . . . 331 |
| a. Einfluß der Luft: Höhe | . . . 300 | In Indien | . . . 339 |
| | | 2. Gemüse | . . . 340 |
| b. Einfluß des Wassers | . . . 307 | 3. Mehlpflanzen | . . 343 |
| | | 4. Gewürzpflanzen | . 346 |
| c. Einfluß der Erden | 309 | 5. Getränkpflanzen | . 350 |
| **II. Verhältniß der Pflanzen untereinander.** | | B. Futterpflanzen | . . . 353 |
| | | C. Forstpflanzen | . . . 355 |
| **Pflanzen-Physiognomie** | . . . . 310 | Hölzer in America | . . 358 |
| | | Hölzer in Indien, Australien und Südafrika | . 360 |
| Geselligkeit | . . . 311 | D. Unkräuter | . . . . 361 |
| Heiße Zone | . . . . 315 | E. Giftpflanzen | . . . 362 |
| Zone der Wendkreise | . 316 | F. Zierpflanzen | . . . 362 |
| Gemäßigte Zonen | . . 318 | Blumen in America | . 364 |
| Kalte Zonen | . . . 319 | Blumen in Südafrika | 365 |
| **III. Verhältniß zum Thierreich** | 320 | Blumen in Indien | . 366 |
| | | **II. Technische Pflanzen** | . . . . 366 |
| Culturpflanzen | . . 320 | | |
| Getraide | . . . . 321 | A. Geräthpflanzen | . . 367 |

|   | Seite |   | Seite |
|---|---|---|---|
| B. Faserpflanzen | 368 | V. Historische Pflanz. | 374 |
| C. Färberpflanzen | 371 | A. Mythologische | 374 |
| D. Gerberpflanzen | 373 | B. Symbolische | 377 |
| III. Arzneypflanzen | 373 | C. Religiöse | 379 |
|   |   | Litteratur | 383 |

# Allgemeine Naturgeschichte

für

alle Stände.

---

Zweyter Band.

**(Pflanzenreich 1. Band.)**

# Naturgeschichte

der

# Pflanzen.

Die Reiche der Natur sind nichts anderes als die Verbindungen der drey beweglichen Elemente mit dem unbeweglichen oder gestalteten Erdelement. Es kann daher nur so viele Reiche geben, als Verbindungen oder Combinationen dieser Art möglich sind.

Die Zahl derselben beschränkt sich auf drey, wie schon in der Einleitung zum ersten Bande dieses Werks gezeigt wurde.

I. Aus der binären Verbindung der Elemente entsteht das **Mineralreich**.

II. Aus der ternären Verbindung, nehmlich aus Erde, Wasser und Luft, in jedem Atome wirkend, entsteht das **Pflanzenreich**. Es vereinigt mithin in sich nur die Elemente des Planeten.

III. Aus der quaternären Verbindung, nehmlich aus Erde, Wasser, Luft und Feuer entsteht das **Thierreich**. Es vereinigt mithin in sich alle Elemente der Welt.

Mehr Verbindungen sind nicht möglich, und daher auch nicht mehr Reiche. Es gibt kein **Wasserreich** für die Naturgeschichte, als welche sich nicht mit den allgemeinen Materien beschäftiget, sondern nur mit den Individuen, kein Reich der **Atmosphärilien** und kein **Feuerreich**. Wenn man die Erscheinungen des Wassers, der Luft und des Feuers mit dem Namen Reich belegen will, so müßten sie Elementen=Reich heißen, welches aber ein Gegenstand der Mathematik, Physik und Chemie ist.

1. Das Erdelement für sich bildet die Ordnung der **Erden**;

durch das Wasser verändert oder damit verbunden, die der **Salze**;

durch und mit der Luft die der **Inflammabilien** oder **Brenze**;

durch Licht, Wärme und Gravitation die **Erze**, welche durch das Licht glänzend, durch die Wärme schmelzbar und durch die Gravitation ausgezeichnet schwer sind.

2. Erde, Wasser und Luft bilden die **Pflanzen**.

Die Pflanze bekommt durch die Erde den Ernährungsproceß in den Röhren oder Adern, durch das Wasser den Verdauungsproceß in den Zellen, durch die Luft den Athemproceß in den Spiralgefäßen.

Selbst die Vertheilung der Pflanzen in drey Haufen richtet sich nach den Elementen.

In den **Acotyledonen**, wie Pilzen und Moosen, herrscht die **Erde** vor;

in den **Monocotyledonen** oder Pflanzen mit Streifenblättern, wie Gräsern und Lilien, das **Wasser** oder die **Salze**;

in den **Dicotyledonen** oder den Pflanzen mit Netzblättern, die **Luft** oder die **Inflammabilien**.

3. Erde, Wasser, Luft und Feuer bilden die **Thiere**.

Bey den Thieren kommen zu den drey Pflanzenprocessen, nehmlich Ernährung, Verdauung und Athmung, noch die Processe und Organe des Lichts in den Nerven, der Wärme oder der Bewegung in den Muskeln, der Schwere in den Knochen, von denen in den Pflanzen nichts Aehnliches vorkommt, auch keine Eingeweide, welcher Art sie seyn mögen, Magen, Darm, Leber, Herz, Arterien und Venen, Lungen, Nieren, Drüsen u. dergl.

Die **Mineralien** sind Erdelement-Individuen.
Die **Pflanzen** sind Planeten-Individuen.
Die **Thiere** sind Welt-Individuen.
Die Thiere zerfallen daher in vier Haufen.
Der Erde entsprechen die **Corallen** oder **Gallertthiere**. Kohlensaurer Kalk.

Dem Wasser die **Schalthiere** oder die **Muscheln** und **Schnecken**. Absonderung von Schleim.

Der Luft die **Ringelthiere** oder die **Würmer** und **Insecten**. Leib meist trocken, derb, hornig.

Dem Lichte die **Wirbelthiere**, Fische, Amphibien, Vögel und Säugthiere.

Vielleicht kann man die Wirbelthiere den Mineral-Classen gegenüber stellen:

Den Erden die **Fische**. Erstes Auftreten des Knochensystems mit Phosphorsäure.

Den Salzen die **Amphibien**. Schnelle Wirkung des Speichels und Magensafts.

Den Inflammabilien die **Vögel**. Bedeckung mit blattartigen Federn.

Den Metallen die **Säugthiere**. Bedeckung mit drahtartigen Haaren.

# Pflanzenreich.

Die Naturgeschichte der Pflanzen ist ein Eigenthum der neuern Zeit. Die Griechen haben nicht mehr als 2 Werke über die Pflanzen hervorgebracht; Theophrast, ein Schüler des Aristoteles, eine Geschichte der Pflanzen, und Dioscorides zu Vespasians Zeiten ein Werk über die Arzneymittel, welche beide mit ähnlichen Werken unserer Zeit fast nicht mehr verglichen werden können. Die Römer haben in dieser Art gar nichts hervorgebracht, sondern sich bloß auf die Landwirthschaft beschränkt. Erst nach der Erfindung der Buchdruckerey wendete man sich auch dem Pflanzenreich zu. Zuerst sammelte man

Pflanzen und suchte sie auf allerley Art zu ordnen, was aber erst dem Linne vor 100 Jahren gelang, nachdem man die Theile der Blüthen genauer kennen gelernt hatte. Erst vor 50 Jahren kam das erste sogenannte natürliche System der Pflanzen von Jussieu heraus. Es kümmerte sich aber niemand darum, bis ich es in meiner Naturphilosophie II. 1810 aus der Vergessenheit zog, woranf es auch Sprengel in der zweyten Auflage seiner Anleitung, 1816, annahm. Im Jahr 1819 ließ ich Rob. Browns Flora von Neuholland in der Isis abdrucken, und erst von nun an wurde das natürliche System in die Schulen aufgenommen, aus welchen es seit kaum einem Dutzend von Jahren in das öffentliche Leben übergetreten ist.

Gegenwärtig ist es so Mode geworden, daß es überall angewendet wird, wo es auch nicht paßt, nehmlich beym Einsammeln der Pflanzen, wo nur das Linneische oder sogenannte künstliche System gute Dienste leistet.

An die Anatomie und Physiologie der Pflanzen konnte man vor der Entdeckung des Microscops nicht denken. Die Werke von dem Italiäner Malpighi und dem Engländer N. Grew waren daher vor etwa 160 Jahren die ersten, welche über diese Dinge handeln. Sie rückten aber während eines ganzen Jahrhunderts nicht weit vor, und haben erst seit dem Anfange dieses Jahrhunderts eine mehr wissenschaftliche Form gewonnen, theils durch die Verbesserung der Microscope, theils durch die Fortschritte der andern Naturwissenschaften, mit deren Kenntniß diejenigen zahlreichen Männer ausgerüstet waren, welche sich aufs neue mit der Anatomie und Physiologie der Pflanzen beschäftigten.

Das Pflanzenreich ist von großer Wichtigkeit für die Natur, oder wenigstens für unsere Erde. In ihm regt sich das erste Leben, und es ist nicht bloß der Grund und Boden, sondern auch das einzige Nahrungsmittel der Thiere. Da das meiste veste Land auf der nördlichen Halbkugel liegt; so wird fast die ganze Erde während des Sommers grün und belebt, und während des Winters weiß und todt: von welchem Wechsel ohne Zweifel eine Menge Verhältnisse abhängen, welche wir noch gar nicht kennen, ja an die wir noch nicht einmal gedacht haben. Der Zustand der Luft, des Wassers und der Erde, selbst der Einfluß des Sonnenlichtes können davon abhängen, Wind und Regen, Feuchtigkeit und Trockenheit, die Gesundheit der Thiere und Menschen. Eine Menge Insecten und viele andere Thiere leben bloß von Pflanzen, und die Fleischfressenden von den Pflanzenfressenden. So besteht das Fleisch nur aus verwandelten Pflanzenstoffen. Wir ernähren unser Vieh mit den Pflanzen, machen daraus unsere Maschinen, Häuser, Kleider und die vornehmsten und allgemeinsten Nahrungs- und Arzneymittel; wir erfreuen uns an ihrem Grün, bewundern ihre Kleinheit, ihre Größe und ihr Alter, studieren die mauchfaltigen Gestalten ihrer Blumen, betrachten ihre Farben und ziehen ihren Duft mit Wohlbehagen ein. Sie dienen uns zu symbolischen Spielen, zur Beschäftigung und Unterhaltung in Gärten und Zimmern, und endlich können wir nur an ihren einfachen Lebensverrichtungen die entsprechenden im thierischen Leibe studieren, und daraus Schlüsse auf unser Leben und auf unsere Krankheiten ziehen. Ohne die Kenntniß des Pflanzenreichs hätten wir nur eine sehr unvollkommene vom Thierreich, und so viel wie gar keine Heilkunst. Dieser geistige Vortheil ist eben so groß als der materielle, welchen uns die Pflanzen verschaffen; von dem unschuldigen Studieren der Pflanzen, von der Beschäftigung und der Uebung des Beobachtungstalentes bey Spaziergängen und selbst auf Reisen, worauf Viele von Langeweile geplagt werden, nicht zu reden.

Die Pflanzen sind als innige Vereinigung von Erde oder Kohlenstoff, von Wasser und Luft, worinn alle drey ihre eigenthümliche Thätigkeit behalten, ein galvanischer Körper, d. h. ein solcher, worinn Auflösungen, Niederschläge, Oxydation und Zersetzung selbstständig stattfinden und sich wiederholen; oder worinn chemischer Proceß, crystallisirender oder magnetischer und electrischer sich wechselseitig anregen und erhalten. Ein Körper aber, in welchem der chemische Proceß selbstständig vor sich geht und sich wiederholt, heißt ein belebter oder organischer

Körper. Die Pflanzen sind daher die erſten organiſchen Kör‑
per, und der Organismus muß überall da entſtehen, wo die
Atome der drey Elemente ſich zu einem galvaniſchen Proceß in‑
nig mit einander miſchen. Es gibt keine beſondere Lebenskraft.

Auch muß das Thier dieſelben Proceſſe und deren Organe
haben, mithin eine Pflanze ſeyn, welche aber noch andere Pro‑
ceſſe oder Organe bekommt.

Da die Pflanze bloß aus dem galvaniſchen Proceß beſteht;
ſo können ſich in ihr nur die Flüſſigkeiten bewegen, aber nicht
die veſten Theile. Es bewegen ſich daher nur die Säfte, aber
nicht Wurzeln, Stamm, Zweige und Blätter, und deßhalb kann
ſie ihren Ort nicht wechſeln. Das Thier iſt einer Pflanze zu
vergleichen, bey welcher auch der veſte Leib ſich bewegt, und
daher den Ort wechſelt. Dieſes iſt der weſentliche Unterſchied
zwiſchen Pflanze und Thier; bey jener nur Bewegung der
Säfte, bey dieſem Bewegung der Säfte und der Organe. Es
gibt zwar noch viele Unterſchiede, welche aber nur Folgen des
Hauptunterſchieds, und Band IV. S. 15 dargeſtellt ſind. Im
Kurzen ſind es folgende:

Das Thier bewegt ſich ohne Reiz: wenn es Hunger oder
Durſt hat, ſo ſucht es Nahrung und Getränk. Da die Pflanze
ihre veſten Organe nicht bewegen kann, ſo muß ſie warten, bis
Nahrung und Waſſer zu ihr kommt, d. h., das Thier bewegt
ſeinen Leib willkürlich, die Pflanze gar nicht. Wenn einige
Pflanzentheile ſich bewegen, ſo geſchieht es nach einer Richtung
nach Art des Hebels, und iſt durch mechaniſchen oder phyſiſchen
Einfluß beſtimmt, durch Waſſer oder Licht. Bewegungen mi‑
croscopiſcher Kügelchen im Waſſer entſcheiden nichts. Sie müſ‑
ſen ihren Leib einziehen und ausdehnen, wenn ſie Thiere ſeyn
wollen.

Die Pflanze vergrößert und vermehrt ſich; das Thier ver‑
größert, vermehrt und bewegt ſich.

Die Pflanzen ſind von ihrer Nahrung und Getränk umge‑
ben, und ziehen ſie von außen ein durch viele Oeffnungen; die
Thiere nehmen beides durch eine oder wenige Oeffnungen, und

ziehen es von Innen ein, ebenfalls durch viele Oeffnungen, nehmlich aus dem Magen oder den Därmen.

Die Pflanzen wachsen nur nach zwo Richtungen; die Thiere auch, aber noch nach andern.

Die Pflanzen stehen nur in einer Richtung auf dem Planeten, und zwar gegen seinen Mittelpunct; die Thiere stehen abwechselnd in allen Richtungen.

Zahl und Größe der Pflanzentheile wechselt; bey den Thieren ist alles bestimmt.

Die Theile der Pflanzen sind kreisförmig gestellt, bey den Thieren paarig und zweyseitig, selbst bey den sogenannten sternförmigen: kaum mit einer gültigen Ausnahme.

Die ganze Pflanze besteht aus nichts als hohlen, kaum erkennbaren Theilen; das Thier besteht aus hohlen und vollen Theilen, welche keine Flüssigkeiten führen, wie Nerven, Muskeln und Knochen, denen nichts ähnliches in den Pflanzen vorkommt, weder dem Stoffe, noch der Gestalt, noch der Lage, noch der Verrichtung nach.

Die Pflanzen bestehen größtentheils aus Kohlenstoff; die Thiere aus Stickstoff.

Die Pflanzen geben bey der Destillation Wasser und Oel, die Thiere Wasser und Ammoniak.

Die getrockneten Pflanzen brennen, die Thiere nicht.

Man hat auch einen Unterschied darinn finden wollen, daß die Blüthen ihre Befruchtung nur einmal ausübten, die entsprechenden Theile bey den Thieren mehrmals: allein bey den meisten Insecten ist es wie bey den Pflanzen.

Eine vollkommene Pflanze zerfällt zunächst in Stock und Strauß oder Blüthe, oder in Erhaltungs- und Fortpflanzungsorgane, wovon die letztern nach ihrer Verrichtung absterben.

Am Stock unterscheidet man als Hauptmassen die Wurzel, den Stengel und das Laub.

In der Blüthe die Blume, den Gröps oder die Capsel, den Samen und die Frucht.

Alle diese genannten Theile bestehen aus Zellen, Röhren oder Adern und Spiralgefäßen oder Luftröhren.

Am Stock kann man noch deutlich unterscheiden Rinde, Bast und Holz.

Die Theile eines Organismus, woraus alle andern zusammengesetzt sind, nennt man Gewebe.

Diejenigen, welche abgesondert durch den ganzen Leib laufen, heißen **anatomische Systeme**.

Diejenigen, welche nur einen kleineren und besondern Ort einnehmen, heißen **Organe**.

Ihrer Entwickelung nach muß man die genannten Theile auf folgende Art ordnen:

**A. Gewebe.**
  1. **Zellen**; Verdauungsorgane, Wasser.
  2. **Röhren oder Adern**; Ernährungsorgane, Erde.
  3. **Spiralgefäße oder Drosseln**; Athemorgane, Luft.

**B. Anatomische Systeme.**
  4. **Rinde**, Zellsystem.
  5. **Bast**, Adersystem.
  6. **Holz**, Drosselsystem.

**C. Organe.**
    a. Des Stocks.
  7. **Wurzel**, Zellen- oder Rindenorgan.
  8. **Stengel**, Ader- oder Bastorgan.
  9. **Blatt**, Drossel- oder Holzorgan.
    b. Der Blüthe.
  10. **Samen**, Wurzel.
  11. **Gröps**, Stengel.
  12. **Blume**, Blatt.
  13. **Frucht**, Stock.

Man kann und muß alle Systeme und Organe als Wiederholungen der Gewebe betrachten, und die Frucht als eine Verschmelzung derselben. Das wird deutlich durch folgende Stellung:

| 1. Zellen.  | Rinde. | Wurzel.  | Samen. |         |
|-------------|--------|----------|--------|---------|
| 2. Adern.   | Bast.  | Stengel. | Gröps. | Frucht. |
| 3. Drosseln.| Holz.  | Blatt.   | Blume. |         |

Die genannten Theile oder Organe kommen einzeln oder auf mannichfaltige Art und in verschiedener Menge verbunden vor, und bilden dadurch verschiedene Pflanzen, welche zusammen das Pflanzenreich ausmachen. Die einzelnen Pflanzen sind daher nichts anderes als Darstellungen der Pflanzenorgane, einzeln oder mit einander verbunden.

Diese Pflanzen ändern manchfaltig ab nach ihren Geburtsorten, nach Trockenheit und Feuchtigkeit, Wärme und Kälte, Boden u. s. w.

Sie stehen endlich in eigenthümlichen Verhältnissen zu den Thieren, und besonders dem Menschen.

Man theilt darnach die Naturgeschichte der Pflanzen ein in reine und angewandte.

A. Die reine beschäftigt sich entweder
  a. mit der Pflanze überhaupt — allgemeine Botanik, und zwar
    1. mit den Theilen der Pflanze — Pflanzenanatomie,
    2. mit den Stoffen derselben — Pflanzenchemie,
    3. mit den Verrichtungen derselben — Pflanzenphysik oder Physiologie; oder
  b. mit den einzelnen Pflanzen — besondere Botanik, und zwar
    1. mit der Kenntniß derselben — Pflanzensystem,
    2. mit den Standorten derselben — Pflanzenöconomie,
    3. mit den Wohnorten derselben — Pflanzengeographie.
B. Die angewandte Naturgeschichte der Pflanzen theilt sich
  1. in die medicinische,
  2. in die Forst-, und
  3. in die öconomische Botanik.

Die Anwendung der Pflanzen in der Medicin, der Landwirthschaft und in den Gewerben gehört nicht mehr in die Naturgeschichte der Pflanzen.

Indessen wird diese Scheidung hier nicht befolgt, sondern das betreffende gehörigen Orts eingefügt.

# Allgemeine Pflanzenkunde.

### I. Anatomie der Pflanzen.

Die Gründer der Pflanzenanatomie sind: **Nehemias Grew**, Secretär der philosophischen Gesellschaft zu London, **Marcell Malpighi**, Professor zu Bologna, und **Leeuwenhoek**, Privatmann zu Delft in Holland, welche zu gleicher Zeit microscopische Beobachtungen über das Gewebe der Pflanzen anstellten. Der erste machte sie 1670, der zweyte 1671, der dritte 1675 der Londoner Gesellschaft bekannt. Während des folgenden Jahrhunderts geschah sehr wenig, und es kamen nur einzelne Beobachtungen zum Vorschein, bis J. Hedwig sich wieder ernstlicher mit microscopischen Beobachtungen, besonders der Moose, in den achtziger Jahren beschäftigte. Die Anatomie der Pflanzen wurde aber erst vollständig und systematisch bearbeitet von **Mirbel** 1800, **K. Sprengel** 1802, **H. Link** 1805, **L. Treviranus** 1806, **A. Rudolphi** 1807, **J. Moldenhawer** 1812, **Sprengel** 1812, **Kieser** 1815, **H. Schultz** 1823, **De Candolle** 1827, **Meyen** 1830, **L. Treviranus** 1835, **H. Link** 1837. Die Titel ihrer Werke werden am Schlusse angezeigt werden.

Die Pflanze besteht also aus **Geweben, anatomischen Systemen und besondern Organen**. Die Gewebe kommen in allen Theilen der Pflanze vor; die anatomischen Systeme ziehen sich abgesondert durch die ganze Pflanze hindurch; die Organe sind ganz von einander getrennt, und stoßen nur mit ihren Gränzen an einander.

#### 1. Gewebe (Tela).

Die Gewebe sind **Zellen, Adern** und **Luftröhren** oder **Drosseln**.

### a. Zellen (Cellulae).

Man hat früher gemeynt, die Grundmasse des Organischen sey ein unförmlicher Brey, den man Breystoff nannte. Ich habe aber schon vor vielen Jahren *) zu zeigen gesucht, daß sie aus lauter Schleimbläschen bestehe, und mithin schon bey ihrem ersten Auftreten gestaltet sey. An diesem Verhalten zweifelt nun niemand mehr. Die kleinsten organischen Bläschen, welche man durch das Microscop als selbstständig erkennen kann, sind die Infusorien, und daher kann man die organische Grundmasse eine infusoriale, mithin lebendige Masse nennen, woraus die Leiber der Pflanzen und Thiere zusammengesetzt sind: nicht als wenn diese Bläschen vorher als besondere Infusionsthierchen herumgeschwommen wären, und sich sodann in einen Stock oder Leib zusammengesetzt hätten; sondern diese Bläschen bilden sich erst, und verbinden sich in dem Augenblick, wo ihre chemischen Bestandtheile zu einer Art Schleim zusammentreten. Was einmal zu einer besondern Pflanzen- oder Thiergattung sich verbunden hat, ändert sich nicht mehr in eine andere um, wofern sich die Stoffe nicht wieder auflösen und nach andern Verwandtschaften und Richtungen sich verbinden.

Man kann den Anfang der organischen Grundmasse als weiche Puncte oder Kügelchen betrachten, welche allmählich hohl werden, indem sich durch Oxydation der Umfang verdichtet und das Wasser sich in der Mitte sammelt.

Betrachtet man nun durch ein Microscop einen dünnen Abschnitt von irgend einem Pflanzentheil, sey es Rinde, Bast oder Holz, Wurzel, Stengel oder Laub, Blume, Capsel oder Samen, so bemerkt man eine zahllose Menge kleiner Bläschen, wovon mehrere Hundert kaum eine Linie lang, bald rund, bald eckig, bald walzig oder fadenförmig sind, und dicht an einander liegen. Man nennt sie Zellen, und das Ganze zusammen Zellgewebe (Tela cellulosa).

In den niedern und weichen Pflanzen, besonders in denjenigen, welche im Wasser leben, zeigen sie sich meistens rund-

---

*) In meiner Schrift über die Zeugung. 1805.

lich; in den höhern aber und mehr trockenen eckig. Kiefer hat gezeigt, daß sie dann durch wechselseitigen Druck 12 Flächen bekommen oder die Gestalt eines Rauten=Dodecaëders annehmen, jedoch meistens in die Länge geschoben. Um eine Kugel kann man nehmlich nicht mehr als 6 andere gleich große legen, dar= über und darunter nur 3; so daß also 12 Kugeln die mittlere drücken und an derselben 12 Flächen verursachen. Da nun alles Zellgewebe in der Pflanze dicht an einander liegt, so müssen alle Zellen diese Gestalt bekommen; versteht sich mit vielen Abände= rungen, weil der Druck verschieden ist und das Streben der Pflanze in die Höhe geht. Die äußersten Zellen in der Ober= haut fallen daher mehr ins Rundliche; die innern dagegen, welche längs der Luftröhren oder im Holze liegen, sind so lang und dünn, daß man sie Fasern (Fibrae) genannt hat. Sie stehen immer bündelweise und dicht beysammen, und sind mit ihren spitzigen Enden mit einander vest verwachsen, so daß dadurch lange Fäden entstehen mit Scheidwänden, wie im Hanf. Die sogenannten Holzfasern sind daher nichts anderes, als sehr lang gestreckte und dünne Zellen. Sie zeigen sich auf dem Querschnitt hohl wie die andern, aber mit dickerer Wand, enthalten eben= falls Feuchtigkeit und im vertrockneten Zustand Luft. Sie finden sich auch schon im Bast. Man hat sie mit den Muskelfasern verglichen: allein sie können sich weder verkürzen noch biegen. Sie sind offenbar nichts als durch das Wachsen nach oben sehr verlängerte Zellen, und haben auch kein anderes Geschäft.

Die Haut der Zellen ist durchsichtig, gleichartig und zeigt keine Spur von Oeffnungen. Dennoch schwitzt Feuchtigkeit aus und ein: denn sie enthalten einen durchsichtigen, farblosen Saft, und verlieren denselben durch Trocknen.

In dem Safte jedoch sieht man gewöhnlich einige Dutzend kleine Kügelchen schwimmen, welche sich mit der Zeit an die Wände setzen; was dann aussieht, als wenn Löcher daselbst wären. Nach und nach setzen sich so viele Kügelchen vest, daß die Haut ganz dick und undurchsichtig wird, und der innere Raum fast verschwindet. Meistens bleiben dabey verschiedene Stellen durchsichtig, was dann wieder aussieht, als wenn Löcher vorhanden wären. Man weiß nicht recht, woher diese durchsichtigen Stellen rühren. Bisweilen legen sich die Körner auch linienförmig an einander, und bilden Spiralen oder Zweige in den Zellen. Manchmal bekommen die Zellen allerley Aussackungen, und sehen dann sternförmig aus. Alles dieses ändert aber nichts an der Natur der Zellen: und sie mögen daher eine Wand oder eine Gestalt haben, wie sie wollen; so muß man dennoch annehmen, daß sie überall ein und dasselbe Geschäft haben.

Die Körner in den Zellen sind eine Art Stärkemehl, weil sie sich mit Jod blau färben. Bey ihrer Verhärtung erleiden sie einige chemische Veränderungen, und verwandeln sich in Holzsubstanz.

In den Zellen, unmittelbar unter der Oberhaut, haben diese Körner eine harzartige Natur angenommen und sind grün geworden. Man nennt sie Blattgrün (Chlorophyllum).

Die Zellen der Oberhaut und des Marks sind leer, oder vielmehr enthalten Luft; ebenso in der vertrockneten Rinde.

Bey vielen Pflanzen, besonders saftreichen und den Monocotyledonen mit scharfem Geschmack, hat man auch bemerkt, daß sich meist spießige Crystalle in manchen Zellen absetzen, besonders wann die Theile alt werden und ihre Geschäfte vollendet haben. Sie liegen oft bündelartig beysammen, und bestehen größtentheils aus zuckersaurem (sauerkleesaurem) Kalk. Dieses sind ohne Zweifel Ausscheidungen, welche nichts mehr mit dem Leben zu schaffen haben.

Das Schleimgewebe der Thiere unterscheidet sich vom Zellgewebe der Pflanzen dadurch, daß es weicher ist, die Kügelchen oder Bläschen mit einander verschmolzen sind und keine Höhle haben. Dennoch zieht es Säfte ein und läßt sie durch.

b. Adern (Venae).

Ueberall, wo drey Zellen zusammenstoßen, bleiben dreyeckige Zwischenräume, welche durch die ganze Pflanze sowohl nach der Länge als nach der Breite mit einander in Verbindung stehen, und durch welche sich der Saft bewegen kann. L. Treviranus hat diese Zwischenräume zuerst genauer beschrieben und Intercellular-Gänge (Ductus intercellulares) genannt. Sie enthalten den eigentlichen Pflanzensaft, welcher durchsichtig ist, aber auch Körner enthält, Schleim, Zucker und einige Salze. Wenn man einen Baum anbohrt oder einen Zweig abschneidet, so fließt dieser Saft aus. Bey den Reben heißt dieses Thränen.

Obschon diese Gänge keine eigene Haut haben, wie die Adern der Thiere, sondern nur von den anstoßenden Zellen eingeschlossen sind; so sind sie dennoch als wahre Gefäße zu betrachten; denn im Grunde sind auch die thierischen Gefäße nur Räume vom Schleim- oder Zellgewebe umschlossen, das nur mehr gefilzt ist und sich dadurch von dem andern, mehr lockeren abgesondert hat.

Es gibt auch weite Intercellalur-Gänge, sogenannte eigene Gefäße (Vasa propria), welche zwischen den vorigen laufen und einen gefärbten Saft enthalten, dick wie Milch und meistens weiß, wie bey der Wolfsmilch, gelb beym Schöllkraut, bisweilen roth. H. Schultz nennt diesen Saft Lebenssaft (Latex), und diese Gänge Lebenssaft-Gefäße. Sie sollen eine eigene Haut haben, wie die Adern der Thiere. Wahrscheinlich ist sie nichts anderes als der am Rande vertrocknete Saft. Sie sind viel weniger zahlreich als die des ächten Pflanzensaftes, eigentlich nur zwischen denselben zerstreut, stehen aber auch bisweilen seitwärts mit einander in Verbindung, so daß ihr Saft nach allen Seiten ausfließen kann, wenn er Luft bekommt. Sie finden sich nur in wenigen Pflanzenzünften: Wolfsmilch, Schwalbwurz (Asclepias), Feigen, Salat, Schöllkraut und Tannen.

An manchen Stellen treten die Zellen weiter aus einander, wodurch Lücken (Lacunae) entstehen, welche meistens mit Luft angefüllt sind, besonders bey den Wasserpflanzen, aber auch mit allerley Absonderungsstoffen, wie Gummi, ätherische Oele, Balsame, Harze u. dergl. Dieses sind also Ausscheidungen wie die Crystalle, und haben ebenfalls nichts mehr mit dem Leben zu schaffen, wie denn auch diese Stoffe oft frey nach Außen treten, was leicht bey Kirsch- und Nadelbäumen zu sehen ist. Da die Milchsäfte auch meistens harzartiger und oft giftiger Natur sind; so sind ihre Gänge wohl auch nichts anderes als solch längere, durch Seitengänge mit einander in Verbindung stehende Lücken.

c. Drosseln oder Spiralgefäße
(Tracheae, Vasa spiralia).

Zerreißt man irgend ein dünnes Blatt, z. B. ein Rosenblatt, vorsichtig und langsam entzwey, indem man etwa die Arme an die Seiten der Brust legt; so bleiben beide Stücke an einander hängen, und zwar durch spiralförmig gewundene Fäden, noch dünner als Spinnweben, welche aus den Blattrippen hervorkommen. Dieses sind aufgezogene Spiralgefäße.

Bringt man einen feinen Längsschnitt aus dem Holze unter das Microscop, so bemerkt man mehrere neben einander liegende silberglänzende Röhren, viel weiter als die der Länge nach daran liegenden Faserzellen, aus einem sehr dünnen und steifen Faden bestehend, welcher gewunden ist wie der Draht in einem Hosenträger. Sie gleichen auffallend den Luftröhren der Insecten. Die Windungen liegen meistens dicht an einander, und sind oft mit einander verwachsen, so daß, auf sichtbare Weise wenigstens, nichts durchbringen kann. Bisweilen berühren sie jedoch einander nicht, und dann ist ein dünnes Häutchen zwischen ihnen ausgespannt, welches die Wand der Röhre mitbilden hilft. Es kommt auch vor, daß die Spiralfaser sich spaltet in zwey und mehrere Aeste, welche ebenfalls spiralförmig laufen und der Röhre bald ein gedüpfeltes, bald ein gestreiftes, bald ein netzförmiges Ansehen geben, — gedüpfelte, gestreifte, netzförmige Spiralgefäße. Diese Unterschiede scheinen vom Alter abzuhängen. Bisweilen liegen auch mehrere Fasern bandförmig und ungetheilt neben einander. Auch verwachsen sie manchmal ringförmig mit einander — Ringgefäße. Keine Art von Spiralgefäßen hat Poren in den Wänden, und alle sind oben und unten geschlossen. Uebrigens streitet man sich noch, ob die Spiralfaser inner- oder außerhalb der Hautröhre liege. Da diese Gefäße als verlängerte Zellen betrachtet werden müssen, und die Fasern als gebildet von Körnern; so muß man annehmen, daß sie darinn entstehen, aber später so damit verwachsen, wie die Zellsubstanz der Blätter mit den Rippen. In manchen Wasserfäden (Conserva) legen sich die Körner auch spiralförmig an die Wände an.

Der Grund der Spiralform liegt wahrscheinlich im Umlauf der Sonne. Denken wir uns, daß die Sonne des Morgens an einen gewissen Theil eines Wasserfadens scheine und die Körner an die Wand ziehe; so werden diese sich allmählich in einer Spirale an einander reihen, so wie die Sonne nach Mittag und Abend läuft und daher immer andere Theile bescheint. Ist aber einmal nur den ersten Körnern die Richtung gegeben, so muß sie sich ohne Aenderung fortsetzen. Darinn liegt auch ohne Zweifel der Grund, warum alle Theile der Pflanze, Zweige und Blätter, eine spiralförmige Stellung haben, und warum die schwächern Stengel sich winden.

Nach dieser Ansicht müßten die Pflanzen sich nach dem Laufe der Sonne winden, auf der nördlichen Erdhälfte von der Linken zur Rechten, auf der südlichen umgekehrt. Das ist aber nicht der Fall, und auch die Spiralgefäße winden sich bald nach rechts, bald nach links in derselben Pflanze, und oft in demselben Bündel; in manchen Wasserfäden durchkreuzen sich sogar die Windungen der Körner. Das hängt vermuthlich von irgend einem Zufall ab, und auch wohl von den eigenen Polaritäten in der Pflanze, welche jedoch immer durch das Licht bestimmt werden mögen.

Man nimmt an, daß sie ununterbrochen durch die ganze Pflanze laufen, von der Wurzelspitze bis zum Ende der Blätter. Sie verzweigen sich nirgends, sondern liegen gerad und einfach an einander, wie die Fäden in einem Nervenbündel. In den Knoten jedoch der Gräser und anderer Knotenpflanzen pflegen die untern zu endigen und nach oben wieder neue zu entstehen. An derselben Stelle findet man auch ganz kurze und gebogene Spiralgefäße, welche man wurmförmige Körper nennt. Es sind wahrscheinlich junge Drosseln, welche aber wegen der Verdichtung des Knotens verkümmern.

Die Drosseln machen einen Hauptbestandtheil des Holzes aus, und bilden fast ganz die Rippen der Blätter.

Sie fehlen in der Rinde und im Bast, in den Pilzen,

Tangen, Flechten und Moosen, und beginnen zuerst in den Farrenkräutern, nach welchen sie, mit seltenen Ausnahmen, wie bey einigen Wasserpflanzen, nicht mehr verschwinden.

In den Farrenkräutern bilden sie ein einziges Bündel mitten im Stengel, welches sich sodann im Laube manchfaltig vertheilt.

Bey den sogenannten Monocotyledonen oder den Pflanzen, welche mit einem einzigen spitzigen Lappen keimen, stehen sie in mehreren durch Zellgewebe getrennten Bündeln im Kreise, und laufen in die Blätter als gerade Streifen aus, welche sich selten verästeln, oder wenigstens nicht netzartig mit ihren Spitzen zusammenstoßen. Bey den Gräsern sind nur drey solcher Bündel vorhanden; daher kommt die dreyeckige Gestalt des Stengels.

Bey den Dicotyledonen, welche mit zween stumpfen Samenlappen keimen, wie die Bohnen und das Laubholz, stehen sie in mehreren Bündeln bald durch viel Zellgewebe getrennt, bald ganz dicht an einander, meist in mehreren Kreisen, und verästeln sich netzförmig in den Blättern. Im Holze, wo sie geschlossene Kreise bilden, wird das zwischen den vielen Drosselbündeln liegende Zellgewebe so zusammengedrückt, daß es stellenweise glänzt und aussieht, als wenn es in dünnen Lagen von dem Mark aus gegen die Rinde liefe. Man nennt sie Spiegelfasern.

Beym Nadelholz sind die Spiralgefäße, wie vorzüglich Kiefer gezeigt hat, zu sogenannten porösen Zellen verkümmert, mit undeutlichen Windungen. Ueberhaupt scheinen hier die Faserzellen das Uebergewicht zu haben.

## 2. Anatomische Systeme
(Systemata anatomica).

Die anatomischen Systeme sind von einander getrennte Gewebe, welche durch die ganze Pflanze laufen.

Schneidet man einen Stamm oder Zweig quer durch, so bemerkt man, daß er aus mehreren großen Röhren besteht, die wie Schachteln in einander stecken. Die äußere ist trocken, meistens braun und heißt Rinde; dann folgt eine dünne, saftreiche Schicht, der Bast; darauf eine sehr dicke, faserige, das Holz, in dessen Mitte oft noch eine Höhle läuft mit lockerem

Zellgewebe ausgefüllt, dem Mark. In der Rinde haben die Zellen das Uebergewicht; im Baste die Adern oder Intercellular-Gänge; im Holze die Drosseln oder Spiralgefäße.

### a. Rinde (Cortex).

Die Rinde besteht aus drey Theilen, dem **innern** dickeren, dem äußern oder der **Oberhaut** (Epidermis), und dem mittleren oder der **grünen Haut.** Alle bestehen bloß aus Zellen mit Intercellular-Gängen, ohne alle Spiralgefäße, jedoch nicht selten mit Lücken, worinn allerley Stoffe, wie ätherische Oele, Harze u. dergl. enthalten sind.

Die Oberhaut besteht nur aus einer einzigen Lage von Zellen, welche bloß Luft zu enthalten scheinen. Sie läßt sich meistens nur bey jungen Pflanzen leicht abziehen. Bisweilen ist sie noch mit einem dünnen, einfachen Häutchen (Cuticula) überzogen, welches sich durch Maceration ablöst, wie beym Kohl. Es scheint nur verhärteter Schleim zu seyn.

Unter der Oberhaut des Stengels der Zweige und der Blätter liegt eine Schicht Zellen, welche grüne Körner enthält und der Pflanze die grüne Farbe gibt; besonders deutlich beym Holunder. In der Wurzel fehlt die grüne Farbe, und die Oberhaut ist dichter mit den unterliegenden Theilen verwachsen.

Die Oberhaut ist an den grünen Theilen mit länglichen Löchern durchbohrt, welche **Spaltmündungen** (Stomata) heißen, meist mehrere Dutzend, aber auch Hunderte in einer Quadratlinie. Sie werden gebildet von zwo Zellen, welche nicht dicht an einander stoßen, und sie führen in die Intercellular-Gänge, nicht in die Spiralgefäße. An allen Theilen, welche nicht grün gefärbt sind, wie Wurzel, Blumen und Samen, ist die Oberhaut undurchlöchert.

Die eigentliche Rinde besteht aus blätterigen Lagen und diese aus langen, faserförmigen, ziemlich unregelmäßigen Zellen, welche größtentheils vertrocknet sind. Daher löst sie sich meistens leicht ab, besonders im Frühjahr zur Zeit des Safttriebs.

Eine deutlich abgesonderte Rinde findet sich nur bey den Holzpflanzen; bey den Kräutern läßt sie sich selten deutlich unterscheiden; bey den Monocotyledonen geht sie unmittelbar in das darunter liegende Zellgewebe über, hat jedoch eine deutliche Oberhaut mit Spaltmündungen. Bey den Pflanzen ohne Spiralgefäße, wie bey Moosen, Flechten, Tangen und Pilzen, gibt es weder eine unterscheidbare Rinde noch Oberhaut, indem sie ganz aus ziemlich gleichförmigem Zellgewebe bestehen.

b. **Bast** (Liber).

Zwischen der Rinde und dem Holz liegt aus dünnen Blättern eine Schicht von langen und kurzen saftreichen Zellen, welche sich von beiden leicht ablösen läßt, biegsam und zäh, und daher zum Binden brauchbar ist. Sie heißt Bast, und enthält keine Spiralgefäße. Die gewöhnlichen Zellen liegen nach Außen, die faserförmigen nach Innen. Es kommen darinn auch Lücken vor, welche allerley Stoffe enthalten, wie Gummi und Gerbstoff, aber keine Luft.

Bey Pflanzen mit einem ganz geschlossenen Holzring bildet dieser Bast ebenfalls einen geschlossenen Ring; bey den Pflanzen aber mit zerstreuten Gefäßbündeln hängt er mit dem dazwischen liegenden und nach innen laufenden Zellgewebe zusammen, und läßt sich daher nicht wie ein Band abziehen. So bey den weichen Kräutern und bey allen Monocotyledonen oder Pflanzen mit gradstreifigen Blättern.

Aechten Bast haben nur die Holzpflanzen, und seine Blätter mehren sich jährlich wie die Holzringe, so daß sich immer eine Lage nach Außen und eine nach Innen bildet.

Die Pflanzen ohne alle Spiralgefäße, wie die Pilze und Moose, bestehen eigentlich ganz aus Bast, welcher mit der Rinde zusammen fließt.

Zur Zeit des Safttriebes bemerkt man unter dem Baste einen bräunlichen Saft, von dem man glaubt, daß sich daraus das junge Holz bildet. Man nennt ihn daher **Bildungssaft** (Cambium). Er ist sehr reich an gerinnbarer Substanz, welche wahrscheinlich zu jungen Zellen und Spiralgefäßen wird, und sich nach Außen in Bast, nach Innen in Holz verwandelt.

c. Holz (Lignum).

Das Holz liegt nach Innen und besteht aus hartgewordenen, langen, dünnen und an ihren Enden mit einander verwachsenen Faserzellen nebst Spiralgefäßen, alles durch gewöhnliches Zellgewebe untermischt oder verbunden.

Die Spiralgefäße liegen bündelartig beysammen, und sind überall von gestreckten Zellen eingehüllt. Eigentlich besteht die ganze Pflanze aus Zellen, und die Spiralgefäßbündel sind nur gleich Schnüren oder Stäben hineingeschoben.

Zuerst treten sie nur als ein einziges Bündel auf in den Farrenkräutern, welche daher nur einen einfachen Holzkern oder Cylinder haben.

Bey den Monocotyledonen treten mehrere auf, wovon aber keines in der Mitte steht, sondern alle wie Säulen in einem oder mehreren Kreisen, so daß das Zellgewebe überall frey dazwischen durchlaufen kann. Daher sind diese Pflanzen größtentheils weich, markig und saftreich, und haben keine Spiegelfasern.

Die Zahl der Holzbündel bestimmt die Gestalt des Stengels. Treten nur drey auf, wie in den Gräsern und vielen Lilien, so stehen sie im Dreyeck, und der Stengel selbst wird dreyeckig. Kommen sie in größerer Zahl vor, wie bey den Paradiesfeigen und Palmen, dann wird der Stengel rund.

Bey den Kräutern und Netzblättern zeigen sich bey einem viereckigen Stengel, wie bey den Lippenblumen, vier Holzbündel; bey den fünfeckigen, wie bey den Kürbsen, fünf. Häufig stehen mehrere Kreise von solchen Säulen in einander. In den Sträuchern und Bäumen mehren sie sich so sehr, daß sie geschlossene Kreise bilden, und nur wenig Zellgewebe zwischen sich lassen, die Spiegelfasern. In diesem Falle nimmt das Holz bey weitem den größten Theil des Stammes ein, und ist leicht von Bast und Rinde zu unterscheiden.

Die Mono= und Dicotyledonen unterscheiden sich dadurch, daß bey diesen die Spiralgefäße einen Kreis bilden, bey jenen aber als einzelne Haufen überall zerstreut stehen.

Da sich jährlich ein neuer Ring um das Holz anlegt und der jüngere heller ist, so unterscheidet man ihn durch den Namen Splint (Alburnum), der mithin kein besonderes anatomisches System ist, und den Monocotyledonen fehlt.

Die Holzlagen sind selten ringsum gleich dick. Man hat geglaubt, es richte sich nach den verschiedenen Weltgegenden; allein es kommt fast ohne Zweifel von der Lage der dickern Wurzeln und Aeste her, als welche mehr Nahrung zuführen und mehr anziehen.

Das Mark (Medulla) ist nichts anderes als das in der Mitte zurückgebliebene Zellgewebe, welches vertrocknet und sich mit atmosphärischer Luft füllt, weil ihm durch das verdichtete Zellgewebe in den Spiegelfasern kein Saft mehr zugeführt werden kann. Es hat daher nichts mehr zu bedeuten, und muß als ein abgestorbener Theil betrachtet werden. Daher fehlt es auch bey vielen Pflanzen, entweder weil es ganz verschwindet und eine Höhle an seine Stelle tritt oder auch Holz. Am bekanntesten ist es bey den Binsen und dem Holunder, wo es sich durch seine weiße Farbe auszeichnet. Die Kräuter haben viel mehr Mark als die Hölzer, weil sie mehr gewöhnliches Zellgewebe und dagegen weniger Fasern und Spiralgefäße haben.

### 3. Organe.

Organe sind zusammengesetzte Gewebe, welche abgesonderte Theile des ganzen Körpers ausmachen. Auch in ihnen hat wieder irgend ein Gewebe oder ein anatomisches System das Uebergewicht über die andern.

Solche Organe bilden den Stock und den Strauß oder die Blüthe.

#### A. Pflanzenstock (Stirps).

Der Stock zerfällt in Wurzel, Stengel und Laub.

In der ersten ist ein Uebergewicht von Zellen oder Rinde; im zweyten von Adern oder Bast; im dritten von Drosseln oder Holz.

a. **Wurzel** (Radix).

Die Wurzel ist der untere Theil an der Pflanze, welcher, der Schwere folgend, immer nach unten wächst, ins Wasser und in die Erde, und die Nahrung mit dem Getränk einsaugt.

Sie besteht ziemlich aus denselben Geweben und Systemen, wie der Stengel, hat aber ein saftreicheres und mehr lockeres Zellgewebe, wodurch das von den Spiralgefäßen gebildete Holz größere Zwischenräume bekommt, und daher das Mark im Allgemeinen fehlt. Die Intercellular-Gänge oder Adern sind weiter und die Drosseln laufen bis in die Spitzen der Wurzelzweige.

Die Rinde ist weniger vom Baste geschieden, weil die saftreiche Masse überhaupt gleichförmiger ist.

Der Oberhaut fehlen die Spaltmündungen, und es finden sich auch keine grünen Körner in der darunter liegenden Zellenschicht.

In der Wurzel finden sich selten Lücken für Luft und für Harze; auch selten Lückengänge für Milchsäfte.

Die Wurzel theilt sich gewöhnlich in Aeste und Zweige, wie der Stengel; aber sie kommen nicht aus Knospen, sondern entspringen unmittelbar aus der Rinde und vertheilen sich ziemlich unregelmäßig, ohne Zweifel wegen des Widerstandes, den sie in der Erde finden. An den Zweigen entstehen wieder viele feine Würzelchen, welche Zasern heißen, und bloß aus Zellen bestehen, deren Ende in eine Warze anschwillt, welche einsaugt. Die glatte Oberfläche der Wurzel scheint wenig oder gar nicht einzusaugen.

In der Regel wird die erste oder mittlere Wurzel am dicksten, und steigt gerad hinunter — **Pfahlwurzel**. Die andern heißen Seitenwurzeln. Bey Pflanzen, welche wagrechte Aeste haben, wie das Nadelholz, breiten sich auch die Wurzeln dicht unter der Erde wagrecht aus, und heißen **Thauwurzeln**, weil sie ihr Wasser nur von der Oberfläche der Erde bekommen.

In heißen Ländern, wo die Pflanzen sehr stark treiben, wachsen auch bisweilen dünne Wurzeln aus dem Stamm, und senken sich in die Erde. Sie heißen **Luftwurzeln**.

Die meisten Schmarotzerpflanzen treiben ähnliche Luftwurzeln aus dem Stengel, welche aber sehr kurz bleiben, und sich mit ihren warzenförmigen Enden an die Rinde anderer Pflanzen heften. Die meisten verlieren sodann ihre ächten Wurzeln, wie die Flachsseide; manche behalten sie jedoch, wie das Epheu. Es haben eigentlich alle Pflanzen Wurzeln, wenn man etwa die Wasserfäden ausnimmt. Sie sind aber bey den Moosen, Flechten und Pilzen nur haarförmige Zasern. Indessen entstehen auch die kleinen Wasserpflanzen nicht in der Mitte des Wassers selbst, sondern auf dem Boden.

a. Man kann die Wurzeln nach den Geweben eintheilen in Zellenwurzeln, wie bey den Pilzen; in Aderwurzeln, wie bey den Moosen, und in Drosselwurzeln, wie bey den höheren Pflanzen.

b. Nach den Systemen in Rindenwurzeln, wie die Zasern; in Bastwurzeln, wie die Knollen und Rüben, und in Holzwurzeln, wie die faserigen.

c. Nach den Organen in gewöhnliche Wurzeln, wie die Seitenwurzeln; in Stengelwurzeln, wie die Pfahlwurzeln, und in Laubwurzeln, wie die Luftwurzeln.

### b. Stengel (Caulis).

Der Stengel ist der unmittelbar auf der Wurzel senkrecht nach oben in die Luft und das Licht wachsende Theil der Pflanze, welcher den Nährungssaft fortführt und in andere Säfte verwandelt.

Weicht er von dieser Richtung ab, so geschieht es nur durch den Einfluß des Lichts oder seiner eigenen Schwere, wenn er zu weich oder zu dünn ist, um sich gerad zu halten.

Er besteht aus allen Geweben, mit dem Uebergewichte der Adern oder Intercellular-Gänge, und stellt daher vorzüglich das Adersystem der Pflanze dar.

Er zerfällt bey den vollkommenen Pflanzen deutlich in die drey anatomischen Systeme: Rinde, Bast und Holz, welche theils durch ihre verschiedene Härte, theils durch ihren Bau viel schärfer von einander geschieden sind, als in der Wurzel.

Die Rinde ist mit einer ablösbaren Oberhaut bedeckt, und bey jüngeren Pflanzen wenigstens grün.

Die Oberhaut hat Spaltmündungen, und darunter liegt eine Zellenschicht mit grünen Körnern, welche jedoch an alten Rinden vertrocknet und sich verfärbt.

Der Bast ist viel weicher und zäher als die andern Theile, und dient daher vorzüglich zum Aufsteigen des Saftes. Er ist das Hauptorgan im Stengel.

Die meisten Stengel sind rund; es gibt jedoch auch fünfeckige, viereckige, drey- und zweyeckige oder zweyschneidige.

Bey den Pflanzen mit Netzblättern besteht das Holz aus concentrischen geschlossenen Ringen, welche sich jährlich nach Außen vermehren. Der neue Holzring entsteht daher innerhalb des Bastes, in dem sich, wie man glaubt, aus den Kügelchen des Bildungssaftes (Cambium), welcher ohne Zweifel in den Intercellular-Gängen des Bastes bereitet wird, lange Zellen und Spiralgefäße bilden. Der junge Holzring ist weicher und weißer als die alten, und hat den Namen Splint (Alburnum) bekommen.

Da bey den Monocotyledonen die Drosselbündel nicht so gedrängt stehen, so zieht sich der Bast mehr zwischen ihnen hinein, und der Stengel zeigt mehr die Natur der Wurzel. Rinde nehmlich und Bast sind weniger geschieden; aber die Oberhaut verhält sich wie bey den andern.

Der Stengel der drosselosen Pflanzen, wie der Moose und Pilze, besteht eigentlich ganz aus Bast.

Lücken für Milchsaft, ätherische Oele, Harze, Gummi und Luft können sich in allen Theilen des Stengels finden.

Das Mark ist zufällig und fehlt daher sehr häufig.

Aus manchen Wurzeln kommen manchmal zu gleicher Zeit mehrere Stengel, welche mithin als Aeste zu betrachten sind, denen der Stengel fehlt.

Ein Stengel, der sich nicht theilt, heißt Schaft. Er ist im Grunde nur ein Zweig unmittelbar auf der Wurzel: so besonders bey den Pflanzen mit geradstreifigen Blättern, denen also der eigentliche Stengel und selbst die Aeste fehlen.

Man kann die Stengel eintheilen wie die Wurzel.

a. Es gibt Zellenstengel, wie der Strunk (Stipes) bey den Pilzen; Aberstengel (Surculus), wie bey den Moosen und Tangen; Drosselstengel, wie der Wedel (Frons) der Farrenkräuter.

b. Es gibt ferner Rindenstengel, wie der Halm (Culmus) bey den Gräsern; Baststengel, wie der Schaft (Scapus) bey den lilienartigen Gewächsen; Holzstengel, wie bey den Palmen.

c. Ferner Wurzelstengel; wie die Zwiebeln und Wurzelstöcke (Rhizoma) bey den Zwiebelgewächsen, Farren u. a.; vollkommene Stengel, wie der Stamm (Truncus) der Bäume, und Laubstengel, wie etwa die der Kräuter.

Pflanzen, welche jährlich oder nach dem Blühen absterben, heißen Kräuter (Herba); deren Wurzel allein ausdauert, Stauden (Suffrutex); welche mehrere Holzstengel auf der Wurzel haben, Sträucher (Frutex).

Diese Stengel werden manchfaltig gebraucht; viele in der Medicin und Färberey, andere als Futter und Stroh, andere als Holz zu allerley Geräth, zum Bauen und zum Brennen.

### Aeste (Rami).

Die meisten Stengel theilen sich in Aeste.

Es läuft ein Holz= oder Drosselbündel nach Außen und bildet daselbst eine Knospe, welche aufbricht und das Bündel herausläßt, umgeben von Zellgewebe, welches sich in Bast, Rinde und Holz scheidet, ganz wie am Stengel.

Die Knospe besteht aus Blattblasen, welche an der Spitze aufspringen und den Zweig heraus lassen. Die äußere Blase umfaßt immer den Stengel wie eine Scheide, deutlich am Grasblatt. Daher steht jeder Zweig in dem Winkel eines Blattes, und wird am Grunde davon bedeckt. Es heißt Stützblatt.

Wenn sich an irgend einer Seite eine Knospe entwickelt, so gehen auch gewöhnlich ringsum andere Holzbündel ab, und die Aeste stellen sich quirlförmig um den Stengel. Es ist nehmlich kein Grund vorhanden, warum nicht nach allen Seiten Holzbün=

del ausstrahlen sollen, wenn sie einmal anfangen, sich von der Mitte des Stengels zu entfernen. Die Ursache davon ist ohne Zweifel das Licht und die Luft, welche die Theile zum Wachsen und zur Trennung von einander anregen. Die Zahl der Aeste hängt ohne Zweifel von der Menge der Holzbündel ab, und ebenso die Wiederholung der Quirl. Zweyschneidige Stengel treiben gewöhnlich zween Aeste gegenüber, dreyeckige 3, viereckige 4, fünfeckige 5, runde in größerer Anzahl.

Es können jedoch die Quirl=Aeste nie vollkommen neben einander oder auf gleicher Höhe stehen, weil ein jeder in einer besondern Stengelscheide steckt, und alle Stengelscheiden in einander, so daß sie auch nur nach einander platzen und die Aeste herauslassen können.

Von dieser Anordnung weichen daher die Aeste häufig ab. Kommt einer etwas später als der andere hervor, so verwandelt sich der Quirl in eine Spiralstellung; und diese ist ziemlich die häufigste unter den Pflanzen mit Netzblättern. Nach und nach treten sie noch unregelmäßiger hervor und stehen zerstreut, wie bey unsern Wald= und Obstbäumen. Man kann dem obigen zufolge annehmen, daß es überhaupt keine vollkommenen Quirl gebe, und daß selbst bey den Sternpflanzen die Aeste nur eingeschobene Spiralen seyen.

Da wo sich eine Blattscheide öffnet, oder wo Aeste entspringen, verdickt sich der Stengel in einen K n o t e n (Nodus). Es gibt daher so viel Knoten als Blätter.

Das Stengelstück zwischen zween Knoten heißt Z w i s c h e n= s t ü ck (Internodium), welches demnach sehr lang und sehr kurz seyn kann.

Sollten im Quirl nur zween Aeste gegenüberstehen, so werden sie bey der Wiederholung kreuzförmig; rücken sie selbst aus einander, abwechselnd.

Die Aeste bilden in der Regel einen halben rechten Winkel mit dem Stengel, diejenige Richtung, welche entstehen muß, aus dem ursprünglichen Streben nach oben und dem Fallen nach unten durch die eigene Schwere. Bey den Pappeln machen sie einen spitzen Winkel, bey dem Nadelholz meist einen rechten, bey der Häng=Aesche einen stumpfen. Bey Trauerweiden und Birken hängen sie über.

Gewöhnlich bekommen die Aeste wieder Aeste, welche man Zweige nennt, und die Theilung der letzteren Zweiglein. Die jungen Aeste oder Zweige heißen Sprossen (Turiones).

Man kann die Zweige auch eintheilen in:

a. **Gipfelzweige**, die jährliche Verlängerung des Stengels,

b. **Stengelzweige**, die Seitenzweige, und

c. **Wurzelzweige**, die Ausläufer (Stolones), wie bey den Erdbeeren und vielen anderen Pflanzen.

### Knospe (Gemma)

ist der durch die Rinde gebrochene, aber noch in seinen Plättern steckende Schoß oder Zweig.

Wenn sich durch vermehrtes Wachsthum, nehmlich Vermehrung der Gewebe, und durch den Reiz von Licht und Luft die Holzbündel von einander trennen und sich einzeln verlängern; so durchbrechen sie an irgend einer Stelle, entweder seitwärts oder oben am Stengel, die Rinde und bleiben daselbst, da dieses gewöhnlich erst im Spätjahr eintritt, stecken, ohne sich während des Winters weiter zu entwickeln. Die Entwicklung im Frühjahr nennt man das Ausschlagen (Gemmatio s. Vernatio).

Jedes solches Drosselbündel besteht selbst wieder aus allen Geweben, und ist mithin im Stande, wieder eine ganze Pflanze hervorzubringen, völlig gleich derjenigen, worauf es wächst.

Schneidet man einen solchen Zweig ab und steckt ihn zu gehöriger Zeit in den Boden, so treibt er Wurzeln, neue Zweige und Blüthen. Auf diese Art kann jede Pflanze, welche ausdauernde Zweige hat, ins Unendliche vermehrt werden, und man kann in dieser Hinsicht sagen, daß ein ästiger Stengel aus einer Menge Pflanzen zusammengesetzt sey, ganz auf dieselbe Weise, wie ein Polypenstamm aus vielen Thieren besteht.

In der Regel lösen sich die einzelnen Polypen von dem mütterlichen Polypen ab, sobald sie selbst fressen können; bey den Pflanzen aber bleiben die Zweige in der Regel stehen.

Indessen gibt es doch auch, welche Wurzeln treiben und sich endlich vom Stengel absondern, wie die Ausläufer.

Die Zweige sind nicht bloß Verlängerungen der Stengelgewebe, sondern sie bekommen auch neue Drosseln und Zellen, welche wie Wurzeln in den Stengel hinunter wachsen und denselben auf eine gewisse Strecke verdicken. Sie sind dem Stengel gewissermaßen eingeimpft, wie ein Pfropfreis, und wachsen daher in ihm, wie er selbst in der Erde.

Die Gewebe und anatomischen Systeme liegen, wie am ganzen Stengel, ebenfalls blasen= oder scheidenförmig um einander, und zerfallen in Blätter, welche den künftigen Schoß während des Winters dicht umgeben und denselben gegen den Einfluß der Kälte schützen. So bey unsern Wald= und Obstbäumen.

Im Frühjahr bey milderer Witterung und größerer Feuchtigkeit lösen sich diese Knospenblätter mit ihren Spitzen von einander ab; der Schoß verlängert sich zu einem jungen Zweig, von Rinde, Bast und einem Holzring umgeben und stellenweise mit den Blättern bedeckt, welche er aus der Knospe mitgenommen hat. In heißen Ländern brauchen die Knospen nicht zu überwintern, und daher schlagen sie sogleich aus, sobald sie entstanden sind. Es gibt daher daselbst keine Bäume, oder äußerst wenige, welche längere Zeit unveränderte Knospen zeigten.

Obschon sich indessen in jeder Blattachsel eine Knospe bildet, so kommt doch nicht jede zu ihrer Entwickelung, sondern verkümmert und stirbt ab. Daher sieht man fast an jedem Stengel oder Ast eine Menge Blätter, woraus kein neuer Zweig kommt. Das sind also leere Blätter.

In der Regel steht in einem Blatt auch nur eine Zweigknospe; bisweilen jedoch noch ein und die andere neben der Hauptknospe, wie bey Holunder, Hartriegel, den Apricosen.

Hin und wieder kommen auch Zweige ohne Stützblatt vor, welche mithin in keiner Achsel stehen. Solche bemerkt man an den Stellen, wo der Baum verwundet und gleichsam durch Kunst so geöffnet worden ist, daß die Gewebe herauswachsen können.

Wahrscheinlich entstehen alle Zweige der Art auf dieselbe Weise, nehmlich bey zufälligem Aufspringen der Rinde und des

Baſtes; wenigſtens zeigen ſie ſich am häufigſten bey alten knor=
rigen Bäumen.

Die untern Knoſpen treiben gewöhnlich bloß Zweige, und
daher nennt man ſie Holzknoſpen; die obern treiben Blüthen,
und daher nennt man ſie Fruchtknoſpen. Diejenigen, worinn
zufällig der Zweig verkümmert und nur die Blätter ſtehen blei=
ben, heißen Blattknoſpen.

Dem Stande nach muß man die Knoſpen auch eintheilen
in Wurzel=, Stengel= oder Zweig= und in Endknoſpen.

a. Zu den Wurzelknoſpen gehören die Zwiebeln (Bul-
bus). Bey ihnen iſt der Stengel verkümmert, und bildet nur eine
Scheibe, auf deren untern Fläche die Würzelchen entſtehen, auf
deren obern aber die Schalen, welches verkümmerte Scheiden=
blätter ſind. In manchen dieſer Blätter oder Scheiden bilden
ſich Knoſpen oder junge Zwiebeln, die ſogenannten Zehen beym
Knoblauch u. dergl. Aus jeder ſolchen Knoſpe oder Zwiebel
ſchießt ein Stengel auf, welcher meiſtens mit größern Scheiden=
blättern umgeben iſt und in Blüthen endigt. Dergleichen Zwie=
beln finden ſich außer den gemeinen (Allium) auch bey Lilien.

Bey manchen Zwiebeln ſind die Blätter ſo dicht mit ein=
ander verwachſen, daß ſie wie Knollen ausſehen, wie bey dem
Safran und Schwerdel. Aehnliche Zwiebelchen ſind die Körner
an der Wurzel eines Steinbrechs (Saxifraga granulata).

Es gibt auch ganz dichte Knollen (Tuber), welche Knoſpen
treiben, wie die Erdäpfel und Erdeicheln (Spiraea filipendula).
Es ſind eigentlich vergeilte und verdickte Stengel unter der
Erde. Die Stauden oder diejenigen Gewächſe, welche jährlich
den Stengel verlieren aber die Wurzel behalten, treiben neue
Knoſpen unter der Erde, wie die Georginen, Sellerie u. dergl.

b. Die Stengel= oder Zweigknoſpen ſind die eigent=
lichen Knoſpen, woraus, wie geſagt, ein neuer Zweig, oder Blü=
then, oder nur Blätter kommen. Es gibt aber daſelbſt in den
Blattwinkeln, und ſelbſt in den Sträußern, Knoſpen, welche
verdickt und fleiſchig ſind, wie Zwiebeln. Sie fallen ab und
entwickeln ſich in der Erde. Man nennt ſie Zwiebelchen (Bul-
billi). So bey gewiſſen Lilien, Lauchen und dem Zahnkraut.

c. Durch die Endknospen verlängert sich bloß der Stengel oder Ast, und vermehrt sich im Grunde nicht; am deutlichsten beym Nadelholz.

### Verkümmerung.

Die Zweige verkümmern auf manche Art und bekommen unkenntliche Gestalten.

Die gewöhnliche ist die Verkürzung zum Dorn (Spina), wie bey Weiß- und Schwarzdorn, Acacien, Ginster. Damit sind die Dornen der Rosen nicht zu verwechseln, welche Stacheln (Aculeus) heißen und nichts als spitzige Warzen der Rinde sind.

### Hemmungen.

Nicht selten verkümmert der Gipfelschoß ganz, und dann wachsen die Seitenäste allein aus, daß der Stengel gabelig erscheint, wie bey der Mistel und dem Flieder. Oder der Gipfel wird zum Strauß, und dann kann ein Seitenzweig sich so verlängern und immer neue Sträußer treiben, daß er aussteht als wenn er die Fortsetzung des Stengels selbst wäre, wie beym Rebstock, der von dieser sonderbaren, sich wiederholenden Verkümmerung das knieförmige Aussehen bekommt.

Die Ranken oder vielmehr Gabeln (Capreoli) des Rebstocks und der Kürbsen sind auch nichts anderes als verkümmerte Gipfel.

### Ausartung.

Die Aeste werden klumpig, gefurcht, breit und scheibenförmig bey den Fackeldisteln (Cactus); blattförmig beym Mausdorn; wurzelförmig in den Ausläufern (Stolones), wie bey den Erdbeeren. Breit oder gedrückt, wie man sie bisweilen bey Weiden und Aeschen sieht, scheinen sie durch Verletzung zu werden. Diese Mißgestalt erbt beym Hahnenkamm (Celosia) fort.

### c. Blätter (Folia).

Die Blätter sind flache Ausbreitungen einer Holzschicht oder von Drosselbündeln, welche durch Zellgewebe nur seitwärts verbunden bleiben.

Das Blatt hat oben und unten eine Oberhaut, mit vielen Spaltmündungen. Zwischen beiden liegt lockeres Zellgewebe, worinn die Drossel=Rippen verlaufen, so daß sie überall von der Oberhaut bedeckt sind. Die obere oder der ursprünglichen Lage nach innere Fläche ist meistens glatt, die untere oder äußere dagegen häufig mit Warzen oder Haaren bedeckt, besonders längs der Rippen. Sie bestehen bloß aus Zellgewebe ohne Spiralgefäße.

Die Blätter entstehen aus Knospen an der Seite und am Ende des Stengels oder der Aeste. Die Blattknospe ist eigentlich eine über das Ende des hervorsprossenden Zweiges gespannte Blase, welche auf verschiedene Art zerreißt und den Zweig heraus läßt. Spaltet sich die Blase nur eine kurze Strecke herunter, so behält das Blatt die Gestalt einer Röhre, welche den Stengel umgibt, und heißt S ch e i d e n b l a t t, wie bey den Gräsern.

Die Scheidenblätter haben, mit seltenen Ausnahmen, gerade und unverzweigte Rippen, sind daher meistens lang und ganz, bisweilen zerschlissen, aber nicht in förmliche Lappen zertheilt.

Diese geradstreifigen Scheidenblätter sind ein characteristisches Organ der Monocotyledonen oder der Pflanzen mit einem Samenlappen. Man kann sie daher S ch e i d e n = oder S t r e i f e n p f l a n z e n nennen.

Spaltet sich die Knospenblase aber von oben nach unten bis auf den Grund, so geht die Scheide verloren. Solche Blätter gleichen Abschnitten einer hohlen Kugel oder Blase, und haben die Gestalt einer Ellipse, jedoch mit sehr verschiedenen Durchmessern, wodurch sie einerseits lanzetförmig, und endlich ganz schmal oder linien= und nadelförmig werden, anderseits breit, rundlich, herzförmig u. dergl.

In dieser Art von Blättern laufen die Drosselbündel aus einander, verzweigen und verbinden sich wieder, wodurch netzförmige Rippen entstehen. Diese N e tz b l ä t t e r sind ein characteristisches Organ der Dicotyledonen oder der Pflanzen mit zween Samenlappen. Sie sind das eigentliche Laub.

Sie sind gewöhnlich gestielt, und der Stiel (Petiolus) hat am Grunde einen Knoten, welcher nicht selten ein Gelenk bildet, durch welches sich das Blatt heben und senken kann.

### Theilung.

In der Regel hat jedes Blatt eine Mittelrippe von Spiralgefäßen, von welchen Seitenrippen gegenüber abgehen. Oft zieht sich die Zellsubstanz zwischen 2 Rippen zurück, und dann wird das Blatt lappig. Die geringste Zahl der Lappen ist daher drey.

Die regelmäßige Zahl der Blattlappen ist daher die ungerade. Die Streifenblätter sind einzählig, die Netzblätter dreyzählig, fünfzählig u. s. w.

Der Grund der bey den Pflanzen herrschenden ungeraden Zahl liegt daher in der Theilung des Blatts. (Naturphil. 1810. S. 83.)

Die gerade Zahl der Theilung entsteht nur durch Verkümmerung der Mittelrippe oder des Mittellappens, und ist daher für die Pflanze zufällig.

Verschwindet die Zellsubstanz oder trennt sie sich bis auf die Mittelrippe, so wird das Blatt getheilt, dreytheilig, fünftheilig u. s. w. Wenn die ganze Mittelrippe verkümmert, so wird das Blatt zweytheilig.

Bisweilen verlängert sich die Rippe der Lappen in einen Stiel, und bekommt ein Gelenk wie der Hauptstiel (Rhachis). Solche Blätter heißen zusammengesetzte oder gefiederte (F. pinnata), und sind auch gerad und ungerad, je nachdem der Endlappen oder das Endblättchen verkümmert oder nicht. Erbsen, Bohnen, Aeschen, Holunder u. dergl.

Es geschieht auch, daß die Lappen oder Fiederblättchen (Pinnae) wieder sich in selbstständige Blättchen theilen, und dann heißt das Blatt doppelt gefiedert. Es kann noch weiter zusammengesetzt werden, wie bey den Mimosen.

### Stellung.

Alle diese Blätter stellen sich um einen Zweig auf dieselb Art, wie die Aeste um den Stengel, quirlförmig, spiral, zerstreut gegenüber, kreuzförmig und abwechselnd. Karl Schimper hat sich vorzüglich mit den Gesetzen der Blattstellung beschäftigt, und dieselben in Geigers Mag. f. Pharmacie, 1830, und in der botanischen Zeitung von Regensburg dargestellt. A. Braun hat sie auf die Stellung der Zapfenschuppen angewendet. (Leopoldinische Verhandlungen XV. 1831.)

Da sie alle nichts anderes als aufgerissene Scheiden sind, wie kurz auch diese übrig bleiben mag; so versteht es sich, daß sie auch alle eingeschachtelt waren und sich mithin nur nach einander öffnen konnten. Sie bilden daher eben so wenig einen vollkommenen Quirl als die Aeste. Ein solcher Quirl scheint im ganzen Pflanzenreich nicht vorzukommen, es müßte denn bey den niedersten seyn, wie Wasserfäden, Armleuchter, Schachtelhalm, wo eigentlich die Knospen fehlen.

Die büschelförmigen Blätter bey dem Spargel und den Nadelhölzern entspringen nicht aus einem Puncte des Stengels, sondern stehen an sehr verkümmerten Zweigen; ebenso beym Sauerach auf einem Dorn.

Es gibt auch Knospenblasen mit netzförmigen Rippen, welche sich nicht wie die geradstreifigen Scheidenblätter von oben nach unten spalten; sondern die Blase reißt quer auf einer Seite ihres Grundes, rollt sich auf wie die Farrenkräuter und läßt den Zweig oder die Blüthen heraus. So bey den Doldenpflanzen. Dieses sind unvollkommene oder unächte Scheidenblätter mit Stielscheiden (Phyllodium). Sie theilen sich meistens in Lappen oder Fiederblättchen, jedoch mit unvollkommenen Stielen und Gelenken.

Das folgende Scheidenblatt öffnet sich in der Regel dem untern gegenüber, so daß der ganze Stengel eine Reihe von Scheiden ist, welche oben bald links bald rechts aufreißen, wie bey den Gräsern. Streng genommen besteht auch der Stengel der Netzpflanzen nur aus Blattscheiden in einander geschachtelt. Der Augenschein verschwindet aber, weil die Blätter Stiele bekommen, während der Scheidentheil dicht mit dem Stengel verwachsen bleibt, und sich nicht absondert wie bey den Streifenpflanzen.

#### Arten.

Bey den Pflanzen mit Samen ohne Lappen, oder den Acotyledonen haben die Blätter keine Rippen, sondern bloß Zellen, wie bey den Moosen. Bey den Flechten und Tangen bleiben die Blätter mit dem Stengel verwachsen, ohne als Knospen aufzuplatzen. Die ganze Pflanze ist nur ein Haufen von nicht geöffneten Knospen, und hat daher auch ihre Fruchttheile in der Substanz selbst verborgen. Bey den Pilzen sind die Blätter so wenig entwickelt und der übrigen Substanz so ähnlich geblieben, daß sie nicht einmal die grüne Farbe zeigen.

Man kann die Blätter nach denselben Entwicklungsstuffen eintheilen, wie Stengel und Wurzel.

a. Nach den Geweben gibt es Zellenblätter, wie bey den Hutpilzen; Aderblätter oder Schuppen, wie bey den Moosen; Drosselblätter, wie bey den Farren.

b. Nach den Systemen gibt es Rindenblätter, wie die Scheidenblätter der Gräser und der andern Streifenpflanzen; Bastblätter, die gewöhnlichen Netzblätter; Holzblätter, die astartigen Blätter der Palmen.

c. Nach den Organen gibt es Wurzelblätter (F. radicalia), wie bey den meisten Kräutern, wo sie dicht über der Wurzel rosenförmig stehen; Stengelblätter (F. caulina), die einfachen an den Zweigen; vollkommene Blätter sind die zusammengesetzten oder gegliederten (F. articulata), wie die hand= und fußförmigen und die gefiederten.

#### Die Knospenlage (Vernatio)

bezieht sich auf die Lage der Blätter vor dem Ausschlagen. Das einzelne Blatt liegt entweder flach, oder der Länge nach zusammengeschlagen, oder der Quere nach eingeschlagen. Es ist ferner eingerollt, ausgerollt, zugerollt, gefaltet. Mehrere Blätter umfassen und decken sich auf verschiedene Weise.

#### Verkümmerung.

Bey vielen Blättern, besonders den gefiederten, verlängert sich der allgemeine Blattstiel statt in ein Endblättchen, in eine

Ranke (Cirrus), welche sich um Stangen windet. Daher gehören auch die Seitenranken der Kürbsen. Solche Fäden kommen aber auch bey Sträußern vor, wie bey den Reben.

Beym Traganth verhärtet das Ende des Stiels in einen Dorn; bey der Stechpalme, den Disteln, der Mannstreu und dem Sauerach geht jede Rippe in einen Dorn über.

Bey manchen Acacien aus Neuholland gehen alle Fiederblättchen verloren, und es bleibt bloß der allgemeine Stiel übrig. Bey vielen Wasserpflanzen, besonders dem Hahnenfuß und Wasserschlauch, geschieht dasselbe.

### Verbildung.

Beym Nußblatt breitet sich der Stiel am Ende, nach De Candolles Bemerkung, in einen Lappen aus.

Manchmal trennen sich die Ränder der Scheidenblätter nicht, sondern bleiben verwachsen, wodurch sie sehr schneidend werden, wie bey den Schwerdlilien; dasselbe scheint auch bey den hohlen aber runden Blättern der Zwiebeln der Fall zu seyn.

Bey dem sonderbaren indischen Kannenkraut (Nepenthes) erweitert sich der Stiel gegen das Ende in eine große aufrechte Kanne, welche Wasser enthält, und durch den Endlappen wie mit einem Deckel verschlossen wird.

Die Höhlen bey der Wassernuß und die Luftblasen beym Wasserschlauch (Utricularia) sind Lücken im Zellgewebe, wie bey den Seerosen.

Die Blätter, oder selbst der ganze Stock der Acotyledonen, enthalten keine besonderen Stoffe, oder höchstens Farbenstoffe; die der Monocotyledonen gewöhnlich süße oder scharfe Stoffe; die der Dicotyledonen dagegen sind sehr reich an allen Arten von Stoffen, besonders sauren und wohlriechenden, wie ätherische Oele und Harze, auch an verschiedenen Farbenstoffen. Sie sind bald in den Lücken, bald selbst in den Zellen enthalten.

Die Blätter wechseln im Herbst ihre Farbe und werden gewöhnlich gelb, also wie die Wurzel; viele roth, braun und schwarz, selten blau und weiß. Es kommt von der veränderten Oxydation der grünen Körner.

Die **Nebenblätter** (Stipulae)
sind scheinbar unbedeutende, aber noch keineswegs ganz enträthselte Theile. In der Regel sind es Anhängsel, jederseits am Grunde des Blattstiels, wie Flügel desselben. Sie kommen aber auch davon ganz getrennt vor, und bald mit ihren innern, bald äußern Rändern zu einem einzigen Blättchen verwachsen. Im ersten Fall stehen sie neben dem Stiel, im zweyten dem Blatt gegenüber und umgeben den Stengel, im letzten stehen sie in der Blattachsel.

Da sie allen Streifenpflanzen fehlen und auch den Netzpflanzen mit einem scheidenartigen Blattstiel, so kann man sie für nichts anderes als Ueberbleibsel der **Blattscheide** (Phyllodium) ansehen, oder für untere Fiederblättchen, da sie bey den Hülsenpflanzen besonders ausgebildet und manchfaltig vorkommen. Auch finden sie sich bey den rosenartigen Pflanzen, den Malven, dem Laubholz, während sie den Nelken und besonders den Pflanzen mit gegenüberstehenden Blättern fehlen, mit Ausnahme jedoch der Sternpflanzen.

Sie sind in der Regel viel kleiner und kümmerlicher als die Blätter, oft nur wie Papierschnitzel, besonders beym Laubholz, wo sie daher auch bald abfallen. Bey der Wassernuß sind sie unter dem Wasser fadenförmig, über demselben breit.

Sie verhärten bisweilen zu Dornen, und verlängern sich bey den Kürbsen in Ranken.

### B. **Strauß** (Thyrsus)
oder
**Organe der Fortpflanzung.**

Bisher haben wir bloß diejenigen Theile betrachtet, welche zur Entwicklung und Erhaltung der individuellen Pflanze dienen. Es gibt aber auch Organe, wodurch die Vermehrung oder Fortpflanzung der Gattung, d. h. die Wiederholung des Individuums, bewirkt wird, und dieses sind die Organe der Blüthe und der Frucht, welche ich unter dem Namen **Strauß** zusammenfasse.

Wenn dieser Zweck erreicht werden soll, so müssen sich alle Theile des Pflanzenstocks im Strauße wiederholen, und zwar zunächst die unmittelbar vorher gegangenen: denn eines entwickelt sich aus dem andern, und es kann keinen Sprung dazwischen geben, weil sonst Lücken entständen, durch welche der Zusammenhang, und mithin die Einwirkung aufgehoben würde.

Die zunächst vorhergehenden Organe sind aber Wurzel, Stengel und Laub, welche noch organisch mit einander zusammenhängen, und gleichsam ein Stück, einen ununterbrochenen Leib bilden.

Alles Wachsthum der Pflanzen beruht aber auf dem Bestreben, die Gewebe, Systeme und Organe von einander zu trennen und selbstständig zu machen. Diese Trennung wird in dem Stocke selbst nicht erreicht, außer theilweise bey den Blättern, insofern sie abfallen, aber nicht bey Stengel und Wurzel, und gar nicht bey den Geweben. Sobald sie bey allen gelingt, nehmlich bey Wurzel, Stengel und Blatt; so entstehen die Organe, welche wir Blüthe nennen. Sie bildet daher wieder einen ganzen Stock für sich, welcher sich nicht bloß von dem Hauptstock absondert; sondern worinn auch die Organe der Blüthe selbst sich von einander trennen.

Der Strauß oder die Organe der Fortpflanzung zerfallen in Blüthe und Frucht.

1. Die selbstständig gewordene und sich absondernde Wurzel ist der Samen.

2. Der Stengel in der Blüthe wiederholt ist die Capsel oder der Gröps.

3. Das Blatt in der Blüthe ist die Blume, oder genauer das Blust.

Der Samen ist ein abgegliederter und für sich bestehender Theil; die Capsel ist ebenfalls ein abgesonderter Theil, und ebenso die Blume mit ihren Staubfäden, indem alle sich ablösen und aus einander fallen.

Sie sondern sich aber auf dem rückgängigen Wege ab: zuerst das Blatt als Blume; sodann der Stengel als Gröps, und zuletzt die Wurzel als Samen, welcher wieder sich in ein ganzes

Individuum verwandelt, wie aus der Wurzel ein ganzer Pflanzenstock entsteht.

4. Zuletzt sammeln sich nicht bloß die Organe in der Blüthe, sondern auch die chemischen Bestandtheile; sie wird fleischig und heißt Frucht, welche mithin als Darstellung des ganzen Pflanzenstocks in Miniatur betrachtet werden muß.

Daß Kelch und Blume nichts weiter als veränderte Blätter sind, kann auch der Blinde mit Händen greifen, und es bedarf keines Scharfsinns eines Sehenden, um solches zu erkennen. Die Hauptsache aber ist die Bedeutung dieser Theile, und diese fällt nicht von selbst in die Augen, sondern muß aus der gesetzmäßigen Entwicklung aller Pflanzentheile geschlossen werden. Nur wenn man erkennt, daß alle Pflanzenorgane nichts anderes als die wiederholten und abgesonderten Gewebe sind; so erkennt man auch, daß die Blüthenorgane nichts anderes seyn können, als die Wiederholung der zunächst vorangegangenen Organe, nicht bloß der Blätter, was nur eine maschinenmäßige Ansicht wäre, sondern auch des Stengels und der Wurzel. Nur dadurch kann man die merkwürdigen Verhältnisse und Unterschiede erklären, welche bey den Blüthen vorkommen.

Die Blüthen, nehmlich die Vereinigung der Blume, des Gröpses und des Samens, stehen wieder auf Zweigen oder Stielen, von Blättern umgeben wie die Aeste. Auch befolgen die Blüthenstiele in ihrem Stand, in der Theilung, Verlängerung ganz die Gesetze der Aeste, und stellen wieder ein Astwerk im Kleinen vor. Dieses Astwerk heißt

Blüthenstand (Inflorescentia).

Der Blüthenstand oder Strauß im engeren Sinn entspringt als Astwerk der Blüthen immer in einer Blattachsel, und ist auswendig von einem Blatt bedeckt, welches bald einem Zweig- oder Stützblatt völlig gleicht, bald aber in Gestalt und Farbe abweicht und dann Deckblatt (Bractea) heißt.

In der Regel stehen die Sträußer zur Seite des Stengels; indessen kann man sie doch in Wurzel-, Stengel- und End- oder Gipfelsträußer eintheilen.

a) **Wurzelsträußer** gibt es bey den meisten Zwiebel=
gewächsen. Sie heißen auch Schaft (Scapus). Ferner bey
Haselwurz (Asarum), Sauerklee, Wintergrün (Pyrola), Erd=
scheibe (Cyclamen), Wassernabel (Hydrocotyle).

b) **Stengel=** oder **Zweigsträußer**, überhaupt Seiten=
sträußer, stehen fast alle einzeln bey Capucinerblume (Tropaeolum), Miere (Alsine), Raden (Agrostemma), Heidelbeere,
Pfennigkraut (Lysimachia), Gauchheil (Anagallis), Winde, Bel=
ladonna, Sinngrün; mehrere bey Seidelbast, Geißblatt. Dann
sehen sie oft aus, als wenn sie in Quirlen ständen, wie bey
den meisten Lippenblumen. In ächten Quirlen, nehmlich rings
um den Stengel, kommen sie äußerst selten vor, wie z. B. beym
Tannenwedel (Hippuris).

c) **Gipfelsträußer** sind die einzelnen Blüthen bey der
Einbeere (Paris), dem Schirmkraut, Einblatt (Parnassia); fer=
ner die zahlreichern bey Seifenkraut, Natterkopf, Tausendgül=
denkraut, Raute, Holunder, Wolfsmilch.

Der Strauß besteht zunächst aus Blättern und Stielen.

Was seine **Blätter** betrifft, so muß man zuerst alle,
welche zu der Blattblüthe gehören, eintheilen in Wurzel=, Sten=
gel= und Gipfel= oder eigentliche Blätter. Die Wurzelblätter
werden zu Deckblättern an den Stielen, die Stengelblätter zu
Kelch, die Gipfelblätter zur Blume.

Die **Deckblätter** sind also allein wahre Straußblätter,
und es gibt deren wieder dreyerley.

Stehen mehrere wirtelförmig um den Stiel, so heißen sie
Hülle (Involucrum).

Einzelne oder auch gedrängte, aber sehr veränderte, meist
verkümmerte Blättchen behalten den Namen Deckblatt
(Bractea); ein abweichend gestaltetes und meist verfärbtes
Scheidenblatt heißt Löffel oder Blüthenscheide (Spatha).

Stehen die Deckblätter sehr klein unter gedrängten Blüthen
auf einem Boden, wie bey den Kopfblüthen, Disteln; so heißen
sie Spreublättchen (Palea).

Die **Stiele** oder die Zweige des Straußes sind entweder
einfach oder zusammengesetzt. Stehen sie in einem Stütz=

blatt, so richten sie sich gänzlich nach dem Stande der Zweigblätter. Dieses ist der eigentliche **Blüthenstand**, welcher sich auf die Vertheilung der Blüthen an der ganzen Pflanze bezieht.

Die Blüthen können also stehen: gegenüber, quirlförmig, abwechselnd, spiral und zerstreut. Auf diese Weise erstrecken sie sich über die ganze Pflanze, wie z. B. bey den Lippenblumen, und bilden eigentlich viele Sträußer. Drängen sie sich aber nah zusammen, so betrachtet man sie auch als einen Strauß, obschon ein vollkommener Strauß eigentlich ein solcher ist, welcher durch ein Gelenk sich vom Stengel oder Zweig absondert und oft für sich abfällt.

a. Bey den **Gipfelblüthen** kommen verschiedene Sträußer vor.

1. Endigt der Stengel ohne alle Verzweigung, so ist die Blüthe einzeln, wie bey der Einbeere (Paris), dem Einblatt (Parnassia), Schirmkraut (Trientalis).

2. Stehen neben der Endblüthe Aeste gegenüber, ebenfalls mit einer Endblüthe; so ist es ein **Dreyzack** (Trichotomia), wie bey dem Seifenkraut, Hornkraut (Cerastium), Spergel (Spergula), Sandkraut (Arenaria), Sternkraut (Stellaria), Tausendguldenkraut, Raute.

3. Wenn in diesem Falle der Mittelstiel verkümmert; so entsteht der **Gabelstrauß** (Dichotomia), wie bey dem Feldsalat, der Mistel.

4. Verkümmern die Aeste einer Seite, daß nur die der andern und der Mittelstiel eine Blüthe tragen; so ist es die **Halbtraube**, wie bey dem Leimkraut (Silene).

5. Auch geschieht es, daß der Gipfel und die Astreihe einer Seite verkümmert, die andere aber allmählich hervorwächst, so daß je die Blüthe des innern Astes eine Gipfelblüthe vorstellt, und jeder folgende Ast oder Stiel nach außen und unten geschoben wird, wodurch sich der Strauß nach unten rollt, wie bey der Sonnenwende (Heliotropium), dem Natterkopf (Echium). Dieser Blüthenstand heißt der **Wickel**, auch Scorpionschwanz (Inflorescentia scorpioides).

Endlich setzen sich diese Gipfelblüthen mehr zusammen.

6. Sind die Gabel= oder Dreyzackzweige ungleich lang; so ist es ein Büschel (Fasciculus), wie bey der Carthäusernelke.

7. Werden sie alle gleich hoch, so daß die Blüthen in einer Ebene stehen; so ist es die Afterdolde (Cyma), wie bey Holunder, Schlingbaum (Viburnum lantana), Spierstaude, Hart= riegel (Cornus).

8. Stehen verkürzte Afterdolden in Blattachseln gegenüber, daß beide zusammen wie ein Quirl aussehen; so heißen sie Af= terquirl (Pseudoverticillus), wie bey den meisten Lippenblu= men, z. B. der Taubnessel, Melisse.

9. Stehen sie quirlartig am Gipfel, so heißen sie Quirl= dolden (Cyma verticillata), wie bey den Wolfsmilcharten.

10. Sind die Stiele der Afterdolden sehr kurz, so heißen sie Knäuel (Glomerulus), wie bey den Melden, Amaranten, Gansfüßen (Chenopodium).

Verkümmern die Stiele gänzlich, so entsteht ein Zweig= Köpfchen (Capitulum), wie beym Waldmeister (Asperula).

b. Die Seitenblüthen sind viel zahlreicher.

Unverzweigte.

Wenn eine Menge Blüthen längs einem Zweige gedrängt stehen; so heißt der Zweig oder Stengel Spindel (Rhachis) und der Blüthenstand Spindelstrauß.

1. Bedecken stiellose Blüthen die Spindel, so ist der Strauß eine Aehre (Spica). Gewöhnlich stehen die Blüthen in Zeilen: einzeilig (Sp. secunda), zweyzeilig (Sp. disticha) u. s. f.

Davon verdient die Kornähre bey den Gräsern besonders ausgezeichnet zu werden, weil die Spindel nicht mit scheiben= förmigen Blüthen bedeckt ist, sondern mit scheidenförmigen oder sogenannten Spelzen, und zwar vorzüglich zeilenförmig. Man sollte sie Spelzen=Aehren nennen, und die andern Blu= men=Aehren, wie bey Wegerich, Fingerhut, Weiderich (Epi- lobium), Flöhkraut (Polygonum persicaria), Scharlachbeere (Phytolacca), Melde.

Einseitig oder einzeilig ist sie bey Fingerhut, Heide, Son= nenthau (Drosera), Mayblümchen.

2. Haben die Blüthen um die Spindel einfache Stiele, so ist es eine Stiel=Aehre, welche gewöhnlich auch Traube genannt wird. So bey der Pimpernuß, Johannisbeere, Sauerach (Berberis).

3. Ist die Spindel abgegliedert, so daß sie ganz abfällt, und statt Spelzen oder Blumen bloß mit krautartigen Schuppenkelchen bedeckt; so heißt der Strauß Kätzchen (Amentum), wie bey den Haseln, Pappeln, Weiden, Eichen, Nußbäumen.

4. Werden diese Schuppen holzig, so ist es der Zapfen (Strobilus), beym Nadelholz.

5. Wird die Spindel sehr dick und fleischig, und stehen die Blüthen gedrängt darum; so ist es ein Kolben (Spadix), meist von einer Blüthenscheide umgeben, wie beym Kolbenrohr, Calmus, Aron; auch Welschkorn.

6. Entspringen die Stiele sehr dicht beysammen um das Ende der Spindel, und sind sie ziemlich gleich lang; so ist es das einfache Köpfchen, wie bey Klee, Kronwicke, Wiesenknopf, Platane.

7. Stehen die Stiele auf dem Gipfel eines Stengels von einer Hülle umgeben, und die äußern länger, so daß die Blüthen in einer Ebene liegen; so ist es eine Dolde (Umbella), wie bey den sogenannten Doldengewächsen, Möhren, Kümmel u. s. w.

8. Verkürzt sich die umhüllte Spindel zu einer Kugel, so ist es eine gehäufte Blüthe oder ein Knopf (Flos aggregatus), wie bey den Scabiosen, Weberdisteln.

9. Wird der Kopf flach wie ein Teller, so ist es eine zusammengesetzte Blüthe oder Kopfblüthe (Flos compositus), wie bey den Salatpflanzen, Disteln, Sonnenblume.

10. Vertieft sich dieser Blüthenboden zu einem Trichter, so daß die Blüthen darinn fast verborgen sind; so ist es ein Trichterstrauß (Infundibulum), wie bey den Feigen, Dorstenien.

Die verzweigten Sträußer
oder mit verzweigten Nebenstielen gehen den vorigen ziemlich parallel.

1. Die Spelzenähre kommt verzweigt vor (Spica ramosa) bey dem Bartgras (Andropogon ischaemum), dem Wunderweizen.

2. Berästeln auch die zweyten Aehren, so entsteht eine **Rispe** (Panicula), wie bey dem Haber und den meisten Gräsern. Man nennt auch ähnlich getheilte Sträußer mit runden Blumen so; allein es wäre besser, sie unter die zusammengesetzten Trauben zu rechnen.

Ist die Rispe sehr gedrängt, weil die Zweige kurz sind, so ist es eine **Rispenähre**, wie beym Lieschgras.

3. Eine verzweigte Stielähre ist eine **Traube** (Racemus), wie bey der Weintraube.

4. Erheben sich die letzten Zweige so, daß die Blüthen in eine Ebene zu stehen kommen, so entsteht die **Doldentraube** (Corymbus), wie bey vielen Kreuzblumen, den Birnen, der Vogelmilch (Ornithogalum umbellatum).

5. Geht die Verzweigung ins Drey= und Vierfache, und sind die Zweige sehr lang, so ist es eine **Rispentraube**, wie beym Froschlöffel (Alisma).

Verzweigte Kätzchen und Zapfen sind nicht bekannt.

6. Aber verzweigte Kolben kommen bey vielen Palmen vor. Ich nenne sie **Besen** oder Besenstrauß (Spadix).

7. Dolden, welche sich wieder in Döldchen (Umbellula) theilen, heißen **zusammengesetzte Dolden**, wie bey den meisten Doldengewächsen.

c. Endlich gibt es Sträußer, welche aus mehreren Blüthenständen zusammengesetzt sind.

Dolden in einer Rispe bey der Beeren=Angelica (Aralia).

Afterdolden in einer Rispe bey der Rainweide und dem Flieder.

Kopfblüthen in Afterdolden bey vielen zusammengesetzten Blüthen, Schafgarbe u. s. w.

Es gibt auch Sträußer, deren Spindel am Ende mit Blättern ohne Blüthen umgeben ist, dem **Schopf** (Coma) — **Schopfsträußer**, wie bey der Ananas (Bromelia), Schopflilie (Eucomis). Es sind unfruchtbare Deckblätter.

Bisweilen wächst die Spindel der Dolde aus und trägt im nächsten Jahr wieder eine Dolde, wie bey der Porcellanblume (Asclepias carnosa).

Röper hat auf eine scharfsinnige Weise gezeigt, daß zwar bey den meisten Blüthenständen die untern Blüthen zuerst aufbrechen, und dann die andern aufwärts folgen bis zu der Gipfelblüthe, was der natürliche Gang ist, da die untern Zweige die älteren sind; daß es aber auch Fälle gebe, wo das Aufbrechen mit der Gipfelblüthe anfängt und allmählich ringsum herunter steigt. Jenes nennt er centripetales Aufblühen, dieses centrifugales.

Das centrifugale Aufblühen zeigt sich bey denjenigen Pflanzen, deren Stengel oder Mittelzweige sich in eine Blüthe endigen und daher kurz bleiben, während die Seitenstiele weiter wachsen und auf ähnliche Art endigen, also überhaupt bey den Gipfelblüthen, wie bey der Trugdolde, dem Büschel, Knäuel, Wickel u.s.w. Dergleichen Blüthenstände finden sich vorzüglich bey den Enzianen, Glockenblumen, Baldrianen, Nelken, Hahnenfüßen, Rosenartigen.

Das centripetale Aufblühen zeigt sich bey denjenigen Pflanzen, deren Gipfel nicht durch eine Blüthe geendigt wird, sondern immer fortwächst und an den Seiten Blüthen treibt, also bey den seitlichen Blüthenständen: so bey Aehren, Kätzchen, Zapfen, Kolben, Köpfchen, Dolden, Trauben und Doldentrauben. Dergleichen Blüthenstände finden sich bey den Gräsern, Orchiden, Aron=Arten, Salatpflanzen, Scabiosen, Doldengewächsen, Kreuzblumen, Laub= und Nadelholz, Hülsenpflanzen, Geißblatt= Arten, Linden.

Wo mehrere Blüthenstände in einem Strauße vereinigt sind, da zeigen sich auch beide Arten von Aufblühen. (Roeper, Inflorescentiarum natura, in Linnaea I. 1826. 433.)

Das Ende des Straußes ist die Blüthe oder die Frucht.

### 1. Blüthe (Flos).

Die Blüthe besteht aus Blust, Capsel oder Gröps (Pistillum, Germen s. Pericarpium) und Samen (Semen).

Ich habe es zuerst in meiner Naturphilosophie (1810. S. 77) ausdrücklich ausgesprochen, daß die Blüthe den Zweig endiget und daß dieser nicht weiter fortwächst, wodurch derselben ihr bestimmter Ort angewiesen wird. Daraus folgt, daß eine Blüthe nie anderswo stehen kann, als am Ende eines Zweiges, und daß dieser seinen Lebenslauf vollendet hat, sobald er Blüthen trägt. So stirbt nicht bloß der Schaft der Zwiebel ab, sondern auch der große Stamm der Agave oder sogenannten Aloe, und selbst der Pisange und Palmen. Soll ein Baum neue Blüthen treiben, so muß er auch wieder neue Zweige entwickeln. Es versteht sich, daß der Strauß auch ein Zweig ist.

### a. Blust (Anthemon).

Das Blust ist das Blattwerk des Stocks in den Fortpflanzungsorganen wiederholt. Alles, was dazu gehört, wird sich auf den Bau und die Verhältnisse der Blätter allein beziehen. Das Blattwerk des Straußes ist, wie wir schon gesehen haben, eine dreyfache Blattknospe, Hülle, Kelch und Blume, wovon jene als die Wiederholung der Wurzel- oder Schuppenblätter, der Kelch als wiederholte Stengel- oder Scheidenblätter, und die Blume sammt ihren Staubfäden als wiederholte Zweig- oder Fiederblätter anzusehen sind. Die Hülle liegt daher nothwendig auswendig, die Blume innwendig und der Kelch zwischen beiden.

Kelch und Blume bilden zween dicht an einander liegende Blätterkreise, zwischen denen sich kein anderes Organ zeigt.

Aus diesem Grunde ist ihre Lage beständig abwechselnd, und sie wären leicht zu unterscheiden, wenn auch die Blume nicht gefärbt und zarter wäre. Uebrigens versteht man unter Blust jeden blattartigen Theil um die Frucht, welcher dieselbe unmittelbar umgibt, er mag grün oder gefärbt, also Kelch oder Blume allein seyn. So die Kätzchen der Haselstauden und die abfälligen Blüthentheile der Obstbäume.

### 1. Kelch (Calyx).

Der Kelch ist das in der Blüthe wiederholte Stengel- oder Scheidenblatt, welches unmittelbar unter der Blume liegt.

Wie die Scheidenblätter dicker und weniger getheilt sind als die Zweigblätter, so auch die Kelchblätter. Daher ist der Kelch gewöhnlich grün gefärbt, mit Drosselrippen durchzogen und Spaltöffnungen bedeckt, wie die Blätter; meist röhren- oder schuppenförmig, mit weniger Einschnitten als bey der Blume, oft nur dreyspaltig, wenn diese fünfspaltig ist, oder nur gezähnt, wenn diese ganz getheilt ist.

Bald ist er regelmäßig oder rund; bald unregelmäßig oder zusammengedrückt und zweylippig; bald ganz getheilt oder viel- blätterig; bald ganz oder röhrenförmig; bald stellt er nur ein Blättchen oder eine Schuppe vor.

Seine Theile wechseln immer mit den Blumentheilen ab. Hat eine Lippenblume oben zween Lappen, so hat der Lippen- kelch daselbst nur einen.

Sein Verhältniß zur Blume und zum Gröps ist dreyfach.

1. Steht er ganz von der Blume getrennt, so heißt er unterer Kelch (C. hypogynus), wie bey Ranunkeln, Mohn, Kreuzblumen, Citronen, Trauben. Dieser freye Kelch entspricht den Zweigblättern.

2. Stehen die Blumenblätter und Staubfäden darauf, so heißt er mittlerer Kelch (C. perigynus), wie bey den Alpenrosen, Heiden, Glockenblumen. Dieser Kelch entspricht den Stengelblättern.

3. Ist er mit dem Gröpse verwachsen, so heißt er oberer (C. epigynus), wie bey den Salatpflanzen, Disteln, Labkräutern, Geißblatt, Doldenblumen. Dieser Kelch entspricht den Wurzel- blättern.

In diesem Fall verwächst er bisweilen so dicht mit Capsel und Samen, daß er damit abfällt und aussieht, als wenn er die Samenschale selbst wäre; so bey Kümmel, Kerbel. Seine Lappen werden bey den Salatpflanzen borsten- und haarförmig, und heißen sodann Kelchkrone (Pappus).

1. Es gibt Schuppenkelche, worauf oder worinn die Staubfäden stehen, wie bey den Kätzchen und Zapfen. Ist eine solche Schuppe der Länge nach zusammengeklappt, so heißt sie Spelze (Gluma), wie bey den Gräsern. Hier liegen übrigens

zwo scheidenartige Spelzen gegenüber, wovon die innere aus zwey verwachsenen Blättern besteht, und der Kelch daher drey= blätterig ist.

2. Es gibt Scheidenkelche: die röhrenförmigen oder so= genannten einblätterigen (Calyx monophyllus), bey vielen Pflan= zen, Salat, Doldengewächsen, Lippenblumen, Schlüssel=, Glocken= und Windenblumen, Enzianen, Nelken, Rosen u. s. w.

3. Es gibt Laubkelche: die vielblätterigen (Calyx poly- phyllus), wie bey den Ranunkeln, Kreuzblumen, Mohn u. s. w. Diese fallen leicht ab.

Nicht selten sind Kelchblätter zart und gefärbt, und sehen aus wie Blumenblätter, so daß man nicht recht weiß, wofür man sie halten soll. Wechseln die Staubfäden damit ab, so nimmt man sie für Blumenblätter; stehen sie aber darauf, so nimmt man sie für Kelchblätter, wie bey den Lilien und Schwerd= lilien. Es wäre aber überhaupt besser, wenn man auch hier die äußeren Blätter Kelch, und die inneren Blumen nännte.

Man ist jetzt gleichsam übereingekommen, die Blüthe der Streifenpflanzen als Kelch zu betrachten, also auch bey Lilien und Tulpen. Man nennt sie Blust (Perigonium), um leichten Kaufs der Verlegenheit los zu werden. Es ist wahr, daß beide Kreise dieser Blüthe meistens auf der äußeren Fläche Spalt= mündungen haben, daß oft beide mit dem Gröps verwachsen sind, was sonst die Blume nicht thut, daß die Staubfäden ge= wöhnlich an den Blüthenblättern stehen, wie beym ächten Kelch: allein es gibt auch viele abwechselnde, viele ganz freye Blätter, und endlich welche, wo die äußern ganz grün sind und die in= nern gefärbt und zart, wie bey den Commelinen und Tradescan= tien, vorzüglich aber bey den Gräsern, wo man zwar den verküm= merten Blumenblättchen auch einen andern Namen (Lodiculae) gegeben, jedoch damit ihre Natur nicht geändert hat. Meist ist nur eines oder zwey vorhanden, aber drey bey Bambus.

### Verkümmerungen.

Wenn man die Lippenbildung des Kelchs eine Verkümmerung nennen will, so kommt dieser Zustand oft vor. Sonst ist er selten bey Zünften, deren Blüthen vollkommen zu seyn pflegen. Er zeigt sich zwar oft als bloße Zähne, fehlt aber fast nie gänzlich.

Dagegen gibt es ganze Zünfte, wo er natürlicher Weise einen kümmerlichen Zustand angenommen hat, besonders da, wo er die Staubfäden trägt.

Bey den Kopfblüthen, wie Salat, Disteln, Löwenzahn, umschließt er, wie schon gesagt, den schlauchartigen Gröps sammt dem Samen, verwächst nicht bloß damit, sondern auch seine fünf Lappen verwachsen mit einander oft zu einem langen Stiel, der sich in Haare auflöst, die Kelchkrone (Pappus); das begegnet auch den Baldrianen.

Bey den Orchideen verwachsen oft zwey Blätter, so daß bey dem ebenfalls abweichenden Bau der Blumenblätter die Zählung und Deutung der Theile oft schwierig wird.

### Verbildungen

des Kelchs kommen nicht häufig vor. Er bläst sich auf bey der Judenkirsche, bekommt unten Lappen bey den Veilchen, Säcke bey den Glockenblumen, einen an der Seite beym Schildkraut (Scutularia), lange Sporen bey Balsaminen, Capucinerblume, Rittersporn, einen Helm beym Sturmhut. Manchmal verwachsen seine Lappen und springen quer ab, wie bey der Deckel-Myrte (Eucalyptus); auch beym Schildkraut und dem Stechapfel. Bey der Wassernuß wird er hart, und seine Lappen hornförmig.

### Ausartungen

sind sehr selten. Bey der Haselwurz, der Osterlucey färbt er sich zwar wie eine Blume, verwandelt sich aber nicht. Bey der Schlüsselblume färbt er sich, daß sie wie eine doppelte Blume aussieht. Ebenso sieht er blumenartig aus bey Sturmhut, Rittersporn, Jungfer in Haaren, Akeley, Trollblume, Anemonen, Amaranten, Fuchsien, Pimpernuß, Seidelbast.

### 2. Blume (Corolla).

Man pflegt die Blume allgemein Blumenkrone zu nennen, ohne andern Grund, als weil das lateinische Wort Krone bedeutet. Allein unter dem deutschen Wort Blume versteht man ganz dasselbe, was unter Corolla; daher habe ich es eingeführt und hoffe, daß man nichts dagegen einzuwenden haben wird.

Die Blume ist das Netz= oder vollkommene Blatt, also das Fiederblatt in der Blüthe.

Sie ist ein zarter und verfärbter Blattwirtel unmittelbar um die Staubfäden, welche eigentlich dazu gehören.

Ueber wenig Organe sind seit einigen Jahren so vielerley Meynungen zum Vorschein gekommen, wie über die Blume.

Man hält sie allgemein für einen Blattwirtel, mithin für selbstständige Scheidenblätter, welche ursprünglich in einer oder zwo Spiralen standen und nur zusammengerückt wären. Bey dieser Annahme ist man gezwungen, wenigstens die abwechselnden Staubfäden auch für einen Wirtel von Blättern anzusehen, wenn man auch die an den Blumenblättern liegenden für bloße Anhängsel derselben wollte gelten lassen. Gewöhnlich hält man jedoch auch diese für einen besonderen Blattwirtel, so daß also eine vollständige Blume aus drey in einander liegenden Wirteln bestände. Da es aber Blumen mit mehreren Hundert Staubfäden in vielen Kreisen gibt, so muß man die Zahl der Blumenwirtel ins Unbestimmte gehen lassen: eine Annahme, welche wenigstens sehr bedenklich ist. Es ist dann nehmlich nicht denkbar, daß ein Blumenblatt dem andern völlig gleich seyn könne; weil die zu der obern Spirale gehörenden kleiner seyn würden. Sie könnten auch nicht nach der Reihe kleiner werden, sondern nur sprungweise; weil die sich einschiebenden aus der oberen Spirale zwischen die der unteren fielen, und zwar bald ein, bald zwey Blätter übersprängen. Angenommen, daß dieses kaum bemerklich wäre; so wäre es doch ganz unmöglich, daß sich paarweise gleiche Blumenblätter gegenüber stellten, wie die Flügel= und Kielblättchen der Schmetterlingsblumen. Weder diese noch die zwo folgenden Meynungen sind im Stande die herrschende Drey= und Fünfzahl der Blüthentheile begreiflich zu machen.

L. Reichenbach sieht die Blumenblätter, weil sie meistens mit den Staubfäden abwechseln, für Nebenblätter an, wovon also immer 2 und 2 verwachsen seyn müßten, und zwar die gepaarten bey Blumen-Staubfäden, die von zwey verschiedenen Paaren bey Kelch-Staubfäden.

Agardh endlich betrachtet die Staubfäden als Zweige in Blattwinkeln, und mithin die Blumenblätter als Stützblätter. Dann gäbe es aber bey vielfädigen Blumen eine Menge Kreise von Zweigen ohne alle Stützblätter, nehmlich alle abwechselnden Staubfäden, so wie diejenigen, welche in den innern Kreisen stehen.

Alle diese Annahmen haben ihre großen Schwierigkeiten, welche sich wenigstens vermindern nach meiner Ansicht, die ich schon in meiner Naturphilosophie (II. 1810. S. 89) vorgelegt habe, daß nehmlich Staubfäden und Blumenblätter zu ein und demselben Kreise gehören, und jene nichts anderes sind, als die völlig frey gewordenen und abgelösten Blattrippen, wodurch erst eine völlige Trennung der Gewebe erreicht wird. Damit allein läßt sich die zweyseitige Stellung der Schmetterlings=blume, die große Zahl der Staubfäden und ihre verschiedene Stellung gegen die Blumenblätter begreifen, wie nicht minder die Zartheit beider Theile, indem den Blumenblättern fast nichts als Zellgewebe, den Staubfäden fast nichts als Spiralgefäße geblieben sind.

Auch stimmt diese Ansicht ganz mit dem Entwickelungsgang der Pflanze überein, welcher augenscheinlich in dem Bestreben besteht, ein Gewebe vom andern zu trennen, und ebenso die anatomischen Systeme wie die Organe, z. B. das Holz von der Rinde, das Blatt vom Stengel, die Blattlappen von einander und die Rippen von der Blattsubstanz.

Darauf gründet sich auch die Hinfälligkeit der Blumen=theile, indem weder bloßes Zellgewebe noch bloße Spiralgefäße sich lang erhalten können.

Endlich bleibt sodann nur ein Kreis für die Zweigbildung in der Blüthe übrig, nehmlich die Fruchtbälge, welche innerhalb der Blumenblätter stehen und sich theils durch ihre Lage, theils durch ihre öftere Verholzung und endlich durch den Samenstand an den Rändern als wirkliche Zweige erweisen, obschon sie noth=wendig durch die Blattbildung gehen, weil diese später ist als die Stengelbildung. Bey den Malven bilden sie einen reichen Wirtel um den verlängerten Blüthenstiel; bey den Hahnenfüßen stehen sie sogar zerstreut über einander.

Die Blume besteht aus sehr zartem Zellgewebe und eben solchen Spiralgefäßen. Diese bilden aber selten eine Mittelrippe, sondern trennen sich schon unten und vertheilen sich in das Blatt. Ueberhaupt zeigt sich überall das Bestreben dieser Gefäße, sich sowohl unter einander als vom Zellgewebe zu sondern.

Wenn auch die Blumenblätter von einander getrennt sind und leicht abfallen, so sind doch alle eine Fortsetzung einer zarten Haut, welche den Kelch ausfüttert, und also im Boden der Blüthe eine Röhre bildet als Fortsetzung des Holzkreises, welcher aus dem Stiel herauf steigt, um sich als Blume zu entfalten. Ist diese Unterlage der Blume dick und deutlich, so nennt man sie Scheibe oder Bett (Discus, Torus), besonders deutlich beym Kreuzdorn. Unmittelbar steht daher nie ein Blumenblatt auf dem Stiel oder Kelch, so nehmlich, als wenn es ein nach Innen abgelöster Kelchlappen wäre.

Je nachdem diese Scheibe sich am Kelch oder am Gröps weit herauf zieht, ehe sie sich in Blumenblätter theilt, ändert sich auch der Stand der letztern: auf dem Boden, in der Mitte des Kelchs oder am Rande desselben.

Die Scheibe theilt sich auch manchmal in Schuppen und Fäden, welche wahrscheinlich verkümmerte oder veränderte Staubfäden sind, wie der schöne Fadenkranz um den Grund der Staubfäden bey der Passionsblume.

Bey der Akeley gibt sie innerhalb der Staubfäden zehn Schuppen ab, welche um die fünf Gröpsbälge stehen, wahrscheinlich verkümmerte Staubfäden.

Bey der Seerose wachsen solche Schuppen sehr hoch um die Capsel herauf, und tragen die Staubfäden. Beym Mohn umgibt die Scheibe die ganze Capsel, und daher klafft sie nur durch Löcher unter der Narbe. Bey den Citronen ist die gelbe Schale nichts anderes als eine solche Scheibe, welche die ganze Frucht überzieht.

Es gibt, wie bey den Blättern oder Kelchen:

1. **Schuppenblumen** (Corolla apetala), welche nur aus einem und dem andern verkümmerten Blättchen bestehen, wie bey den Gräsern, Melden, Nesseln, Wolfsmilchen. Man könnte hieher auch die Kätzchen rechnen, obschon nie ein Blumenblatt vorhanden ist.

2. **Scheidenblumen**: die röhrenförmigen oder einblätterigen (Corolla monopetala), wie bey den Schlüsselblumen, Glockenblumen, Winden, Rauhblätterigen, Lippenblumen.

3. Es gibt **Laubblumen**, welche ganz getrennt sind: die vielblätterigen (C. polypetala), wie bey den Nelken, Ranunkeln, Rauten, Kreuzblumen, Malven, Dolden, Rosen, Aepfeln u. s. w.

1. Es gibt ferner Blumen, welche den Wurzelblättern entsprechen. Es sind diejenigen, welche auf dem mit der Capsel verwachsenen Kelche stehen (Corolla epigyna). Sie könnten Gröpsblumen heißen.

2. Andere entsprechen den Stengelblättern und stehen auf dem freyen Kelch: Kelchblumen (C. perigyna).

3. Andere entsprechen den Zweigblättern, und stehen ganz frey auf dem Stiel unter der Capsel: Stielblumen (C. hypogyna).

Man kann annehmen, daß die Blumenknospe sich auf zweyerley Art spalte, wie die Blattknospe: entweder vom Gipfel gegen den Grund, wodurch die regelmäßige oder runde Blume entsteht; oder sie spaltet sich quer auf einer Seite des Grundes, und richtet sich auf wie ein gefiedertes Blatt. Dieses ist die unregelmäßige oder zweyseitige Blume: Lippenblume oder Schmetterlingsblume, je nachdem die Blätter verwachsen oder getrennt sind.

### Bau der Blume.

Die Natur der Blumenbildung läßt sich am besten aus der zweyseitigen darstellen.

Sie besteht aus einem ungeraden Blättchen und aus zwey oder vier geraden, und ist daher drey- oder fünfblätterig mit fiederartig gestellten Blättern. Sie stellt mithin ein Fiederblatt vor, und kann **Fiederblume** heißen.

Die regelmäßige Zahl der Blumenblätter ist daher die ungerade, 1, 3 oder 5, selten mehr, außer im Falle der Verdoppelung, wodurch 6 oder 9 Blätter in verschiedenen Wirteln entstehen, oder aus der fünfzähligen Blume eine zehnzählige wird.

Das ungerade Blättchen steht natürlicher Weise immer oben; das nächste Paar seitwärts gerichtet in der Mitte; das letzte Paar unten.

Dreyblätterige Fiederblumen finden sich bey den Orchiden oder den Knabwurzen; fünfblätterige bey den Veilchen, Erbsen und Bohnen. Es sind die eigentlichen Schmetterlingsblumen.

Das ungerade Blatt ist das größte und heißt Fahne (Vexillum); das nächste Paar Flügel (Alae); das unterste Schiffchen oder Kiele (Carina), weil es gewöhnlich verkümmert und verwächst.

Das ungerade Blatt unterscheidet sich nicht bloß durch die abgesonderte Stellung und die Größe, sondern auch meistens durch eine größere Zahl von Blattrippen und eine andere Färbung oder Zeichnung. Hat es z. B. 3 gefärbte Längsstriche oder Pfeile, so haben die Flügel nur 2, die Blättchen des Schiffchens nur einen oder gar keinen. Die Fahne hat oft in der Mitte einen Flecken, welcher den andern fehlt u. s. w.

Nach dieser meiner Ansicht besteht eine Blume mit einer einzigen Blätterreihe nur aus einem Blatt, welches in mehr oder weniger Fiederblättchen getheilt ist.

Die Blume ist daher nur eine einfache Knospe, und nicht ein Wirtel von mehreren in einer Spirale über einander stehender Knospen.

Sind aber die Blumenblätter nicht selbstständige Blattscheiden, sondern nur ein getheiltes Blatt; so müssen wir auch annehmen, daß die Staubfäden nicht besondere Blatt- oder Zweigwirtel sind, sondern nur abgelöste Blattrippen.

Bemerkt man bey einer Blume die gerade Zahl, vier oder nur zwey Blätter; so ist das ungerade Blatt als verkümmert zu betrachten.

Die Fahne ist beständig verkümmert bey den Kreuzblumen, wie beym Kohl, den Levkojen. Dann stehen die vier Blumenblätter so zusammengerückt, daß man die Lücke für das ungerade Blatt deutlich erkennt.

Verkümmern noch 2 Fiederblättchen, so wird die Blume zweyblätterig, wie beym Hexenkraut (Circaea).

Sehr selten bleibt das ungerade Blatt allein stehen, so daß die Blume einblätterig wird, wie beym Bastard-Indigo (Amorpha). Solch ein einzelnes Blumenblatt kommt auch bey einer Pflanze in Guyana vor, mit Namen Guale (Qualea), bey einheimischen nicht.

Mit der Verkümmerung von Blumenblättern verkümmern gewöhnlich auch ihre Staubfäden, nehmlich die, welche zwischen den kleinen Blättern liegen, und dagegen werden diejenigen größer, welche den größern Blättern entsprechen. So bey den Schmetterlingsblumen und Lippenblumen.

Die Orchiden haben sehr ungleiche dreyblätterige Fiederblumen, welche auch gegen den dreyblätterigen Kelch verkehrt stehen.

Da die Scheidenblätter die unvollkommeneren sind, so muß man auch die unregelmäßigen Blumen für unvollkommen halten, und mithin für diejenigen, aus welchen sich die regelmäßigen entwickeln.

In Bezug auf den Kelch ist die Fiederblume zu betrachten als die zweyte oder innere, mithin entgegenstehende Blattscheide. Daher verhalten sich Fiederkelch und Fiederblume immer umgekehrt zu einander, oder ihre Lappen stehen verkehrt, der ungerade Kehllappen nehmlich immer der Fahne gegenüber, oder unten wenn diese oben ist, nehmlich zwischen den Kielen; die gespaltene Kelchlippe liegt dagegen auf dem Rücken der Fahne. Beide stehen sich gegenüber, wie zwo Hände, wovon die eine nach oben, die andere nach unten gerichtet wäre. Diese merkwürdige Stellung spricht auch sehr für diese Ansicht; wenigstens läßt sie sich durch andere Annahmen nicht erklären: denn bey in einander geschobenen Wirteln wäre gar nicht zu begreifen, warum Kelch und Blume paarweise kleinere Blättchen hätten, und warum diese verkehrt und doch so regelmäßig zwischen einander zu stehen kämen.

#### Regelmäßige Blumen.

Kann man etwa zweyerley unterscheiden: Schrauben- und Quirlblumen.

Stellen sich die Blätter etwas spiralig über einander, so ist es die erstere.

Rücken die über einander stehenden Fiederblättchen in einen Kreis zusammen, so entsteht die ganz regelmäßige Quirl- oder Sternblume, in welcher nehmlich die Blätter in gleicher Höhe entspringen und einen vollkommenen Kreis bilden.

Die regelmäßige Blume ist daher auch ungerad, drey- oder fünfzählig.

Die erstere findet sich bey den Monocotyledonen oder Scheidenpflanzen; die fünfzählige bey den meisten Dicotyledonen oder Netzpflanzen.

Daß die regelmäßigen Blumen aus den unregelmäßigen entstehen, kann man bey den meisten noch deutlich nachweisen, theils durch etwas verschiedene Größe, schiefe Stellung und verschiedene Färbung der Blätter.

Auch bey den regelmäßigsten Blumen steht ein Blatt sehr oft ein wenig abgesondert, oder es ist etwas größer, oder ein wenig anders gestaltet, oder anders gefärbt und gezeichnet. Auf alle diese Dinge muß man genau Acht geben, wenn man die Lage der Blumen und das Verhältniß der Staubfäden zu den Blättern bestimmen will. In diesem Fall ist es fast unmöglich, die große Zahl der Staubfäden anders zu erklären, als durch eine völlige Zerfallung der Spiralgefäßbündel.

#### Röhrenblumen.

Die Röhren- oder Scheidenblumen sind zu betrachten als solche, bey denen die Blätter verwachsen sind oder sich nicht getrennt haben. Sie verhalten sich daher ihrer Gestalt und Zahl nach auf dieselbe Weise.

Die regelmäßigen Röhrenblumen sind entweder dreyspaltig oder fünfspaltig.

Auch bey diesen bleibt der Kelch oft lippenförmig, weil er eine niedere Bildung ist.

Bleiben die Fiederblättchen verwachsen, so entsteht die Lippen=
blume. Ihr Stand ist gegen die Schmetterlingsblume verdreht.
Hier ist nehmlich diejenige Lippe, welche aus dem ungeraden
Blättchen und den zwey obern Fiederblättchen besteht, die untere;
die zweyzählige oder gespaltene und gewöhnlich kleinere Lippe
dagegen ist die obere.

Hier verkümmert in der Regel der Staubfaden, welcher an
der Oberlippe liegt. So bey dem Löwenmaul, der Braunwurz
u. s. w. Der verkümmerte Staubfaden ist hier wie auch ander=
wärts nicht selten durch einen besondern Farbenflecken an der
Blume angedeutet.

Bey allen unregelmäßigen Blumen ist es auch der Kelch.

Es gibt Röhrenblumen, welche einerseits bis auf den Grund
gespalten sind, und dadurch zungenförmig (Corolla lingulata)
werden, wie beym Salat. Dennoch zeigen sie am Rande 5 Zähne.
Eigentlich ist hier die Oberlippe ganz gespalten.

Es gibt aber auch Zungenblümchen, welche nur drey Zähne
haben, wie z. B. im Strahl vieler Kopfblüthen. Dann fehlt
die Oberlippe ganz, oder sie erscheint nur als Spur am Grunde,
wie bey der Sonnenblume.

Die Kopfblüthen haben noch das Eigene, daß die Drossel=
rippen nicht in der Mitte der Lappen, sondern am Rande gegen
den Einschnitt verlaufen, mithin zwo Randrippen verwachsen
sind. Da auch die Staubfäden daselbst, nehmlich abwechselnd,
stehen; so könnte dieses auch darauf deuten, daß sie zwo ver=
wachsene und abgelöste Randrippen wären.

### Knospenlage (Aestivatio, Praefloratio).

Vor dem Aufblühen haben die Blumenblätter eigenthüm=
liche Lagen in der Knospe, wie das Laub. Da dieses bey der
Bestimmung der Zünfte berücksichtigt wird, so muß es erwähnt
werden. Wie die Stellung der Blumenblätter auf dreyerley
Art vorkommt, so auch ihre Knospenlage. Deckt ein Blättchen
die andern, wie die Fahne in den Schmetterlingsblumen, so ist
es eine Fiederlage (Aest. imbricata), wie bey den Lippen=
blumen; deckt ein Seitenrand den andern, Schraubenlage

(Ae. contorta), wie bey dem Sinngrün (Vinca); stoßen die Blättchen nur an einander, Quirllage (Ae. valvacea).

### Verkümmerungen.

Kein Theil der Pflanze ist so sehr den Verkümmerungen unterworfen, wie die Blume nebst den Staubfäden. Die Blätter verkleinern sich nicht nur sehr häufig, sondern verschwinden auch gänzlich.

Abgesehen von den bloß unregelmäßigen Flügel-, Lippen- und Zungenblumen, gibt es eine Menge, wo ein und der andere Lappen oder Blatt kleiner wird, was jedoch meistens sich auf die Fiederblume zurückführen läßt.

Bey den Gräsern sind die Blumenblätter immer ungleich groß; es fehlt immer eines, zwey und wohl alle drey.

Bey den Melden, Amaranten, Nesseln zeigt sich selten ein Blumenblatt, obschon der Kelch ziemlich vollkommen ist und Platz dafür hat. Man nennt sie daher blumenlose (Flos apetalus). Indessen ist manchmal die Blume noch durch Schuppen angedeutet.

Von den Kreuzblumen, denen ein Blatt fehlt, ist schon gesprochen. Aber auch bey vielen Ranunculaceen fehlen Blumenblätter. So hat der Rittersporn nur vier, der Sturmhut nur zwey.

Bisweilen fehlen die Blumenblätter bey Gattungen, während sie ihre Geschwister haben, wie bey dem Mastkraut (Sagina apetala), Ahorn, Aeschen, Veilchen.

Es geschieht auch, daß an einem Strauß mit fünfblätterigen Blumen eine und die andere beständig nur vier Blätter hat, wie bey Raute, Goldmilz, Bisamkraut.

### Verbildungen

sind bey den Blumen sehr häufig. Sie werden besonders gern unten sack- und spornförmig (Calcar), wie bey Rittersporn, Akeley.

Oder sie bekommen oben eine Art Helm, wie beym Sturmhut.

Auch werden die Blumenblätter röhrenförmig, daß solche

Blume ausſieht, als wenn ſie zu den zuſammengeſetzten gehörte; ſo bey der Nieswurz, wo gewöhnlich auch einige Staubfäden ſich in ſolche Röhrenblümchen verwandeln und dadurch die Zahl vermehren. Nur diejenigen ſind hier ächte Blumenblätter, welche mit den fünf Kelchblättern abwechſeln.

Die Röhrenblümchen der Zuſammengeſetzten ſpalten ſich manchmal in Zungenblümchen. Man nennt ſie mit Unrecht: gefüllt.

Es gibt noch eine merkwürdige Verbildung, wo nehmlich eine unregelmäßige Blume in eine regelmäßige ſich verwandelt. Das kommt nicht ſelten vor bey den Lippenblumen, beſonders beym Leinkraut (Linaria), auch bey Veilchen und Knabwurzen. Dergleichen Blumen heißen bekehrte (Peloria).

### Verdoppelung.

Doppelte Blumen nennt man diejenigen, welche aus zween oder mehr Wirteln beſtehen. Dadurch werden die dreyblätterigen ſechsblätterig u. ſ. w., die fünfblätterigen zehnblätterig u. ſ. w. Die innern Wirtel wechſeln immer mit den äußern ab. Das iſt übrigens ein natürlicher Zuſtand, und findet ſich ausgezeichnet bey Blumenbinſe (Butomus), Pfeilkraut, Seeroſe, Fackeldiſtel, Faſerblume.

Es gibt aber auch ungewöhnliche Verdoppelungen. Es ſtecken dann zwo Blumen in einander, wie beym Stechapfel (Datura fastuosa), bey Glocken- und manchen Lippenblumen, auch bey Lilien. Meiſt tragen auch die innern Blumen Staubfäden.

Die Krone der Narciſſen ſcheint auch ein Streben zu einer ſolchen Verdoppelung zu ſeyn.

Bey den Nelken kommt dieſe Verdoppelung oft vor.

Es geſchieht auch, daß ſich die Lappen oder Blätter eines Wirtels nur vermehren, wie bey Zeitloſe, Flieder.

### Die Füllung

entſteht durch Verwandlung anderer Theile in Blumenblätter, namentlich der Staubfäden und Bälge. So ebenfalls bey Nelken und Lilien, Hahnenfüßen, Anemonen, Schlüſſelblumen.

Ausartungen

der Blumenblätter kommen selten vor.

Am häufigsten in Kelchblätter verändert bey der Nachtviole (Hesperis matronalis), bisweilen auch bey Hahnenfüßen, Anemonen und Glockenblumen. In Staubfäden verwandelt hat man sie beym Täschelkraut gefunden. Bey der Wunderblume bildet ihr unterer Theil eine Art Nuß um den Gröps, während der obere abspringt.

### Farben.

Ich habe in meiner Naturphilosophie (II. 1810. SS) zu zeigen gesucht, daß die Blumenfarben nichts anderes sind, als Zerfallung des Grünen im Stock. Diese Ansicht scheint nun allgemein angenommen zu seyn. Sie wird aber nur begriffen, wenn man es sich gehörig deutlich macht, daß die Blüthe selbst nichts anderes ist, als der zerfallene Stock.

Das Grün der Blätter ist zusammengesetzt aus Gelb und Blau, und diese zwo Farben werden bey der Entwickelung der Blume geschieden, wahrscheinlich durch mehr oder weniger Verbindung des Sauerstoffs mit den grünen Körnern. Durch Säuren werden sie blau und roth, durch Alcalien gelb.

Das Gelbe gehört den unbeleuchteten Theilen an, dem Innern des Stengels, vorzüglich der Wurzel; das Grüne, Blaue und Rothe den beleuchteten Theilen.

Bey manchen Pflanzen scheiden und vertheilen sich die Bestandtheile des Grünen auffallend in Stock und Blüthe. So werden die Blumen des Indigos und des Waids gelb, während das Blau im Stengel bleibt. Indessen erlauben andere Beyspiele nicht, aus den Farben der Blumen auf die des Stengels oder der Wurzel zu schließen.

Häufen sich mehr oxydierte Körner in der Blume, so wird sie roth; vermindern sich dagegen die Körner, oder werden die Zellen ganz leer, so wird sie weiß.

Die weißen Blumen sind daher meistens sehr zart und verwelken bald. Sie finden sich am häufigsten in den kalten Gegenden, im Winter, Früh= und Spätjahr.

Die rothen Blumen sind am häufigsten in den heißen Ländern; bey uns im Sommer.

Die gelben und blauen Blumen sind am häufigsten in den gemäßigten Ländern, jene mehr im Frühjahr, wie die Ranunkeln und Kreuzblumen, diese im Spätjahr, wie die Enziane und Glockenblumen.

Das Gelb ist ohne Zweifel die niederste Farbe. Es geht durch Verstärkung in Roth über, dieses durch Schwächung in Violett und Blau, und dieses endlich durch Mangel an Nahrung in Weiß. Das Ende der Farbenentwickelung scheint daher weiß zu seyn.

Die gelbe Farbe ist eigentlich die Farbe der Wurzel, und daher ist die Mitte der Blume, welche der Wurzel entspricht und zuletzt ans Licht kommt, fast immer gelb, wenigstens die Staubbeutel. Bey zusammengesetzten Blüthen sind sehr häufig die innern oder die der Scheibe gelb, die äußern oder der Strahl blau oder weiß, wie bey den Astern und Maaßlieben. Der Grund der Blumen ist oft gelb, während der Saum blau ist. Auch liegen bey Blumen von gemischter Farbe, z. B. bey violetten oder röthlichblauen, bey rothgelben u. dergl., die blauen Körner in der äußern Zellenschicht und die rothen darunter; die gelben nehmen immer die tiefste Lage ein, so daß sie durch das Rothe hindurch scheinen.

Da das Gelb der Erde, das Grün dem Wasser, das Blau der Luft und das Roth dem Feuer entspricht; so ist die ganze Pflanze vielleicht deßhalb grün, weil sie vorzüglich aus dem Wasser entspringt und fast ganz daraus besteht. Das Grün ist eine Vereinigung von Farben; das Roth seine Erhöhung; das Weiß seine Schwächung; das Gelb und Blau seine Zerfallungen.

Wirkliches Schwarz kommt bey den Blumen nicht vor. Es ist nur ein tiefes Blau.

Uebrigens scheint die Blumenfarbe nicht bloß von Körnern herzukommen, sondern auch von farbigem Saft, worinn man kleine Körner bemerkt. Man sollte glauben, daß die Verwandlung des Grünen in andere Farben dadurch geschähe, daß seine Körner zerflößen, gleichsam verfaulten, wie denn die Entwickelung der Blumen offenbar durch die Absonderung der Staubfäden oder Spiralgefäße ein Absterben der Blätter ist, und ihnen gleichsam gesund das begegnet, was den Blättern am Ende des Herbstes, wo sie vor dem Abfallen wieder die Farbe der Wurzel annehmen, nehmlich gelb, braun oder roth werden, und endlich schwarz. Leeres, lebendiges Zellgewebe ist weiß, volles roth, todtes schwarz. Auf jeden Fall ist der Farbenwechsel ein Uebergang in das Reich der Mineralien, und zwar der Metalle, als welche die einzigen Körper sind, die das Licht zurückwerfen und durch Oxydation alle Farben annehmen, durch schwache meistens schwarz, dann blau, grün, durch stärkere gelb und roth werden.

Die Ursache des Farbenwechsels bey den Pflanzen ist ohne Zweifel das Licht, welches den Körnern Wasser und Sauerstoff entzieht. Sind die Körner voll Wasser, oder gar in solches aufgelöst, wie bey den Bleichlingen; so ist die ganze Pflanze weiß; deßgleichen die meisten Blätter und Blumen in der Knospe. Sobald das Licht darauf fällt, werden sie grün, zerfallen dann in Gelb und Blau, aus deren jedem sich Roth entwickeln kann, je nachdem Säure oder Lauge darauf wirkt.

Staubfäden (Stamina).

Die Staubfäden sind abgelöste Blumenrippen mit zwey geschlossenen Fiederblättchen am Ende.

Es sind verfärbte und stielförmige Theile, welche innerhalb der Blume, oder wenn diese fehlt, innerhalb des Kelches stehen. In Gewebe und Bau gleichen sie vollkommen der Blume. Im Zellgewebe läuft ein einziges Drosselbündel. Die Spaltmündungen fehlen.

Sie entspringen auch, wie die Blumenblätter, aus einer gemeinschaftlichen, sehr zarten Röhre oder hautartigen Ausbreitung, welche unten den Stiel oder auch den Kelch überzieht, nehmlich der Scheibe oder dem Bett (Discus s. Torus).

Bald stehen sie am Grunde der Blumenblätter, oder, wie man es nennt, denselben gegenüber (Stamina opposita), und dann sehen sie völlig aus, wie die nach innen abgelöste Mittelrippe; bald aber stehen sie abwechselnd mit den Blumenblättern,

d. h. im Einschnitte derselben (St. alterna), und dann sehen sie wie die abgelösten Mittelrippen des Kelchs aus. Allein auch dieser Faden erhebt sich aus dem Blumenboden oder der Scheibe, welche den Kelch überzieht, und gehört daher der Blume an, obschon dem Ursprung des Staubfadens aus dem Kelche selbst nichts entgegen steht, wie es die Lilien, Schwerdel und fast alle Scheidenpflanzen zeigen.

Solch ein Wechselfaden kann auch betrachtet werden als Verwachsung der abgelösten Randrippen der zwey nächsten Blumenblätter, wofür besonders die Rippen der Röhrenblümchen bey den Kopfblüthen sprechen, welche zu den Einschnitten laufen; und überhaupt die Staubfäden der meisten Röhrenblumen, als welche zwischen den Lappen liegen, mit Ausnahme der Schlüsselblumen und einiger anderer. Weil sich bey Mißbildungen die Staubfäden in Blumenblätter verwandeln können, so hat man sie auch als besondere Blattwirtel betrachtet; aber dann könnten die Staubfäden nicht den Blumenblättern gegenüber stehen und mit ihnen verwachsen seyn. Betrachtet man sie als Zweigwirtel, so müßten alle in den Blumenblättern als ihren Stützblättern stehen und keine daneben.

Sie sind daher als Reihen, nicht als Wirtel zu betrachten, außer in den doppelten Blumen.

Die abwechselnden Staubfäden kommen am häufigsten im Pflanzenreich vor, besonders bey den Dicotyledonen. Die gegenüberstehenden sind bey den Monocotyledonen gewöhnlich.

### Zahl.

Die regelmäßige Zahl der Staubfäden richtet sich immer nach der Zahl der Blumenblätter, sind mithin drey- oder fünfzählig.

Gewöhnlich steht nur einer vor oder zwischen den Blättern, und dann sind es ihrer 3 oder 5. Sind beide Reihen vorhanden, so sind es 6 oder 10.

Bey der Vervielfältigung stellen sich zunächst nicht zwey, sondern drey vor die Blumenblätter, meistens nur bey den fünfblätterigen. Dann sind es $5 \times 3$ oder 15.

Gewöhnlich steht in diesem Falle noch einer zwischen den Blättern, und dann sind es 15 und 5 oder 20, wie bey Aepfeln, Vogelbeeren, Mispeln, Weißdorn.

Oft stehen auch 5 vor jedem Blumenblatt, also 25 und 5 oder 30, wie bey den Traubenkirschen.

Bisweilen zeigen sich viele Kreise der Art in einander, und dann sind es $5 \times 30$ oder 150, auch wohl noch einmal so viel oder 300, wie bey manchen Fackeldisteln (Cactus).

Ein einziger Staubfaden kommt fast gar nicht vor; beym Tannenwedel durch augenscheinliche Verkümmerung.

Ebenso zeigen alle gradzähligen Fäden die Verkümmerung von anderen.

### Verwachsung.

In der Regel sind die Staubfäden von einander getrennt; bisweilen verwachsen sie aber auch röhrenförmig mit einander, wie bey den Malven. Man nennt sie **einbrüderige** (Stamina monadelpha).

Löst sich ein Staubfaden von der Röhre ab, wie bey den Schmetterlingsblumen, z. B. den Bohnen, so heißen sie **zweybrüderig** (Stamina diadelpha).

Trennen sie sich in mehrere Bündel, so heißen sie **vielbrüderig** (Stamina polyadelpha), wie beym Johanniskraut.

Sie verwachsen auch selbst mit dem Griffel bey den Orchiden oder Knabwurzen (Gynandria).

### Verkümmerung (Abortus).

Die Verkümmerung der Staubfäden hat ihre Grade. Zuerst fehlt nur der Beutel, dann zeigt er sich halb verkürzt, endlich nur als eine Schuppe oder Drüse. Selten verschwindet alle Spur. Oft ist er noch durch einen gefärbten Flecken angedeutet.

Bey den regelmäßigen Blumen sind die Staubfäden meistens gleich lang; bey den unregelmäßigen aber ungleich. Diejenigen, welche an oder neben dem großen oder ungraden Blatt stehen, sind länger; die andern dagegen kürzer und manchmal ohne Beutel. So bey den Schmetterlingsblumen.

Bey den Lippenblumen verkümmert derjenige, welcher in dem Spalt der kleinern oder obern Lippe steht. Oft sieht man jedoch noch eine Spur davon, wie bey der Braunwurz.

Auch die vier übrig gebliebenen Staubfäden werden paarweise ungleich groß, und heißen daher z w e y m ä ch t i g e (Stamina didynama), wie bey allen ächten Lippenblumen.

Fehlt bey den vielblätterigen Blumen ein Blumenblatt, so geht auch gewöhnlich der Staubfaden verloren, und es bleiben nur so viel übrig, als Blumenblätter sind, vier oder zwey, oder die Mehrzahl davon.

Bey den vierblätterigen Kreuzblumen, wie bey den Levkojen, sollten 8 Staubfäden seyn, weil sie gegenüber und abwechselnd stehen. Es sind aber zween davon so verkrüppelt, daß sie nur wie Warzen oder Drüsen erscheinen; und auch von den sechs übrig gebliebenen sind noch zween kürzer als die andern. Man nennt sie daher v i e r m ä ch t i g e (Stamina tetradynama). Diese Blumen sollten eigentlich 5 Blätter und 10 Staubfäden haben. Auch findet man bey den meisten noch 4 Drüsen am Grunde der Staubfäden, welche offenbar die 4 fehlenden Staubfäden andeuten.

Trennung der Staubfäden und Gröpse.

In den meisten Blüthen stehen Staubfäden und Gröps beysammen. Man nennt sie e i n b e t t i g oder Z w i t t e r (Flos monoclinus s. hermaphrodytus).

Es gibt aber auch Blüthen, welche alle Staubfäden, oder wenigstens die Beutel, verlieren und nur den Gröps behalten. Solche nennt man weibliche oder G r ö p s b l ü t h e n (Flos femineus).

Bey andern dagegen sind bloß die Staubfäden geblieben und der Gröps ist verkümmert. Solche heißen männliche oder B e u t e l b l ü t h e n (Flos masculinus).

Solche getrennte Blüthen entstehen nicht selten bey Gattungen eines Geschlechtes, welches sonst Zwitter hat: so bey einer Lichtnelke (Lychnis dioica), einer Nessel (Urtica dioica), Spierstaude (Spiraea aruncus), bey vielen Kopfblumen u. s. w.

Solche Trennung findet sich bey manchen Zünften durchgängig und regelmäßig, wie bey den Kätzchen- und Zapfenbäumen; auch bey den Nesseln und Wolfsmilcharten. Dergleichen Pflanzen heißen überhaupt halbblütig oder zweybettig (Plantae diclines).

Stehen sie auf einer und derselben Pflanze, so heißen sie einhäusig (Planta monoica). So bey dem Laub- und Nadelholz, z. B. der Haselstaude, wo die Kätzchen bloß Staubfäden haben oder männlich sind, die Gröpse dagegen, oder die weiblichen Blüthen in abgesonderten Knospen stehen.

Es gibt auch Pflanzen, wovon der eine Stock bloß Staubfäden trägt, der andere bloß Früchte, wie der Hanf. Sie heißen zweyhäusig (Planta dioica).

Endlich gibt es Pflanzen, worauf Zwitterblüthen stehen und zugleich andere mit getrennten Blüthen, oder auch wo ein Stock lauter Zwitter hat, ein anderer lauter Staubfäden und ein dritter lauter Gröpse. In diesem Fall heißen sie vielhäusig (Planta polygama), wie Ahorn, Aesche.

### Verbildungen

der Staubfäden kommen so häufig vor, daß es zu kleinlich würde, wenn man Beyspiele aufführen wollte. Verlängerungen, Verkürzungen, Verdickungen, Verkrümmungen u. s. w.

### Ausartungen

sind auch etwas Gewöhnliches, besonders ihre Veränderung in Blumenblätter, wodurch die meisten gefüllten Blumen entstehen.

### Staubbeutel (Anthera).

Der Staubbeutel ist eine doppelte Blase voll Staub am Ende des Fadens.

Diese Blasen stehen einander gegenüber an der Spitze des Fadens, wie zwey Fiederblättchen, welche sich nur sehr wenig öffnen. Das ungrade Blättchen, welches an der Spitze stehen sollte, ist verkümmert. Sie sind nach Innen, gegen den Gröps gerichtet, wie Fiederblättchen, die noch eingeschlagen sind; sehr selten nach Außen, wie bey der Schwerdlilie und den Magnolien. Der Grund davon ist schwer anzugeben.

Gewöhnlich liegen beide Beutel oder geschlossene Blättchen dicht an einander, und daher zählt man sie nur für einen Beutel mit zwey Fächern. Manchmal hängen sie jedoch nur durch ein Querband (Connectivum) zusammen. Bey der Blume: Rühr mich nicht an (Impatiens) spaltet sich der Faden, und es hängt an jedem Zinken ein Fach. Hier zeigt es sich also deutlich, daß der sogenannte Staubbeutel aus zwey gegenüberstehenden Blättchen besteht.

Bisweilen wachsen auch die Beutel benachbarter Fäden an einander, daß sie wie ein Beutel mit vier Fächern aussehen, wie bey einer Weide (Salix monandra). Bey den Korbblüthen wachsen die Beutel aller fünf Fäden an einander, und bilden einen geschlossenen Kreis um den Griffel. Daher nennt man diese Blumen auch: Zusammenstäubende oder Syngenesisten.

In seltenen Fällen verkümmert auch der Beutel oder das Fach einer Seite, besonders wo das Band sehr lang ist, wie bey der Salbey.

Es gibt auch solche halbe oder einfächerige Beutel, welche ganz auf der Spitze des Fadens stehen, wie bey den Amaranten. Man sollte glauben, es hätte sich hier das ungrade Blättchen in einen Beutel verwandelt.

Die Fächer springen gewöhnlich vorn, d. h. nach innen, in einem Längsspalt auf; bisweilen jedoch auch nur mit einem Loch nach oben, wie bey den Erdäpfeln. Es versteht sich, daß in jedem Beutel zwo Oeffnungen entstehen. Die einfächerigen der Amaranten haben nur ein Loch oben.

Bey Sauerach und Lorbeer löst sich vorn eine Klappe ab von unten nach oben, d. h., das Blatt spaltet sich nicht an seinem Rande, sondern beide Hälften trennen sich entweder von der Mittelrippe, oder das Blatt ist von der Spitze her zugerollt wie die Farren.

Sie bestehen bloß aus Zellgewebe, welches, wie bey den Blättern, zwo Lagen, eine äußere und eine innere bildet, so daß zween Säcke in einander liegen.

Blüthenstaub (Pollen).

Die Höhle des innern ist mit kugelförmigem, ganz losem, meist gelbem Staub ausgefüllt, welcher bey trockenem Wetter herausfliegt.

Anfänglich ist die Höhle mit Zellgeweb angefüllt, wovon jede Zelle 4 Staubkörner einschließt. Diese Zellen lösen sich später auf, und lassen die Körner frey.

Unter dem Vergrößerungsglas zeigen sich die Staubkörner bald glatt, bald vieleckig, bald stachelig, bald mit verschiedenen Furchen bezeichnet. Sie haben eine auffallende Aehnlichkeit mit den Keimkörnern der Moose, und werden ohne Zweifel bloß ausgeschwitzt von der innern Beutelwand, wie der Reif auf den Zwetschen.

Bey den Orchiden und Schwalbwurzen (Asclepias) kleben sie zusammen wie Wachs.

Sie bestehen ebenfalls aus einer doppelten Haut, wovon die äußere Falten hat, die innere aber weich ist und eine gallertartige Flüssigkeit mit noch feinerem Staub und mit Oeltröpfchen enthält, welche man Duft (Fovilla) nennt. Wenn diese Körnchen ins Wasser kommen, so schwimmen sie eine Zeitlang umher, wie Infusorien; allein sie können sich nicht erweitern und verengern, sind mithin keine Thiere.

Sobald die Staubkörner auf die Narben kommen, schwellen sie durch deren Feuchtigkeit an; die äußere Haut bekommt ein Loch, durch welches die innere wie ein Sack hervordringt, endlich in Gestalt einer Wurst austritt, oder seinen Inhalt in dieser Gestalt herausläßt. Diese Wurst (Boyau) gleitet zwischen dem Zellgewebe des Griffels hinunter in den Gröps und schlüpft endlich durch das Samenloch (Micropyle) in den Samen. Diesen Vorgang nennt man Befruchtung (Foecundatio). Einige glauben, daselbst dringe der Duft aus und errege den Samen zur Entwickelung des Keims; andere dagegen, die Wurst verwandle sich selbst in den Keim. Gewöhnlich kriechen zu gleicher Zeit eine Menge Würste durch den Griffel, und daher soll es kommen, daß bisweilen mehrere Keime in einem Samen gefunden werden, wie bey den Pomeranzen und den Kirchpalmen (Cycas revoluta) gewöhnlich, bey mehreren andern Pflanzen bisweilen, also zufällig.

Bey der Befruchtung biegen sich die Staubfäden der meisten Blumen auf die Narbe, und gehen dann langsam wieder zurück, worauf sie verdorren. So bey den Lilien, Rosen, all unserem Obst, den Rauten, Nelken, dem Einblatt (Parnassia). Sie biegen sich nicht alle auf einmal auf die Narbe, sondern entweder einer nach dem andern, oder die gleichnamigen zusammen, z. B. die 5 an der Mittelrippe des Blattes, dann etwa die 5 abwechselnden u. s. w. In derselben Ordnung entfernen sie sich auch wieder.

Bey manchen Blumen schnellen die Staubfäden plötzlich auf die Narbe. Das geschieht beym Sauerdorn, wenn man den Grund der Staubfäden mit etwas berührt. Es ist als wenn eine gespannte Feder plötzlich losgelassen würde.

### Verbildungen.

Bey den Beuteln etwas so gewöhnliches, daß man es der natürlichen Manchfaltigkeit ihrer Gestalt zuschreiben muß. Meistens sind sie rundlich; es gibt aber auch lange, gerade, krumme u. s. w.

### Ausartungen

dagegen sind selten. Sie verwandeln sich in Tuten bey der Akeley. Sehr merkwürdig ist es aber, daß sich die Beutel in Bälge mit Samen verwandeln, nicht ganz selten bey den Staubfäden des Mohns, wo sodann eine Menge kleiner Samenbälge um die Capsel stehen. Dasselbe hat man bey Weiden, Glockenblumen, Kürbsen, Wolfsmilch, Goldlack, Heide, Hauslauch bemerkt.

### Honigorgane (Nectaria)

sind drüsenartige Theile in der Blüthe, welche einen süßen Saft absondern, aber immer verkümmerte Theile verschiedenen Ursprungs sind.

Sie liegen gewöhnlich auf dem Blumenboden, wie bey der Kaiserkrone, wo wirklich ganze Tropfen abgesondert werden.

Da sie sich am Grunde der Blumenblätter befinden, so sind es wohl verkümmerte Staubfäden. Sicherer sind es die Drüsen bey den Kreuzblumen und dem Einblatt, wo sie fünf verzweigte Bündel an den Blättern bilden, abwechselnd mit den Staubfäden. Sie sondern übrigens keinen Honig ab. Mit noch mehr Unrecht rechnet man die Säcke und Sporen hieher, obschon ihre innere Oberfläche süßen Saft absondert, was übrigens auch manche Blätter thun.

Man hat ehemals geglaubt, sie hätten die besondere Absicht, die Bienen anzuziehen, damit diese gelegentlich den Blüthenstaub auf die Narbe schafften, was bey vielen Blumen ohne ihre Hilfe nicht geschehen könne. Das gehört in die Zeiten, wo alles bloß um des Nutzens willen erschaffen worden. Nun glauben wir, daß Gott bloß zu seinem Vergnügen erschaffen, und nichts so jämmerlich auf halben Wegen habe liegen lassen, daß es zu seinen wesentlichen Verrichtungen eines andern, nehmlich ihm fremden, bedürfte. Conrad Sprengel hat übrigens ein sehr interessantes Buch über die Bestäubung der Blumen durch die Insecten geschrieben, 1793.

### 3. Gröps (Pistillum).

Der Gröps ist die Wiederholung des Stengels in der Blüthe, aber unter der Form des Blatts.

Da die Wurzel keine Knospen oder Blätter treibt, so kann der Gröps als das letzte Blattwirtel der Blüthe, und zugleich der ganzen Pflanze, betrachtet werden, welches die Samen oder das Wurzelartige in der Blüthe trägt.

Er besteht aus einem oder mehreren zusammengeschlagenen Blättern, welche mit ihren Seitenrändern, also nach innen oder gegen die Achse, verwachsen sind, und Bälge (Folliculus s. Carpellum) heißen.

So lang sie frisch sind, sind sie grün; färben sich aber beym Trocknen auf mancfaltige Weise.

Auch trennen sich ihre Blattränder erst, nachdem sie abgestorben oder vertrocknet sind.

Es ist Thatsache, daß die Samen immer an den Rändern hängen, also am Ende der verzweigten Blattrippen, wie manche Blätter an ihrem Rande Schösse treiben, z. B. Bryophyllum. Die Anheftungsrippe der Samen heißt Samenträger (Placenta s. Spermophorum).

In der Regel fehlt ihnen die Mittelrippe; dagegen sind die Randrippen sehr stark und verlängern sich gewöhnlich über den Balg hinaus.

Diese Verlängerung heißt Griffel (Stylus).

Der Griffel besteht daher immer aus zween Theilen, welche oft am Ende gespalten sind. Er ist übrigens aus Zellgewebe gebildet mit großen Intercellular-Gängen, durch welche der sogenannte Duft des Blüthenstaubs bis zu den Samen wandert.

Das Ende des Griffels heißt Narbe (Stigma), ist gewöhnlich verdickt, gespalten und mit etwas Schleim überzogen.

Wesentlich gibt es immer so viele Griffel, als der Gröps Bälge hat. Dieser ist ein-, zwey-, dreygriffelig u. s. w. (Flos monogynus, digynus, trigynus etc.)

Indessen verwachsen die Griffel sehr häufig in einen einzigen. Man kann aber die Zahl leicht finden, entweder an den Einschnitten der Narbe, wie beym Mohn, oder an der Zahl der Fächer.

Es kann der Fall eintreten, wo man zweifelhaft wird, ob man einen Gröps oder einen Samen vor sich hat. Dann braucht man nur nach der Zahl der Griffel zu sehen. So sind die Kürbsenkerne keine Bälge, weil der Kürbs nicht so viele Griffel hat als Samen. Dagegen sind die sogenannten Rosenkerne Bälge, weil jeder einen Griffel hat.

Alles dieses mahnt an den Stengel oder die Zweige, und damit hängt zusammen, daß die Bälge sich oft ins Unbestimmte vermehren und sich zerstreut an die verlängerte Blüthenspindel stellen, wie bey den Ranunkeln; auch in der Achse mit einander verwachsen, also mit den Randrippen, welche sodann ein Säulchen (Columella) bilden, daß es aussieht, als wenn es die Verlängerung des Blüthenstiels selbst wäre.

### Eintheilung.

Es scheint demnach, daß man zweyerley Gröpfe annehmen müsse, solche, welche aus der Theilung eines Blattes, und solche, welche aus vielen Blättern bestehen, also **einfache** und **vielfache**. Zu jenen würden diejenigen gehören, welche in Stellung und Zahl mit der Blume übereinstimmten; zu diesen diejenigen, welche sich nicht darnach richteten, also vorzüglich die vielbälgigen Gröpfe und diejenigen, deren getrennte Bälge zerstreut ständen, wie bey den Ranunkeln, Magnolien, überhaupt die sogenannten Vielfrüchtigen oder Polycarpen, welche um eine Mittelsäule als verlängerten Stiel gereihet sind.

Die **einfachen** Gröpfe sind entweder **rein** oder vom Kelch umgeben.

I. **Reine Gröpfe.**

Nach der Stuffenfolge der Blätter gibt es auch dreyerley Gröpfe: Schuppen-, Scheiden- und Laubgröpfe.

1. **Schuppengröpfe** sind Bälge, welche dicht an dem einzigen Samen wie eine Haut anliegen und nicht aufspringen, wie die Haut um das Weizenkorn.

Solche Gröpfe heißen **Schläuche** (Utriculus).

Sie sind die Grundlage der **Nuß**.

Man hat ihnen aber, je nach der Art ihres Klaffens, verschiedene Namen gegeben.

a. Der **Kornschlauch** (Caryopsis)

bildet eine ganz dünne, über dem einzelnen Samen vest verwachsene Haut, welche erst beym Keimen platzt, wie beym Getraide.

b. Die **Büchse** (Pyxidium)

ist ein um den Samen lose liegender Schlauch, welcher meistens quer aufspringt, wie bey Amaranten, Wegerich.

Der **Klappenschlauch**, welcher sich an der Spitze öffnet, wie bey Ampfer, Melden, ist kaum davon zu unterscheiden.

c. Ein **Flügelschlauch** findet sich bey den Rüstern.

Vielleicht kann man die Früchte der Tannzapfen hieher

stellen. Sie werden aber jetzt meistens als bloße Samen angesehen, zu welchen die Deckschuppe als Balg gehören soll.

Die Flügelfrucht (Samara) der Ahorne besteht aus
zween verwachsenen Schläuchen.

2. Die Scheidengröpse

bestehen aus einem einzigen Blatt, welches in der Regel
mehrere Samen enthält und an der innern oder Randnaht
klafft, bisweilen auch an der äußern oder Mittelnaht.

Sie sind die Grundlage der Pflaume oder Steinfrucht.

Man unterscheidet darnach

a. Die Tute, sonst besonders Balg (Folliculus),

wenn er ziemlich walzig ist, und nur an der innern Naht
klafft, wie bey den Ranunculaceen (Hahnenfuß, Gichtrose, Rittersporn), Drehblumen (Sinngrün), Schwalbwurzen, Enzianen,
Storchschnäbeln, Malven.

b. Die Hülse (Legumen),

wenn der Balg zusammengedrückt ist und an beiden Nähten
klafft, oder wesentlich, wenn der Balg das ungerade Blatt eines
Fiedergröpses ist, wie bey den Schmetterlingsblumen oder den
eigentlichen Hülsenfrüchten: Bohnen, Erbsen, Wicken, Klee.

Daher liegt die Hülse immer zwischen den Kielen der Blume.
Denken wir die vier fehlenden Hülsen hinzu, so würden die
zwo neben der Fahne liegenden die kleinsten seyn, und also der
Gröps ein Fiederblatt vorstellen, verkehrt gegen die Blume gerichtet, wie diese gegen den Kelch. Die Verkümmerung nimmt
von dem Kelch an zu. Bey diesem sind alle 5 Lappen fast
gleich stark, bey der Blume sind die Kiele kümmerlich, manchmal
verschwunden; bey den Gröps alle geraden oder paarigen Hülsen.

3. Der Laubgröps

besteht aus mehrern dicht mit einander verwachsenen Bälgen, welche mithin Scheidwände (Septa, Dissepimenta) meist
mit vielen Samen haben, und Capsel (Capsula) heißen.

Die Capseln theilen sich, wie die Blumen, in zweyseitige oder fiederartige, und vielseitige oder runde.

1. Die zweyseitigen bestehen aus zween gegen einander
gedrückten Bälgen, wovon der eine an der Fahne liegt, der

andere an dem Schifflein. Sie gleichen daher einem Schrank oder Kasten.

Bey den Fiedercapseln verkümmert der innere Rand der Bälge oder die Scheidwand der Capsel, indem die samentragende Rippe nicht wirklich am Ende des Randes liegt, sondern in der Einfassung oder Wand der Capsel, oder auf dem Boden derselben. Sie bestehen eigentlich nur aus Halbbälgen und sind die Grundlage der Beere.

Sie finden sich bloß bey Fiederblumen, den Lippen-, Rachen- und Kreuzblumen, und scheinen wieder die Schläuche, Tuten und Hülsen zu wiederholen.

a. Bey den Lippenblumen, wie Taubnessel, Salbey, so wie bey den Rauhblätterigen, wie Boretsch, verkürzt sich jeder Balg und zieht sich in der Mittelrippe so ein, daß er zwey Körner oder Nüsse vorstellt, je mit einem Samen. Es scheinen daher vier Bälge vorhanden zu seyn, wovon jeder einen Schlauch vorstellt. — Schlauchcapsel, sonst unrichtig Nüßchen.

b. Bey den Rachenblumen, wie Löwenmaul, Fingerhut, so wie bey den Betäubenden, wie Erdäpfel, Taback, Bilsenkraut, verschwindet der obere Theil der Scheidwand und der untere verwächst zu einer Art Kegel oder Kuchen (Placenta), worauf die Samen liegen. — Tutencapsel.

c. Endlich geschieht es, daß die samentragenden Rippen der Bälge nicht am Rande selbst liegen, sondern zwischen diesem Rand und der Mittelrippe, mithin Seitenrippen bilden, über welche hinaus der bloß häutige Blattrand oder nur die innere Hautfläche der Bälge die Scheidwand bildet, welche daher sehr dünn ist und oft ganz verschwindet. — Hülsencapsel.

Wenn nur zween Bälge mit einander verwachsen sind, so hat sie den Namen Schote (Siliqua) bekommen, wie bey den eigentlich sogenannten Schotenpflanzen: Kohl, Senf, Täschelkraut.

Diese Schoten sind gewöhnlich flach gedrückt, d. h. mit der Scheidwand parallel, und springen auf eine eigenthümliche Art auf. Es löst sich nehmlich die Klappe eines jeden Balgs nicht in der Mitte der Scheidwand, sondern an den Seitenrippen ab, und zwar zuerst unten am Stiel, und rollt sich auswärts herauf bis zum Griffel. Die Rippen bleiben sodann mit ihren Samen und der dünnen Scheidwand stehen, wie ein aufgespannter Rahmen. Die Schote besteht also nur aus zween Halbbälgen.

Es gibt aber zusammengesetzte Schoten, welche nehmlich aus vielen Halbbälgen verwachsen sind, und die Samen an mehreren Wandnähten tragen mit sehr verkürzten oder selbst fehlenden Scheidwänden, wie bey der Mohncapsel.

2. Endlich entsteht die vollkommene Capsel aus mehr als zween Bälgen zusammengesetzt, deren Ränder ganze Scheidwände bilden. Sie ist rund oder kreiselförmig, und besteht meistens aus drey oder fünf Bälgen, jene bey den Streifen-, diese bey den Netzpflanzen.

Sie sind die Grundlage des Apfels.

Auch hier kommen wieder drey Unterschiede vor. Es gibt nehmlich schlauchartige, tuten= und schotenartige.

a. Bey den schlauchartigen Kreiselcapseln verkümmern die Scheidwände und die Samen kommen auf einen Kuchen zu liegen, wie bey den Rachenblumen. Die Capsel öffnet sich nur oben in so viele Spitzen als sie Klappen hat, bisweilen in doppelt so viel. So bey Schlüsselblumen, Nelken. Manche springen sogar büchsenartig auf, wie bey Gauchheil.

b. Bey den tutenartigen Kreiselcapseln sind die Scheidwände vollständig und tragen die Samen an den Rändern in der Achse, wie bey den Lilien, Tulpen u.s.w. Dieses ist das gewöhnlichste Vorkommen.

c. Die Kreiselcapsel wird aber auch schotenartig, indem die Samen an der Wand zu liegen scheinen, obschon in Folge eines andern Baues, als bey den Schoten.

Es geschieht nehmlich, daß die Scheidwände zu lang werden, und sich von der Achse her in das Fach hineinrollen, so daß die Samen am Rande eines Flügels hängen, wie beym Stechapfel.

Ja die flügelförmigen Verlängerungen reichen bisweilen bis an den Rand der Klappen, und dann scheint es, als wenn die Samen an der Wand selbst hiengen, wie bey den Kürbsen.

Bey einer ganz vollkommenen Capsel hängen die Samen längs der Ränder in der Achse, wie bey Lilien, Lein, Rauten.

Man kann die Scheidwände am besten zählen, wenn man eine Capsel vor der Reife quer durchschneidet. Dann sieht man, daß jede Scheidwand aus den zween mit einander verwachsenen Stücken der an einander liegenden Bälge besteht.

Auswendig ist jede Scheidwand durch eine **Naht** (Sutura) bezeichnet.

Das Stück der Capsel zwischen zwo Nähten heißt **Klappe** (Valva). Es gibt daher so viel Fächer (Loculamenta), als es Klappen gibt. Man nennt darnach die Capsel zwey-, dreyfächerig u. s. w. (Capsula bi-tri-locularis etc.) Drey Fächer zeigt die Winde, fünf die Jungfer in Haaren (Nigella).

Die innern Ränder der Bälge oder Scheidwände stoßen bald ohne besondere Verdickung an einander, wie im Gröpfe des Apfels; bald sind sie aber verdickt und mit einander zu einem **Säulchen** (Columella) verwachsen, wie bey der Nachtkerze, Alpenrose, dem Weidenröschen.

II. Die **Kelchgröpfe**
sind dicht von dem damit verwachsenen Kelch umgeben.

Es gibt schlauchartige, tutenartige und capselartige.

1. Die **Kelchschläuche** enthalten entweder

a. nur einen Samen — **Futterale** (Achaenium), wie bey den Kopfblüthen: Salat, Disteln, Sonnenblumen; den Knopfblüthen: Scabiosen, Weberdisteln;

b. oder zween rundliche und aufrechte Samen neben einander — **Zwieschlauch** (Polachaenium), wie bey den Sternpflanzen: Labkraut, Waldmeister, Färberröthe;

c. oder zween längliche und verkehrte Samen, herabhängend von der Spitze der gespaltenen Randrippen — **Höschen** (Cremocarpium), wie bey den Doldenpflanzen: Kümmel, Kerbel, Fenchel, Möhren.

2. Die **Kelchtute** mit zween vielsamigen Bälgen bey den Steinbrechen, der China.

3. Die **Kelchcapsel** findet sich bey den Narcissen, Schwerdlilien, Knabwurzen; der Haselwurz, Osterlucey, Glocken=
blume; dem Weidenröschen.

### Klaffen (Dehiscentia).

Der Gröps springt auf verschiedene Art auf. Zuerst tren=
nen sich die Bälge an den Seiten, mit denen sie an einander
gewachsen sind, d. h. in der Scheidwand (Capsula septicida).

Dann trennen sie sich in der Achse, wobey nicht selten sich
die innern Rippen ablösen und als ein freyes Säulchen stehen
bleiben.

Dann trennen sich die innern Ränder jedes Balgs von
einander, und die Bälge öffnen sich ganz nach Art der Blätter,
indem die innere Seite nach außen kommt.

Bey andern trennen sich die Klappen in den Rähten ab,
und die Scheidwände bleiben am Säulchen hängen wie Flügel.

Es kommt aber auch vor, daß die Bälge sich in ihrer
Mittelrippe oder Mittelnaht trennen (Capsula loculicida), wo=
durch das Blatt in 2 Hälften zerfällt, und jede an dem Säul=
chen hängen bleibt.

Manche Bälge bekommen nur oben einen Spalt, wie bey
den Hahnenfüßen; mehrere Löcher bey der Mohncapsel.

Es geschieht auch, daß der Gröps ringsum nach der Quere
aufspringt und das obere Stück wie ein Deckel abfällt (Capsula circumscissa).

Manche Gröpse springen auch gar nicht auf, sondern ver=
faulen oder öffnen sich erst, wann sie in die Erde oder in die
Feuchtigkeit kommen, wie die Eicheln, Haselnüsse u. dergl.

### Verbildungen.

Verbildungen kommen bey den Gröpsen gerade nicht häufig
vor; doch gibt es manche sonderbare.

Vermehrung der Bälge hat man bemerkt bey Hahnenfüßen,
Rosen und Enzianen.

### Ausartungen

sind noch seltener. Die Griffel werden bey gefüllten Blumen
oft blumenblattartig, wie bey den Hahnenfüßen und Anemonen.

Bey der Schwerdlilie ist das Ende des Griffels natürlicher Weise blattförmig.

c. Samen (Semen).

Die Samen sind geschlossene Blattknospen im Gröps, welche schon den ganzen Pflanzenstock im Kleinen enthalten, und denselben erst nach der Absonderung vom Pflanzenleib in der Erde entwickeln.

Dadurch unterscheiden sie sich von andern Knospen und den Luftzwiebeln, als welche nicht in einem Göpfe vorkommen, keine Wurzel haben und sich selbst auf ihrem Standort entwickeln können.

Sie sind das Wurzelartige in der Blüthe: denn sie liegen im Finstern wie die Wurzel, sind vom Wasser umgeben, bestehen meist aus Schleim oder Mehl wie die Wurzeln, und treiben endlich Stengel, Blätter und Blüthen.

Ihre Gestalt fällt ins Rundliche; ihre Consistenz ist derb; ihre Substanz mehlig.

Sie haben alle möglichen Farben, auch die schwarze, welche bey andern Pflanzentheilen nicht vorkommt, außer etwa beym Holz, wie Ebenholz.

Es gibt weiße, gelbe, rothe, braune, blaue, auch grüne Samen; doch sind die letzten seltener.

Endlich gibt es geschäckte Samen von allen Farben und Zeichnungen. Die letztern scheinen sich nach dem Verlauf der Spiralgefäße zu richten.

Da die Samenschale, wie es sich zeigen wird, nichts anderes als ein abgestorbenes Blatt ist, so muß ihr Farbenwechsel mit den Herbstblättern verglichen werden. Bey diesen kommt auch die schwarze Farbe vor.

Die Samen hängen nirgends anders als am Rande der Gröpsblätter. Da jedes Blatt zween Ränder hat, so müssen in jedem Balg wenigstens zween Samen seyn. Findet sich nur einer, so ist der andere verkümmert.

Oeffnet man einen Balg oder eine Hülse, so hängen die Samen reihenweise an beiden äußern Rändern ganz auf dieselbe

Art, wie die Fiederblättchen am gemeinschaftlichen Blattstiel. Wenn sich die Samen noch in der Hülse selbst öffneten, so wären sie wirklich Fiederblättchen.

Da die Samen nur verschlossene Blätter sind, so gibt es auch nur dreyerley Samenarten, wie es nur drey Blattarten gibt, nehmlich Schuppensamen, Scheidensamen und Laub- oder Netzsamen.

1. Die Schuppensamen

bestehen aus einer einfachen Blattblase, worinn unmittelbar Mehlkörner liegen und keine anderen Blätter mehr. Man nennt sie daher Samen ohne Lappen (Semina acotyledonea), wie bey den Pilzen, Moosen und Farren.

2. Die Scheidensamen

bestehen aus einer doppelten Blase, wovon man die innere Samenlappe (Cotyledon) nennt. Es sind mithin Samen mit einem einzigen Samenlappen, der scheidenförmig ist wie die Blätter — einlappige Samen (S. monocotyledonea), wie bey den Gräsern, Lilien und Palmen.

3. Die Laubsamen

bestehen ebenfalls aus zwo Blasen, wovon sich aber die innere in zween Lappen trennt. Man nennt sie daher zweylappige Samen (S. dicotyledonea); besonders deutlich bey den Bohnen, Haselnüssen, Eicheln, Obstkernen u.s.w.

Darauf gründet sich auch die Eintheilung der Pflanzen in drey große Haufen, nehmlich in lappenlose (Acotyledonen), in einlappige (Monocotyledonen) und in zweylappige (Dicotyledonen).

### Bau des Samens.

1. Am besten ist der Bau des Samens zu erkennen bey den Zweylappigen, namentlich bey der Bohne.

Sie besteht zunächst aus zwey Theilen, der Schale (Testa) und dem Kern (Nucleus), welcher das dicht zusammengedrängte Mehl enthält.

Die Schale ist gewöhnlich hart, glänzend, mannichfaltig gefärbt, und besteht aus zwo Lagen, der äußern, welches die eigentliche Schale ist, und der innern, welche nur ein schwaches braunes Häutchen vorstellt, hier selbst zweifelhaft. Zwischen beiden laufen die Spiralgefäße bald getrennt, bald durch Zellgewebe verbunden, welches eine ordentliche Haut bildet, wie es hier der Fall ist. Die Bestandtheile sind mithin wie bey jedem Blatt, eine äußere und eine innere Wand, und Zellgewebe mit Spiralgefäßen dazwischen. Bisweilen bemerkt man sogar um die Schale noch ein dünnes Häutchen, welches also der Oberhaut entspricht.

Der Kern besteht aus zwey großen, mehligen, weißlichen Lappen (Cotyledonen), welche die ganze Schale einnehmen. Sie stehen einander gegenüber und sind durch sehr kurze Stiele mit einander verwachsen.

Aus der Mitte der verwachsenen Stiele geht nach unten eine kleine Spitze ab, welche das Würzelchen (Radicula) wird und auch so heißt, oder Schnäbelchen (Rostellum). Nach oben geht ein anderer Stiel ab, welcher sich sogleich in drey zarte Blättchen theilt, die Keimblätter oder das Blattfederchen (Plumula).

Diese Blätter treten beym Keimen zuerst aus dem Samen und der Erde hervor, und sind die ersten Blätter des Stengels, der sich aus ihrer Mitte verlängert und neue dreyzählige Blätter treibt fort und fort. Der Kern ist daher der eigentliche Keim (Embryo), welcher besteht aus einer Wurzel, zwey dicken Blättern oder Samenlappen, einem Stengel und drey dünnen Blättern, mithin schon eine ganze Bohnenpflanze ist in Miniatur.

Daher braucht man sich nicht zu wundern, daß aus einem Samen wieder eine Pflanze erwächst, welche der Mutterpflanze ganz gleich ist; vielmehr müßte man sich wundern, wenn es nicht so wäre. Die Pflanze ist nur ein ausgedehnter Samen.

Breitet man den Keim mit seinen Blättern aus, so stellt er ein gefiedertes Blatt mit 5 Blättchen vor: unten die zween Samenlappen, oben zwey Keimblätter mit dem ungeraden am Ende.

Betrachtet man nun die nierenförmige Bohne an ihrem ausgeschweiften Rande; so bemerkt man unten daran eine längliche Grube, den Nabel (Umbilicus), woran der Samenstiel (Funiculus) saß, der am Rande der Hülse hängen geblieben ist. Er enthält ein Bündel Spiralgefäße, welches in die Samenschale übergeht, sich nach unten biegt, auf dem Rücken der Bohne herauf läuft, sich unterwegs verzweigt, oben herum geht und sich vorn bis gegen den Nabel verlängert, wo er endigt. An dieser Stelle, zwischen dem Ende, nehmlich der Drosselrippe, und dem Nabel liegt ein sehr kleines Loch wie mit einer Nadelspitze gemacht: es heißt Samenloch (Micropyle). Auf dieses Loch stößt die Spitze des Keimwürzelchens, und war daher wohl anfänglich eine Fortsetzung der Drosselrippe, mithin der Schale.

Denkt man sich nun, daß das Samenloch die Stelle ist, wo die Schale der Quere nach aufreißt, gleich dem Farren = oder Fiederblatt; so stellt sie eine eingerollte Blattscheide vor wie bey den Doldenpflanzen, und der Keim sitzt auf ihrer Spitze wie die Fiederblätter auf der Blattscheide oder dem Stiel.

Die ganze Bohne ist daher ein eingerolltes Fiederblatt, wie das Blatt eines Farrenkrauts, wovon die Schale den untern, breitern oder scheidenartigen Theil (Phyllodium) bildet, in welchem seine Spitze mit den gefiederten Blättern oder der Keim noch einmal eingerollt ist.

Entwickelt sich der Samen, so sondert die innere Fläche der Schale nahrhafte Flüssigkeit ab, welche der Keim nach und nach einsaugt, wodurch er sich vergrößert. Das Würzelchen gliedert sich sehr früh von der Spitze der Drosselrippe beym Samenloch ab, wie das Citronenblatt vom Stiel, löst sich endlich ganz, bleibt aber an der Schalenwand kleben, und entfernt sich vom Samenloch, so wie die Schale wächst. Schneidet man eine unreife Bohne oder Erbse durch, so findet man sie mit Saft angefüllt und den Keim ganz frey am Rücken der Bohne liegen. Er schwimmt nicht da= und dorthin, sondern behält seine bestimmte Richtung und Lage.

Manchmal saugt er alle Flüssigkeit ein und wird so groß, daß er die ganze Schale ausfüllt, wie bey den Hülsenfrüchten, Schotengewächsen, Rosaceen und vielen andern.

Es geschieht aber auch, daß der Samen reift, ehe aller

Saft aufgesogen und der Keim so groß ist, daß er die Höhle ausfüllen könnte. Dann vertrocknet der Saft zu Mehl und umgibt den Samen bald ganz, bald wie eine Kappe, bald nur wie ein Schild u.s.w. Man nennt diesen Absatz Eyweiß (Albumen, Perispermum). So ist es ebenfalls bey vielen Pflanzen, namentlich bey Buchweizen, Hahnenfüßen, Schwerdlilien.

Das Eyweiß ist mithin kein organischer Theil des Samens, und hängt weder mit der Schale noch mit dem Keime zusammen.

Wie die Samen in ihrer Gestalt, Größe und Vestigkeit sehr von einander verschieden sind; so ist es auch ihre Anheftung, Richtung und Lage im Gröps, und ebenso die Lage, Gestalt und Vestigkeit des Keims und des Eyweißes.

Ist der Samenstiel kurz, so kann sich der Samen nur drehen, und steht daher bald aufrecht, bald verkehrt, bald quer. Ist der Samenstiel lang, so läuft er bald nach oben, und der Samen hängt vom Giebel des Gröpses herunter; bald nach unten, bald seitwärts, bald zum Theil um den Samen herum u.s.w., wodurch er begreiflicherweise vielerley Lagen und Richtungen erhält.

Dasselbe gilt vom Keim und dem Eyweiß. Ist er von demselben eingeschlossen, so heißt er central, wenn er ganz in der Mitte liegt: excentrisch, wenn er neben der Mitte liegt. Ist wenig Eyweiß vorhanden, so kann er sich auch wohl um dasselbe herumbiegen, und dann heißt er peripherisch, wie bey dem Spinat und der Nelke. Er selbst ist gerad, krumm, spiralförmig u.s.w.

Auch seiner Richtung nach in der Schale kann er, wie schon bemerkt, sehr verschieden seyn. Steht das Würzelchen gegen den Nabel, so ist er aufrecht; steht es von ihm ab, so ist er umgekehrt. In beiden Fällen heißt er geradwendig (homotropus). Es geschieht aber auch, wie bey der Bohne, daß das Würzelchen sammt der Spitze der Samenlappen oder der Keimblättchen gegen den Nabel gebogen sind, und dann heißt er zuwendig (amphitropus); oder es sind beide Spitzen vom Nabel abgewendet, und dann heißt er abwendig (heterotropus).

Die Gestalt und Lage der Samenlappen ist sehr verschieden; gerad, krumm, gefaltet, gewickelt u.s.w. Sie enthalten überhaupt Mehl, wie bey den Hülsenfrüchten, aber auch Oel bey den Kreuzblumen, Schleim bey den Mandeln.

Sie zeigen, so bald sie grün werden, Spaltöffnungen wie die Blätter.

Bey manchen Pflanzen kommen sie aus der Erde hervor, wie bey den Bohnen; bey vielen andern aber bleiben sie darunter. In allen Fällen saugen sie viel Wasser ein; ihr Mehl wird flüssig und geht in den Keim über. Dadurch werden sie runzelig, vertrocknen und fallen meistens ab. Auf gleiche Art wird das Eyweiß eingesogen.

Das Nabel- und Samenloch liegen bey den meisten Samen neben einander, also am Grunde des Samens. So nicht bloß bey den Hülsenfrüchten, sondern auch bey den Nelken und Kreuzblumen. Andere weichen ein wenig ab, nehmlich darinn, das die Nabelstelle der innern Samenhaut etwas von der äußern abgerückt ist, während bey den vorigen beide auf einander liegen: so bey den Lilienartigen und Hahnenfußartigen.

Es gibt aber auch Samen, bey welchen bloß der Nabel am Grunde liegt, das Samenloch aber gegenüber am Gipfel. So ist es am Kern der Wallnuß und einigen andern. In diesem Falle bildet also die Samenschale eine Knospenblase, welche nicht quer unten am Rande, sondern oben am Gipfel aufreißt.

Bey den Nadelhölzern sind die Cotyledonen, meines Erachtens, mit einander verwachsen, und bleiben wie eine Kappe auf den Keimblättern sitzen. Man sieht diese für Samenlappen an, und nennt daher diese Pflanzen viellappige (Polycotyledonen).

2. Bey den Scheidenpflanzen oder Monocotyledonen, wie Gräsern, Lilien und Palmen, spalten sich die Blätter nicht ganz, sondern umfassen mit ihrem untern Theile den Stengel ganz frey. Dieser Stengel ist aber selbst nur eine Scheide, in welcher wieder eine Scheide steckt u.s.f. Da nun der Samen nicht anderes als eine verkleinerte Pflanze ist; so stellt er auch

hier nichts anderes als eine Scheide vor, welche aber geschlossen bleibt und noch eine Scheide enthält, nehmlich den Keim.

Dieser kann mithin keine Seitenblätter haben, und heißt daher einlappig, und die Pflanzen nach ihm Monocotyledonen.

Läßt man ein Weitzenkorn keimen, so reißt es unten auf und läßt das Würzelchen heraus, so daß der untere Theil des Korns einen Ring darum bildet, welcher die eigentliche Blattscheide vorstellt.

Gleich über dem Ring öffnet sich das Korn an der Seite und läßt ein spitziges Blatt heraus, welches das Keimblatt ist.

Der Ring stellt mithin die sehr kurze Scheide des Blattes vor, und der übrige größere Theil des Korns das Blatt selbst oder die Fläche desselben, welche zwischen ihren beiden Wänden das Mehl enthält, und mithin der eigentliche Samenlappen ist, nicht das Eyweiß, wofür es Viele ansehen. Oben am Ring, dem Korn gegenüber, also da, wo das Keimblatt heraus kommt, steht eine kleine Spitze oder Schuppe, welche man Dotter (Vitellus) nennt, indem man glaubte, der Pflanzensamen wäre gleich dem thierischen Ey, und enthielte auch alle dessen Theile.

Das Keimblatt enthält oder entwickelt wieder andere Scheiden in sich, welche nach und nach heraustreten, so wie sie sich an der Spitze öffnen. Es sind die gewöhnlichen Blätter.

3. Was die sogenannte Blüthe oder Frucht der blumenlosen Pflanzen oder Acotyledonen

betrifft, so bin ich in ihrer Deutung ganz von der allgemeinen Meynung abgewichen, und habe gezeigt, daß es daselbst eben so wenig eigentliche Früchte oder Gröpse gebe, als Blumen oder Staubfäden, oder daß wenigstens das, was man Frucht nennt, wirklich nichts weiter sey als Samen, und die sogenannten Samen nichts anderes als Eyweißmehl. (Naturphilosophie 1810. S. 141. Lehrbuch der Naturgesch. II. Botanik. 1825. S. 9.)

Bey diesen Pflanzen, wo es keine selbstständigen Blätter gibt, bestehen die Samen bloß aus einer Haut oder der Schale ohne Samenblätter; sind aber ausgefüllt mit Mehlkörnern, welche mithin dem Eyweiß entsprechen.

Diese Samen bestehen daher eigentlich bloß aus der Schale, ohne Blätter, und es fehlt ihnen nicht bloß das, was man Samenlappen (Cotyledonen) nennt, sondern auch der ganze Embryo.

Diese Eyweißkörner hat man mit Unrecht Samen genannt, später besser Keimpulver (Sporae).

Die Schale um diese Körner nannte man Capsel, ebenfalls mit Unrecht, da sie wirklich nichts anderes ist, als die Samen=schale oder die Schale des Keimpulvers (Sporangium).

a. Bey den Farrenkräutern
liegen in der Regel die Samen auf dem Rücken des Laubes, woraus folgt, daß es selbst kein Blatt ist, sondern nur ein breit gewordener Stengel.

Die Samenschalen oder die sogenannten Capseln liegen in Haufen (Sorus) beysammen, und sind von dem sogenannten Schleyer (Indusium), einem dünnen, durchsichtigen Häutchen bedeckt, welches also die Stelle der Capsel oder des Balgs ver= tritt. Es reißt bald in einem Spalt, bald ausgezackt auf, und läßt die Samen oder Capseln herausfallen.

Diese sind so klein, daß man sie kaum durch eine Glaslinse deutlich erkennen kann. Sie sind kurz gestielt, und der Stiel verlängert sich über den Rücken der Schale, wie ein gegliederter Faden, also in Gestalt eines Rings (Annulus), bis wieder zu seinem Grunde, wo die Schale nach der Quere aufreißt; also ganz wie die Bohne in ihrem Samenloch, oder wie eine ein= gerollte Blattscheide an ihrem Grunde. Das Laub, oder viel= mehr der Wedel der Farrenkräuter ist auf ähnliche Art einge= rollt, und reißt und öffnet sich auf gleiche Weise. Die Samen=schale ist mithin nur ein Farrenwedel in Miniatur.

Das Keimpulver oder die Eyweißkörner fallen auf den Boden, schwellen an, werden breit, zerreißen, und der Innhalt verlängert sich unmittelbar in das Laub oder den Wedel.

b. Bey den Moosen
entstehen oben am Stengel, in einem Kreise von Blättchen,

mehrere sogenannte Früchte, wovon aber nur eine auf einem langen Stiel oder Borste (Seta) auswächst, indem die andern verkümmern. Sie sind noch mit dünnen, durchsichtigen Fäden (Paraphysae) umgeben, welche man für Staubfäden angesehen hat, obschon sich keine Spur von Staubbeuteln zeigt.

Die Frucht ist viel größer als bey den Farrenkräutern, oft so groß wie eine Erbse, und theilt sich quer über der Mitte, so daß der obere Theil wie ein Deckel abspringt. Man nennt sie daher Büchse (Theca s. Pyxidium).

Aus dem Rande des untern Theils der Büchse erheben sich auswendig Zähne, innwendig zarte Fäden aus Zellen bestehend, welche sehr leicht feucht und trocken werden, und deßhalb sich hin und her krümmen. Man nennt sie Wimpern (Cilia). Sie richten sich nach der Zahl 4, sind aber meistens ihrer 16 oder 32.

Mitten in der Büchse steht ein hohles Säulchen, welches bald ganz durchgeht, bald verkürzt ist.

Um die Büchse herum liegt ein feines Häutchen, welches am Grunde abreißt, sich zerschlitzt und mit dem Deckel abfällt. Es heißt Mütze (Calyptra), stellt wahrscheinlich den Balg oder die Capsel vor, und entspricht mithin dem Schleyer der Farren.

Die Büchse und das Säulchen sind mit sehr feinem Staub angefüllt, dem Keimpulver, ohne alle Anheftung. Es ist mithin nur abgesondert oder ausgeschwitzt.

Jedes Stäubchen zerreißt und verwandelt sich unmittelbar in Wurzel und Stengel, ohne alle Samenlappen.

c. Bey den Flechten (Lichenes)

sind die Gröpse nichts anderes als dicht an einander liegende Röhren oder Schläuche, theils auf, theils in dem Stock (Thallus), welche unmittelbar das Keimpulver einschließen. Auch findet man zerstreut überall im Stocke Körner wie Keimpulver, von denen man aber nicht weiß, ob sie ebenfalls keimen, was indessen sehr wahrscheinlich ist.

d. Bey den Tangen (Fuci)

liegen die Gröpse ganz im Stock verborgen, und bestehen meistens aus einer Wand von langen und gefärbten Zellen,

innerhalb welcher Wand das Keimpulver liegt. Manchmal
scheinen auch bloß große Zellen sich abzulösen und geradezu fort=
zuwachsen.

In den Schläuchen der Wasserfäden (Confervae) liegen
unmittelbar Körner, welche heraustreten und fortwachsen.

e. Bey den Pilzen (Fungi)

steckt das Keimpulver ebenfalls in langen, dicht an ein=
ander liegenden Schläuchen, welche bey den Blätterpilzen Blät=
ter unter dem Hute bilden. Bey den Morcheln liegen sie aus=
wendig auf dem Hut.

Der Schimmel (Mucedo) trägt Bläschen mit Keimpulver.
Auch findet man zerstreut, wie bey den Flechten, einzelne Kör=
ner in der Substanz oder neben den Schimmelfäden. Ob es
auch Keimpulver ist, weiß man nicht.

Der Brand (Uredo) besteht aus losen Bläschen mit Kör=
nern, welche sich wieder in ähnliche Bläschen verwandeln.

Vergleicht man nun diese Fruchttheile mit einander und
denen der Blumenpflanzen; so ergibt es sich, daß die sogenann=
ten Capseln der Farren und Moose eigentlich die Samen selbst
sind, die aber statt eines Keims nur Eyweißkörner absondern,
welche im Stande sind, die Gattung fortzupflanzen.

Daß nur die Farren und Moose eine Spur von Capsel
haben im Schleyer und in der Mütze.

Bey den Flechten und Tangen vertritt das Zellgewebe des
Stocks die Stelle der Capsel.

Bey den Wasserfäden und den Schimmeln sind die Zellen
selbst die Samenschale, welche nicht einmal von andern Zellen
oder einer Andeutung von Capsel umgeben ist.

Auch hier zeigt es sich wieder, daß das Wachsthum der
Pflanze in einer beständigen Sonderung der Gewebe, Systeme
und Organe besteht. Zuerst ist sie nichts anderes als eine Zelle
mit Körnern, und diese Zelle ist zugleich Samenschale, und die
Körner sind Keimpulver, wie bey dem Brand und den Wasser=
fäden. Weder Blätter, noch Stengel, noch Wurzel sind abge=
sondert vorhanden.

Dann sondern sich gewisse Zellen ab als Samen mit

Keimpulver, und die andern bilden den Stock zur Ernährung, wie bey den Pilzen.

Man kann hier einen Stengel unterscheiden mit schwachen Würzelchen, aber noch keine Blätter. Daher könnte man sagen, sie beständen bloß aus vielen Samen in einer noch nicht individualisierten Capsel, nehmlich dem Stock.

Bey den Tangen sondern sich wenigstens die Samen in einzelne Haufen, und der ziemlich wurzellose Stock fängt an durch seine grüne Farbe zur Blattantur sich hinzuneigen.

Bey den Flechten ist die Sonderung noch deutlicher, weil die Samen sich bey manchen schon frey auf der Oberfläche zeigen und eine andere Farbe haben. Auch fängt der Stock an, sich in Stengel und Wurzel zu trennen, und durch seine oft grüne Farbe an die Blätter zu erinnern. Uebrigens kann man den Stock der Flechten und der Tange, gleich wie bey den Pilzen, noch als eine gemeinschaftliche Capsel betrachten.

Bey den Moosen und Farren hat sich Samen und Capsel ausgeschieden und sich selbstständig vom Stocke getrennt. Mit dieser Trennung haben auch die Blätter angefangen, sich vom Stocke abzusondern, wodurch zuerst ein wahrer Stengel mit Wurzeln entstanden ist. Da sich hier eine Capsel findet, so könnte man den Stock als Blume und Kelch betrachten.

Die niedern Pflanzen stellen demnach in gewisser Hinsicht nur die Blüthentheile vor, welche aber nicht bloß das Geschäft der Fortpflanzung über sich haben, sondern auch das der Ernährung und des Wachsthums.

## 2. Frucht.

Die Frucht ist die Verschmelzung der Blüthentheile, wovon einer fleischig geworden ist.

In der Frucht concentriert sich die ganze Kraft der Pflanze, und es sammeln sich darinn alle chemischen Stoffe, welche vorher im ganzen Stocke zerstreut und mit Wasser verdünnt waren. Das mit solchen Stoffen angefüllte Zellgewebe heißt vorzugsweise Fleisch, und hat seine Bestimmung über die Pflanze hinaus in das höhere Reich, indem es den Thieren oder den Menschen zur

Nahrung dient, und sich also in wirkliches Fleisch verwandelt. Die Früchte können meistens roh verzehrt werden, und sind daher gleichsam schon von der Natur zubereitet. Die andern Nahrungsmittel dagegen aus dem Stocke bedürfen gewöhnlich der Zubereitung durch das Kochen, welches eine künstliche Nachahmung des Reifens der Früchte ist.

Da die Blüthe nur aus drey Haupttheilen besteht, nehmlich dem Samen, dem Gröps und der Blume, so kann es auch zunächst nur dreyerley Früchte geben, je nachdem ein oder der andere dieser Theile fleischig wird, d. h. ein Uebergewicht an chemischen Stoffen bekommt, während die andern mager bleiben.

Es kann aber auch eine Gesammtfrucht geben, wenn nehmlich alle Theile der Blüthe, sammt dem Kelche, mit einander vereinigt bleiben.

Auf diese Weise bekämen wir 4 Arten von Früchten.

Es kann der **Same** fleischig oder unverhältnißmäßig groß werden; ebenso der **Gröps**, die **Blume** und der **Kelch**.

1. Die **Samenfrucht** wird diejenige seyn, worinn der Samen sehr groß und mehlig wird, während die andern Theile verkümmern oder vertrocknen, wie bey der Haselnuß, Eichel, Castanie u. s. w.

2. Die **Gröpsfrucht** wird entstehen, wenn die Hülle, welche die Samen einschließt, dick, saftig und fleischreich wird, wie bey den Kirschen und Pflaumen, Pistacien, Mangostanen.

3. **Blumenfrucht** will ich diejenige nennen, welche in allen ihren Theilen zart und fleischroth wird, sowohl außerhalb als innerhalb des Gröpses, so daß man sie ganz verschlucken kann, wie bey den Beeren.

4. Wird endlich selbst der **Kelch** fleischig, so entsteht eine Gesammtfrucht, wie beym Aepfel.

Auf diese Weise beruht jede der vier Früchte auf einem besondern Organ.

Die **Nuß** auf dem Samen.
Die **Pflaume** auf dem Gröps.
Die **Beere** auf der Blume.
Der **Apfel** auf dem Kelch.

a. **Samenfrucht oder Nuß** (Nux).

Die Nuß ist ein einsamiger, vertrockneter oder verholzter Gröps.

Wie früher gezeigt, haben alle Bälge wenigstens zween Samen, nehmlich einen an jedem Rande. Es geschieht aber bey vielen Pflanzen, daß einer der Samen die Oberhand bekommt, sehr groß und mehlig wird und den oder die anderen verdrückt, wie es deutlich bey der Roßcastanie zu sehen ist.

Er füllt dann für sich allein den ganzen Gröps aus, und zieht alle Nahrung dermaßen an sich, daß auch der Gröps ganz verkümmert und haut= oder holzartig wird.

Man kann hieher drey Stuffen unterscheiden.

Umschließt der Gröps den Samen wie eine Haut, welche dicht damit verwachsen ist, wie bey den Gräsern oder dem Weitzenkorn, so nennt man diese Frucht **Korn**.

Wird aber der Gröps hart und löst sich vom Samen oder Korn ab, wie es beym Sauerampfer, Spinat, Hanf, den Nesseln u. dergl., auch beym Baldrian und Wegerich der Fall ist; so nennt man diese Art von Frucht **Schlauchfrucht** oder **Nüßlein**. Man kann den Schlauch oder das Korn als die Grundform der Nuß betrachten.

Endlich umgibt nicht bloß der Gröps den Samen, sondern auch der Kelch, so daß beide dicht mit einander verwachsen und holzartig werden, wie bey der Eichel, Buche, Castanie und der Haselnuß. Das ist die eigentliche **Nuß**.

Daher theilen sich wahrscheinlich die Nüsse ab je nach den verschiedenen Gröpsen, oder nach den Früchten, denen sie ähnlich werden.

Die **Schlauchnuß** wäre die mit einem bloß vertrockneten, einfächerigen Gröps, wie der sogenannte Samen des Sauerampfers, der Nesseln, des Hanfs.

Die **Hülsen= oder Pflaumennuß** wäre diejenige, welche einen zweyklappigen Gröps hat.

Die **Capsel= oder Beerennuß**, welche mehrfächerig wäre, wie die dreyknöpfige Nuß der Wolfsmilcharten.

Endlich die Kelch= oder Apfelnuß, welche vom vertrockneten Kelch bedeckt wäre, wie die Haselnuß und die Castanie.

Beym Keimen dieser Früchte vermodert die häutige Schale und reißt ziemlich unregelmäßig auf; die holzige Schale dagegen spaltet sich meistens am Gipfel, und die Keimblätter so wie das Würzelchen wachsen heraus.

b. Gröpsfrucht oder Pflaume (Drupa).

Die Pflaume ist ein wenigsamiger Gröps mit verholzter innerer Wand und fleischigem Zellgewebe.

Die Pflaume ist eigentlich eine Nuß von Fleisch umgeben, und hat meistens den Bau der Hülse, welche nur einen und den andern Samen einschließt.

Die innere Lage oder Haut der Hülse wird hier allein holz= oder steinartig; die äußere dagegen verwandelt sich in ein zartes Häutchen. Dazwischen wird das Zellgewebe sehr saftreich und entfernt beide Wände der Hülse weit von einander. An der äußern Haut einer Zwetsche kann man sehr deutlich die zwey Nähte unterscheiden, wie bey der Bohnenhülse. Man kann daher die Hülse überhaupt als die Grundform der Pflaumen ansehen.

Bey der Nuß ist der Samen in der Regel nur einzeln; bey der Pflaume fängt er schon an sich zu vermehren, übersteigt aber selten die Zahl 2. In beiden Früchten gehören mithin die Samen zu den großen; bey den folgenden sind sie meistens zahlreich und daher klein.

Die Pflaumen theilen sich wohl auch ein wie die Nüsse.

Es sind entweder Schlauch= oder Nußpflaumen, wenn der einfächerige Stein sich nicht in zwey Klappen spaltet, wie bey der Brombeere.

Hülsen= oder eigentliche Pflaumen, wenn dieses der Fall ist, wie bey den Kirschen.

Capsel= oder Beerenpflaumen, wenn der Stein mehrfächerig ist, wie bey der Cornelkirsche.

Kelch= oder Apfelpflaumen, wenn der Stein mit einem fleischigen Kelche bedeckt ist, wie bey der Wallnuß.

c. **Blumenfrucht oder Beere** (Bacca).

Die Beere ist ein vielsamiger, durchaus weicher Gröps, sowohl zwischen seinen Wänden als in den Fächern mit Saft angefüllt.

Da sie meist vielfächerig ist, oder als solche betrachtet werden kann, und alle Häute dünn und weich sind; so kann man die Capsel mit verkümmerten Scheidwänden, also die Schote, als ihre Grundform betrachten.

Es ist nicht immer leicht, die Beere von der Pflaume und vom Apfel zu unterscheiden; wenigstens werden noch viele Früchte als Beeren aufgeführt, welche zu jenen gehören, namentlich diejenigen zu den Aepfeln, welche mit dem Kelche bedeckt sind. Sie lassen sich daher noch nicht gehörig ordnen. Ueberhaupt bin ich über die Eigenthümlichkeit und Bedeutung dieser Frucht noch nicht sicher. Ich nehme sie als Blumenfrucht an, obschon nicht jede Beere mit einem Blustheil bedeckt ist, und vielleicht die Kelchfrucht diesen Titel haben sollte. Die Classen des Pflanzensystems scheinen jedoch die Trennung der Beere und des Apfels zu verlangen. Die Zukunft wird darüber entscheiden.

Vielleicht lassen sich die Beeren auch in 4 Abtheilungen bringen.

Schlauch- oder Nußbeeren könnten diejenigen seyn, die nur einen Samen enthalten, wie etwa die Mistel.

Hülsen- oder Pflaumenbeeren diejenigen, welche einige Samen enthalten, wie beym Kreuzdorn und Sumach.

Schoten- oder eigentliche Beeren die ganz weichen, mit vielen Samen oder mehreren Fächern, wie die Weinbeeren, Citronen.

Apfelbeeren endlich die vielsamigen, mit einem Kelch überzogenen, wie die Myrten, Granatäpfel.

d. **Kelchfrucht oder Apfel** (Pomum).

Sind Capseln mit vollkommenen Scheidwänden vom fleischigen Kelch bedeckt.

Die vier Apfelstuffen wären etwa:

Der Schlauch- oder Nußapfel diejenige Frucht, welche nur ein und das andere Korn einschließt, wie bey den Doldenpflanzen.

Der Hülsen- oder Pflaumenapfel diejenige, deren Kelch steinige Bälge einschließt, wie bey den Mispeln.

Schoten- oder Beerenapfel diejenige, bey welcher die Scheidwände weich bleiben und viele Samen tragen, wie bey den Kürbsen.

Der Capsel- oder eigentliche Apfel diejenige, welche vollkommene Scheidwände mit Achsensamen hat, wie bey dem gemeinen Apfel und der Birne.

## Schriften
über
### Pflanzen-Anatomie.

Nehemias Grew, the Anatomy of Vegetables. London. 1671. 12. (Miscell. nat. cur. Dec. I. Ann. 8.)

Ejusdem, An. Idea of a phytological History of roots. 1673. 8. (Miscell. nat. cur. Dec. I. Ann. 9 & 10.)

Ejusdem, the Anatomy of Trunks. 1675. 8.

Ejusdem, the Anatomy of Plants. 1682. Fol. tab. 83. Hauptwerk.

Marcellus Malpighius, Anatome plantarum. 1675. Fol. tab. 39 & 54.

Gleichen, genannt Rußworm, das Neueste aus dem Reiche der Pflanzen. 1764. Fol.

Hill, the Construction of Timber. 1770. 8.

Joh. Hedwig, Fundamentum Historiae muscorum. 1782. 4.

Ejusdem, de fibrae vegetabilis et animalis ortu. 1789. 4.

J. Gaertner, de Fructibus et Seminibus Plantarum. 1788. I. II. 4. Fig.

C. Gaertner, Suppl. carpologica. 1805. 4. Fig.

Medicus, Beyträge zur Pflanzen-Anatomie. 1799. 8.

Mirbel, Essay sur l'Anatomie des Végétaux. 1800. 4.

Ejusdem, Traité d'Anatomie et de Physiologie végétale. 1802. 8.

Bernhardi, Beobachtungen über Pflanzengefäße. 1805. 8.

L. Treviranus, vom inwendigen Bau der Gewächse. 1806. 8.

C. Rudolphi, Anatomie der Pflanzen. 1807. 8.
H. Link, Grundlehren der Anatomie und Physiologie der Pflanzen. 1807. 8.
A. du Petit-Thouars Essay sur l'Organisation des Plantes. 1807. 8.
Mirbel, Exposition et Défense de ma Théorie de l'Organisation végétale. 1808. 8.
K. Sprengel, von dem Bau und der Natur der Gewächse. 1812. 8.
Moldenhawer, Beyträge zur Anatomie der Pflanzen. 1812. 4.
Kieser, Mémoire sur l'Organisation des Plantes. Haarlem. 1818. 4. Fig.
Desselben Phytotomie. 1815. 8.
Petit-Thouars, Histoire d'un morceau de bois. 1815. 8.
Dutrochet, Recherches anatomiques sur la structure des Végétaux. 1829. 8.
G. Bischoff, die cryptogamischen Gewächse. 1828. 4.
Mohl, über den Bau der Ranken- und Schlingpflanzen. 1827. 4.
Derselbe, über die Poren des Pflanzen-Zellgewebes. 1828. 4.
Ejusdem, de palmarum structura (in Martii opere).
Meyen, Phytotomie. 1830. 8.
Link, anatomisch-botanische Abbildungen. 1837. Fol.

## Allgemeine Schriften
### über
### den Pflanzenbau.

Linnaeus, Fundamenta botanica. 1736. 12.
Ejusdem Philosophia botanica. 1751. 8.
Rousseau, Botanik für Frauenzimmer. 1781. 8.
Batsch, Anleitung zur Kenntniß der Gewächse. 1787. 8.
Batsch, Botanik für Frauenzimmer. 1795. 8.
Willdenows Kräuterkunde. 1792—1810. Sechste Ausgabe von Link. 1821. 8.
Hayne, botanische Kunstsprache. 1799. 4. Fig.
Kurt Sprengel, Anleitung zur Kenntniß der Gewächse. 1802. 8. Zweyte Ausgabe. 1817.
De Candolle's theoretische Anfangsgründe der Botanik. 1814. 8. Fig.
Mirbel, Elémens de Physiologie végétale et de Botanique. 1815. 8. Fig.
C. Nees von Esenbeck, Handbuch der Botanik. 1820.

Tuspin, Iconographie des Végétaux. 1820.
E. H. Schulh, die Natur der lebenden Pflanze. 1823. I. II. 8.
Link, Elementa philosophiae botanicae. 1824. 2. 8. Ed. 1837.
De Candolle, Organographie végétale. 1827. 8. Uebersetzt von Meisner.
Agardh, Lehrbuch der Botanik. 1829. 8. (Uebersetzt aus dem Schwedischen.)
G. Bischoff, Handbuch der Terminologie. 1830. I—IV. 4. Fig.

## Metamorphose
über
### Pflanzen.

Linnaeus, Metamorphosis plantarum. 1755. (Amoenit. acad. IV.)
— — Prolepsis plantarum. 1760. ibid. VI.
Fr. Wolff, Theoria generationis. 1759. ed. II. 1774. 8.
Göthe, Versuch, die Metamorphose der Pflanzen zu erklären. 1790. 8.
Oken, Naturphilosophie. 1810. II. 8.

## Geschichte.

Kurt Sprengel, Geschichte der Botanik. 1807 u. 1817. I. II. 8.
Schultes, Grundriß einer Geschichte der Botanik. 1817. 8.
Frau Genlis, Botanik der Geschichte. I. II. 1813. 8.
Dierbach, Flora mythologica. 1833. 8.
Dessen Flora apiciana 1831. 8.

## Literatur.

Seguier, Bibliotheca botanica, 1740, opera Gronovii. 1760. 4.
A. Haller, Bibliotheca botanica. 1771. I. II. 4.
Büchersammlung zur Naturgeschichte von Kobres. 1782. I. II. 8.
Brünnich, Lit. danica scient. nat. 1783. 8.
Balbinger, über Literär-Geschichte der Botanik. 1794. 8.
Dryander, Catalogus bibl. hist. nat. Banksii. 1797. 8.
Reuss, Repertorium commentationum a societatibus etc. II. botanica. 1802. 4.
Ersch, Literatur der Naturkunde. 1828. 8.
Winther, Lit. Sc. rer. nat. in Dania etc. 1820. 8.

## II. Die Pflanzen-Chemie

handelt von den Stoffen der Pflanzen und ihren wechsel⸗
seitigen Verbindungen oder Processen. Es kann hier nur
eine gedrängte Darstellung davon gegeben werden.

### 1. Pflanzenstoffe.

In den Pflanzen kommen schon viele eigenthümliche Stoffe
vor, welche sich im Mineral-Reich noch nicht finden, und zwar
meistens solche, welche aus mehr als zween einfachen Stoffen
bestehen, wie Sauerstoff, Kohlen-, Wasser- und Stickstoff.

De Candolle und L. Treviranus haben in ihren
Pflanzen-Physiologien eine so fleißige und einsichtsvolle Zusam⸗
menstellung der Stoffe gegeben, daß ich dieselbe als Grundlage
benutzen, jedoch nach meiner Art ordnen werde. Bey den Be⸗
standtheilen und den chemischen Processen folge ich Löwigs
Chemie der organischen Verbindungen. 1839. I.

Die Stoffe verbinden sich immer in bestimmten Mengen
mit einander. So besteht dem Gewichte nach

| | | | | | |
|---|---|---|---|---|---|
| Wasser | aus | 1 Theil Wasserstoff und | 8 Sauerstoff, |
| Kohlensäure | — | 6 — | Kohlenstoff | — 16 | — |
| Salpetersäure | — | 14 — | Stickstoff | — 40 | — |
| Schwefelsäure | — | 16 — | Schwefel | — 24 | — |

Wenn mehr oder weniger Sauerstoff an einen andern Grund⸗
stoff tritt, so geschieht es nicht in gleichgültiger Menge; sondern
immer in einem bestimmten Verhältniß zu seiner Menge in
einer andern, ja in allen Verbindungen, also nicht in fortlau⸗
fenden, sondern in Stuffenzahlen. So treten z. B. an eine
gleichbleibende Menge Stickstoff nicht 1, 2, 3, 4 Theile Sauer⸗
stoff, sondern etwa zweymal, dreymal so viel, als in der schwäch⸗
sten Verbindung vorkommt. Es enthält

| | | | | |
|---|---|---|---|---|
| Stickstoff-Oxydul | 14 Stickstoff und 8 Sauerstoff, |
| Stickstoff Oxyd | 14 | — | — 16 | — | also 2mal 8, |
| Salpeterichte Säure | 14 | — | — 24 | — | — 3mal 8, |
| Salpeterige Säure | 14 | — | — 32 | — | — 4mal 8, |
| Salpeter-Säure | 14 | — | — 40 | — | — 5mal 8, |

Jede höhere Verbindung bekommt demnach 8mal mehr Sauerstoff als die zunächst schwächere, so daß jede als eine mehrfache Verbindung der vorhergehenden zu betrachten ist.

Diese Stickstoff-Verbindungen stehen demnach im Verhältniß wie 1, 2, 3, 4, 5.

Ebenso enthält

| das Kohlenstoff-Oxyd | 6 Kohlenst. | und | 8 Sauerstoff, | |
|---|---|---|---|---|
| die Kohlen-Säure | 6 | — | — 16 Sauerst., | also 2mal 8, |
| die schwefelichte Säure | 16 Schwefel | — | 8 | — |
| die schwefelige Säure | 16 | — | — 16 | — also 2mal 8, |
| die Schwefel-Säure | 16 | — | — 24 | — — 3mal 8. |

In allen diesen Verbindungen sind also 8 Theile Sauerstoff als 1 Verhältnißtheil zu betrachten, welcher sich vervielfältiget, und daher kann man sagen: das Wasser besteht aus 1 Verhältnißtheil Wasserstoff und 1 Verhältnißtheil Sauerstoff, worunter man dort nur 1 Gewichtstheil, hier 8 versteht. Beym Kohlenstoff sind 6 Gewichtstheile gleich 1 Verhältnißtheil; beym Stickstoff machen 14 Gewichtstheile 1 Verhältnißtheil, beym Schwefel 16 u. s. w.

So besteht

| das Stickstoff-Oxydul aus 1 Vthl. Stickstoff und 1 Vthl. Sauerst. (8), | | | |
|---|---|---|---|
| das Stickstoff-Oxyd — 1 — | — | — 2 — | — (16), |
| die Salpeter-Säure — 1 — | — | — 5 — | — (40). |

Wenn sich die Stoffe in bestimmten Gewichtstheilen verbinden, so müssen sich wenigstens die Luft- oder Gasarten auch in bestimmten Maaßen oder Raumtheilen verbinden.

So entsteht z. B. Wasser aus einem Maaß Sauerstoffgas und 2 Maaß Wasserstoffgas;

Ammon aus 1 Maaß Stickgas und 3 Wasserstoffgas;

Salmiak aus 1 Maaß Ammon und 1 Maaß gasförmiger Salzsäure;

schwefelige Säure aus 1 Maaß Sauerstoffgas und 1 Schwefeldämpfen;

Schwefelsäure aus 1 Maaß Sauerstoffgas und 2 gasförmiger schwefeliger Säure;

geschwefeltes Wasserstoffgas (Schwefelleber) aus 1 Wasserstoffgas und 1 Schwefeldämpfen.

Wenn man das Gewicht der Luft setzt auf 1000,
    so wiegt das Sauerstoffgas .. 1111,
            das Stickgas ..... 972,
            das Wasserstoffgas .. 69.

Noch ist zu bemerken: Wenn in der Folge die angegebenen Procente nicht ganz mit den Verhältnißtheilen übereinstimmen; so kommt es daher, daß die Zerlegungen nicht so genau seyn können, wie die Berechnungen. Die letzteren sind daher die richtigen.

Die in den Pflanzen vorkommenden Stoffe theilen sich in organische und unorganische.

### A. Unorganische Pflanzenstoffe.

Diese theilen sich wieder
    in Urstoffe,
    in Elemente und
    in Mineralien.

#### a. Urstoffe.

Es gibt nur vier Stoffe, welche in der ganzen Natur verbreitet sind, und aus denen alle Materien zusammengesetzt zu seyn scheinen: Kohlenstoff, Sauerstoff, Wasserstoff und Stickstoff, wenn der letztere nicht eine Zusammensetzung von Sauer- und Wasserstoff ist, wie man zu glauben Ursache hat.

Die Hauptmasse der Pflanze besteht aus Kohlenstoff, daher sie gänzlich verbrennt und sich in Kohlensäure verwandelt, wenn sie getrocknet worden ist. Der Rauch ist nichts anderes als unverbrannte Kohle.

Der Kohlenstoff ist der einzige allgemeine Stoff der Natur, welcher sich beständig im vesten Zustande befindet. Im Diamant soll er ganz rein seyn, in der Luft ist er mit 3 Theilen Sauerstoff zu Kohlensäure verbunden, und diese beträgt etwa $1/100$ der Luft.

Der zweyte Stoff der Menge nach ist der **Sauerstoff**, immer mit den andern verbunden, wodurch die sogenannten nähern Bestandtheile entstehen, wie Schleim, Zucker u. s. w. Er ist für sich gasförmig, etwas schwerer als die Luft, und zu 20 Procent, dem Raume nach, darinn enthalten; im Wasser flüssig, und zu 8 Theilen, dem Gewichte nach, mit Wasserstoff verbunden. Hundert Cubikzoll Gas wägen 34 Gran. Es ist 700mal leichter als Wasser; die Luft 800mal. Von dem Wasser werden nur 4 Theile, dem Raume nach, davon eingesogen *).

Es ist auch viel **Wasserstoff** in der Pflanze, welcher sich beym Verbrennen mit dem Sauerstoff zu Wasser verbindet, das als Dampf davon geht.

Er ist für sich immer gasförmig und 100 Cubikzoll wägen nur 2 Gran, ist mithin 16mal leichter als Sauerstoffgas. 100 Theile Wasser saugen nur $1\frac{1}{2}$ davon ein.

**Stickstoff** ist nur in sehr wenigen Pflanzentheilen, meist nur in abgesonderten Stoffen, wie im Kleber und Eyweiß. Die Pilze sind die einzigen, wo er auch im Stocke selbst vor-

---

*) Es müssen hier einige Stoffe erwähnt werden, welchen man in der Chemie noch keinen rechten Platz einräumen kann.

Das **Chlor**, sonst oxydirte Salzsäure genannt, wird nun als ein unzersetzbarer Stoff betrachtet, welcher mit etwas Wasserstoff die Salzsäure bildet. Es ist ein gelblichgrünes Gas, wovon 100 Cubikzoll 76 Gran wägen, welches sehr erstickend und ätzend wirkt, schnell zusammengedrückt Zunder anzündet, und in dem das Licht fortbrennt: alles Eigenschaften, welche mit dem Sauerstoffgas übereinstimmen. Es scheint daher nur ein verstärktes Sauerstoffgas zu seyn.

Das **Jod** findet sich im Meertang, und ist ein zerreiblicher Körper, fast wie Eisenfeile, der sehr ätzend wirkt und bey der Siedhitze sich in violette Dämpfe verwandelt. Es bildet mit Wasserstoffgas ebenfalls eine Säure.

Das **Brom** findet sich ebenda, ist eine röthliche, gleichfalls ätzende und stark riechende Flüssigkeit, welche sich in eine Säure verwandeln läßt.

Ebenso hat die Borax- und Flußspathsäure eine Grundlage, welche Bor und Fluor heißen.

kommt, und daher pflegen sie mit Gestank zu verfaulen, fast wie das Fleisch. Er ist für sich gasförmig; 100 Cubikzoll wägen 20½ Gran, ist daher 900mal leichter als Wasser. Es sind davon 80 Raumtheile in der Luft. Vom ausgekochten Wasser werden nur 1½ Procent eingesogen.

### b. Elemente.

Zu den Elementen gehören der Aether oder das Feuer, die Luft, das Wasser und die Erde, welche letztere aber sich sogleich zu Mineralien individualisiert.

#### 1. Aether oder Feuer.

Der Aether oder das Feuer erscheint in drey Wirkungsarten, als Gravitation oder Materie überhaupt, als Licht oder Polarität, und als Wärme oder Bewegung der Atome.

a. Insofern der Pflanze Gravitation zukommt, richtet sich die Wurzel nach dem Mittelpunkt der Erde.

Die Schwere der Pflanzen ist gewöhnlich etwas geringer als die des Wassers, auf dem daher die meisten Pflanzen schwimmen. Haben sie sich aber vollgesogen, so sinken sie unter.

In heißen Ländern gibt es jedoch so dichte Hölzer, daß sie von selbst untersinken, wie das deßhalb sogenannte Eisenholz.

b. Das Licht bewirkt in der Pflanze eine allgemeine Polarität und Zersetzung, wodurch sie die Richtung zur Sonne erhält.

Außerdem erhält sie von ihm die grüne Farbe und die andern Farben der Blumen. Die Farbenstoffe scheinen verändertes Stärkemehl zu seyn.

c. Die Wärme befördert die Ausdünstung, und dadurch den Safttrieb.

Die eigenthümliche Wärme der Pflanze scheint wenig von der Lufttemperatur verschieden zu seyn.

#### 2. Luft.

Die Luft besteht aus 2 Maaß Sauerstoffgas, 8 Maaß Stickgas und etwa 1 Kohlensäure; dem Gewichte nach wie 8 zu 28, also 1 Verhältnißtheil Sauerstoff zu 2 Stickstoff. — Sie ist 800mal leichter als Wasser, und wirkt durch Druck, Feuchtigkeit und Trockenheit, Sauerstoffung und Electricität auf die Pflanze. Durch die letztere ertheilt sie ihr die allgemeine Polarität, wodurch sie angeregt wird, senkrecht in die Höhe, der Wurzel entgegen zu wachsen. Sonst würde sie bloß dem Lichte folgen, und bald diese, bald jene Richtung annehmen.

Sie geht durch die Spiralgefäße zu allen Theilen der Pflanze.

Sie findet sich ferner in den hohlen Stengeln, in den leeren Zellen des Marks und selbst in denen der Oberhaut.

Endlich sammelt sie sich in besondern Lücken des Zellgewebes, besonders bey Wasserpflanzen, wodurch Stengel oder Blätter schwimmend erhalten werden, wie bey dem Knotentang, Wassersch auch (Utricularia), der Seerose.

Im Sonnenlicht hauchen die Pflanzen, mit Ausnahme der Pilze, beständig Sauerstoffgas aus; bey Nacht aber kohlensaures Gas.

Wasserstoffgas entwickelt sich nur bey den Pilzen. Da nun die Thiere durch das Athmen viel Sauerstoffgas verzehren, so war man besorgt, es möchte ganz aus der Luft verschwinden; und man war daher sehr froh, daß es durch die Pflanzen wieder ersetzt werde. Allein die Pflanzen athmen ebenfalls, die meiste Zeit ihres Lebens, Sauerstoffgas ein. Die Angst ist aber unnöthig, da kein Sauerstoffgas aus der Welt verschwinden kann, und es nothwendig bey der Fäulniß wieder frey wird. Ueberdieß entwickelt das Licht aus allen Oxyden Sauerstoffgas.

3. Wasser.

Das Wasser ist der eigentliche Boden der Pflanzen, und das Element ihrer Entstehung und ihres Wachsthums. Es ist ihre Nährmutter. Durch sein Gewicht zieht es die Wurzel nach unten, und durch seine Indifferenz bildet es den Gegensatz mit der immer entzweyten, electrischen Luft, wodurch Wurzel- und Stammwerk genöthigt werden, aus einander zu treten.

Es wird als Einheit des Gewichtes angenommen. Es ist 14mal leichter als Quecksilber. Es läßt sich nicht zusammen-

drücken. Bey Nullgrad des reaumurischen Thermometers verwandelt es sich plötzlich in Eis, bey 80° in Dampf. Es besteht aus 8 Sauerstoff und 1 Wasserstoff, oder 1 und 2 Maaß.
100 Cubikzoll saugen ein:
   Wasserstoffgas ...  1,56,
   Stickstoffgas .... 1,56,
   Sauerstoffgas ... 3,70,
   Kohlensäure .... 100,00.

Es macht einen großen Theil der Pflanzen aus; daher sie ausgetrocknet viel leichter sind als vorher.

Es ist aber nicht rein darinn, sondern enthält gewöhnlich Schleim, Zucker, Säuren und verschiedene Salze aufgelöst.

Die Pflanze saugt beständig Wasser durch die Wurzel ein, und dünstet beständig durch die Blätter aus.

Einige Pflanzen sondern ziemlich reines Wasser aus und sammeln dasselbe in Blattscheiden oder andern Höhlen, wie das Kannenkraut (Nepenthes).

Bey manchen ist dieses Wasser süßlich; bey andern säuerlich, wie bey den Kicher=Erbsen.

### 4. Erde.

Die Erde als Element gewährt der Pflanze nur einen vesten Standpunct und vertheilt das Wasser so, daß auch Luft zu der Wurzel dringen kann, ohne welche keine Zersetzung vor sich geht.

Zum gehörigen Gedeihen der Pflanze scheinen alle Erdarten nöthig zu seyn.

In der Pflanze selbst aber ist die Erde als verschiedene Mineralien enthalten.

### c. Mineralien.

Bestehen aus Erden, Salzen, Instammabilien oder Brenzen, und Erzen. Die Pflanze enthält theils in ihren Säften, theils auch in den vesten Theilen, Stoffe aus allen Mineral=Classen.

1. **Erden.**

a. Die Kieselerde besteht aus 52 Sauerstoff und 48 Theilen einer kohlenartigen, schwarzen Substanz, ziemlich wie Reißbley, welche die Electricität nicht leitet, und daher kein Metall ist. Daraus darf man schließen, daß der Kohlenstoff allen vesten Substanzen zur Grundlage diene.

Obschon die Kalkerde in allen Pflanzen, und zwar am häufigsten, vorkommt; so gehört doch die Kieselerde denselben characteristisch an: indem sie wirklich einen Bestandtheil von gewissen Organen ausmacht, vorzüglich der Oberhaut der Grasarten, worinn sie eine zusammenhängende Röhre um den Halm bildet; beym Bambusrohr 70, beym Schilfrohr 50 Procent, beym Roggenhalm 6; und dieses ist die Ursache, warum sich die Sensen und Sicheln beym Abmähen so bald abwetzen. Das Schafthen hat in der Rinde eine Menge Kieselpuncte, wodurch es zum Scheuren tauglich wird. Die Oberhaut des Rottangs soll so viel Kieselerde enthalten, daß zwey an einander geriebene Stücke Funken geben. Die Asche des Welschkornstengels enthält 18 Procent Kieselerde, des Haber- und Weitzenkorns 60, des Gerstenkorns 35, der Eichblätter 14, der Hasel- und Pappelblätter 11, der Rinde des Maulbeerbaums 15.

In den Lücken des Bambusrohrs findet man gewöhnlich ganze Stücke von abgesonderter Kieselerde, welche man Tabaschir nennt. Er besteht aus 70 Kieselerde, 8 Kalkerde und etwa 20 Pottasche.

Diese Kieselerde kann nicht wohl anders in die Pflanzen kommen, als daß sie mit der Pottasche der Dammerde eine Kieselfeuchtigkeit bildet, wodurch sie im Wasser auflöslich wird. In der Asche des Haberhalms findet man an 60 Procent Kieselerde auf 20 Pottasche, also im Verhältniß wie 3 : 1, völlig wie im Glas. Man könnte daher sagen: die Kieselerde sey in den Pflanzen als flüssiges Glas enthalten.

Dieses Uebermaaß von Kieselerde findet sich jedoch nur bey den Scheidenpflanzen, und ist bey den Netzpflanzen in geringer Menge oder gar nicht vorhanden. Steffens hat in seiner

Schrift: Beyträge zur innern Naturgeschichte der Erde, 1801. S., sehr scharfsinnig gezeigt, wie sich die Pflanzen an die Kieselreihe, die Thiere an die Kalkreihe anschließen.

b. Die Thonerde besteht aus 10 Metall und 8 Sauerstoff, oder 1 und 1. Man hat von ihr in den Pflanzen kaum Spuren gefunden, obschon sie fast sämmtlich im Thonboden wachsen. Es findet sich aber daselbst kein Stoff, durch welchen sie aufgelöst werden könnte, was nur durch eine starke Säure möglich wäre. Etwas weniges hat man bemerkt im Roggenstroh, im Roggen-, Weitzen-, Gersten- und Haberkorn; auch Spuren in Wermuth, Knoblauch, in der Eibischwurzel u. s. w.

c. Talkerde besteht aus 12 Metall und 8 Sauerstoff, oder 1 und 1. Sie findet sich in sehr wenigen Pflanzen, fast nur in solchen, welche auf Salzboden oder im Meere wachsen, in der Sodapflanze und in Tangen. Sie ist aber darinn nicht frey, sondern mit Säuren verbunden. Rein sey sie in der Korkrinde, kohlensauer in den Getraidekörnern; in der Soda von Salsola soda 18; schwefelsauer in ziemlicher Menge im Tang (Fucus vesiculosus); phosphorsauer in der Zaunrübe, dem Schierling, dem Gerstenkorn; kochsalzsauer in der weißen Zimmetrinde und in der Wurzel des Benedictenkrauts (Geum).

d. Kalkerde kommt in allen Pflanzen vor, und zwar gewöhnlich mit Phosphor verbunden, in größerer Menge als irgend eine andere Erde, und in allen Pflanzentheilen zerstreut.

Man gewinnt sie gewöhnlich durch Einäscherung. Sie beträgt selten mehr als 1 bis 2 Procent.

Im Haberkorn findet man 3 Procent Erde, und darunter 6 Theile Kieselerde und 4 phosphorsauren Kalk. Wenn daher die Hühner Körner fressen, so bekommen sie hinlänglich Kalkerde, um daraus die Eyerschalen zu bilden.

Sie besteht aus 20 Kalkmetall und 8 Sauerstoff oder 1 und 1.

Mit Kohlensäure bildet sie sogar einen weißen Ueberzug beym Armleuchter (Chara), steckt übrigens in diesem Zustande fast in allen Pflanzen, besonders im Stroh, Knoblauch, Sturmhut, Boretsch. Als ganze Körner steckt sie in dem sogenannten Wasserschwanz (Hydrurus).

Mit Salpetersäure ist sie in Boretsch, Nessel und Sonnenblume.

Mit Kochsalzsäure in den Tabacksblättern, der Wurzel des Sturmhuts, der Curcuma, in den Blumen der Narcissen.

Mit Schwefelsäure kommt sie vor in der Birken= und Weidenrinde, im Blasentang, in der Wurzel der Rhabarber, des Sturmhuts, der Zaunrübe, im Senfsamen, Opium.

Mit Phosphorsäure in der Wurzel der Gichtrose und Seerose, des Süßholzes, im Knoblauch, Senf.

Als Crystalle sey sie im Schilfrohr und in den Orchiden.

### 2. Salze.

Die Salze kommen schon viel häufiger und zahlreicher in allen Pflanzen vor, und zwar sowohl die Laugen als die Säuren und ihre Verbindungen.

a. Unter den Laugen ist

1. die Pottasche oder das Kali die gewöhnliche, und läßt sich durch Verbrennen aus allen Theilen gewinnen. Sie scheint meistens mit Kohlensäure verbunden zu seyn, und besteht aus 40 Kali=Metall und 8 Sauerstoff, oder Verhältnißtheile 1 und 1.

In der Regel liefern die Bäume weniger als die Kräuter; am meisten Wermuth und Erdrauch.

Im Stroh des Welschkorns fand man 59, der Saubohnen 57, der Gerste 16, des Weitzens 12.

In den Roßcastanien 51, den Saubohnen 22, der Gerste 18, dem Weitzen 15, dem Welschkorn 14.

Salpetersauer sey es in den Wurzeln der Erdmandeln (Cyperus), des Ingwers, des Benedictenkrauts, der Sellerie, im Safte des Schöllkrauts, in den Wollblumen und im Pfifferling.

Kochsalzsauer in vielen Pflanzen, besonders den Tangen, dem Weitzen= und Welschkornstroh, der Saubohne, in Wermuth, Taback, in der Sellerie, den Leinsamen, im Schöllkrautsaft.

Schwefelsauer in der Soda, den Tangen 19, im Kraute der

Salzpflanzen, Saubohnen, im Knoblauch, Weitzenstroh, in der Wurzel der Gichtrose.

Phosphorsauer in der Asche des Welschkorns 47, der Saubohnen 44, des Gersten- und Weitzenkorns 22; auch in ihrem Stroh; in den Erdäpfeln, Roßcastanien, Leinsamen, im Calmus, Pfifferling (Agaricus piperatus).

Mit Jod verbunden in der Sode, welche man aus dem Blasentang gewinnt.

2. Sode oder Natrum findet sich nur in den Pflanzen auf Salzboden oder im Meer; in der gemeinen Sodapflanze (Salsola soda) etwa 2 Procent. Man bekommt sie durch Verbrennung mit Kohlensäure verbunden, glaubt aber, daß sie in der Pflanze zucker- oder sauerkleesauer sey. Die Pflanzen, worinn sie vorkommt, gehören zu den Geschlechtern Salsola, Salicornia, Mesembryanthemum, Chenopodium und Fucus. Sie besteht aus 24 Sode-Metall und 8 Sauerstoff, oder 1, 1.

3. Ammon oder flüchtiges Laugensalz erhält man zwar bey der chemischen Zerlegung und der Fäulniß, scheint aber nur ein Product zu seyn, indem sich 3 Gewichtstheile Wasserstoff und 14 Stickstoff, oder 3 und 1 Verhältnißtheile mit einander verbinden. — Es soll jedoch frey vorkommen im Waid, in der Rinde des Zahnwehbaums (Xanthoxylum) und dem Blasentang; mit andern Stoffen verbunden in der Wurzel der Seerosen, der Nießwurz, den Blättern des Sturmhuts, der Betelnuß; salpetersauer im Extracte des Bilsenkrauts, im Lattich (Lactuca).

b. Säuren kommen sehr häufig in allen Pflanzen vor, und zwar sowohl rein als mit Laugen, Erden und Metallen verbunden.

Sie theilen sich in Elementen- und Mineralsäuren.

1. Man kann die Kohlensäure, weil sie durch den ganzen Luftraum verbreitet und selbst luftförmig ist, als die Säure des Aethers oder der Materie überhaupt betrachten, indem alle Materie nur veränderter Kohlenstoff zu seyn scheint, wenigstens die Metalle, und mithin auch die Erden. Sie besteht aus 6 Kohlenstoff und 16 Sauerstoff, oder Verhältnißtheile 1 und 2.

2. Die **Salpetersäure** ist überoxydierter Stickstoff, mithin die Luftsäure; besteht aus 14 Stickstoff und 40 Sauerstoff, oder 1 und 5 Verhältnißtheilen.

3. Die **Kochsalzsäure** ist wahrscheinlich überoxydierter Wasserstoff, mithin Wassersäure. Das sogenannte Chlor scheint nur ein besonderer Zustand der Kochsalzsäure zu seyn. Sie besteht aus 36 Chlor und 1 Wasserstoff, oder 1 und 1 Verhältnißtheilen.

**Mineralsäuren** kann man nennen die aus Erdstoffen entstandenen Säuren.

4. Die Erdsäure ist die **Flußspathsäure**. Sie löst alle'n Kieselerde auf.

5. Die Salzsäure ist die **Boraxsäure**; besteht aus 8 Boraxstoff und 16 Sauerstoff, oder 1 und 2 Verhältnißtheilen.

6. Die Brenzsäure ist die **Schwefelsäure**; besteht aus 16 Schwefel und 24 Sauerstoff, Verhältnißtheile 1 und 3.

7. Die Metallsäure ist die **Arseniksäure**; besteht aus 38 Arsenik und 24 Sauerstoff, oder 1 und 3 Verhältnißtheilen.

Die unorganischen Säuren sind selten und nie rein, etwa mit Ausnahme der Kohlensäure, welche sich in Menge im Pflanzensaft findet, und in der Finsterniß sogar von selbst hervortritt.

Beym Verbrennen bekommt man auch kohlensauren Kalk der aber wahrscheinlich erst gebildet wird.

**Salpetersaure Pottasche** oder Salpeter bildet sich bey der Verwesung des Mistes, also einer Vermischung von Pflanzen- und Thierstoffen. Er kommt aber schon fertig vor in einigen, jedoch wenigen Pflanzen, z. B. im Boretsch, Cardobenedictenkraut und Pisang.

**Kochsalzsäure** mit Sode als Kochsalz in den meisten Pflanzen; in größerer Menge aber in den Meerpflanzen.

**Kochsalzsaure Pottasche** sehr selten, z. B. in dem Erdrauch, den Waidblättern, der winterischen Rinde.

**Kochsalzsaurer Kalk** fast gar nicht; nur in einigen Strandpflanzen, wie Salicornia. Mit Talkerde verbunden in der weißen Zimmetrinde.

Schwefelsaure Pottasche und solche Kalkerde oder Gyps bekommt man bisweilen beym Verbrennen.

Die Phosphorsäure besteht aus 12 Phosphor und 16 Sauerstoff, oder 1 und 2 Verhältnißtheilen; soll frey vorkommen in den Zwiebeln, dem Mutterkorn, der Wurzel der Gichtrose, den Wollblumen.

Dagegen ist fast aller Kalk mit Phosphorsäure verbunden, namentlich im Schöllkraut, dem schwarzen Senf und in der Senega=Wurzel. Hin und wieder gibt es auch phosphorsaures Eisen, häufiger phosphorsaures Kali.

Diese Salze bekommt man aber nicht durch die Zerlegung auf nassem Wege, sondern nur aus der Asche.

### 3. Inflammabilien oder Brenze.

a. Von den unorganischen Stoffen dieser Art findet man in den Pflanzen Kohle, Schwefel und Phosphor.

Die Hauptmasse der Pflanze besteht aus Kohle. Wenn durch Austrocknen das Wasser ausgetrieben ist, so läßt sich durch Ausglühen in verschlossenen Gefäßen fast alles Uebrige in Kohle verwandeln. Sie enthält etwa $1/50$ Erden und Salze, welche beym Verbrennen in der Asche zurückbleiben. Die Holzkohle ist eine schwarze, löcherige und zerreibliche, unauflösliche und feuerbeständige Masse, welche die Electricität ziemlich gut, die Wärme aber schlecht leitet. Sie verschluckt alle Flüssigkeiten und Gasarten in Menge, und reinigt daher die Luft von ungesunden Dünsten; Flüssigkeiten von stinkenden und färbenden Stoffen.

Aus dieser Kohle entstehen durch Verbindung mit Sauer- und Wasserstoff, und bisweilen mit etwas Stickstoff, alle übrigen Stoffe der Pflanzen.

b. Schwefel findet sich nur in geringer Menge in solchen Pflanzen, welche Eyweiß enthalten, womit er immer verbunden zu seyn scheint. Man fand ihn in Reißmehl, Senf, in den Wurzeln des Galgants, Ingwers, der Grindwurz, der Sellerie, den Pomeranzenblumen und den gelben Körnern des Hopfens, im Bingelkraut, im Kraute der Raute, des Ysops, Wermuths, in den Blumen des Holunders, der Linde, im Kümmel, Fenchel u. s. w.

Er ist ein gelber, spröder Körper, 2mal so schwer als das Wasser, welcher die Electricität nicht leitet, negativ electrisch wird, in der Siedhitze schmilzt, unauflöslich in Wasser ist, aber auflöslich in Terpentin=Oel und Weingeist.

Vielleicht entsteht die Schwefelsäure erst beym Verbrennen.

c. Der **Phosphor** findet sich nicht frey in den Pflanzen, sondern nur als Phosphorsäure, meist mit Kalkerde verbunden. Am häufigsten ist er jedoch als Phosphorsäure in den Knochen und dem Harn. Er ist eine weißliche, weiche Masse, fast wie Wachs, welche bey geringer Temperatur verbrennt.

Das **Bor** oder **Boron** ist ein schwefelartiger, entzünd= licher Körper, der nur im Mineralreich als Boraxsäure vor= kommt.

### 4. Erze.

Davon kommt nur das **Eisen**, das **Wad** oder **Mangan** und das **Kupfer** vor. Gold, welches man bisweilen gefunden haben will, ist nur zufällig. Man scheint selbst Insecten=Eyer für Goldkörner angesehen zu haben.

Das **Eisen** wird als Kalch in der Asche der meisten Pflanzen gewonnen, jedoch nur in sehr geringer Menge.

Da es auf der ganzen Erde, besonders im Thon oder Mer= gelboden vorkommt; so kann es leicht im oxydierten Zustand von den Pflanzen eingesogen werden, wie Kalkerde, Kieselerde und Kochsalz. Man hat es namentlich ausgeschieden aus Stroh und Korn des Getraides, dem Wermuth, gemeinen Farrenkraut, Knoblauch, dem Oelbaum, der Zaunrübe, Erdmandel, dem Spar= gel, der Catechu=Frucht, den Blumen der Essigrose, dem Teufels= dreck und besonders viel aus dem Indigo.

Im Gnadenkraut (Gratiola) soll es mit Phosphorsäure verbunden seyn, vielleicht eingesogenes Sumpf=Eisen aus den Sümpfen, wo diese Pflanze wächst.

**Wad=** oder **Mangan=Kalch** ist nicht selten unter das Eisen gemengt, und geht wohl mit demselben in die Pflanzen

111

über. Man hat es gefunden in der Asche des Strohes und des Korns, des Weinstocks, Feigenbaums, der Föhre und der Ringelblume.

Kupfer, wahrscheinlich in phosphorsaurem Zustande, hat man in ziemlich viel Pflanzen gefunden, aber nur zu Millionstheilen z. B. in Caffee, Weitzenkorn, Krapp, der Chinarinde. In 1 ½ Millionen Centner Caffe, der in Europa verkauft wird, sollen über 10 Centner Kupfer stecken; in dem Weitzen, der in Frankreich gebaut wird, über 600 Centner.

### B. Organische Pflanzenstoffe.

Sind nichts anderes als die unorganischen, durch den Lebensproceß auf eine so eigenthümliche Art mit einander verbunden, wie sie nie in dem unorganischen Reiche vorkommen. Indessen erkennt man noch immer ihre Aehnlichkeit mit den unorganischen Stoffen, und man muß sie daher auf dieselbe Art ordnen.

Sie bestehen, mit wenigen Ausnahmen, mindestens aus drey Urstoffen, nehmlich Sauerstoff, Kohlen= und Wasserstoff, oft auch noch aus Stickstoff, während die unorganischen Stoffe gewöhnlich nur aus zween Urstoffen bestehen, dem Sauerstoff und einem andern.

Diese Stoffe sind entweder Wiederholungen der Elemente oder der Mineralien. Ich versuche sie auf folgende Art neben einander zu stellen:

| | | | |
|---|---|---|---|
| 1. Aether | Kohlensäure | Weingeist | Essigsäure |
| 2. Luft | Salpetersäure | Aetherische Oele | |
| | | Balsame | Benzoesäure |
| | | Harze | |
| 3. Wasser | Kochsalzsäure | Schleim | Schleimsäure |
| | | Gallert | Gallertsäure |
| | | Eyweiß | |
| | | Zucker | Weinsäure |
| | | | Citronensäure |
| | | | Apfelsäure |

| | | | |
|---|---|---|---|
| 4. Erden | Flußspathsäure | Holz | |
| | | Moderstoff | |
| | | Kleber | |
| | | Stärke | Sauerkleesäure |
| 5. Salze | Boraxsäure | Gerbstoff | Gerbsäure |
| 6. Brenze | Schwefelsäure | Oel | Oelsäure |
| 7. Erze | Arseniksäure | Farbenstoff | Waidsäure. |

1. Einfache Pflanzenstoffe.

a Organische Elemente.

1. Aetherartige Pflanzenstoffe.

Der edelste, leichteste und entzündlichste Pflanzenstoff tritt erst am Ende der Gährung auf, nehmlich der Weingeist, den man im eigentlichen Sinne den Geist oder das Feuer der Pflanze nennen kann.

Er ist viel leichter als Wasser, und besteht aus 52 Kohlenstoff, 13 Wasserstoff und 35 Sauerstoff, oder 8 Verhältnißtheilen Kohlenstoff, 12 Wasserstoff und 4 Sauerstoff.

Wie er die einfachen Stoffe in der feinsten und leichtesten Masse enthält; so sind im Wein, dessen wirkender Theil er ist, auf ähnliche Art fast alle näheren Bestandtheile der Pflanze verbunden: Schleim, Zucker, Säuren, Salze, Farbenstoff, Erden und Eisen. Dieser ist, so zu sagen, die chemische Allheit der Pflanze, und daher das vollkommenste und edelste Getränk.

2. Luftartige Pflanzenstoffe.

Hieher rechne ich alle nur in Weingeist auflöslichen, flüchtigen und entzündlichen Stoffe, welche unter dem Namen der ätherischen Oele, Balsame und Harze bekannt sind.

a. Die ätherischen Oele sind flüssig, verflüchtigen sich von selbst und verbreiten meist einen angenehmen Geruch. Sie scheinen überhaupt der Grund aller Pflanzengerüche zu seyn, und dünsten von selbst aus Rinde, Blättern, Blumen und manchen Früchten aus. Sie sind in den Zellen von drüsenartigen Organen enthalten, wie an den Blättern der meisten Lippenblumen, als

Münze, Melisse, Rosmarin; an den Blättern der Myrten, Pomeranzen, Balsambäume, Rauten, Johanniskräuter; auch an den Kelchblättern der letztern, an den Blumenblättern der Pomeranzen, an der Fruchtschale der Rauten und Citronen. Bey den Schirmpflanzen steckt das Oel in Gängen unter den Rippen der Frucht. In Samen kommt es sehr selten vor, jedoch bey der Muscat-Nuß.

Die bekanntesten Oele der Art sind: das Terpentin-, Citronen-, Rosen-, Pomeranzen-, Lavendel-, Spik-, Rosmarin-, Kümmel-, Anis- und Pfeffermünz-Oel. Schwerer als Wasser sind: das Oel der Nägelein, des Zimmets und des Sassafras.

Das Terpentin-Oel besteht aus Verhältnißtheilen K. 10, W. 8.

Das Rosmarin-Oel aus K. 83½, W. 11½, S. 5.

Das Lavendel-Oel K. 79, W. 11, S. 9, oder Verhältnißtheile 15, 14, 2.

b. Die **Balsame** sind etwas verdichtete, meist dick flüssige ätherische Oele, welche gewöhnlich Benzoe-Säure enthalten, oder wenigstens in der Hitze solche liefern. Sie lösen sich daher nicht bloß in Weingeist, sondern auch in Wasser auf, und sickern gewöhnlich aus der Rinde der Lorbeerbäume, der Terebinthaceen und der Hülsenpflanzen aus; manche gewinnt man jedoch auch erst durch Kochen, wie den Terpentin, wenn man ihn hieber rechnen will. Er ist eine Verbindung von Harz und Terpentin-Oel.

Zu den flüssigen Balsamen gehört der peruvianische Balsam, der Tolu-, Copaiva-, Mecka-Balsam (Opobalsamum), der flüssige Storax und der Terpentin.

Zu den vesten Balsamen die Benzoe, der veste Storax und das Drachenblut.

c. Die **eigentlichen Harze** sind die letzte Verdickung der ätherischen Oele, und zwar meistens des Terpentins, einer Art Balsam, welcher aus dem Nadelholz gewonnen wird. Sie sind spröd, meist gelb oder roth, verbrennen von selbst mit viel Rauch und lösen sich größtentheils in Weingeist auf. Sie finden sich vorzüglich als Ausscheidungen in der Rinde, aus welcher sie

tropfenweise aussickern; jedoch auch im Holz, in den Blättern
und andern Theilen. Es gehören vorzüglich hieher das sogenannte weiße Harz aus den Tannen und der Copal.
Das gemeine Tannenharz besteht aus 75 K., 12½ W. und
12½ S. Der Bernstein gehört auch hieher, gibt aber durch
Destillation Bernsteinsäure.

Der Campher ist ein weißes, durchscheinendes und stark
riechendes Harz, welches als Körner unter der Rinde und in
Lücken des Holzes von verschiedenen Lorbeerarten vorkommt,
ohne Zweifel als Gerinnungen des ätherischen Oels. Auch
durch Verdünstung der ätherischen Oele der Lippenpflanzen kann
man Campher gewinnen, z. B. Rosmarin, Majoran, Salbey,
Lavendel, Münze, Thymian. Ebenso aus den Wurzeln der Gewürzpflanzen, wie Zitwer, Ingwer u. s. w.; deßgleichen aus den
Doldenpflanzen, wie aus dem Fenchel- und Anis-Oel, und noch
aus vielen andern, selbst einigen Gräsern. Er besteht aus
Verhältnißtheilen K. 10, W. 8, S. 1.

Das Federharz oder Caoutschouc (Gummi elasticum) rinnt
aus Einschnitten von wolfsmilchartigen Pflanzen (Hevea, Jatropha, Ficus indica), und besteht aus 90 K., 9 W., 1 S.

Der Vogelleim wird vorzüglich aus den Mistelbeeren
und dem Baste der Stechpalmen durch Abkochen gewonnen. Er
ist in Wasser wenig auflöslich und läßt sich sehr klebrig an-
fühlen. Solche schmierige Masse findet sich auch bey vielen
Knospen, besonders der Schwarzpappel, der Roßcastanie, an
den Zweigen der Robinien, am Hornkraut (Cerastium). Er
hat große Aehnlichkeit mit dem Federharz.

Man kann auch etwas Federharz gewinnen aus dem Safte
unserer Wolfsmilcharten, der Seidenpflanze (Asclepias syriaca),
der Cichorie, des Lattichs, des Löwenzahns u. s. w.

d. Die Schleim- oder Gummi-Harze (Gummi-resina)
sind gemeine Harze, noch mit ätherischem Oel und Schleim
verbunden, und daher zum Theil auch auflöslich in Wasser.
Sie finden sich meistens in der Wurzel der Doldenpflanzen,
bald flüssig wie Milchsaft, bald auch geronnen; und dieses unterirdische Vorkommen ist vielleicht Veranlassung des stinkenden

Geruchs, welchen sie von sich geben, wie besonders der sogenannte Teufelsdreck (Assa foetida), den man in Indien aus der Doldenpflanze mit Namen Steckenkraut (Ferula) gewinnt.

Hieher gehören noch die Myrrhe, Aloe, das Gummigutt, Ammoniakharz u. v. a.

3. **Wasserartige Pflanzenstoffe.**

Ich rechne hieher die auflöslichen, neutralen Stoffe, also vorzüglich den Schleim, welcher der Stoff zu seyn scheint, woraus sich die andern nähern Bestandtheile der Pflanzen entwickeln.

Der allgemeine Pflanzensaft in den Adern oder Intercellular-Gängen, welcher dem thierischen Blut entspricht, ist fast nichts anderes als schleimiges Wasser.

a. Der Schleim (Mucilago),

welchen man aus vielen Pflanzentheilen, besonders Wurzeln und Samen, auskochen kann, wie aus den Wurzeln des Huflattichs, des Eibischs, der Malven und Orchiden (Salep), aus dem Leinsamen u.s.w., bildet mit dem Wasser eine dickliche Flüssigkeit, woraus man ihn durch Verdampfung vest erhalten kann. Er ist unauflöslich in Weingeist und Oelen, verwandelt sich durch Salpetersäure in Sauerklee- und Milchzucker- oder Schleim-Säure; — läßt sich auch durch verschiedene Behandlung in Zucker, Stärke und Holzstoff verwandeln. — Solch ein Schleim findet sich auch um die Quitten-Samen.

Er sickert sehr häufig aus der Rinde verschiedener Bäume aus, vertrocknet in Gestalt von Tropfen und heißt dann Gummi, welches eigentlich der reine Schleim ist. Am häufigsten kommt das arabische Gummi vor, welches aus Acacien schwitzt; sodann der Tragantbschleim, also beide von Hülsenpflanzen. Es zeigt sich auch häufig bei den benachbarten Familien, nehmlich den Terebinthaceen, wie dem Caschubaum (Anacardium) und unsern Steinobstbäumen, besonders Kirschen, Zwetschen und Pfirsichen, an deren Rinde man es häufig als röthliche Körner findet.

Es ist ohne Zweifel eine zufällige Aussickerung durch das

Aufspringen der Rinde, und keine Absonderung, wie ätherische Oele, Honig, Wachs u. dergl.; daher sind auch die Bäume gewöhnlich kränklich, wenn sie anfangen Gummi auszuschwitzen. Auf den Traganthpflanzen zeigt es sich vorzüglich des Morgens nach Nebeln, wodurch das Holz anschwillt und es herausdrückt.

Der reine Pflanzenschleim oder das arabische Gummi besteht aus 42½ K., 6½ W. und 51 S., oder Verhältnißtheile 12, 11, 11. In Gährung versetzt, nimmt es 1 Bthl. Wasser auf und verwandelt sich in Traubenzucker.

b. Hieher gehört auch die **Pflanzengallert**, welche man aus den meisten Früchten durch heißes Wasser ziehen kann, besonders aus den Johannisbeeren, Himbeeren und den Kirschen, Kürbsen. Auch in Wurzeln, wie Möhren, Erdbirnen, Gichtrosen u. s. w. Es ist eine weiche, zitternde und durchsichtige Masse, welche sich, wie die thierische Gallert, in kaltem Wasser nur wenig auflöst.

Sie besteht aus K. 45, W. 5, S. 50 oder Bthl. 6, 4, 5.

c. Das **Eyweiß** (Albumen, Glutine) ist vom thierischen etwas verschieden, farblos, gerinnt bei 60° Wärme, und ist dann weder in Wasser noch in Weingeist auflösbar, wohl aber in Alcalien, wodurch es zersetzt wird. Es findet sich nur in geringer Menge in sehr vielen Pflanzen, besonders im Mehl des Getraides, der Hülsenfrüchte, der Erdäpfel, der süßen Mandeln und Castanien, auch in den Wurzeln des Eibischs, der Zaunrübe, des Spargels, in der Haselwurz, den Erdmandeln (Cyperus), dem Knoblauch, der Zimmetrinde, in verschiedenen Blättern und Blumen, dem Blasentang und den Blätterpilzen.

d. Der **Zucker** steht, gleichsam als Neutralsalz zwischen den Säuren und laugenartigen oder scharfen Stoffen, in der Mitte. Er ist auflöslich in kaltem und warmem Wasser, und ebenso in Weingeist.

Er kommt vorzüglich im Pflanzensaft vor, und ist gesammelt in den meisten Früchten. Auch bildet er sich beym Keimen der Samen, und daher in dem Malze zum Bier.

Man unterscheidet den **Rohrzucker**, welcher aus dem

Zuckerrohr, den Runkelrüben und dem Baumsaft gewonnen wird, und in vier- oder sechsseitigen Säulen crystallisiert;

den Traubenzucker aus den Weintrauben, Kirschen, Apricosen und dem Honigsafte der Blumen. Er crystallisiert nur in Nadeln, und ist weniger auflöslich. Man kann ihn auch durch Schwefelsäure aus dem Stärkemehl bereiten;

den flüssigen Zucker oder den Syrup, welcher mit den vorigen Zuckerarten vorkommt und nach ihrer Crystallisation zurückbleibt; er findet sich auch im Halm des Welschkorns, in den Aepfeln und Quitten, ist aber mit Schleim und Apfelsäure verunreinigt, und gährt daher für sich selbst, ohne Zusatz von Hefe, was der reine Zucker nicht thut.

Der Rohrzucker besteht aus 43 K., 6 W. und 51 S., oder Bthle. 6, 5, 5. Er ist auflöslich in Wasser und Weingeist, doch hier schwieriger.

Der Traubenzucker besteht aus 37 K., 7 W., 56 S., oder Bthle. 6, 6, 6.

Bey der Gährung des Rohrzuckers geht er in Traubenzucker über, und dieser zerfällt in Weingeist und Kohlensäure; durch Salpetersäure verwandelt er sich in Zucker- und Sauerkleesäure; durch verdünnte Säuren in Traubenzucker, und endlich in Dammerde oder Moderstoff. Er verbindet sich mit Laugen und Aetzkalk zu einer weichen Masse, ohne sich zu zersetzen.

Eigenthümliche Honigsäfte scheiden sich in den Honigdrüsen der Blumen aus; besonders reichlich in den Lippenblumen und sehr gut im Lavendel und Rosmarin, wo ihn die Bienen sammeln und als Honig wieder von sich geben. Es gibt indessen auch giftigen Honig, wie der, welcher aus dem Sturmhut und der pontischen Alpenrose gesammelt wird.

Süße Säfte finden sich auch in dem Marke der Hülse des Johannisbrodbaums (Ceratonia), der Röhrencassie, in den Früchten der Passionsblumen.

Auch die Manna, welche aus Rinde und Blättern mancher Pflanzen, besonders der Aeschen, ausschwitzt, ist ein zuckerartiger Saft. Sie löst sich in Wasser und heißem Weingeist auf, crystallisiert in Nadeln, gährt nicht, und verwandelt sich nicht in

Weingeist; liefert mit Salpetersäure Sauerkleesäure. Die Manna scheint nur durch Verletzungen der Rinde auszufließen, wie das Gummi, theils durch absichtliche Schnitte von Menschen gemacht, theils durch Stiche der Cicaden. Sie zeigt sich übrigens auch auf andern Pflanzen, namentlich auf Tamarisken in der Levante, auf dem Alhagi-Strauch (Hedysarum), den Sprossen des Lärchenbaums; endlich liefert auch eine Flechte (Parmelia esculenta) in Persien eine Art Manna in solcher Menge, daß sie von den Kirgisen gesammelt und gegessen wird. Sie kann auch aus den größern Pilzen gezogen werden. Sie besteht größtentheils aus Mannazucker oder Mannit, nebst etwas Rohrzucker und einem laxierenden Stoff. Die Bestandtheile des Mannits sind: K. 40, W. 8, S. 52, oder Vthle. 6, 7, 6.

### b. Organische Mineralien.

#### 4. Erdenartige Pflanzenstoffe.

Es gibt in den Pflanzen Stoffe, welche darinn Aehnlichkeit mit den Erden haben, daß sie in Wasser und Weingeist, und zum Theil selbst in den Säuren unauflöslich sind.

a. Dahin gehört vorzüglich die Holzfaser oder der Holzstoff (Lignin), dessen Grundlage das Stärkemehl zu seyn scheint. Um ihn zu gewinnen, zieht man die harzigen Theile mit Weingeist, die schleimigen und salzigen mit Wasser, die erdigen mit Kochsalzsäure aus dem Holze, und dann bleiben 96 Procent Holzstoff übrig, der vest ist, schmutzig weiß, unauflöslich, außer in Laugen, verwandelbar durch Schwefelsäure in Gummi und Zucker, durch Salpetersäure in Sauerkleesäure, durch Lauge in Dammerde (Humus). Er besteht ziemlich aus 52 Kohlenstoff, 6 Wasserstoff und 42 Sauerstoff, oder Vthl. 8, 6, 6.

Der Korkstoff, Markstoff, Baumwollenstoff scheinen nur reinerer Holzstoff zu seyn. Der Pilzstoff (Fungin) enthält noch Stickstoff.

b. Der Extractiv- oder Moderstoff der Dammerde (Humus), Humussäure (Ulmin) ist kaum von dem Gerbstoff oder der Gerbsäure verschieden, schwitzt aus der Rinde der Ulmen

oder Rüſtern und einigen andern Bäumen aus, entſteht aber
vorzüglich durch Vermoderung des Holzes, und macht daher den
Hauptbeſtandtheil der Dammerde aus und des Torfs. Er ſieht
faſt aus wie Kohle, löst ſich in Weingeiſt auf, aber wenig im
Waſſer, und gehört daher kaum unter die Säuren, obſchon er
mit Alcalien verbunden in Waſſer auflöslich wird. Man hält
ihn jetzt für die eigentliche Nahrung der Pflanzen, welche ſie
durch die Wurzel einziehen. Er enthält 57 K., 38 W. und
5 S., mithin faſt wie das Holz, welches 52 K., 42 W. und
6 S. enthält, von dem er ſich alſo nur durch etwas mehr
Waſſer unterſcheidet.

c. Der Kleber (Gluten)

findet ſich reichlich im Mehl, aus welchem er durch Waſchen
und Kneten gewonnen wird. Er iſt eine grauliche, geſchmackloſe,
weiche und ſchmierige Maſſe, welche nach dem Verluſte des
Waſſers ſpröd wird; wenig auflösbar in Waſſer, mehr in Eſſig=
ſäure, aus welcher er durch Galläpfelaufguß gefällt wird. Er
geht von ſelbſt in Gährung über, und entwickelt anfangs Kohlen=
ſäure und Waſſerſtoffgas, dann Eſſig= und Phosphorſäure nebſt
Ammoniak, worauf eine käsartige Materie zurückbleibt. Es
zeigt ſich dabey Geſtank, wie bey der Fäulniß thieriſcher Stoffe;
auch enthält er offenbar Stickſtoff. Er bildet eigentlich die Hefe,
bringt den Teig in Gährung, und durch die Entwickelung ſeiner
Luftarten entſtehen die Löcher im Brod. Seine Beſtandtheile
ſind K. 46, W. 3½, Stickſtoff 20½, S. 30.

Er bildet mit der Stärke und etwas Eyweiß das Mehl.

Im Weitzenmehl ſind 68 Stärke und 24 Kleber enthalten.

Im Dinkel 74 und 22.

Im Roggen 61 und 5.

In der Gerſte 87 und 3.

Im Haber 59 und 6, oder ſtatt deſſelben Eyweiß.

Im Reiß 83 und 3.

Im Welſchkorn 80 und ſehr wenig Kleber.

In den Bohnen 46 und 22.

In den Saubohnen 34 und 11.

In den Linſen 32 und 36.

In den Erbsen 83 und 14.
Im Buchweitzen 52 und 10.
Uebrigens wechseln die beiden Substanzen bedeutend, je nach dem verschiedenen Dünger. Durch das Keimen verschwindet der Kleber.

Der Kleber fehlt in den meisten Samen, welche nicht vom Getraide herkommen, und in dem Mehl aus Stengeln und Wurzeln, wie im Sago- und Erdäpfelmehl; es findet sich aber etwas in den Kohlblättern und einigen andern Pflanzen.

d. Das Stärkemehl kommt zwar als Körner in allen Pflanzensäften, in den Zellen und Adern, vor, und scheint sich in die Zellen und Holzfasern zu verwandeln.

In Masse gesammelt ist es in allen Samen, besonders im Getraide und in den Hülsenfrüchten; schon einigermaßen in Fasern verwandelt in den Erdäpfeln. Rein dargestellt heißt es Puder.

Es ist unauflöslich in Weingeist und kaltem Wasser, nur auflöslich in kochendem Wasser, womit es den Kleister bildet. Einmal vertrocknet löst es sich nicht wieder auf. Durch Schwefelsäure wird es in Zucker verwandelt, ohne daß ihm die Säure Sauerstoff abträte, also bloß durch innere Veränderung seiner Bestandtheile. Durch Jod erhält es eine blaue Farbe.

Er besteht aus 45 Kohlenstoff, 6 W. und 49 S., oder Verhältnißtheile 6, 5, 5.

Holz läßt sich durch Salpetersäure und Aetzlauge zum Theil in Stärke zurückführen, wie es scheint dadurch, daß es 2 Verhältnißtheile Wasser bekommt.

5. Salzartige Pflanzenstoffe.

Sind die organischen Stoffe, welche sich im Wasser auflösen und einen starken Geschmack erregen.

Sie theilen sich in mehr indifferente, saure und laugenartige.

a. Als indifferentes Salz kann man den Gerbstoff betrachten, weil er die Grundlage einer Säure ist. Er schmeckt indessen zusammenziehend, und bildet mit Gallert eine unauflösliche sehnen- oder lederartige Masse.

Er findet sich vorzüglich concentriert in den Galläpfeln der

Eichen, aber auch in den Rinden vieler Bäume, besonders der Eichen und Weiden, der Rosaceen, des Sumachs, im Catechu (Mimosa), in den Hülsen der Acacien, der Leifel der Wallnuß; selten bey den Streifenpflanzen, in der Betelnuß; auch im gemeinen Farrenkraut, aber nicht bey drosselosen Pflanzen, wie Moosen und Pilzen. Sein eigentlicher Sitz scheint der Bast zu seyn, und er findet sich nicht in den Samen, und kaum in betäubenden Gewächsen.

Er bildet rein dargestellt eine weiße Masse, und besteht aus 51 K., 4 W. und 45 S., oder Vthle. 9, 4, 6.

b. Die Pflanzensäuren
kommen sehr häufig vor, besonders bey den Netzpflanzen, sowohl frey als mit andern Stoffen verbunden, meistens im Safte des Stengels, der Rinde, der Blätter und der Frucht. Die freyen Säuren unterscheidet man leicht durch den Geschmack. Sie sind oxydierte, organische Stoffe, welche den unorganischen Säuren parallel gehen, etwa auf die oben angegebene Art.

Außerdem kommen in den Pflanzen noch geborgte Thiersäuren vor, wie die Phosphorsäure und Blut- oder Blausäure.

1. Die Essigsäure ist die allgemeine Pflanzensäure, welche sich aus denjenigen Stoffen bildet, die der Weingährung fähig sind, also aus dem Zucker und zunächst dem Weingeist.

Sie ist übrigens schon gebildet in dem Pflanzensaft vorhanden, aber nicht rein, sondern mit Pottasche verbunden, und nur in geringer Menge. Man glaubt, daß sie sich erst bilde, wann der Saft ausgeflossen ist, weil er Lacmus-Papier erst röthet, nachdem er einige Stunden an der Luft gewesen; so namentlich der Saft des Weinstocks und der Weißbuche.

Sie besteht aus 47 K., 6 W. und 47 S., oder Vthle. 8, 6, 6, ist aber im natürlichen Zustand immer mit Wasser verbunden, flüssig, flüchtig und selbst entzündlich, crystallisiert jedoch auch unvollkommen. Ein Vthl. Weingeist bildet mit 4 Sauerstoff einen Theil reine Essigsäure, nebst 3 Wasser, und der Essig kann daher oxydierter Weingeist genannt werden.

2. Zu den Harzsäuren gehört die Benzoesäure und Bernsteinsäure.

a. **Die Benzoesäure** (A. benzoicum)

bildet sich durch Orydation des Bittermandel=Oels, und findet sich in dem Benzoeharz, aus dem sie bey der Destillation als Flocken getrieben wird, welche Benzoeblumen heißen. — Man fand sie auch im Steinklee, Ruchgras, Honiggras (Holcus odoratus), chinesischen Firniß und in den Tonkabohnen. Bekanntlich ist sie auch häufig im Harn der grasfressenden Thiere.

Sie besteht aus $74\frac{1}{2}$ K., $4\frac{1}{2}$ W. und 21 S., oder Verhältnißtheile 14, 5, 3, nebst Wasser.

b. **Die Bernsteinsäure** (A. succinicum)

findet sich gebildet im Bernstein, und entsteht auch bey der Destillation des Terpentins. Sie crystallisiert und enthält $48\frac{1}{2}$ K., 4 W. und $47\frac{1}{2}$ S., oder 4, 2, 3, nebst Wasser.

3. **Die Schleim= oder Milchzucker=Säure** (A. mucicum)

kommt nicht fertig vor, sondern entsteht aus Gummi, Gallert und Milchzucker, durch Einwirkung der Salpetersäure, und ist ein schwer auflösliches Pulver, bestehend aus 38 K., 4 W. und 58 S., oder Vthle. 6, 4, 7, nebst Wasser.

b. Die Gallert bekommt durch die Einwirkung der Laugen die Eigenschaften einer Säure, ohne Aenderung der Bestandtheile. Die **Gallertsäure** (A. pecticum) findet sich mit Kalkerde verbunden in vielen Kräutern, und wird aus den Rüben, Möhren, Scorzoneren, den Erdbirnen (Helianthus), Wurzeln der Georginen, und auch aus dem Baste der Bäume gewonnen. Mit Wasser bildet sie eine Art Gallert, welche das Lacmus= Papier nur schwach röthet. Sie besteht aus 43 K., 5 W. und 52 S.

c. Die jetzt sogenannte **Zuckersäure** kommt fertig in den Pflanzen nicht vor; sondern entsteht erst durch Einwirkung der verdünnten Salpetersäure auf Zucker oder Stärke, wobey sich auch zugleich Sauerkleesäure bildet. Sie ist eine spröde, durchsichtige Masse und besteht aus Vthln. K. 12, W. 5, S. 11 und 5 Wasser.

d. **Die Wein= oder Weinsteinsäure** (A. tartaricum) setzt sich mit Pottasche und Kalk sehr häufig aus dem jungen

Wein ab als Weinstein, gleichsam als Mineral der Pflanzen. So kommt sie auch im isländischen Moos vor.

Rein findet sie sich in den meisten sauren Früchten, in den unreifen Trauben, dem Tamarindenmark und in den Beeren des Gerber-Sumachs. Sie crystallisiert und besteht aus 37 Kohlenstoff, 3 Wasserstoff und 60 Sauerstoff, oder Bthln. 6, 3, 7½, nebst Wasser.

e. Die Citronensäure (A. citricum)

weicht wenig davon ab, und daher wird auch Weinsäure unter dem Namen Weinsteinrahm (Cremor tartari) zu Punsch genommen; sie wirkt jedoch laxierend.

Die Citronensäure findet sich frey in dem Safte der Citronen, Preiselbeeren, Traubenkirschen, der Rosen, des Bittersüß. Mit Apfelsäure in den Johannisbeeren, Heidel-, Brom- und Erdbeeren; mit Kalk im Safte des Kohls, der Zwiebeln und des Waids; mit Talkerde in den Zwiebeln.

Sie schmeckt sehr sauer, crystallisiert, enthält aber viel Crystallisations-Wasser. Sie besteht aus 42 K., 3½ W. und 54 S., also wie die Apfelsäure und wie der Zucker, in welchen sich beide beym Reifen der Früchte zu verwandeln scheinen.

f. Die Apfelsäure (A. malicum)

findet sich frey in den meisten Früchten, namentlich den sauren Aepfeln, Birnen und vielen Beeren, und gibt denselben den angenehmen Geschmack. Sie ist auch in ziemlicher Menge vorhanden in den Vogelbeeren, Trauben, Schlehen, Kirschen, Heidel-, Him-, Johannis-, Saurach- und Holunderbeeren, im Tamarindenmark, selbst in den Stengeln und Wurzeln einer Menge von Pflanzen, und sogar im Blüthenstaub der Dattelpalme. Sie ist gewöhnlich mit Schleim- und andern Säuren vermengt, mit Kalk verbunden im Mauerpfeffer. Sie ist reichlicher in den Früchten vor der Reife, und verliert sich, wann sie süß werden; wahrscheinlich indem sie sich in Zucker verwandelt. Bey den Pflanzen ohne Spiralgefäße, wie Moosen und Pilsen, kommt sie nicht vor. In dem Safte der Saurachbeeren ist sie so häufig, daß man ihn statt Citronensäure zu Punsch nimmt.

Sie ist meist schmierig, crystallisiert jedoch etwas, und besteht aus 42 Kohlenstoff, 3½ Wasserstoff und 54 Sauerstoff, oder Vthle. 8, 4, 8, nebst Wasser. Sie verbindet sich gern mit Eisen zu einer schmierigen Masse.

4. Die Sauerkleesäure (A. oxalicum)

findet sich selten frey, wie an den Haaren der Kichererbsen mit der Apfelsäure; sonst aber häufig mit Pottasche verbunden in den sauren Säften des Sauerklees und des Sauerampfers, des Pisangs, der Rhabarber; mit Soda verbunden im Salzkraut (Salsola).

Sie hat große Verwandtschaft zur Kalkerde, welche Verbindung nicht selten vorkommt, namentlich in der Wurzel des Seifenkrauts, Diptams, Fenchels, Baldrians, Tormentills, der Iris, Ingwer, Zittwer, Curcuma, Meerzwiebel; in der Rinde des Holunders, Zimmets, der Cascarille.

Sie ist vest und erscheint in vierseitigen Crystallen, schmeckt sehr sauer, röthet stark das Lacmus=Papier und hat eine stärkere Verwandtschaft zur Kalkerde als irgend eine andere Säure, enthält auch mehr Sauerstoff als andere Pflanzensäuren, nehmlich 66 mit 34 Kohlenstoff, oder Vthle. 9 und 6, nebst Wasser, verbunden. Sie ist die einzige Pflanzensäure von Bedeutung, welche nur aus Kohlenstoff und Sauerstoff besteht, und daher, so wie selbst in ihrer Menge, der Kohlensäure nahe steht, von der sie sich aber auffallend durch ihre veste Form unterscheidet.

5. Die Gerb= oder Gallussäure (A. gallicum)

findet sich nicht fertig in den Pflanzen, sondern wird erst durch Oxydation des Gerbstoffes gebildet.

Sie bildet vorzüglich mit Eisen die Dinte, indem sie die Schwefelsäure aus dem grünen Vitriol ausscheidet. Sie findet sich am häufigsten in den Galläpfeln, den Blättern des Gerberstrauchs, der Nießwurz, Ipecacuanha, den Caffee=Bohnen und wahrscheinlich in allen zusammenziehenden Rinden, wie der Eichen und Weiden. Sehr selten in den Streifenpflanzen, z. B. in der Betelnuß, den Erdmandeln und dem Aloesaft.

Sie crystallisiert in Nadeln und besteht aus 50 K., 3½ W. und 46½ S., oder Bthle. 7, 3, 5, nebst Wasser.

6. Die Oelsäure (A. oleosum)

ist ein Bestandtheil der Oele, sieht auch aus wie Oel, crystallisiert aber in der Kälte, und enthält 81 K., 11 W. und 8 S., oder 14, 12, 1 Bthle.

7. Die Waid- oder Indigosäure entwickelt sich nur künstlich aus dem Waid oder Indigo, und besteht aus 49½ K., 7½ Stickstoff und 43 S.

8. Unter denen aus dem Thierreich geborgten Säuren kommt

die Phosphorsäure ziemlich in allen Pflanzen vor, aber nicht rein, sondern mit Kalk verbunden wie im Thierreich.

Sie sieht aus wie weiße Flocken, welche aber sogleich Wasser anziehen und zerfließen. Sie besteht aus 12 Phosphor und 16 Sauerstoff, oder Bthle. 1 und 2.

Bisweilen findet sich auch ein wenig phosphorsaures Eisen, und noch seltener phosphorsaures Wad.

Man gewinnt diese salzartigen Verbindungen nur aus der Asche.

9. Die Blut- oder Blausäure

findet sich in wenig Pflanzen, fast nur in der Zunft unserer Steinfrüchte, und zwar ganz frey, wie in den Blättern und Rinden des Kirschlorbeers, des Pfirsich- und Weichselbaums; in den Kernen der bittern Mandeln, schwarzen Kirschen, Pfirsiche, Apricosen, in den Pfirsichblüthen. Sie gibt dem Kirschenwasser den eigenthümlichen Geschmack.

Sie besteht aus 44 Kohlenstoff, 4 Wasserstoff und 52 Stickstoff, oder Bthle. 2, 1, 1.

Nach der gewöhnlichen Ansicht wäre es also eine Säure ohne Sauerstoff: aber dieses ist ein Grund mehr für die Vermuthung, daß der Stickstoff selbst ein Oxyd sey.

Sie ist bekanntlich eines der gefährlichsten Gifte, welches unmittelbar auf das Nervensystem wirkt, und dasselbe fast augenblicklich tödtet.

c. **Zu den Pflanzenlaugen**
gehören die scharfen Stoffe der Zwiebeln, des Meerrettigs, Löffelkrauts, Arons u.s.w.; ferner die bittern Stoffe in den sogenannten Extracten der Apotheken.

Sie kommen in einer Menge Pflanzen vor: Wermuth, Enzian, Fieberklee, Quassia u.s.w., größtentheils in den Wurzeln, jedoch auch in den andern Theilen. Ueberhaupt scheinen die laugenartigen Stoffe mehr ein Product der Wurzeln, die sauren aber der Früchte zu seyn, während die Harze in Stengeln, die ätherischen Oele in Blättern, die fetten Oele in Samen vorkommen.

Zu den **Bitterstoffen** gehören das Coffein, Gentianin, Aloin, Lupulin aus dem Hopfen, Salicin aus Weidenrinde, Santonin aus Wermuth.

In der neuern Zeit hat man eine Menge Stoffe unterschieden, welche in diese Reihe gehören, und sie meistens mit der Endsylbe **in** bezeichnet, wie Chinin, Aconitin, Veratrin u.s.w. Sie enthalten 4—9 Procent Stickstoff, sind meistens crystallisirbar und kommen bald rein, bald mit Apfel- oder Gerbsäure verbunden, in allen Pflanzentheilen vor, mit Ausnahme des Holzes.

Es sind sehr wirksame, meistens **betäubende Stoffe**, wie das Aconitin aus dem Sturmhut; Picrotoxin aus den Cockelskörnern; Morphin im Opium oder Mohnsaft, Strychnin und das Pfeilgift (Curare) aus der Ignatiusbohne, Solanin aus dem Bittersüß, Nicotin aus dem Taback, Atropin aus der Bella donna, Daturin aus dem Stechapfel, Veratrin aus dem Samen des Sabadills, Germers und der Zeitlose.

**Wohlthätig wirkend:** Chinin und Cinchonin aus den Chinarinden, Rhabarbarin aus der Rhabarber, Smilacin aus der Saffaparillwurzel.

**Seifenartige Stoffe** finden sich in der Wurzel des Seifenkrauts, den Samen des Avocatobaums (Laurus persca).

### 6. Inflammabilien- oder brenzartige Pflanzenstoffe.

Sind meistens flüssige oder schmierige Stoffe, welche verbrennen, ohne durch Wärme flüchtig zu werden.

a. Hieher gehören vorzüglich die fetten Oele, deren es eine große Menge völlig gebildet in den Samen der meisten Pflanzen gibt, besonders der sogenannten Oelgewächse mit Schoten, wie bey den Kreuzblumen und dem Mohn; jedoch auch bey andern, wie bey Lein und Hanf, bey den Zusammengesetzten, z. B. Sonnenblumen; auch bey den Nüssen, namentlich der Wallnuß, in den Samen der Haseln, Buchen, Eichen, Mandeln, Trauben und der meisten Rosaceen. Sie finden sich selten in der Schale der Früchte, wie bey den Oliven, woraus man mit dem aus den Kernen 32 Procent Oel ziehen kann. Gewöhnlich stecken sie in den Zellen der Samen, aus denen man sie durch bloßes Pressen erhält.

Die vorzüglichsten sind:

| a. Trocknende: | b. Schmierige: |
|---|---|
| Leinöl. | Räpsöl. |
| Mohnöl. | Baumöl. |
| Hanföl. | Mandelöl. |
| Nußöl. | Buchenöl. |
| Ricinusöl. | |

Das Baumöl besteht aus 77 K., 13½ W., 9½ S.
Das Leinöl aus 77 K., 10 W., 12½ S.

b. Das Wachs, welches vorzüglich aus dem Blüthenstaub durch die Bienen bereitet wird, ist eine Art von vestem Oel. Es findet sich jedoch auch schon völlig gebildet in verschiedenen Pflanzen, wie auf den Blättern der Wachspalme (Ceroxylon), des Gagels (Myrica), im Safte des Kuhbaums (Galactodendron) und der riesenhaften Schwalbwurz sehr viel, im Rosen- und Lavendelöl. Man rechnet auch hieher den Reif auf den Früchten, besonders der Zwetschen, auf den Kohlblättern. Das Bienenwachs besteht aus 82 K., 12½ W. und 5½ S., oder

Verhältnißtheil 13, 11, 1. Das Palmwachs hat dieselben Bestandtheile.

c. Auch talgartige Substanzen kommen in den Samen der Pflanzen vor, die Cacao=Butter, Cocosnuß=Butter.

### 7. Erzartige Pflanzenstoffe.

Alle Farben des Mineralreichs kommen von Metallkalchen her, und man muß demnach annehmen, daß die Farbenstoffe der Pflanzen in der Bedeutung der Metalle stehen. Der Waid oder Indigo trägt auch die Eigenschaften eines Metalls auffallend an sich. Farbe und Glanz lassen ihn kaum vom Kupfer unterscheiden.

Die Farbenstoffe finden sich in allen Theilen der Pflanze, jedoch am reichhaltigsten in Stengeln und Wurzeln, obschon sie auch in den Blumen und Früchten nicht fehlen, aber wegen der Kleinheit dieser Theile in geringerer Menge vorkommen, und daher nicht so leicht benutzt werden können.

a. Der allgemeine Farbenstoff der Pflanzen ist das sogenannte Blattgrün, welches als harzartige Körner in den Zellen unter der Oberhaut enthalten ist, sich aber gewöhnlich erst grün färbt, wann die Pflanze ans Tageslicht kommt. Es ist unauflöslich im Wasser, aber auflöslich in Weingeist, ätherischen und fetten Oelen, Laugen und Säuren, und besteht aus viel Kohlenstoff, Wasserstoff und etwas Sauerstoff. Es ist offenbar sehr veränderlich, indem die gelbe und rothe Farbe der Blätter im Herbst, so wie der Früchte, davon herrührt. Mit Laugen verwandeln sich diese Farben wieder in Grün, so wie dieses durch Säuren in Gelb und Roth verwandelt wird. Das Blattgrün besteht aus 16 Vthlen. K., 4 W., 1 Stickstoff und 2 S.

b. Die vollkommenste Farbe ist der Waid oder Indigo, welcher aus Stengeln und Blättern der Indigo-Pflanzen und des Waids gewonnen wird, sich jedoch auch bey andern Pflanzen findet, z. B. bey einem Oleander (Nerium tinctorium), einer Schwalbwurz, einem Knöterich und mehreren Schmetterlingspflanzen. Man gewinnt am meisten zur Zeit der Blüthe, und zwar durch eine Art von Gährung im Wasser, wodurch ein Teig entsteht, in dem 45 Procent Waid enthalten sind. Er ist ein dunkelblaues ins Purpurrothe schimmerndes Pulver, unveränderlich in Wasser und Luft, welches aber sublimiert in nadelförmigen Crystallen anschießt.

Im Ebenholz ist der Stoff schwarz, im Campeschenholz roth, im Maulbeerholz gelb u. s. w.

Das rothe Hämatin kommt aus dem Campeschen- oder Blauholz (Haematoxylon).

Das Brasilin aus dem Fernambuc- und Brasilien-Holz (Caesalpinia).

Das Santalin aus dem rothen Santelholz (Pterocarpus).

Das gelbe Morin aus dem Gelbholz (Morus tinctoria).

Das Visetholz von einem Sumach (Rhus cotinus).

In den Rinden finden sich viel mehr Farbenstoffe, als im Holz.

Das Quercitrin kommt von der Quercitron-Eiche (Quercus tinctoria) und ist gelb.

Bey den Streifenpflanzen kommen wenig Farbenstoffe vor. Das rothe Drachenblut im Holze des Drachenbaums (Dracaena), der Rotange (Calamus draco), aber auch aus einer Art Santelholz (Pterocarpus).

c. Das Orcanetin ist dunkelroth, und kommt aus der Wurzelrinde der unächten Alcanna (Anchusa tinctoria).

Das Krapproth oder Alizarin kommt aus der Wurzelrinde der Färberröthe (Rubia).

Die gelbe Curcuma aus der Curcumawurzel.

d. Auch aus den Blumen werden Farbenstoffe gewonnen.

Der rothe Safflor oder das Carthamin aus der Blume und den Staubfäden des Safflors (Carthamus tinctorius). 1000 Theile geben 244 Farbenstoff, unauflöslich in Wasser, aber auflöslich in Weingeist, übrigens wenig haltbar.

Der gelbe Saffran oder das Polychroit wird aus den Narben des Saffrans (Crocus) ausgezogen, etwa 60 Procent, auflöslich in Wasser und Weingeist, aber nicht in Oelen. Er soll aus

Wachs, Pottasche, einer Säure und flüchtigem Oel bestehen; schmeckt bitter und riecht angenehm.

Das Mohnroth oder Rhoeadin gewinnt man zu 40 Procent aus den Blumen der Klatschrose, auflöslich in Weingeist und Säuren, wird aber durch Laugen schwarz.

e. Die Fruchtsäfte kommen mit verschiedenen Farben vor, welche aber nicht haltbar sind, und daher in der Färberey wenig gebraucht werden. Den Wein färbt man bekanntlich mit Heidelbeeren u. dergl.

Das sogenannte Saftgrün kommt aus den Früchten eines Kreuzdorns (Rhamnus infectorius), welche unter dem Namen Avignon=Körner bekannt sind.

Die Kermesbeeren (Phytolacca) geben eine schöne rothe Farbe.

f. Bey den blumenlosen Pflanzen kommen sehr wenig Farbenstoffe vor, mit Ausnahme der Flechten, welche die rothe Orseille liefern, wie man glaubt durch Einwirkung der Luft und Laugen auf eine harzartige Substanz. Der eigentliche Farbenstoff heißt Orcin. Er ist farblos, auflöslich, wird durch Salpetersäure roth, an der atmosphärischen Luft und durch Ammoniak violett. In diesem Zustand heißt er Lacmus (Lacca musci).

Es wird aus verschiedenen Flechten gewonnen, besonders Roccella.

## 2. Zusammengesetzte Pflanzenstoffe.

Diese Stoffe theilen sich in allgemeine und besondere.

Die allgemeinen sind in der ganzen Pflanze oder wenigstens in ganzen anatomischen Systemen enthalten; die besondern in einzelnen Organen, wie Wurzel, Stengel, Laub, Frucht und Samen.

a. Die allgemeinen sind sämmtlich Säfte und theilen sich in Nahrungs= und Absonderungssäfte.

1. Die Nahrungssäfte

sind entweder in den Adern enthalten oder in den Zellen, da man die Luft in den Drosseln nicht unter die Nahrungsstoffe rechnen kann.

Der Saft in den Adern oder Intercellular-Gängen ist der eigentlich sogenannte Pflanzensaft (Sève), welcher dem Blute der Thiere oder vielmehr ihrem Milchsaft in den Lymphgefäßen entspricht. Er ist in der ganzen Pflanze enthalten, weil es überall Intercellular-Gänge gibt, und ist derjenige Saft, welcher ausfließt, wenn die Bäume angebohrt werden.

Er ist durchsichtig und besteht größtentheils aus Wasser, welchem allgemein Schleim beygemengt ist, gewöhnlich auch Stärke, Zucker, Säuren und Salze.

In diesem Wasser muß man den Schleim als den eigentlichen Nahrungsstoff betrachten, woraus alle andern Stoffe nach und nach gebildet werden.

Läßt man den Saft stehen, so geht er wegen seines Zuckergehalts in Weingährung, bald darauf in Essiggährung über.

Unten im Stamm ist der Saft leichter und mithin wässeriger als höher oben, ohne Zweifel, weil sich ihm allmählich die durch die Verdauung in den Zellen entstandenen Stoffe beymischen, aber wohl nicht die an gewissen Stellen, nehmlich in Lücken, abgelagerten, also aus dem Lebensprocesse ausgeschiedenen Stoffe.

Unterwegs wird er aus den Spiralgefäßen oxydiert; in den Blättern zersetzt oder ausgedünstet, wodurch die näheren Bestandtheile immer zunehmen, und sich endlich in der Frucht und im Samen so anhäufen, daß sie vest erscheinen, wie im Mehl.

Den Zellensaft kann man von dem allgemeinen Nahrungssaft wohl nur in so fern unterscheiden, als in ihm die eigentliche Schleimbildung vor sich geht, indem sich das Stärkemehl bildet und zum Theil als Körner ausscheidet, welche sich später an die Wände legen und dieselben verdicken. Der Schleim mit dem flüssigen Stärkemehl muß durchschwitzen und sich dem allgemeinen Safte beymischen.

2. Die Absonderungssäfte

sind die sogenannten eigenthümlichen Säfte, welche in zusammenhängenden, durch die ganze Pflanze laufenden Lücken enthalten sind.

Sie sind flüssig, bald durch-, bald undurchsichtig; und enthalten viele nähere, gewöhnlich desoxydierte Bestandtheile, wie flüssige Oele, Harze, jedoch auch Gummi.

Die **Milchsäfte** sind gefärbt und zwar meistens weiß, wie die Wolfsmilch, bisweilen gelb, wie beym Schöllkraut, selten roth, wenn man nicht etwa die Farbenstoffe als vertrocknete Milchsäfte betrachten will.

Milchsäfte enthalten besonders die Wolfsmilcharten, die Salatpflanzen, Glockenblumen, Schwalbwurze, Mohne, Feigen- und Aron-Arten. Sie sind selten bey den Scheidenpflanzen, und kommen bey den blüthenlosen Pflanzen gar nicht vor, wenn man die Milch der Pilze nicht dahin rechnet. Sie fließen nicht von selbst aus, und man gewinnt sie daher durch Einschnitte in die Rinde. Indessen bedarf es bey den Latticharten nur eines Streichelns mit einem Haar oder einer darüber laufenden Ameise, um Tröpfchen aus der Oberhaut spritzen zu sehen.

Der Milchsaft kommt auch in den Wurzeln vor. Bey verbleichten Pflanzen vermindert er sich.

Im Ganzen kann man diesen Milchsaft betrachten als ein Gemenge von Wasser und Gummiharz oder flüchtigem Oel. Sie sind eine Art Mandelmilch, und erhalten die fremden Stoffe in unförmlichen Klümpchen und Nadeln, mithin in unorganischen Formen. Das ätherische Oel oder das Gummi und Harz scheiden sich gewöhnlich von selbst aus.

Bey den Wolfsmilcharten ist das Geronnene eine Art Gummi-Harz.

Es setzen sich aber auch andere, ganz eigenthümliche Stoffe daraus ab, namentlich

**Federharz** (Gummi elasticum) aus sehr verschiedenen Pflanzen heißer Länder, vorzüglich aus Hevea guyanensis, Ficus elastica. Etwas findet sich auch in unsern Salatpflanzen und Wolfsmilcharten. Beygemengt ist gewöhnlich etwas Wachs, Eyweiß und Bitterstoff, welcher Stickstoff enthält.

Der Mohnsaft enthält Opium, wovon auch etwas in Salatpflanzen vorkommt.

Die Milch des sogenannten Kuhbaums (Galactodendron) enthält eine Art Faserstoff, fast wie im Blut, nebst viel Wachs.

Das Schöllkraut hat gelben Saft, eine Pflanze in Nordamerica (Sanguinaria) rothen.

b. Die besondern zusammengesetzten Stoffe
sind sämmtlich nahrhaft, und theilen sich in flüssige und veste.

1. Die flüssigen finden sich vorzüglich in den Früchten, und heißen Fleisch, wenn sie in der Zellenmasse enthalten sind, wie bey den Aepfeln, Pflaumen, Erdbeeren u.s.w.; Mark oder Mus (Pulpa), wenn sie sich in den Fächern des Gröpses finden, wie in den Hülsen des Johannisbrods, den Tamarinden, den Capseln der Quitten, Passionsblumen u. s. w.

Das Fleisch besteht gewöhnlich aus viel Schleim, Zucker und Säuren, enthält auch oft Gallert und etwas Eyweiß; höchst selten giftige Stoffe, welche häufiger im Stengel und im Samen stecken bleiben.

2. Die vesten Nahrungsstoffe sind fast durchgängig Mehl, welches sich bald in den Wurzeln sammelt, wie in den Knollen der Erdäpfel, Erdbirnen, Erdeicheln, der Manioca, mancher Aronarten; bald im Stengel, wie das Sagomehl der Palmen; bald im Samen, nehmlich das sogenannte Eyweiß, wohin auch die Cocosmilch gehört, welche jedoch später hart wird.

3. Brauchbarkeit der Stoffe.

Man kann die Stoffe auch betrachten hinsichtlich ihres Nutzens für die Pflanze. Die einen werden zur Entwickelung der ganzen Pflanze oder besonderer Theile, wie des Samens, verwendet, die anderen dagegen ausgeschieden und nicht wieder zersetzt. Die ersteren sind:

a. Brauchbare Stoffe.

Dahin gehört der allgemeine Pflanzensaft und mithin Schleim, Gallert, Eyweiß, Stärke, Zucker, Kleber, nebst einigen Säuren.

Ferner die Fruchtsäfte, durch deren Gegensatz das Mehl der Samen gebildet wird. Endlich das Mehl selbst, wo es sich finden mag.

Es gibt auch solche Schleim-Ansammlungen, wie in den verdickten Wurzeln der Rüben, Möhren, Schwarzwurzeln,

des Sellerie u. dgl.; in den Knollen der Knabwurzen als Sa=
lep, in den Stengeln des Kohls, der Spargeln, in den Blü=
thenschuppen der Artischocken.

Endlich gibt es viele schleimige Samen.

b. Unbrauchbare Stoffe.

Dahin gehören alle wahrhaft ausgeschiedenen Stoffe, welche
bald bloß abgesetzt werden, und daher in der Pflanze lie=
gen bleiben, bald wirklich ausgeworfen werden.

1. Abgesetzte Stoffe.

Dergleichen sind die eigenthümlichen oder Milchsäfte.

Ferner das ätherische Oel in den Lippenpflanzen, Myr=
ten und vielen anderen.

Die Harze im Nadelholz, wo es bey Rissen oder Ein=
schnitten aussickert und vertrocknet.

Der Balsam in den Balsambäumen, welcher aus Harz
und Benzoe=Säure besteht.

In den Reben, Linden und Ahornarten findet sich vorzüg=
lich Gummi.

Alle diese Säfte kommen in dem ganzen Pflanzenstock vor;
die harzartigen oder flüchtigen Oele jedoch mehr in der Rinde
und den Blättern, wie bey den Rauten, Terebinthen, dem Jo=
hanniskraut; in dem Kelche bey den Doldenpflanzen; in der
Fruchtschale bey den Citronen; selten in den Blumen, wie bey
den Pomeranzen; die sogenannten Gummi=Harze am häufigsten
in den Wurzeln der Doldenpflanzen.

Zu den besonderen Ausscheidungsstoffen kann man rechnen
die fetten Oele, welche fast nur im Innern der Samen vor=
kommen, besonders in den Samenlappen der Kreuzblumen, des
Leins, der Nüsse, Bücheln, Eicheln, Mandeln; im sogenannten
Eyweiß der Wolfsmilcharten und Mohne. Bey den Oliven
findet es sich auch außerdem im Gröps.

Ein seifenartiger Stoff findet sich in der Wurzel des Sei=
fenkrauts, und in den Samen des Avocato=Baums (Laurus
persea).

Der Gerbstoff findet sich in der Rinde vieler Bäume,

besonders der Netzpflanzen; sehr selten bey den Scheidenpflanzen und den Farren.

Die Farbenstoffe setzen sich größtentheils im Innern, vorzüglich im eigentlichen Holz ab, jedoch auch in den Kräutern.

Das Mark oder Mus im Innern der Capseln; der Vogelleim in den Beeren der Mistel.

Hierher gehören ferner die Giftstoffe, besonders die betäubenden, wie im Bilsenkraut, Tollkraut, Stechapfel, Taback.

Manche Säuren und ihre Salze, wie Sauerkleesalz.

Endlich die laugenartigen Stoffe in den Zwiebeln u. s. w.

2. Zu den Auswurfsstoffen

kann man die ätherischen Oele, Harze, Wasser und Säuren, etwa auch das Gummi, die Manna, das Wachs u. a. rechnen. Die meisten dünsten oder schwitzen von selbst aus der Oberfläche, wo sie davon gehen oder verhärten.

Sie theilen sich in luftige oder flüssige.

a. Zu den ausdünstenden Stoffen gehören vorzüglich die Riechstoffe der Blätter und Blumen; denn das ausdünstende Wasser und die Kohlensäure kann man nicht wohl zu abgesonderten Stoffen rechnen. Der Diptam dünstet so viel ätherisches Oel aus, daß man es an warmen Abenden anzünden kann.

Der stinkende Gansfuß (Chenopodium vulvaria) dünstet kohlensaures Ammon aus; der Essigbaum Apfelsäure; die Essigrose eine noch nicht bekannte Säure.

### Pflanzengerüche.

Es verdient bemerkt zu werden, daß die meisten Pflanzengerüche angenehm, die Thiergerüche dagegen unangenehm sind, Bisam, Zibeth und Amber kaum ausgenommen. Es kommt wahrscheinlich daher, daß die Thierabsonderungen unter die Rubrik der Fäulniß fallen, die Pflanzenabsonderungen aber unter die der Gährung; jene also dem Wasser in der Erde oder der Finsterniß angehören, diese der Luft und dem Licht. Jene sind sehr zusammengesetzter und meist alcalischer Natur, diese dagegen einfacher Natur: Säuren oder Harze, also eigentlich zersetzte Stoffe, während sie bey den Thieren ungeschieden bleiben, und daher keinen bestimmten Character haben. Die wenigen stinkenden Stoffe der Pflanzen, wie die Gummi=Harze, sind ebenfalls ein Gemeng, welches sich in der Wurzel absetzt und daselbst verdumpft, wie faulende Stoffe.

Eine wesentliche Eigenschaft der Riechstoffe ist ohne Zweifel, daß sie in der Luft auflöslich, also flüchtig sind, und einen entschiedenen electrischen Charakter haben; denn indifferente Dinge, wie Luft und Wasser, wirken nicht auf die Nase. Sie sollten daher wohl nach ihren electrischen Eigenschaften eingetheilt werden. Da man aber dieselben noch nicht kennt, so muß man sich mit ihren chemischen aushelfen, und darnach kann man sie wohl in oxydierte und in reducierte, harzige oder ätherische eintheilen; die oxydierten in saure und laugenhafte. Dieses wären einfache Gerüche, welche bey mäßiger Einwirkung angenehm sind. Es gibt aber auch unangenehme ihrer Natur nach, und dieses scheinen gemischte zu seyn, wie die Gummiharze, die betäubenden und die faulenden Stoffe.

1. Die reducierten Gerüche theilen sich wohl am besten in harzige und weingeistartige.

Die letztern sind nicht zahlreich und entstehen wohl erst durch die Gährung. Man hat zwar wohl behauptet, es fände sich in den Rosen schon fertiger Weingeist; hat sich aber nicht bestätigt.

Die harzigen kommen wohl sämmtlich von ätherischen Oelen her, und sind durchgängig angenehm.

Man unterscheidet aromatische, wie bey den Lorbeerblättern, Nelken, Zimmet, Jasmin, Narcissen, Campher, Rosmarin und den Lippenblumen überhaupt; durchdringende bey den Lindenblüthen und Tuberosen; ambrosische oder bisamartige, wie bey der Bisammalve und dem Waldmeister.

2. Zu den sauren Gerüchen gehören alle Säuren, besonders die Essigsäure, Apfel=, Citronen= und Blausäure, in Blumen, Blättern und Früchten.

Vielleicht auch die balsamischen, welche ätherisch und sauer zugleich sind, wie Benzoe.

3. Zu den alcalischen gehören Zwiebeln, Knoblauch, Meerrettig, Senf u. s. w.

4. Zu den gemischten kann man alle unangenehmen stellen, die betäubenden verschiedener Kräuter, die stinkenden Pilze, und auch gewisse Hölzer, wovon man den Grund noch nicht kennt — Stinkholz.

### b. Flüssige.

Es gibt auch eine wirkliche Absonderung von Wasser, welches aber immer einige Bestandtheile enthält, wie Schleim, Zucker oder Säure. Das kommt jedoch nur bey einzelnen Pflanzen, und an besondern Theilen vor, wie das Wasser im Kannenkraut, die Sauerkleesäure an den Haaren der Kichererb=sen mit Apfel= und Essigsäure.

Die Nesseln sondern an ihren Haaren einen ätzenden Saft aus.

Kleberige und schmierige Stoffe werden ausgesondert von dem Hornkraut, einigen Schlüsselblumen, Acacien, den Knospen der Pappeln, Roßcastanien und vieler anderer, der Rinde mancher Cistrosen (das Ladanum=Gummi), den Pilzen u. s. w.

Wachsartigen Reif schwitzen aus viele Früchte, der Kohl, die Melden, Pappeln; Wachs selbst mehrere Palmen auf Stamm und Blättern, der Gagel auf den Früchten.

Mit Schleim sind die meisten Wasserpflanzen bedeckt.

Auf den Strandpflanzen zeigt sich oft ein Beschlag von Salz; auf den Aeschen von Manna.

Honigsäfte werden endlich in Menge von den sogenann=ten Honigdrüsen abgesondert.

Man hat auch eine allgemeine Aussonderung an der Wur=zel aller Pflanzen angenommen, welche ungefähr der Harnab=sonderung der Thiere entspräche. Diese Aussonderung soll theils Wasser, theils Kohlensäure seyn. Die letztere, welche sich bey Zwiebeln in Wasser zeigt, scheint aber mehr ein krankhaf=tes Product zu seyn.

Zieht man Wurzeln, besonders vom Getraide, aus dem Bo=den, so bleiben Erdkörner an den Zasern hängen. Allein daß saftreiche Organe auch auf ihrer Oberfläche feucht sind, ist natürlich, und kann unmöglich einem besondern Processe zugeschrieben werden.

Endlich hat man bemerkt, daß manche Pflanzen nicht neben einander gedeihen, und dieses ebenfalls auf einen schädlichen Auswurf der Wurzeln geschoben. Auch theilen die Wurzeln dem Wasser, worinn sie wachsen, etwas von ihrem Geruch und Geschmack mit.

Da über der Erde allerley Stoffe ausschwitzen, so ist nicht abzusehen, warum dieses nicht auch an der Wurzel stattfinden soll, besonders da der Saft durch seine Schwere nach unten strebt. Da aber die Wurzel, als ein Organ im Finstern und Wasser sehr indifferent ist und fast nichts als Schleim enthält; so ist es begreiflich, daß sie nur wenig ausscheidet und nur wenig verschiedene Stoffe hat. Uebrigens ist diese Wurzel-Ausscheidung keineswegs allgemein, und kann daher nicht als eine wesentliche Lebensverrichtung der Pflanzen betrachtet werden, wie die Harnabsonderung der Thiere. Selbst die Absonderungen in den Organen an der Luft gehören nicht zum Lebensproceß, insofern sie bloß einzelne Stoffe betreffen.

### Die Pflanzengeschmäcke

richten sich ganz nach den auflöslichen oder salzigen Bestandtheilen der Pflanzen, weil das Schmecken selbst nichts anderes ist, als Empfindung der chemischen Einwirkung, welche durch die Auflöslichkeit der Stoffe bedingt ist.

Da es in dieser Hinsicht nur vier Arten von chemischen Stoffen geben kann: saure, laugenhafte, salzige und indifferente, so müssen auch die Pflanzengeschmäcke in diese Rubriken getheilt werden.

Die indifferenten Geschmäcke gehören den eigentlichen Speisen an, die differenten den Gewürzen.

1. Die indifferenten oder milden Geschmäcke der Speisen gründen sich auf Schleim, Stärke, Gallert, Eyweiß u. dgl., und sind vorzüglich im Mehl mit einander verbunden. Differente Geschmäcke sucht man durch Verbleichen indifferent zu

machen, wie es durch das Zusammenbinden der Blätter, z. B. des Salats geschieht, oder durch Einsetzen in die Finsterniß, wodurch ein Ueberschuß von Wasser zurückgehalten und die Trennung der Stoffe verhindert wird. Man bedeckt manche Gemüse mit undurchsichtigen Töpfen. Die Kohlköpfe sind gleichsam von selbst zugebunden, und bleiben daher weiß. Die dicken Wurzeln und Knollen sind durch die Erde vor der Einwirkung des Lichtes geschützt; die Samen durch die Wände der Capsel oder den Kelch. Manche Pflanzen bleiben auch durch eine Art von Verkrüppelung bleich, wie der Blumenkohl, dessen Blüthenzweige anschwellen.

Viele Pflanzen werden jung gegessen, weil sie bleich aus der Erde kommen, wie Spargel, Hopfen, Salat u. s. w.

Pflanzentheile mit differenten Stoffen dienen größtentheils bloß als Gewürz.

2. Sauer ist vieles Obst, wie Aepfel, Johannisbeeren, Citronen, Sauerhonig u. dgl.

3. Laugenhaft oder scharf sind die eigentlich sogenannten Gewürze, wie Kümmel, Pfeffer, Ingwer, Zimmet und viele Wurzeln, wie Rettig, Meerrettig, Knoblauch, Zwiebel, Brunnenkresse.

4. Zu den salzigen oder neutralen Geschmäcken muß man die süßen oder zuckerhaltigen Früchte stellen, wie die Birnen, Kirschen, Himbeeren, Erdbeeren, Melonen, Trauben, Honig u.s.w.

## 2. Chemische Processe.

Es handelt sich hier nur von denjenigen Processen, welche zwischen den allgemeinen Pflanzenstoffen, wie Holz, Stärke, Zucker, Gummi oder reinem Pflanzenschleim und Traubenzucker stattfinden, und welche unter dem Namen Gährungsprocesse begriffen werden. Man unterscheidet zunächst geistige, die Essiggährung und die Fäulniß, von der der Mist oder Moderstoff das Ende ist. Löwig stellt in seiner Chemie der organischen Verbindungen 1839 diese Vorgänge auf folgende Art dar.

Die verhältnißmäßigen Bestandtheile der genannten Stoffe sind folgende:

| | | | |
|---|---|---|---|
| Moderstoff (Humus) | Kohlenst. 12, | Wasserst. 6, | Sauerst. 6. |
| Holz | — 12, | — 8, | — 8. |
| Stärke | — 12, | — 10, | — 10. |
| Rohr-Zucker | — 12, | — 10, | — 10. |
| Schleim oder Gummi | — 12, | — 10, | — 10. |
| Traubenzucker | — 12, | — 12, | — 12. |

In diesen Stoffen ist Sauer- und Wasserstoff enthalten in denselben Verhältnissen wie im Wasser, und man könnte sie daher für Verbindungen von Kohlenstoff und Wasser ansehen; auch läßt sich Holz in Stärke, diese in Zucker und Schleim, und dieser in Traubenzucker verwandeln, wie es scheint bloß durch den Beytritt von 2 Verhältniß-Theilen Wasser. Allein man kann Traubenzucker nicht im Schleim, und Rohrzucker nicht in Stärke durch Entziehung von Wasser zurückführen; und daher muß man annehmen, daß das Wasser zerlegt werde, und die Bestandtheile desselben, sowohl von dem Kohlenstoff als dem Wasserstoff angezogen werden.

Eine höhere Verbindung als der Traubenzucker scheint nicht vorzukommen: denn bey der Einwirkung von verdünnten Säuren zerfällt er wieder in Wasser und Moderstoff; bey der Einwirkung von stickstoffhaltigen Körpern, wie Kleber oder Hefe, in Kohlensäure und Weingeist. Der Moderstoff kann durch die Zersetzung seines Wassers in alle anderen Verbindungen übergehen bis zum Traubenzucker, welcher wieder in Moderstoff zerfällt. Daher scheint dieser vorzüglich zum eigentlichen Ernährungsstoff der Pflanzen geeignet.

Die Weingährung ist eine Zersetzung des Zuckers in Kohlensäure und Weingeist.

Die Essiggährung eine Verwandlung des Weingeists in Essigsäure durch Oxydation.

Die Fäulniß eine völlige Auflösung der organischen Stoffe, wozu meistens die Einwirkung eines stickstoffhaltigen Körpers erforderlich ist.

a. Weingährung.

Soll sie aus bloßem Zucker erfolgen, so muß er mindestens in 10 Theilen Wasser aufgelöst seyn, $^1/_{100}$ Hefe bekommen und die gehörige Temperatur haben. In diesem Falle wird alle Hefe verzehrt und es bildet sich keine neue. In den natürlichen Pflanzensäften ist die Hefe oder der Kleber schon vorhanden. Die andern Stoffe, wie Säuren, Farbenstoff u. dgl. sind gleichgültig. Ohne Zutritt von Sauerstoffgas findet keine Gährung statt. Er leitet jedoch dieselbe nur ein, und ist keineswegs nöthig zur Fortdauer und zur Verwandlung des Klebers in Hefe. Nur ein Bläschen Sauerstoffgas veranlaßt die Trübung des Saftes, und dann geht die Weingährung vorwärts, welche auch erfolgt, wenn nichts als Kohlensäure vorhanden ist.

Die Trübung entsteht durch die Bewegung der Klebertheilchen, welche von der sich entwickelnden Kohlensäure in die Höhe gerissen werden, und dauert unter Entwickelung von Wärme so lange als Zucker vorhanden ist. Dann setzen sich die unauflöslichen Theile zu Boden, und an die Stelle des Zuckers ist Kohlensäure, welche davon geht, und Weingeist getreten, der mit den auflöslichen Stoffen verbunden bleibt. Der Bodensatz besteht theils aus Hefe, theils wie beym Traubensaft aus Weinstein.

Auch bildet sich wahrscheinlich aus dem Kleber etwas Fuselöl und Ammoniak.

b. Biergährung.

Die Biergährung ist auch eine Weingährung, welche durch Verwandlung des Stärkemehls in Traubenzucker vermittelt wird. Diese Verwandlung wird durch einen hefenartigen Stoff (Diastase) veranlaßt, welcher beym Keimen des Korns gebildet wird.

Man weicht daher die Gerste ein, damit sie Wasser einsaugt und weich wird; dann schüttet man sie auf die Tenne und läßt sie keimen, bis das Würzelchen etwa so lang ist als das Korn, worauf die Masse oder das Malz getrocknet wird. Während des Keimens verwandelt sich der meiste Kleber in Diastase, und die Hälfte des Stärkemehls in Traubenzucker und Schleim. Während des Dörrens fallen die Würzelchen ab.

Vor dem Keimen enthält das Gerstenkorn 4 Schleim, 5 Zucker, 3 Kleber, 87 Stärke; nach demselben 1, 15, 15, 1, 68, woraus man sieht, um wie viel sich der Kleber und die Stärke vermindert, der Schleim dagegen und der Zucker sich vermehrt haben.

Uebrigens kann auch die Stärke für sich in Traubenzucker übergehen, und zwar zur Hälfte ihres Gewichts, wenn man sie kocht und dann abdampft oder zum Trocknen stehen läßt. Zugleich bildet sich dabey Schleim. Das geschieht auch ohne Zutritt der Luft.

Dann wird das Malz auf einer Mühle geschroten und in heißes Wasser gebracht, wodurch das übrige Stärkemehl vollends in Schleim und Zucker verwandelt wird. Dann kommt Hopfen dazu, dessen Gerbestoff das Eyweiß niederschlägt. Dann stellt man die Masse oder die Würze zum Gähren hin und thut Hefe dazu, worauf sich Kohlensäure entwickelt und die Hefe wie einen Schaum in die Höhe zieht. Während der Zeit bildet sich der Weingeist.

Es ist merkwürdig, daß ohne Hefe, also einen stickstoffhaltigen Körper, welcher an die thierischen Stoffe erinnert, keine Gährung vor sich geht. Auch hat man unter dem Microscop bemerkt, daß bey der Zersetzung der Hefe sich Kügelchen bilden, welche zerplatzen und dann keine Gährung mehr bewirken. Man hat diese Kügelchen selbst für eine Art Pilzbildung, und daher die Gährung für einen lebendigen Proceß, gleichsam für eine Vegetation angesehen. Es ist aber doch wohl nichts anderes, als die allgemeine Zerfallung der organischen Masse in ihren Urzustand, nehmlich in Schleimkügelchen. Es verdient bemerkt zu werden, daß bey der Essiggährung Schimmel und Essigälchen entstehen. Sie fängt an, in das Thierreich überzustreifen, während die Weingährung im Pflanzenreiche bleibt.

Die Hefe scheint den Gährungsproceß dadurch einzuleiten, daß sie von selbst in Fäulniß übergeht. Die Stärke verwandelt sich in Zucker durch bloße Mischungsänderung ihrer eigenen

Bestandtheile, ohne Sauerstoff anzuziehen: denn sie geht durch Schwefelsäure in Zucker über, ohne alle Zersetzung der Säure.

### c. Essiggährung

ist eine Verwandlung des Weingeistes durch Oxydation in Essigsäure. Der Weingeist muß viel Wasser enthalten, warm und an freyer Luft stehen, und Hefe bekommen, wodurch die Oxydation eingeleitet wird. Der Weingeist nimmt 4 Verhältnißtheile Sauerstoff auf und bildet damit einen Verhältnißtheil Essigsäure und 3 Verhältnißtheile Wasser.

Auch das Brod ist zum Theil ein Product der Gährung.

Durch den Sauerteig, welcher die Stelle der Hefe vertritt, und durch den Kleber des Mehls wird das Stärkemehl zum Theil in Schleim und in Traubenzucker überführt, und der letztere in Weingährung versetzt. Die Gährung wird aber durch das Backen unterbrochen. Von der Entweichung der Kohlensäure und des Weingeistdampfes rühren die Blasen im Brode her. In neuerer Zeit wurden Backöfen gebaut, in Gestalt einer Branntweinblase, um den Weingeist zu gewinnen.

Der Mist ist das Product einer weiter gediehenen Fäulniß, welche durch Vertrocknen unterbrochen wird. In der Erde wird er durch Einwirkung des Wassers allmählich in Moderstoff verwandelt.

Das Keimen kann, wie es sich oben gezeigt hat, als eine Art Gährung betrachtet werden, wodurch der Kleber von der Stärke geschieden, und die letztere in Schleim und Zucker verwandelt wird. Der Unterschied ist nur der, daß es nicht zur Weingährung kommt.

### d. Fäulniß.

Durch die Fäulniß werden die organischen Stoffe in unorganische zersetzt, und zwar in veste, flüssige und luftförmige. Es erleiden diese Veränderung jedoch nur diejenigen Pflanzenstoffe, in welchen Sauer- und Wasserstoff im Verhältniß des Wassers vorhanden sind; und am leichtesten diejenigen, welche Stickstoff enthalten, wie Kleber.

Die Oele, Harze, der Weingeist und die Säuren, worinn Kohlen- und Wasserstoff vorwalten, gerathen nicht in Fäulniß.

Zur Fäulniß ist Feuchtigkeit nöthig, ein gewisser Grad von Wärme und ein freyer Zugang zur Luft, damit die Gasarten entweichen können.

Zuerst entsteht kohlenhaltiges Wasserstoffgas, Kohlensäure, bisweilen reines Wasserstoffgas, und wenn Stickstoff vorhanden ist, Ammoniak. Im Wasser zeigt sich etwas Essigsäure und Oel. Die zurückbleibenden vesten Theile sind Erden und Salze.

Das Hauptproduct ist kohlenhaltiges Wasserstoffgas, welches sich im Sommer und Herbst in dem Boden stehender Wässer entwickelt. Stößt man mit einem Stock hinein, so steigen die Blasen in die Höhe. Die schädliche Sumpfluft ist wahrscheinlich das nämliche Gas, dem aber noch eine andere Substanz beygemengt ist; vielleicht ein thierischer Stoff, welcher im Stande ist, selbst in lebendigem Leibe Fäulniß hervorzubringen.

Ueberhaupt scheint es, daß die Fäulniß zunächst eine Zerfallung des großen organischen Körpers ist in infusoriale Masse oder in unendlich kleine organische Körper, und daß dann erst die chemische Zersetzung erfolgt.

Ist durch Fäulniß das organische Gewebe zerstört, so bleibt die kohlenartige, pulverige Substanz zurück, welche Dammerde, Moderstoff oder Humus heißt, und aus der aufs Neue Pflanzen entstehen, indem sie denselben als Nahrung dient.

### III. Pflanzen-Physik.

Ich betrachte unter diesem Titel alle äußern Einwirkungen auf die Pflanze, insofern Veränderungen darinn hervorgebracht werden, also sowohl materielle als immaterielle oder dynamische.

Sie theilen sich demnach in die Einwirkungen der unorganischen und organischen Welt; jene wieder in die der Elemente und Mineralien.

### A. Einwirkung der Elemente.
#### a. Aether.

Die Thätigkeit des Aethers äußert sich auf dreyerley Weise als Schwere, Licht und Wärme.

##### 1. Die Schwere oder Gravitation
bestimmt die Richtung der Pflanzen.

Insofern sie allein wirkt, bezieht sie sich bloß auf die Wurzel; diese aber, einmal bestimmt, wirkt zurück auf den Stengel, wenn er auch gleich durch andere Kräfte, als die Schwere, zur Verlängerung getrieben wird.

###### Richtung der Wurzel.

Es unterliegt jetzt keinem Zweifel mehr, daß die Richtung der Wurzel durch nichts anderes als die Schwere bestimmt wird, und daß sie daher überall, wo sie kein Hinderniß findet, gegen den Mittelpunct der Erde sinkt. Die natürlichste Annahme scheint zu seyn, daß sie der Feuchtigkeit folge und etwa der Finsterniß: allein die sinnreichsten Versuche haben das Gegentheil bewiesen.

Läßt man einen Samen, z. B. eine Bohne, keimen, so mag man sie legen, wie man will, das Würzelchen wendet sich immer nach unten, und das Stengelchen oder Blattfederchen nach oben. Ist der Nabel der Bohne nach oben gerichtet, so verlängert sich das Würzelchen zwar anfangs aufwärts, krümmt sich aber bald zur Seite, und wächst nach unten. Ich habe solch ein Würzelchen an einen Faden gebunden und sammt der Bohne aufgehängt. Da es sich nun nicht umwenden konnte, so bildeten sich unter dem Bande Aussackungen, welche sich als Würzelchen nach unten verlängerten. Es war also hier offenbar das Gewicht des Wassers, welches die Aussackungen hervorbrachte, und ich zweifle keinen Augenblick mehr, daß die Wurzel bloß einer sogenannten todten Kraft folgt, nehmlich der Schwere, obschon ich früher auch meynte, sie wachse bloß dahin, wo

Feuchtigkeit sey. Es gibt allerdings Pflanzen, welche bloß wagrechte Wurzeln haben, wie die Nadelhölzer; allein in diesem Falle geschieht nichts weiter, als daß die wagrechten Wurzeln lebendig bleiben, weil sie Feuchtigkeit finden, und daß dagegen die nach unten wachsenden absterben, so wie sie in den trockenen Boden kommen, in welchem sie überdieß Widerstand finden. Wäre der Boden daselbst ganz locker, so würden sie so lange fortwachsen, als sie Saft von den Seitenwurzeln bekämen, wie sich dieses bey den unterhöhlten Pflanzen, z. B. an Hohlwegen, zeigt. Reichten diese Höhlen bis zum Mittelpunct der Erde, so würden die Wurzeln bis dahin fallen.

Man hat Samen in Glasröhren gesteckt, und denselben oben feuchte Erde, unten trockene gegeben: dennoch wuchs das Würzelchen nach unten. Kehrt man die Röhre um, so thut es auch das Würzelchen, und das so oft als man umkehrt. Dasselbe thut das Stengelchen; es kehrt immer nach oben um, das Licht mag einfallen, wo es will.

Die sinnreichsten Versuche darüber haben J. Hunter, Knight und Dutrochet angestellt.

Der erstere legte Samen in die Mitte eines Fäßchens, welches beständig umlief. Wurzel und Stengel liefen nach der Richtung der Drehungsachse auseinander.

Knight (Phil. Transact. XI. 1806. I. 99. Fig.) bevestigte Bohnen in allen Richtungen des Nabels an der Felge eines senkrechten Rades von 11 Zoll Durchmesser, welches durch Wasser getrieben 150mal in der Minute umlief. Alle Würzelchen wuchsen nach Außen, und folgten mithin der Schleuderkraft als die schwereren Theile. Die Stengelchen wuchsen nach Innen, zum Theil wohl, weil sie anfangs viel leichter sind, als die Würzelchen. Dann bevestigte er Bohnen an ein wagrechtes Rad, welches in der Minute 250mal umlief. Alle Würzelchen sahen nach Unten und nach Außen, und zwar um 80 Grad abweichend von der senkrechten Linie; die Stengelchen sahen um ebensoviel nach Oben und Innen. Lief das Rad nur 80mal um, so war die Abweichung beider 45 Grad oder ein halber rechter Winkel. Es ergibt sich hieraus, daß durch die Schleuder- oder

Centrifugalkraft die Richtung der Wurzeln ganz allein bestimmt wird, wenn sich durch sehr schnelle Umdrehung des Rads die Schwere ganz aufhebt; daß die letztere aber ihr Recht behauptet bey der langsamen Umdrehung.

Dutrochet hat diese Versuche vervielfältigt. (Mémoires des Végétaux. 1837. II. 38. tab. 17.)

Wicken in der Achse eines senkrechten Rads, das 40 Umläufe in der Minute macht, trieben Würzelchen und Stengelchen genau in der wagrechten Achse, und zwar in entgegengesetzter Richtung. Dasselbe geschah bey jeder beliebigen Geschwindigkeit, augenscheinlich, weil das Würzelchen seine Fallrichtung immer wechselte. Als das Rad um 1½ Grad Südost geneigt wurde, richteten sich alle Würzelchen dahin, also wieder ein Beweis von der Wirkung der Schwere.

Erbsen und Wicken an der Felge eines 3 Schuh hohen, senkrechten Rades, welches 40mal in der Minute umlief, richteten die Würzelchen gerade nach Außen, die Stengelchen nach Innen. Bey einem wagrechten Rad von ungefähr 15 Zoll Durchmesser, das 120mal umlief, zeigte sich ganz dasselbe; nehmlich die Stengelchen standen gerad nach Innen, die Würzelchen gerad nach Außen ohne alle Neigung, ohne Zweifel, weil sie viel leichter sind, als Bohnenwürzelchen. Von Wicken, welche in eine Reihe nach dem Durchmesser auf das Brett gelegt wurden, sahen alle Würzelchen bey 250maligem Umlauf wagrecht nach Außen, das Stengelchen des im Mittelpunct gelegenen Samens gerad nach Oben, die andern unter einem verschiedenen Winkel nach Innen und Oben, je nach ihrer Entfernung; diejenigen wagrecht nach Innen, welche 8 Zoll vom Mittelpunct lagen. Zuletzt trafen sie in der Mitte in ein Bündel zusammen, welches senkrecht wuchs. Bey 54 Umläufen standen die Würzelchen nach Unten mit einer Abweichung von 45 Grad nach Außen; ebenso die Stengelchen nach Oben und Innen.

Bey einem senkrechten Rad, dessen eine Hälfte etwas schwerer war, und daher langsamer stieg, richteten sich bey langsamer Umdrehung alle Würzelchen nach Außen, parallel mit der Richtung der schwersten Speiche, die Stengelchen ebenso nach Innen; also weil jene längere Zeit der Schwere unterworfen waren.

Nach solchen Versuchen kann man nicht mehr zweifeln, daß die Schwere allein es ist, welche die Richtung der Wurzeln bestimmt. Sie verlängern sich bekanntlich bloß mit der Spitze, weil diese weicher ist, und diese ist weicher, weil sich der Saft dahin senkt, und dieser senkt sich dahin, weil er durch die Polarität nicht so stark nach oben gezogen wird, wie im Stammwerk.

### b. Stengelrichtung.

Viel schwieriger ist aber die Richtung des Stengels nach Oben, also der Schwere entgegen zu erklären. Dabey reicht schlechterdings keine andere Annahme aus, als der Gegensatz zwischen Wurzel und Stammwerk, ohne Zweifel gegründet auf die Verschiedenheit der Stoffe, dort mehr schleimig oder indifferent, hier sauer oder different, jedoch immer veranlaßt von äußeren Einflüssen.

Knight hat in dieser Hinsicht eine sehr merkwürdige Erscheinung beobachtet. Er band die von der Felge eines senkrechten Rades nach Innen wachsenden Stengel an die Speichen. Als sie in der Mitte angekommen waren, wuchsen sie etwas darüber hinaus, kehrten aber sodann um, und suchten wieder in den Mittelpunct der Umdrehung zu kommen, also dahin, wo die geringste Bewegung war. Hieraus geht hervor, daß ihre Richtung nicht durch eine physische Kraft bestimmt wird, sondern durch eine organische, nehmlich das ruhige Wachsen selbst, welches nach allen Seiten des Stengels in völligem Gleichgewicht vor sich geht. Steht ein Stengel ruhig über der Erde, so wird er überall von gleichviel Luft umgeben, und er zieht daher ringsum gleichviel Sauerstoffgas ein, und dunstet gleichviel aus. Er hat daher keinen Grund, weder rechts, noch links zu wachsen, vorausgesetzt, daß kein Sonnenstrahl darauf fällt.

Eben so merkwürdige Versuche hat Dutrochet mit Blättern angestellt. Er steckte einen Windenstengel mit 4 Blättern in eine Glaskugel mit etwas Wasser an der Felge eines 3 Schuh hohen, senkrechten Rades, welches 40 Umläufe machte. Nach

18 Stunden war durch Krümmung des Stiels die obere Fläche aller Blätter gegen den Mittelpunct gerichtet. Daſſelbe geſchah bey Veilchen und Erdbeeren. Hier hat ſich alſo die untere oder ſchwerere Blattfläche nach Außen gerichtet, folgend der Centrifugalkraft, wie die Würzelchen. Die Blätter verhalten ſich mithin ganz wie das Blattfederchen.

### c. Winden des Stengels.

Schlingpflanzen nennt man alle diejenigen Pflanzen, welche wegen ihres dünnen und ſchwachen Stengels einer Stütze bedürfen, um empor zu wachſen. Dieſe Stütze beſteht meiſtens in Felſen und Bäumen, bisweilen bloß in Hecken.

Das Anhalten geſchieht entweder durch den Stengel ſelbſt, oder durch Seitentheile deſſelben, wie Warzen, Wurzeln und Ranken. Dieſe Warzen und Wurzeln ſind als Luftwurzeln zu betrachten oder als Zweige, welche ſich in Wurzeln verwandeln; die Ranken meiſtens als verkümmerte Blätter oder Sträußer. Beide Arten von Pflanzen heißen kletternde (Pl. scandentes); die andern, welche ſich mit dem Stengel emporhelfen, windende (Pl. volubiles). Palm und Mohl haben die meiſten Beobachtungen darüber angeſtellt: über das Winden der Pflanzen, 1827. 8., und über den Bau und das Winden der Ranken und Schlingpflanzen, 1827. 4.

Es gibt ungefähr 800 Schlingpflanzen, worunter gegen 200 holzige, etwas weniger ſtaudenartige, und etwa 100 Kräuter ſich befinden. Nach Mohl ſind aus America 463 Gattungen bekannt, aus Aſien 241, aus Africa 80, aus Neuholland 55, aus Europa nur 27. Die große Zahl in America kommt wohl daher, daß man Süd- und Nordamerica nicht unterſcheidet.

Von den windenden Stengeln ſind ungefähr 30 genauer beobachtet. Davon winden ſich etwa 20 links, d. h. aufwärts von der rechten zur linken Hand oder auf unſerer Erdhälfte der Sonne entgegen; etwa 10 winden ſich rechts oder nach dem Lauf der Sonne. Unter den erſteren finden ſich faſt lauter Netzpflanzen, wie Hülſenpflanzen, Winden, Paſſifloren, Schwalbwurze, Kürbſen und Wolfsmilche; unter den zweyten findet ſich Geiß

blatt, Schmeerwurz, Knöterich, Hopfen und auch Scheidenpflanzen, wie Dioscoreen und Smilaceen; selbst Farren, wie
Osmunda. Unter den Pflanzen ohne Spiralgefäße gibt es keine
windenden.

Die Windungen erhalten immer dieselbe Richtung, und
lassen sich durch kein Mittel nach der entgegengesetzten Seite bestimmen; die Ranken dagegen winden sich bald rechts, bald
links, je nachdem sie den Gegenstand treffen.

Alle windenden Stengel sind so schwach, daß sie auf den
Boden fallen, wenn sie keinen Gegenstand finden. Dann richtet sich der Gipfel in die Höhe und wächst so lange, bis er
durch sein Gewicht wieder fällt u. s. f. Das Winden selbst ist daher
nichts anderes, als ein beständiges Fallen und Aufstehen, veranlaßt durch das zu schnelle Wachsthum aller dieser Pflanzen, wodurch der Stengel nicht die gehörige Dicke erreicht, welche nöthig wäre, um das Gewicht der Länge zu tragen.

Daß der Stengel sich überhaupt windet, ist begreiflich aus
der fast allgemein vorkommenden Drehung des Stengels, welche
sich in der spiralförmigen Stellung der Aeste und der Blätter
verräth, und selbst in den gedrehten Kanten vieler Stengel.
Denkt man sich diese zum Stehen zu schwach, so müssen sie sich
nothwendig winden.

Woher diese Drehung überhaupt kommt, läßt sich freylich
nicht streng beweisen, obschon der Grund wohl nirgends anders,
als im Einfluß der Sonne, mithin in ihrem Umlaufe liegen
kann. Warum aber das Winden bald nach, bald wider den
Lauf der Sonne geht, ist schwer anzugeben. Vielleicht ist der
eine Theil dieser Pflanzen ursprünglich auf der andern Erdhälfte entstanden, und sie haben sodann ihren Bau bey der
Auswanderung beybehalten. Es kommen jedoch in beiden Abtheilungen Pflanzen aus der heißen Zone vor. Uebrigens findet man nicht selten entgegenstehende Blätter und Blüthen auch
entgegengesetzt gerichtet. Vielleicht bekommt bey den verschiedenen Pflanzen bald die eine, bald die andere Richtung die Oberhand, und dadurch bestimmt sich auch die Richtung des Stengels
bey dem Winden.

Man hat früher geglaubt, die Stützen oder Stangen übten eine Art Anziehung auf die Gipfel der Stengel oder die Ranken aus, was aber nicht der Fall ist. Auch Licht, Wärme, Wind und Feuchtigkeit wirken nicht darauf; ebensowenig künstlich angewendete Electricität oder Galvanismus. Bisweilen bleibt jedoch der Gipfel eine Zeit lang ruhig stehen, und windet sich plötzlich, wenn er durch Wind erschüttert wird. Das scheint von einer gewissen Spannung herzukommen, welche die Schwere, also der Druck auf das Pflanzengewebe verursacht. Wird er durch einen Stoß von Außen gehoben, so strecken und füllen sich die Zellen, und die Windung geht vorwärts.

Der Gipfel oder die Ranke legt sich erst um die Stange, wann er sie berührt, sucht sie aber nicht aus der Ferne auf. Daß dieser Bewegung entgegengesetztes Einfallen des Lichtes die Windung eine Zeit lang abhalten kann, ist eine begreifliche Sache, hat aber selbst mit dem Winden, wenigstens unmittelbar, nichts zu schaffen. Das Winden geht auch des Nachts vor sich.

Im Keim kann man noch nicht erkennen, ob die Pflanze sich winden werde; auch wachsen sie von Anfang alle gerad in die Höhe, ein Beweis, daß nur ihre eigene Schwere sie niederdrückt.

Die Saugwarzen, z. B. am Epheu, entwickeln sich erst an den Stellen, welche die Stütze berühren, dieselbe mag todt oder lebendig seyn.

Im Ganzen verhalten sich die Ranken, wie die windenden Stengel, nur ist ihre Richtung nicht so bestimmt, und es scheint mehr die Vertrocknung dabey eine Rolle zu spielen.

## 2. Licht.

Wie das Licht sowohl durch seine polarisirende oder zersetzende als durch seine wärmeerregende Eigenschaft das ganze Weltall belebt, so auch die organische Welt und besonders die Pflanzen. Man kann wohl sagen, daß alle Pflanzen des Lichtes bedürfen, vielleicht kaum einige Schimmel ausgenommen. Bey der Annäherung der Sonne erwacht die Pflanzenwelt, und kehrt Blätter und Blumen derselben entgegen. Dichtstehende Wald-

bäume, in Vertiefungen wachsende Stauden verlängern mehr ihre
Stengel, um aus dem Schatten an das Licht zu kommen.

Das Bedürfniß ist jedoch verschieden. Die Pilze gedeihen
am besten im Schatten und selbst in Höhlen, wohin nie ein
Lichtstrahl fällt und daher nur die Luft die polarisirende Kraft
trägt, welche sie vom Licht erhalten hat. Auch Flechten, Moose
und Farren gedeihen am besten im Schatten, jedoch nicht in
vollkommener Finsterniß. Der Wurzel und den keimenden Samen ist das Licht schädlich, so wie auch der Unterseite des Blattes, befördert aber vorzüglich das Oeffnen der Blumen und
ihre Bestäubung. Der Saft strömt dahin, wo das Licht einfällt;
der Theil schwillt auf und richtet sich oder wächst dem Lichte
entgegen. Die Ausdünstung wird befördert und vielleicht selbst
das Wasser zersetzt, indem sich Bläschen von Sauerstoffgas entwickeln; an der Oberfläche bilden sich desoxydirte Stoffe, wie
flüchtiges riechendes Oel und Harz, und in der Tiefe setzt sich
mehr Kohlenstoff ab. Das Stärkemehl an der Oberfläche der
Pflanzen wird grün, in den Blumen und Früchten anders gefärbt, und die Farben der Blumen in den Ländern unter dem
Aequator viel brennender als anderwärts.

Man kann es durch die Versuche, besonders von Rumford
(kleine Schriften IV. 1799), als entschieden ansehen, daß die
Wasserzersetzung an der Oberfläche der Pflanzen ein bloß physischer Proceß ist, und nichts mit dem Leben selbst zu schaffen hat:
denn es setzen sich Bläschen von Sauerstoffgas an allen unorganischen Stoffen in beleuchtetem Wasser ab, an Baumwolle,
Seide, Asbest, Glasfedern u. s. w., und rühren daher wahrscheinlich bloß von der am Wasser klebenden Luft her.

a. Die wunderbarste Wirkung des Lichtes ist das Bestreben
der Blätter, ihre Oberfläche senkrecht auf die einfallenden Strahlen zu stellen. Von Morgens früh bis Abends spät folgen sie
dem Laufe der Sonne, besonders leicht zu beobachten am Geißblatt. In den Gewächshäusern sieht man alle Blätter gegen
die Fenster gerichtet, ja ihrer ganzen Fläche nach an das Glas
gedrückt, wenn sie nah genug sind. Kehrt man die Pflanzen
um, so dreht sich der Blattstiel so, daß die Oberseite aus Licht

kommt, und das geschieht mit solcher Schnelligkeit, daß man die Wendungen bemerken kann. Hält man das Blatt vest, so biegen sich selbst die einzelnen Lappen um. Die Oberfläche der Blätter wird gewöhnlich hohl, weil sich die dünnern Ränder einbiegen, und die zarten Fiederblättchen richten sich selbst auf.

Hält man mit Gewalt die Unterfläche dem Lichte entgegen, so wird sie braun, endlich schwarz, und das Blatt stirbt ab, manchmal der ganze Zweig. Da man nicht ohne Grund annimmt, daß diese Fläche vorzüglich das Geschäft des Einsaugens der Feuchtigkeit über sich hat, die obere Fläche dagegen die des Ausdünstens und wahrscheinlich des Athmens, so mag dieser Unterschied zu der abweichenden Erscheinung beytragen.

So begreiflich es ist, daß die Pflanze durch die Einwirkung des Lichtes demselben entgegen wächst, so wenig ist doch der physische Grund von der wirklichen Bewegung der Blätter erforscht.

Die ältern Pflanzen-Physiologen, wie Hales und Bonnet, schreiben diese Erscheinung der Erwärmung zu, indem die von der Sonne beschienenen Fasern sich verkürzten, wodurch die Fläche hohl werde, wie etwa ein Bogen Papier, den man auf den Ofen legt. De Candolle meynt, es setze sich auf der beschienenen Seite mehr Kohlenstoff aus der Kohlensäure ab, wodurch dieser Theil des Zweiges oder Blattes vester werde und sich daher verkürze. Bey beiden Annahmen ist zwar allenfalls die Biegung des Zweiges oder das Hohlwerden des Blattes erklärt, aber keineswegs die Drehung desselben. Ueberdieß stände es schlimm um die Pflanze, wenn ihre Ernährung von einem so zufälligen und einseitigen Bescheinen der Sonne abhienge. L. Treviranus schreibt daher die Sache einer bloßen Anziehung zwischen dem Licht und der obern Blattseite zu, womit aber der physische Grund der Bewegung, welcher in der Pflanze selbst liegen muß, nicht angegeben ist. Man kann doch unmöglich sagen, daß das Licht die Pflanze oder das Blatt anziehe, wie ein Magnet die Eisenfeile, oder eine electrische Platte die Papierschnitzel.

Man kann als ausgemacht annehmen, daß das Wachsen der Pflanzen zum Licht einerley physischen Grund habe, wie das Drehen der Blätter. Würde das Licht unaufhörlich auf die Pflanze scheinen, und würde die Sonne stehen bleiben; so würden alle Stengel auf unserer Erdhälfte schief nach Süden sehen. Allein die Sonne nähert und entfernt sich, steigt auf und geht unter, und zieht daher die Pflanze bald da= bald dorthin, oder vielmehr erregt ihre Schösse, sich bald da, bald dorthin zu verlängern. Da aber die Sonne bey Weitem die meiste Zeit nicht scheint, und daher das Licht von allen Seiten einfällt, auch die Luft, welche die Pflanze gleichförmig umgibt, das Ihrige zum Sprossen beyträgt, von der geraden Polarität des Stengels in der Wurzel nicht zu reden; so muß die Pflanze im Ganzen senkrecht in die Höhe wachsen. Der Stengel kann nicht nach dem Stande der Sonne, und nach ihrem Auf= und Untergang sich bewegen, weil er zu steif ist.

Anders verhält es sich mit den Blättern. Sie sind als immer jung und weich zu betrachtende Stengel, welche daher der Sonne entgegenwachsen können, wo sie auch stehen mag. Allein die Blätter vergrößern sich nicht mehr, sondern drehen sich nur. Es muß daher dieses Drehen einerley seyn mit dem Wachsthum. Beym Wachsen aber fließt der Saft herbey und vermehrt die Zellen. Beym Blatt kann nur das erstere geschehen und nicht das letztere; und der Grund davon ist ohne Zweifel die vermehrte Ausdünstung und Vertrocknung des Blatts, wovon es sich aber während der Nacht wieder erholt. Ein Blatt ist zu betrachten, als eine Wiese gedrängt voll Kräuter, welche sich alle der Sonne zuwenden und sich daher schief stellen. Das würde der Boden der Wiese selbst thun, wenn er in Angeln beweglich wäre, und zwar bloß durch das Uebergewicht der nur nach einer Seite hängenden Kräuter.

Betrachten wir nun den Bau des Blattes, so sind die Zellen auf seiner obern Fläche sehr lang und stehen senkrecht, dicht an einander, wie die Grasstengel auf einer Wiese. Die Zellen an der untern Seite des Blattes sind rund, und sie entspricht mithin der Wurzel. Diese Zellen sind daher die einsaugenden, mithin schwereren; die der obern Seite die ausdünstenden, und mithin leichteren, und das Blatt legt sich demnach wagrecht mit der äußern Fläche nach unten, ganz aus demselben Grunde, warum die Wurzel sich in die Erde senkt, nehmlich aus dem Grunde der Schwere.

Nun ist es auch begreiflich, warum das Blatt brandig wird, wenn das Licht auf seine untere Seite scheint. Der Wurzel begegnet dasselbe. Die runden Blattzellen sind dessen Würzelchen.

Fällt nun kein Licht auf das Blatt, so liegt es wagrecht, wie eine Wiese, und zwar in Folge der ungleichen Schwere seiner Flächen. Fällt Licht senkrecht darauf, so bleibt es in seiner Lage, weil die langen Zellen sich in der Richtung befinden, ganz wie die aufrechten Wiesenkräuter. Fällt es aber schief auf, so richten sich die Tausende von Zellen eben so nothwendig dahin, wie die Kräuter. Sie thun das aber nicht aus einer Art von Instinct, womit nichts erklärt wird; sondern weil sich der Saft in den Zellen nun nicht gerade nach Oben, sondern nach einer Seite drängt, und mithin auch die Zellenwände dahin treibt. Sie müßten sich daher krümmen wie die Kräuter. Da sie dieses aber wegen ihres dichten Standes nicht können; so dreht oder wendet sich das ganze Blatt. Es ist daher nicht die Schwere, welche bey dieser Bewegung des Blattes wirkt, wie bey der Wurzel, sondern der Zug der Säfte; kurz die Erscheinung ist ein Stengelproceß, nicht ein Wurzelproceß.

### Abweichung.

Bey der Mistel kommt die sonderbare Erscheinung vor, daß das Samenwürzelchen sich immer nach dem Ast hinkrümmt, der Same mag auf, unter oder an der Seite desselben liegen. Die Physiologen verzweifeln an der Erklärung dieser sonderbaren Erscheinung, nach welcher das Würzelchen, wenn es unter einem wagrechten Aste liegt, sich offenbar der Schwere entgegenkrümmt. Dutrochet hat viele Versuche darüber angestellt und glaubt, sie lasse sich nicht anders erklären, als durch die Annahme, daß dieses Würzelchen die ungewöhnliche Eigenschaft habe, das Licht zu fliehen und also die Finsterniß zu suchen. Von einer Wirkung aber des Lichtes, daß es irgend einen Körper von sich entfernte, ist in der ganzen Natur nichts bekannt, und scheint seinem Wesen zu widersprechen. Die Finsterniß aber ist keine Kraft, sondern im eigentlichen Sinne nichts, und kann daher nicht anziehen. Im Grunde ist nur die Mitte der Erde finster, und damit fällt die Schwere zusammen.

Der Mistelsamen hängt durch seine Kleberigkeit am Aste vest. Beym Keimen verlängert sich das Würzelchen, welches am Ende einen Knopf hat gegen den Ast, und dann treten erst die eigentlichen Wurzeln aus dem Knopfe hervor. Das Blattfederchen fängt erst nach einem Jahr an sich zu verlängern. Es ist nicht das Leben des Astes, welcher das Würzelchen anzieht. Es krümmt sich auch nach todtem Holz, und selbst nach Steinen und Glas. Samen an eine Eisenkugel geklebt, treiben ihre Würzelchen so, daß sich alle ringsum nach dem Mittelpuncte krümmen. Samen auswendig an ein Fenster geklebt, treiben das Würzelchen nach dem Glase; innwendig daran geklebt, dagegen vom Glas ab, hinten nach dem Zimmer, also immer nach der dunkleren Seite. Samen in einer hölzernen Röhre, welche oben geschlossen, unten offen ist, so daß das von der Erde zurückprallende Licht hineinfällt, treiben ihr Würzelchen senkrecht nach Oben. Das Licht treibt das Würzelchen nicht mechanisch zurück: denn steckt man einen Samen an eine Nadel und hängt sie wagrecht auf, unter ein Fenster; so krümmt sich das Würzelchen nach dem dunkleren Zimmer, ohne daß sich die Nadel rührt. In völliger Finsterniß wächst das Würzelchen nicht nach dem Körper, woran der Same klebt, sondern stirbt bald ab; ohne Zweifel aus Mangel an Licht.

Diese Erscheinung scheint mir erklärbar zu seyn, und zwar ganz aus dem Bestreben nach dem Lichte, nicht aus der Flucht vor demselben.

Mathematisch oder mechanisch genommen, ist es ganz einerley, ob sich der obere Theil des Stengels zum Lichte wendet, oder der untere davon ab. Es kommt nur auf den Ruhpunct an, von welchem die Bewegung ausgeht. Im gewöhnlichen Fall ist der Stengel oben frey und unten bevestigt: daher muß sich der obere Theil nach dem Lichte krümmen. Bey der Mistel aber ist der obere Theil, nehmlich die Samenlappen, bevestigt.

Das sich verlängerte Würzelchen wird von der Sonne beschienen, und ist daher als Stengel zu betrachten, welcher seinen oberen Theil zur Sonne wenden will. Da er das nicht kann, so wird nothwendig sein unterer Theil in derselben Richtung gekrümmt, und der Knopf wächst aufwärts an die untere Seite des Astes. Daß dieses die dunklere ist, ist für das Würzelchen ganz gleichgültig. Denkt man sich den Knopf unten an einem Aste hängen, und die Samenlappen frey; so würde sich das Würzelchen als ein Stengel ganz auf dieselbe Weise krümmen, um unter dem Ast hervor zum Lichte zu kommen.

### Pflanzenschlaf.

Obschon der sogenannte Schlaf der Blätter eigentlich eine Lebens-Erscheinung ist, so wird er doch hier am besten betrachtet: denn er findet statt bey der Abwesenheit des Lichtes.

Es ist eine bekannte Erfahrung, daß bey den meisten Pflanzen sich die Blätter des Nachts an den Zweig legen oder sich anschließen, wie in der Knospe; so daß die untere Seite nach Außen, die obere nach Innen kommt. Diese Erscheinung zeigt sich jedoch häufiger bey zarten Blättern als bey dicken, und ist daher am deutlichsten bey den Fiederblättern, als welche sich ganz an den Zweig und deren Blättchen sich mit ihren inneren Flächen dicht an einander legen, während sich die einfachen Blätter meistens bloß aufrichten. Es gibt äußerst wenig Blätter, welche sich zurückschlagen, so daß sie herabhängen und die innere Seite nach Außen kehren, wie bey dem Springkraut (Impatiens), der unächten Acacie (Robinia), dem Sauerklee und den Cassien. Hier muß ein abweichender Bau im Zellgewebe stattfinden.

Man hat diese Erscheinung auf verschiedene Art erklärt. Durch Erschlaffung, wie bey den Thieren, indem wegen der Kälte der Nacht weniger Saft in die Blätter fließe. Allein die Blätter sind während des Schlafs keineswegs schlaff, wie die Muskeln; sondern noch steifer als bey Tage, und schnellen sich sogleich in ihre vorige Lage zurück, wenn man sie abgezogen hat: sie strotzen daher mehr als bey Tage, und jüngere Pflanzen drücken ihre Blätter stärker an als ältere. Andere glauben, die Kühle der Nacht ziehe die Zellen zusammen und mache das Blatt steif; andere, es ziehe aus der Luft Feuchtigkeit auf eine ungleiche Art, je nach seinen Flächen, ein: allein der Schlaf erfolgt bey trockener, wie bey feuchter Luft, und selbst unter Wasser. Andere schreiben es der Ausdehnung durch die Wärme zu: allein der Schlaf findet statt bey allen Temperaturen. Da die Stelle der Bewegung eigentlich im Gelenke des Stiels liegt, so hat man dabey an die Verkürzung und Verlängerung der Spiralgefäße gedacht. Endlich ist man bey der Einwirkung des Lichtes stehen geblieben, hat aber auch der Reizbarkeit und der Gewohnheit einen Antheil eingeräumt. Daß das Licht dabey die Hauptrolle spielt, ist ohne Zweifel: denn der Schlaf richtet sich nicht bloß nach Tag und Nacht, sondern auch nach der verschiedenen Helligkeit, und sogar nach gewissen Stunden des Tages, je nachdem nehmlich das Licht länger oder kürzer gewirkt hat. De Candolle brachte es durch das Licht von sechs argandischen Lampen dahin, daß Sinnpflanzen bey Nacht wachten und bey Tag schliefen. Endlich gleicht die Bewegung zum Schlafe so sehr dem Drehen der Blätter nach dem Lichte, daß unmöglich die Ursache ungleich seyn kann: nur ist die Erscheinung die umgekehrte, d. h. das Blatt nimmt die Richtung an, welche es haben würde, wenn es kein Licht gäbe. Die oberen senkrechten Zellen kommen außer Thätigkeit; die unteren runden dagegen schwellen an und biegen den Stiel nach Innen.

Dutrochet hat gefunden, daß die Blätter durch Auspumpen der Luft in ihren Bewegungen gleichsam gelähmt werden. Das ist natürlich. Die Pflanzen müssen gesund seyn und ungehindert athmen können.

### Blüthenschlaf.

Es ist eine bekannte Sache, daß die meisten Blumen sich bey Tag öffnen, und zwar zu bestimmten Stunden; manche aber erst bey Nacht, während die meisten sich schließen. Man hat darauf die sogenannte Pflanzen=Uhr gegründet.

Die meisten öffnen sich des Morgens früh, sobald die Sonne

erscheint. Es gibt aber auch, die sich erst öffnen, wann die Sonne einige Stunden geschienen hat. So die Ringelblume um 9 Uhr, der Portulak und die Vogelmilch erst um 11 Uhr; die meisten Zaserblumen (Mesembryanthemum) um Mittag, die Nachtkerze, ein Leimkraut (Silene noctiflora), die Wunderblume, manche Cactus Abends um 6 und 8 Uhr, die purpurrothe Winde erst um 10 Uhr. Diese braucht mithin die längste Einwirkung der Sonne. Die Erklärung kann keine andere seyn, als bey dem Wenden der Blätter.

Es gibt daher sogenannte Tagblumen und Nachtblumen. Ob die letzteren sich erst in Folge der langen Einwirkung des Lichtes öffnen, oder wegen der Kühle und Feuchtigkeit der Nacht, wie die sich zurückschlagenden Blätter, ist noch nicht ausgemacht. Das Zellgewebe müßte dann einen anderen Bau haben.

Es gibt ferner eintägige Blumen (Flores ephemeri), welche sich des Morgens öffnen, und des Abends oder schon des Mittags schließen und welken, wie der Flachs und die Zistrosen.

Einnächtige Blumen, wie der großblumige Cactus.

Mehrtägige Blumen (Flores aequinoctiales) öffnen und schließen sich zu einer bestimmten Stunde, bald des Morgens, bald Abends, blühen aber mehrere Tage hinter einander.

Endlich gibt es meteorische Blumen (Flores meteorici): sie richten sich mit dem Oeffnen und Schließen nach der Witterung. Wenn es regnen will, so öffnen sich die Blumen mancher Salatpflanzen nicht.

Tropische Blumen öffnen sich täglich des Morgens und schließen sich des Abends, aber zu verschiedenen Stunden nach der Länge des Tages.

Die Vorgänge haben statt im Treibhaus, wie in der freyen Luft, selbst unter Wasser, und sind mithin unabhängig von Temperatur und Feuchtigkeit, was alles andeutet, daß das Licht und auch wohl die Dauer der Ernährung die Ursache davon ist.

Viele Blüthen bleiben Tag und Nacht offen, wie bey Laub- und Nadelholz, den Doldenpflanzen und den Obstbäumen.

Die sogenannten Stundenblumen ändern unter Tags

ihre Farbe, wie der veränderliche Hibiscus, welcher des Morgens weiß, des Mittags rosenroth, des Abends dunkelroth ist.

Viele Blumen hängen des Nachts, weil sie ihre Stiele krümmen, wahrscheinlich wegen Erschlaffung derselben. Manche hängen der Sonne entgegen und folgen derselben, wie die Sonnenblume. Das muß ebenfalls von dem besondern Bau des Zellgewebes im Blüthenstiel abhängen, und zugleich von dem veränderten Zuge des Saftes.

c. Bewegung der Pflanzentheile.

Die auffallenden und schnellen Bewegungen der gefiederten Blätter der Sinn-Pflanzen (Mimosa pudica, Averrhoa bilimbi, Oxalis sensitiva etc.) lassen sich unmöglich mit etwas anderem vergleichen, als mit dem Pflanzenschlaf; obschon sie durch Erschütterungen oder chemische Einwirkungen veranlaßt werden. Sie können nichts anderes seyn, als ein schneller Wechsel von Schlafen und Wachen. Es frägt sich daher nur, auf welche Weise die mechanischen oder chemischen Einwirkungen die Stelle des Lichts oder vielmehr der Finsterniß vertreten: denn die Blätter legen sich in der Finsterniß zusammen.

Die Bewegung geschieht in den Gelenken, sowohl der einzelnen Fiederblätter, als des Hauptstiels. Durch die Mitte des Stiels läuft ein Bündel Spiralgefäße von gestreckten Zellen umgeben, worauf gewöhnliches Zellgewebe folgt, dessen Zellen nach Außen größer sind, wie L. Treviranus gefunden hat. Unter Tags stehen die Blätter offen. Bey Nacht sind sie geschlossen oder an einander gelegt. Das letzte erfolgt auch bey der Erschütterung, aber nicht bey sanfter Berührung. Die Erschütterung muß mithin wie plötzlich entferntes Licht wirken, aber noch stärker. Nun sind aber im Lichte alle oberen Zellen gerad gerichtet, und mithin in Spannung. Durch die Erschütterung wird diese Spannung plötzlich gehoben, und die untern Zellen bekommen das Uebergewicht, wodurch das Gelenk sich biegt, weil die erschlafften obern Zellen keinen Widerstand leisten. Es ist im Grunde dieselbe Erscheinung, wie bey den schnellenden Capseln des Springkrauts, welche auch erst eintritt, wann das

Hinderniß gehoben ist. An eine Reizbarkeit der vesten Theile und an eine Zusammenziehung derselben, wie bey den Muskeln, darf man daher auch hier nicht denken.

### Blattschwingungen.

Ist diese Erklärung die richtige, so kann man auch bey den Bewegungen des Hahnenkopfs (Hedysarum gyrans) keine andere versuchen: obschon sie anhaltend und selbst bey Nacht fortdauern, und zwar ohne alle Einwirkung von Außen.

Das Blatt besteht aus drey Blättchen, wovon das ungerade sich unaufhörlich rechts und links dreht, als wenn es das Licht suchte. Von den Seitenblättchen erhebt sich das eine ruckweise, etwa 50 Grad hoch, oft in einer Minute, und während der Zeit senkt sich das andere. Dann kehrt die Bewegung um; das erste fällt und das zweyte steigt.

Die Erscheinung ist also wie gesagt ein beständiges Suchen nach Licht; mithin ein Wechsel von Steifung und Erschlaffung der oberen Zellen, was vom ruckweisen Einströmen und Verdunsten des Saftes herkommen muß. Man könnte freylich fragen, warum hier der Saft ruckweise zuströmt: allein es kommen überall Extreme vor. Bey vielen Pflanzen schlafen die Blätter kaum oder gar nicht, und der Saft fließt mithin gleichmäßig ein; die meisten schlafen des Abends, und sind mithin für den Einfluß des Lichts empfänglicher. Andere schließen ihre Blumen schon bey Tage, und werden daher früher vom Licht erschöpft, oder an ihrer Oberfläche schlaff. Bey den Sinnpflanzen geschieht dieses nun fast augenblicklich.

Auf dieselbe Art muß das Zusammenschlagen der Blätter erklärt werden, wenn Insecten darauf herumlaufen, wie bey der sogenannten Fliegenfalle (Dionaea) und beym Sonnenthau. Das Insect wirkt wie Schatten, und bringt Erschlaffung in den obern Zellen hervor, wodurch sich das Blatt zum Schlafe legt.

### Die Bewegungen der Staubfäden

gegen die Narbe können auch nichts anderem zugeschrieben werden, als der Spannung der an der innern Seite liegenden

Zellen und ihrer allmählichen Erschlaffung. Die meisten Staubfäden nähern sich zur Bestäubung der Narbe, am deutlichsten bey unserem Obst, bey den Rauten, Nelken, Storchschnäbeln, Steinbrechen, dem Einblatt, Taback, den Lilien u. f. w., und zwar meistens abwechselnd, zuerst die Kelch=Staubfäden, und dann die Blumen=Staubfäden.

Bey dem Sauerach bringt man diese Bewegung plötzlich und schnellend hervor, wenn man die Staubfäden innwendig an ihrem Grunde mit einer Nadel oder nur einer Borste berührt. Es braucht dabey nur eine Zelle aus ihrer Spannung gebracht zu werden, so folgen die andern nach und die Rückenzellen bekommen das Uebergewicht.

Aehnliche Bewegungen der Griffel sind selten; doch schnellt derselbe plötzlich ab bey einer neuholländischen Pflanze, Stylidium, wenn er mit einer Nadel unten berührt wird. Die Narben von der Gauklerblume (Mimulus) schließen sich auf ähnliche Art.

### d. Zersetzung.

Es wurde schon bemerkt, daß die Pflanzen im Lichte Sauerstoffgas und Kohlensäure entwickeln, jenes vielleicht durch Zersetzung des Wassers, dieses wahrscheinlich durch Zersetzung verschiedener Stoffe.

### e. Färbung.

Eine Hauptwirkung des Lichtes ist die Färbung der Pflanzentheile.

An dunklen Orten, wie in Kellern oder Gebüschen, bleiben die Pflanzen weiß oder mißfarbig, und werden gewissermaßen wassersüchtig; im Lichte dagegen werden sie grün, welche Farbe, wie schon bemerkt, von der Verwandelung des Stärkemehls in den Zellen unter der Oberhaut entsteht, indem es wahrscheinlich durch Desoxydation harzartige Eigenschaften bekommt.

Es gibt jedoch auch hin und wieder innere Theile, welche grün sind, wie manche Samen und selbst ihre Würzelchen.

Die Pflanzen unter Wasser haben ein unreineres, mehr ins Gelbe fallendes Grün, wahrscheinlich wegen geringerer Des=

oxydation. Sie befinden sich zum Theil in den Umständen der Wurzel.

Die Blätter verfärben sich vor dem Abfallen, weil das Licht nicht mehr so kräftig wirkt, und daher weniger desoxydiert. Manche Blätter sind auch geschäckt, was von einem kränklichen Zustande herzukommen scheint. Diese Eigenschaft pflanzt sich jedoch fort.

### f. Eigenes Licht.

Das Leuchten der Pflanzen hat mit der Einwirkung des Lichtes nichts zu schaffen, sondern ist nur eine Erscheinung der beginnenden Fäulniß. Daher entsteht das Leuchtholz nur, wenn es im Safte gefällt worden ist, und das Leuchten zeigt sich vorzüglich im Baste, wo sich am meisten Saft findet.

Es gibt auch Pilze (Rhizomorpha), welche in Bergwerken wachsen und leuchten, ohne Zweifel aus demselben Grunde.

Auch will man ein blitzartiges Leuchten an gelben Blumen, besonders der Ringel= und Capucinerblumen, beobachtet haben.

Die meisten thierischen Substanzen, besonders Fische, leuchten, ehe sie in Fäulniß übergehen. Bey den gallertartigen Thieren, wie Infusorien und Quallen, kann man annehmen, daß der Schleim ihrer Oberfläche in beständigem Zersetzungsprocesse begriffen ist. Dasselbe gilt von Muscheln, Krebschen und Leuchtkäfern.

Was man von der entzündlichen Atmosphäre des Diptams gesagt hat, beschränkt sich nach genaueren Versuchen auf ein schwaches Knistern der ätherisches Oel enthaltenden Drüsen, wenn man ein Licht daran hält.

### 3. Wärme.

#### a. Aeußere Wärme.

Es ist eine bekannte Sache, daß die Pflanzen nur bey einem gewissen Grad von Wärme gedeihen, und daher im Winter ruhen, im Frühjahr aber ausschlagen, und der Mehrzahl nach erst im Sommer blühen. Jedoch gibt es auch hier Extreme.

Einige Pflanzen blühen schon im Spätwinter, wie die Nießwurz, das Schneeglöckchen, die Haselstaude und fast alles Laubholz. Einige gibt es auch, welche selbst in warmen Quellen leben, und zwar nicht bloß Wasserfäden, sondern vollkommene Pflanzen, wie Eisenkraut, Astern, Brunelle. Ebenso wachsen noch Pflanzen auf heißem, vulcanischem Boden, wie Fünffingerkraut, Tormentill, Hahnenfuß, Keuschlamm; Moose und Gräser nicht minder. Das sind aber Seltenheiten, und in der Regel gedeihen Pflanzen nur einige Grade über dem Gefrierpunct, bis etwa zu 20 Grad Reaumur. Anhaltend höhere Grade werden selbst den Pflanzen der heißen Länder schädlich. Uebrigens verlangt fast jede Pflanze ihre eigentliche Temperatur, und gedeiht daher nur in einem bestimmten Clima. Die Nadelhölzer ertragen die stärkste Kälte, dann folgt das Laubholz oder die Kätzchenbäume, darauf die Gräser, und besonders das Getraide. Die Mistel soll sogar das Gefrieren ihrer Säfte aushalten.

Manche Pflanzen können bedeutende Kälte und Wärme vertragen, wie z. B. die Flechten, die Moose, Gräser und zum Theil auch das Laubholz. Andere lieben eine warme Luft, wie die Pilze, Schlüsselblume, Oleander, Lilienarten und Palmen.

Andere lieben eine frischere Luft, wie die Nelken, Steinbreche und die meisten Waldkräuter.

Die vollkommenern Pflanzen sind jedoch an eine bestimmte Temperatur gebunden, und es gedeihen weder die nördlichen in heißen Ländern, wie unser Obst, noch die südlichen in kalten, wie das Zuckerrohr, die Palmen, der Reiß, Maulbeerbaum u.s.w. Es ist daher ein vergebliches Bestreben, solche Pflanzen an unser Clima gewöhnen zu wollen. Jedem gehört das Seine, und wir haben genug nützliche Pflanzen, um die andern entbehren zu können.

Der Weinstock gedeiht nur in einem gemäßigten Clima, und geht sowohl im heißen als kalten zu Grunde.

Uebrigens bekommt eine etwas höhere Wärme, als die gewöhnliche, den meisten Pflanzen besser, als ungewöhnliche Kälte. Die Ausdünstung geht rascher vor sich, und damit die Einsaugung der Säfte und die Ernährung.

Die Scheidenpflanzen erfrieren leichter als die Netzpflanzen, ohne Zweifel weil sie saftreicher sind und keine Rinde haben.

Uebrigens wirkt der Frost auch verschieden auf verschiedene Theile; mehr auf die zarteren Knospen, Zweige und Blüthen, besonders der Staubbeutel, als auf Wurzel und Stamm. Die Samen können die größte Kälte ertragen, und ebenso eine Hitze, welche selbst den Südgrad übersteigt, wenn sie nehmlich trocken derselben ausgesetzt werden, vorzüglich das Korn.

Man hat bemerkt, daß der Saft in dem Stamme steigt und fällt, je nach der Veränderung der Kälte. Ueberhaupt erfrieren die Zweige eher als der Stamm, und zwar vom Gipfel herunter. Es scheint von der Menge des Saftes abzuhängen, obschon unsere Fettpflanzen und Kohlarten der Kälte sehr widerstehen, vielleicht, weil die Kälte nicht zu den inneren Theilen bringt, und diese daher den äußern längere Zeit Wärme abtreten. Aus verschiedenen Beobachtungen glaubt man schließen zu können, daß die Pflanzen auch durch das Gefrieren der Säfte nicht getödtet würden. Oft findet man Eisnadeln in den Stämmen der Bäume und der Kräuter, und dennoch bleiben sie gesund; auch gefrorene Aepfel waren nach dem Aufthauen noch gut. Dessen ungeachtet kann man unmöglich annehmen, daß das Gefrieren der Säfte den Pflanzen nicht tödtlich sey. Es ist ohnehin ausgemacht, daß die Stärke durch Frieren zersetzt werde. Wie ist aber in diesem Falle die Fortdauer, oder vielmehr die Wiederherstellung des Lebens denkbar? Auch widerspricht der allgemeine Erfolg des Gefrierens diesen einzelnen Beobachtungen. Gefrorene Aepfel, die man auch in kaltem Wasser aufthauen läßt, sind geschmack- und kraftlos und werden bald braun. Dasselbe begegnet den Erdäpfeln. Blätter hängen wie gesotten herunter, wenn nur ein Frost darüber geht. Zwar erholen sich manche wieder, wenn man sie nur langsam aufthauen läßt, indem man sie mit Wasser begießt oder mit Schnee bedeckt. Ob sie aber in diesem Falle ganz durchgefroren waren, weiß man nicht. Bekanntlich erfrieren saftreiche Theile am schnellsten. Im Winter senkt sich aber der Saft, oder vielmehr er steigt nicht so hoch herauf, und daher darf man mit ziemlicher Sicherheit annehmen, daß nur einzelne Zellen oder Stellen in den Adern und Lücken gefrieren, was dem Ganzen nicht schadet. Einzelne Stellen aber zeigen sich doch gewöhnlich braun, knorrig u. s. w. Vielleicht ist selbst der Mulm der Bäume theilweise die Folge des Frostes.

In kalten Wintern ist es nichts Ungewöhnliches, daß die Rinde und selbst das Holz der Bäume mit einem Knall, also plötzlich zerreißt. Es ist sehr unwahrscheinlich, daß dieses von der Ausdehnung des Eises herkommt, da offenbar die Bäume um diese Zeit saftleer sind, so daß nicht wohl etwas anderes, als die Zusammenziehung des Holzes, Ursache der Risse seyn kann, ganz so, wie sich feuchte Dielen spalten bey der Austrocknung.

Das Ausfrieren des Getraides und anderer Pflanzen, wobey sie nehmlich beym Aufthauen aus der Erde gehoben werden, kommt doch wohl daher, daß die kegelförmiger Wurzeln Saft einsaugen, und daher in dem gefrorenen Unterboden nicht mehr Platz haben. Aus demselben Grunde werden die zugespitzten Nummerhölzer und Pfähle aus der Erde gehoben.

Obschon während des Winters die freyen Pflanzentheile wegen der Kälte und des Mangels der Blätter wenig Leben haben, und wenig ausdünsten; so läßt es sich doch leicht beweisen, daß die Säfte nicht bis in die Erde zurückfallen, sondern noch immer etwas in die Höhe steigen. Die Mistel wächst und blüht im Winter; Pfropfreiser von immergrünen Bäumen auf andern erhalten sich; im Winter abgeschnittene Zweige werden leichter; Knospen beschnittener Bäume dicker; vor dem Winter verpflanzte Bäume schlagen früher aus, als im Spätwinter verpflanzte. Die grüne Haut unter der Oberhaut bleibt grün, wird aber braun, sobald der Baum wirklich erfriert; grün bleibende Pflanzen mit und ohne Blätter wachsen fort.

Sobald sich im Frühjahr die Wärme erhebt, schlagen die Bäume mit Macht aus, ohne Zweifel, weil viel Nahrungssaft in den Zellen der Wurzel angesammelt, verarbeitet worden ist und nun schnell in die Höhe steigt, und zwar geraden Wegs zu den oberen Knospen, wo der größte Einfluß des Lichts, des Windes, des Sauerstoffgases und der Electricität ist. Sie treiben im Frühjahr selbst bey einer niederern Temperatur besser als im Herbst, weil zu dieser Zeit der Vorrath an Nahrungssaft erschöpft ist. In der Regel schlagen sie aus, wenn die mittlere Temperatur einige Tage lang ungefähr 6 Grad beträgt. Das unmittelbare Licht scheint dabey weniger zu wirken, als die Feuchtigkeit der Luft, wahrscheinlich weil dann weniger Saft verdunstet.

Während des Sommers nimmt die Thätigkeit der Blätter allmählich ab, theils weil der Saft verbraucht wird, theils weil sie vertrocknen, wohl auch, weil die Zellenwände durch den Absatz der Stärke oder des Holzstoffs sich verdicken. Dieses Nachlassen der Thätigkeit in den Blättern ist auch wohl die Ursache des neuen Triebs im August. Es sammelt sich nehmlich allmählich der Saft wieder an, gerade wie bey den Maulbeerbäumen die man während des Sommers entlaubt.

Im Herbste werden allmählich die Blätter durch den langdauernden Einfluß des Lichtes, des Sauerstoffs und des innern Absatzes trocken, verfärben sich, fallen ab und dadurch kommt der Zug des Saftes nach Oben fast ganz in Ruhe. Es wirkt jetzt nichts mehr darauf, als die zarte Rinde der Zweige, welche einigermaßen die Stelle der Blätter vertritt.

b. Innere oder eigene Wärme.

Eine andere Frage ist es, ob die Pflanzen im Stande sind, selbst Wärme zu erzeugen, wie die Thiere.

Man wollte beobachtet haben, daß der Schnee um die Baumstämme früher schmelze, als anderwärts. Das soll jedoch um Pfähle eben so geschehen. Man steckte Thermometer in die Bäume, und fand sie etwas wärmer als die Luft. Später hat man aber gefunden, daß die Pflanzen im Sommer etwas kälter, im Winter etwas wärmer als die Luft sind, und dieses wohl richtig dadurch erklärt, daß das Wasser, welches die Pflanze aus dem Boden einsaugt, die Ursache davon ist. Es behält Sommers und Winters ziemlich die gleiche Temperatur, und ist daher dort kälter, hier wärmer als die Luft.

Dessen ungeachtet darf der Ernährungs-, Athmungs- und

Ausdünstungs-Proceß nicht außer Acht gelassen werden, so schwach und langsam sie auch vor sich gehen.

Schübler (Temperatur der Vegetabilien. 1826, und Temperatur-Veränderungen. 1829) und Göppert (Ueber die Wärme-Entwickelung in den Pflanzen. Breslau. 1830. S. 272) haben die gründlichsten Beobachtungen darüber angestellt, und sind zu dem Schlusse gekommen, daß den Pflanzen das Vermögen abgehe, Wärme zu erzeugen. Später hat aber Göppert (Ueber Wärme-Entwickelung. Wien. 1832. S. 25) durch Zusammenstellung verschiedener Lebensacte doch gefunden, daß man den Pflanzen einen eigenthümlichen Wärmeproceß nicht absprechen dürfe. Dieser zeigt sich am stärksten während des Keimens, besonders wenn viele Samen beysammen liegen, also ganz wie bey den Insecten, denen man ebenfalls die eigenthümliche Wärme absprechen müßte, wenn es keine Bienenstöcke gäbe. Dasselbe muß von allen kaltblütigen Thieren gelten. Ihr Athemproceß ist so schwach, daß beym einzelnen Thier die geringe Wärme wieder verschwindet, während sie entsteht.

Es ist eine bekannte Sache, daß sich die Gerste beym Malzen sehr erwärmt. Nun ist aber das Wachsen offenbar nichts anderes als ein fortgesetztes Keimen, und daher muß auch dabey immer Wärme entwickelt werden. Bey erwachsenen Pflanzen beträgt sie freylich nur 1 bis 2 Grad aus begreiflichen Gründen, weil dann der Ernährungsproceß oder die Zersetzungsprocesse im Stock nachlassen, und in Blüthe und Frucht übergehen. Diese sind aber hinwieder in der Regel so klein, daß ihre Wärme nur wenig bemerklich seyn kann. Es gibt jedoch Pflanzen, deren Blüthen eine auffallende Wärme entwickeln, wenn sie dicht beysammen stehen, und das sind die Aron-Arten, bey welchen in der Nähe der Staubfäden, kurz vor der Bestäubung, eine freye Wärme von mehr als 10 Grad höher als die Luft wahrgenommen wird. Dabey verzehrt der Kolben viel Sauerstoffgas, wobey freylich noch unentschieden ist, ob es sich mit der Säftemasse selbst verbindet, oder mit einer Ausdünstung von flüchtigem Oel oder Gas. Die ungewöhnlich große Erwärmung spricht für das Letztere. Allein auch beym Keimen, und beym Athem überhaupt, bildet sich Kohlensäure mit dem Sauerstoff, und daher hängt die Wärmeentwickelung der Blüthen auf jeden Fall mit dem Lebensprocesse zusammen.

### b. Luft.

Die Luft wirkt in physischer Hinsicht auf die Pflanze durch **Druck, Bewegung, Aufnahme** von Wasserdunst und Gasarten, und durch ihre **Electricität**.

Ohne Zweifel wirkt der **Luftdruck** auf die Pflanzen wie auf die Thiere, nehmlich als Bedingung des Flüssigbleibens der Säfte; indessen halten sie länger aus im luftleeren Raume, und lassen Saft und Luft nur austreten, wenn sie verletzt sind. Es sind besonders die saftreichen Pflanzen, welche am längsten im luftleeren Raume aushalten; indessen gehen auch sie allmählich zu Grunde, aus begreiflichen Ursachen. Ohne Sauerstoffgas können sie nicht leben, von dem gewaltsamen Zustande, in den sie gerathen, nicht zu reden.

Die **Bewegung** der Luft ist dem Gedeihen der Pflanzen vortheilhaft. Alle Erfahrungen zeigen, daß die Säfte schneller steigen und die Ernährung rascher vor sich geht, wenn die Pflanzen durch einen mäßigen Wind hin und her bewegt werden. Bevestigt man den Stamm eines jungen Baumes so, daß sich seine untere Hälfte nicht bewegen kann, so verdickt sich dieser Theil viel weniger als de robere und die Aeste. Bevestiget man ihn so, daß er nur in **einer** Richtung hin und her schwanken kann, so wird er in dieser Richtung dicker.

Pflanzen, welche beständig Winden ausgesetzt sind, wie auf mäßigen Bergen, gedeihen nicht in einem ruhigen Raum, wie die Alpenrosen u. dergl. Sind dagegen die Winde zu heftig, so wächst der Stamm nur in die Dicke und nicht in die Höhe. Auf hohen Gebirgen gibt es daher nur verkrüppeltes Holz und niedrige Sträucher, weil die andern nicht fortkommen.

Der Wind ist endlich vorzüglich zum Bestäuben von getrennten Blüthen nöthig, um den Staub auf die Narbe der entfernten Fruchttheile zu bringen, besonders bey unserm Laub- und Nadelholz.

Zur Beförderung der Ausdünstung, wie zur Mäßigung derselben, bedarf die Luft eines gewissen Grads von Feuchtigkeit.

Zu heiße oder trockene Luft, besonders wenn sie durch den Wind immer erneuert wird, wie in sandreichen Welttheilen, z. B. Africa, entzieht den Pflanzen zu viel Wasser, so daß sie leicht welken und selbst vertrocknen, was sich auch bey uns in heißen Sommern ereignet. Die Blätter fallen sodann vor der Zeit ab, weil sie nicht schnell genug Saft aus der Wurzel bekommen.

In feuchter Luft dagegen füllen sie sich mit Wasser an, wie in den Kellern, oder wie es bey den Pilzen natürlich der Fall ist; ja sie verwandeln sich selbst zum Theil in Pilze, indem sie schimmelig werden. Oft sind sogar dicke Nebel dem Getraide und dem Weinstock schädlich, wenn sie auch nicht lang andauern. Vielleicht wirken sie jedoch dadurch nachtheilig ein, daß sie durch Absetzung eines Stoffes, etwa von Rauch, auf die Blätter, das Athmen und das Ausdünsten hemmen.

Die geistige oder dynamische Einwirkung der Luft auf die Pflanzen geschieht aber durch die Electricität, welche besonders im Frühjahr erwacht. Man hat bemerkt, daß sie in feuchter Gewitterluft am schnellsten wachsen. Künstliches Electrisieren oder Galvanisieren der Pflanzen scheint nachtheilig zu wirken, wenn es nicht ganz schwach angewendet wird. Starke Schläge wirken sogar tödtlich. Ohne Zweifel ist bloß die beständig einwirkende schwache Luftelectricität, wodurch der Gegensatz des Stammwerks mit dem Wurzelwerk erhalten wird, zum Leben der Pflanzen nothwendig. Künstliches Durchleiten muß die Säfte zersetzen. Uebrigens sind noch nicht genug Beobachtungen vorhanden, um über diese Wirkung etwas Entscheidendes sagen zu können.

### c. Das Wasser

wirkt auf die Pflanzen, in physicalischer Hinsicht, durch Druck, Bedeckung, Menge, Temperatur und Beymischung.

Der Druck ist noch nicht gehörig untersucht, und scheint auch nicht von großer Wichtigkeit zu seyn. Schnee, wenn man ihn hieher rechnen will, macht durch seinen Druck die Bäume krüppelig, besonders das Nadelholz, worauf er in Masse liegen bleibt; durch seine Bedeckung schützt er sie jedoch vor Kälte. Die Wirkungen des Hagels sind bekannt.

Die Bedeckung mit Wasser ist allen Theilen über der Erde schädlich, mit Ausnahme des Samens, welcher jedoch seinen Verrichtungen nach als Wurzel betrachtet werden kann.

Es schadet aber auch den Wurzeln, wenn es dieselben so bedeckt, daß keine Luft Zutritt hat, oder die Dammerde sich nicht zersetzen kann, wie bey Ueberschwemmungen oder im Thonboden, welcher sich an die Wurzelrinde anlegt, und dieselbe gleichsam verklebt. Die Theile gehen sodann leicht in Fäulniß über. Nasse Sommer hindern nicht bloß die Ausdünstung durch Bedeckung, sondern auch dadurch, daß das wasserreiche Laub der Wurzel ähnlich wird, und dadurch seinen Gegensatz zur Wurzel verliert.

Plötzlicher Temperatur=Wechsel des Wassers ist gleichfalls schädlich, wie Regenschauer an heißen Tagen, oder Begießen der Pflanzen mit Quellwasser. Daher sammelt man zum Begießen das Wasser in Fässern oder kleinen Teichen. Schneewasser ist, wegen seiner Kälte, meistens schädlich, wahrscheinlich auch, weil es keine Luft enthält.

Das gilt jedoch nicht von den Wasserpflanzen, ohne Zweifel, weil ihren Blättern die Oberhaut fehlt, und sie daher, nach Adolph Brougniarts Bemerkung, gleichsam durch Kiemen athmen, d. h. im Stande sind, das dem Wasser anklebende Sauerstoffgas durch ihr nacktes Zellgewebe anzuziehen. Damit ist eine verminderte Ausdünstung verbunden, wodurch die Luft in großen Lücken zurückgehalten und das Schweben der Pflanze möglich gemacht wird.

Gemischt ist das Wasser entweder mit Luft, oder mit vesten Theilen.

Die erste Mischung ist wohlthätig und nothwendig, und daher befördert vorzüglich das Regenwasser das Wachsthum.

Die vesten Theile sind so mannchfaltig, daß am besten unter ihrer Rubrik davon geredet wird. Gewöhnlich sind es jedoch Mist und Salze. Beide schaden, wenn sie in zu großer Menge darinn enthalten sind; der Mist besonders dadurch, daß er sich nicht zersetzen kann und die Wurzeln überschmiert. Er muß daher zu derjenigen Zeit angewendet werden, wann er im Zersetzungs= processe begriffen ist, und wann die Pflanze in der Zeit ihres Einsaugens steht. Da thierische Bestandtheile sich leichter zer= setzen, und die Pflanzentheile dazu veranlassen; so ist ein Ge= misch von beiderley Substanzen das Zuträglichste.

#### d. Die Erde

bient als Element, oder als physischer Körper der Pflanze als Haltpunct, wodurch der Stengel in Stand gesetzt wird, sich aufrecht zu erhalten.

Sie wirkt ferner durch ihre Vestigkeit oder Lockerheit auf Abhaltung oder Zulassung von Wasser und Luft. Die Erde, welche die Wurzel unmittelbar umgibt, muß daher locker seyn, theils damit sie eindringen kann, theils damit das Wasser ge= hörig vertheilt wird.

Wahrscheinlich wirkt sie auch durch ihren Magnetismus auf die Pflanze, allein darüber gibt es noch keine Versuche. Vielleicht ist der Magnetismus selbst der Verlängerung der Zel= len in Gefäße und der Windung der Spiralfaser nicht fremd.

### B. Einwirkung der Mineralien.

#### a. Die Erden.

Es ist keine einzelne Erde im Stande, den Pflanzen als ge= deihlicher Boden zu dienen.

Die Kieselerde als Sand ist zu locker, und gibt der Pflanze weder Halt noch Wasser.

Die Thonerde hält das Wasser zu vest, und bildet damit einen Teig, welcher die Wurzel überschmiert, bey der Vertrock= nung sich zu sehr zusammenzieht und die Zasern abreißt.

Die Talkerde kommt selten als selbstständiger Boden vor, und ist nur gewöhnlich als Glimmer dem Sandstein bey= gemengt. Indessen hat man Beobachtungen, daß Getraide auf einem Boden, worinn viel kohlensaure Talkerde oder Dolomit ist, verkümmert.

Die Kalkerde ist zwar allgemein verbreitet, hält jedoch meistens Thon im sogenannten Mergel.

Zu einem den Pflanzen passenden Boden gehört ein Gemenge von allen Erden, Sand, Thon und Kalk, wodurch der Boden seine gehörige Lockerheit bekommt und zugleich das nöthige Wasser halten kann. Auch hier zeigt es sich wieder, daß keine einzelne Materie für die Organisation hinreicht. Die Pflanze bedarf des ganzen vesten Planeten zu ihrem Gedeihen.

Das ist die Ursache von der Nutzbarkeit des sogenannten Mergelns, oder vielmehr der Mischung.

Da der meiste Boden aus Thonerde besteht, so wird ihm gewöhnlich Kalkerde beygemengt. Sand auf Thonboden macht denselben erst vollkommen locker.

Im ätzenden Zustande ist die Kalkerde schädlich, nicht aber auf saurem Boden, wie Sumpf= und Torfboden, weil sie demselben die Säure entzieht und die Pflanzentheile auflöslicher macht.

Bekanntlich bestreut man junge Pflanzen, besonders Klee, mit gemahlenem Gips. Man kennt die Wirkungsart noch nicht. Sie ist aber wahrscheinlich nicht chemischer, sondern physischer Art, indem er die Feuchtigkeit aus der Luft anzieht und vesthält.

Durch ihre Härte wirken die Erden, oder vielmehr Steine, immer nachtheilig auf die Pflanzen. Die Wurzeln werden dadurch krumm und knorrig, indem sie gedrückt und durch scharfe Ecken selbst verletzt werden.

Hieher gehören alle mechanischen Verletzungen durch Stechen, Schneiden, Benagen u.s.f. Wird der Zusammenhang des Zellgewebes aufgehoben, so fließt eine Zeit lang der Saft aus, bis die Wundränder verhärten. Blätter, deren Oberhaut von Insecten abgenagt worden, vertrocknen. Werden nur einzelne Zellen von Insectenstichen fortdauernd verletzt, so wendet sich der Saftzug auf die entgegengesetzte Seite oder nach dem Rande der Wunde, wo das Blatt anschwillt und sich gegen das Insect zusammenrollt, wodurch Blasen entstehen, welche endlich das

Insect einschließen, wie es bey manchen Blattläusen, besonders aber bey den Gall=Insecten geschieht. Die Schlaf= und Gall=äpfel sind Auswüchse der Art. Ob ein chemischer Saft dabey thätig ist, weiß man noch nicht.

b. Salze.

Säuren und Laugen sind allgemein schädlich; Neutralsalze jedoch in mäßiger Menge nützlich, so z. B. die kohlensaure Pottasche oder Holzasche, welche durch Verbrennen des Genistes auf den Feldern entsteht.

Kochsalzreicher Boden verhindert das Wachsthum der Pflanzen, wie in den asiatischen Steppenländern. In mäßiger Menge befördert jedoch das Kochsalz das Wachsthum, wie auf dem gewonnenen Meeresboden, wenn er einige Jahre lang ein=gedämmt gelegen hat und vom Regenwasser ausgesüßt worden ist. Das Kochsalz befördert die Auflöslichkeit der Nahrungs=stoffe, und scheint daher bey den Pflanzen dieselbe Rolle zu spielen, wie in den Speisen der Thiere. Salpeter und salz=saurer Kalk scheinen ebenso zu wirken; Alaun dagegen und Am=moniak sind immer schädlich.

Begießt man Pflanzen mit Säuren, auch wenn sie sehr verdünnt sind; so gehen sie in kurzer Zeit zu Grunde, vorzüglich durch solche, welche auch auf die Thiere giftig wirken, wie Blau= und Sauerkleesäure.

Das Keimen des Samens wird durch Säuren befördert, und durch Einwirkung des Chlors hat man selbst hundertjährige Samen noch zum Keimen gebracht. Indessen müssen auch hier diese Stoffe sehr mit Wasser verdünnt angewendet werden.

Mineralische Gifte wirken, nach Vogel, auch schädlich auf das Keimen, jedoch mit Ausnahmen. (Isis 1830. 499.) Dem Wachsthum sind sie, nach Göppert und Andern, überhaupt schädlich.

c. Inflammabilien oder Brenze.

In Kohlen= und Schwefelpulver können keine Pflanzen ge=deihen; sie keimen indessen darinn, wie in Sand, weil diese Stoffe keine chemische Wirkung ausüben.

Alle fetten Substanzen sind schädlich, weil sie die Oberflächen der Pflanzen überschmieren und Einsaugung und Ausdünstung hindern. Aus demselben Grunde wirkt fetter Mist, der noch nicht in der Zersetzung begriffen ist, nachtheilig. In Oelen keimt kein Samen.

Ebenso, und noch schlimmer, wirken flüchtige Oele und Weingeist, auch wenn er verdünnt ist.

Sie schließen sich in dieser Hinsicht an die giftigen Pflanzenstoffe an, besonders die narcotischen, wie Opium, Kirsch=Lorbeerwasser, Schierling u. dergl., welche eingesogen fast eben so schnell tödten, als im Thierreich.

Die Tödtung rückt sichtlich von unten nach oben fort, wie Schüblers und Göpperts Beobachtungen beweisen.

### d. Metalle.

Kein Metallkalch ist den Pflanzen zuträglich, selbst nicht das Eisen, wenn es reichlich im Thonboden enthalten ist. Die giftigen Metallkalche, wie von Arsenik und Quecksilber, wirken hier ebenfalls giftig, und das thut selbst der Dunst des lebendigen Quecksilbers.

## IV. Pflanzen=Physiologie
### oder
### Biologie.

Die Physiologie beschäftigt sich mit den Verrichtungen der Pflanzen.

So einfach der innere Bau der Pflanzen und so gering die Zahl ihrer Gewebe ist, und obgleich ihnen sogar alle eigentlichen Eingeweide fehlen; so ist es doch außerordentlich schwer, die Verrichtungen, sowohl des ganzen Pflanzenstocks als seiner einzelnen Theile, anzugeben.

Der Grund davon liegt theils in der ungemeinen Kleinheit der Gewebe, theils darinn, daß man die anatomischen Systeme nicht mit dem gehörigen Ernst mit denen der Thiere verglichen hat. Das sicherste Mittel, zum Zwecke zu gelangen, ist aber diese Vergleichung. Man muß vor Allem suchen, welche Theile, und mithin Verrichtungen, die Pflanze mit dem Thiere gemein hat, und welche ihr fehlen.

Als organischer Körper muß sie nothwendig die wesentlichen Lebensverrichtungen, und mithin deren Organe haben, also mindestens Verdauung, Athmung und Saftbewegung. Es werden ihr aber alle diejenigen Verrichtungen und Organe fehlen, welche das Thier wesentlich characterisieren, nehmlich: Nerventhätigkeit oder Empfindung, Muskelthätigkeit oder Bewegung der vesten Theile, und endlich die Knochenthätigkeit oder die beliebige Versetzung des ganzen Leibes an einen andern Ort, überhaupt die Raumveränderung. Diese anatomischen Systeme bilden aber den eigentlichen Leib oder das Fleisch des Thieres, welches die sogenannten vegetativen Organe oder die Eingeweide, Darm, Gefäße und Lungen einschließt, trägt und fortschafft. Von all diesem ist in der Pflanze nichts zu finden, und sie hat daher, streng genommen, keinen Leib, sondern nur diejenigen anatomischen Systeme, welche unsern Eingeweiden entsprechen. Sie ist nur eine Eingeweidmasse, welche nackend da liegt, ohne alle Umhüllung. Man könnte sagen, sie sey ein fleisch- oder leibloses Thier.

Aber auch ihre Eingeweide sind nicht von den Geweben geschieden. Sie hat keinen besondern Darm, kein besonderes Gefäßsystem und keine besondere Lunge, deren Bau nehmlich von dem der Gewebe verschieden wäre. Sie ist daher nur ein Leib von Geweben, welche zugleich die Geschäfte der anatomischen Systeme über sich haben.

Da ihr die abgesonderten oder selbstständigen anatomischen Systeme fehlen; so kann sie auch nicht die Nebenorgane derselben haben, wie den Mund, die Speicheldrüsen, die Milz und Leber, welche dem Darm angehören, das Herz, die Schilddrüse, die Bröse (Thymus) und die Nieren, welche zum Gefäßsystem gehören, den Kehlkopf der Lungen u. s. w. Sie hat daher überhaupt keine Art von sogenannten zusammengesetzten oder größeren Drüsen.

Da ihr der Fleischleib fehlt, so müssen auch diejenigen vegetativen Theile fehlen, welche zu diesem Leibe gehen und denselben erhalten, wie die Arterien und Venen, und mithin das Herz.

Ihre eingeweidartigen Organe sind daher nur die Gewebe, welche dem Darm entsprechen, den Lungen und den beide verbindenden Gefäßen, mithin den Lymph= oder Milchsaftgefäßen des Gekröses. Der ganze Pflanzenleib beschränkt sich also auf Darm, Gekröse und Lunge.

Außerdem sind die Fortpflanzungsorgane vorhanden, welche ihre eigenthümlichen Verrichtungen haben, jedoch dieselben Gewebe.

Die Pflanzenverrichtungen theilen sich demnach zunächst in die des Individuums und die der Gattung, oder des **Wachsthums** und der **Fortpflanzung**.

### A. Wachsthum.

Das Wachsthum bezieht sich zwar auf die ganze Pflanze, die Fortpflanzungsorgane mit eingeschlossen: indessen stimmt es auch hier mit den Processen des Stocks überein, und wir brauchen daher nur diese zu betrachten.

Das Wachsthum zerfällt in die **allgemeinen Verrichtungen** der organischen Körper überhaupt, wie Empfänglichkeit für äußere Reize, besonders Licht, Wärme und Luft; und in die **besonderen**.

#### a. Allgemeine Verrichtungen.

Die allgemeinen Verrichtungen des Lebens sind keine einfachen, wie etwa die des Lichts, der Wärme und der Schwere, oder die der Electricität und des Magnetismus; sondern zusammengesetzte, welche aus den einzelnen Verrichtungen entspringen, also aus dem Verdauen, Athmen und Saftlauf, oder der Ernährung.

Nun ist aber das Verdauen der Wasser= oder chemische Proceß im Organischen wiederholt, das Athmen der Luftproceß oder der Verbrennungs= und der damit verbundene electrische

Proceß, das Ernähren der Erdproceß oder der magnetische Crystallisations-Proceß. Das Leben besteht im Auflösen, Oxydiren und Niederschlagen, ist mithin ein Electro-magneto-Chemismus, oder mit einem Worte Galvanismus, dessen äußere Erscheinung bloß in der Bewegung der Flüssigkeiten, keineswegs aber in der Bewegung der vesten Theile besteht. Zum Leben gehört daher nur Bewegung der Flüssigkeiten in jedem Atom eines individuellen Körpers, angeregt aber und unterhalten von dynamischen oder polaren Kräften.

Durch den galvanischen oder den Lebensproceß kommt daher eine gemeinschaftliche oder allgemeine Polarität in den Organismus, welche die Einheit des Lebens begründet.

Diese Polarität wird angeregt und unterhalten durch die Einwirkung der äußeren Kräfte, vorzüglich durch Licht, Wärme und Luft im Gegensatz von Wasser und Erde.

Die Pflanze, der es an einem eigenen Schwerpunct, nehmlich dem fortschaffenden Leibe fehlt, hat nothwendig ihren Schwerpunct in der Erde, und ihren Anregungs- oder Bewegungspunct in der Sonne, und schwebt daher zwischen beiden unveränderlich, gleich einer Magnetnadel. Dadurch werden ihre Säfte nur nach zwo Richtungen aus einander getrieben, nach oben und unten; und da ihre vesten Theile nur Absätze aus den flüssigen sind, so müssen sie sich in denselben Richtungen ablagern oder wachsen.

Die Pflanzensäfte können daher nur zweyerley Richtungen haben, aber in derselben Linie, nehmlich gegen die Sonne und gegen den Mittelpunct der Erde. Die Wurzel wächst daher immer nach unten, so wie der Stamm nach oben.

Man hat sich sehr viele Mühe gegeben, den Grund der Saftbewegung zu erforschen; und bald die Wirkung der Haarröhrchen, die Ausdehnung durch Wärme und den durch Ausdünstung entstehenden leeren Raum, mithin den Luftdruck dafür angenommen, bald die Zusammenziehung der Zellen oder der Gefäße, bald endlich ein selbstständiges Laufvermögen der Säfte, die sogenannte Propulsionskraft.

Gegen alle diese Vermuthungen wurden aber wichtige

Gründe vorgebracht, und ein Hauptgrund ist, daß von all diesen Erscheinungen noch keine einzige beobachtet wurde, mit Ausnahme der einfachen Thatsache, nehmlich der Saftbewegung selbst.

Was die Propulsionskraft betrifft, so kann man sich nicht einmal einen Begriff davon bilden. Das Wasser selbst müßte, so zu sagen, Hände und Füße haben, um in der Pflanze herumklettern zu können. Wie kann eine Flüssigkeit in einer Röhre von selbst aufsteigen, ohne daß die Wände der Röhre oder der Luftdruck darauf wirkte. Diese Idee hat daher auch weiter keinen Anklang gefunden.

Mehr hat die Lehre von der Haarröhrchen-Anziehung für sich. Man hat aber eingewendet, daß die Flüssigkeit aus keinem Röhrchen oben ausfließen könne, weil ihr Aufsteigen auf der Anziehung der Wände beruht; und doch ist es Thatsache, daß der Weinstock thränt, so wie eigentlich alle Pflanzen. Indessen tropft das Wasser aus Fließpapier ab, wenn es aus einem Glas über den Rand geschlagen wird. Die Möglichkeit dieser Saftbewegung auch angenommen, so wäre es doch eine bloß physicalische Erscheinung, welche mit dem Leben nichts zu schaffen hat, und überdieß steigt der Saft in abgestorbenen Pflanzen nicht in die Höhe oder fließt wenigstens nicht über; in keinem Falle aber wird die Pflanze dadurch wieder lebendig.

Noch mehr hat für sich die Erwärmung, und die dadurch bewirkte Ausdünstung der Pflanzen; obschon dadurch weder das Thränen, noch viel weniger das Leben begreiflich wird.

Am meisten hätte für sich die Reizbarkeit der vesten Theile, wodurch die Zellen oder die Gefäßwände in einen abwechselnden Zustand von Zusammenziehung und Ausdehnung geriethen, etwa wie das Herz der Thiere oder wie die wurmförmige Bewegung der Därme: allein die stärksten Vergrößerungen haben noch nie, auch nicht den geübtesten Beobachtern, nur die geringste Spur von einer abwechselnden Verengerung und Erweiterung einer Zelle gezeigt, selbst während man ganz deutlich die kreisförmige Bewegung der Saftkörner in der Zelle wahrnimmt. Daran kann die Kleinheit der Zellen keineswegs Ursache seyn, theils weil der Bewegungsraum der Saftkörner kleiner ist, und weil es viel kleinere Infusorien gibt, an welchen die Zusammenziehungen deutlich zu bemerken sind. Man kann es mithin als eine veststehende Thatsache annehmen, daß die Gewebe der Pflanzen keine Zusammenziehungskraft haben und mithin nicht im Stande sind, die Säfte dadurch weiter zu fördern.

Man hat für eine lebendige Zusammenziehung noch verschiedene einzelne Erscheinungen angeführt, z. B. das Ausfließen des Saftes bey Durchschneidung des Stengels der Wolfsmilch, oder bey der bloßen Berührung des Stengels des Lattichs: allein diese Erscheinung erklärt sich hinlänglich durch die Spannung der Pflanzentheile während sie von Saft strotzen, und durch ihre physicalische Zusammenziehung, sobald derselbe Luft bekommt. Physische Contractilität haben alle elastischen Stoffe. Die Erscheinung ist einerley mit dem Vertrocknen der Fasern, und zeigt sich auffallend bey vielen Capseln, namentlich bey der Balsamine: Rühr mich nicht an (Impatiens noli tangere). Ebenso muß das Ausstoßen des Innhalts des Blüthenstaubs erklärt werden. Manche Blätter mit ätherischem Oel stoßen, auf Wasser gelegt, dasselbe ruckweise aus, ohne Zweifel weil sie durch Einsaugung des Wassers strotzend werden, wodurch die Zellen zerplatzen. Campher, auf Wasser gelegt, geräth in ruckweise Bewegung, wahrscheinlich, weil er ätherisches Oel ausstößt, wenn nicht electrische Thätigkeit dabey im Spiel ist.

Zwar gibt es gewisse Organe bey den Pflanzen, welche sich theils von selbst, theils auf schwache Einwirkung von Reizen bewegen, wie die Blätter einiger Mimosen, die Haare verschiedener Pflanzen und viele Staubfäden. Alle diese Bewegungen kommen in so kleinen Organen und bey so wenig Pflanzen vor, daß sie für das Daseyn von Zusammenziehungen im ganzen Pflanzengewebe oder im ganzen Pflanzenreiche nicht das Geringste beweisen, und man vielmehr dadurch gezwungen wird, sich nach einer andern Erklärung umzusehen, oder, weil diese nicht möglich ist, die Sache vor der Hand auf sich beruhen zu lassen. Auf keinen Fall beweist sie etwas für die Bewegung der Säfte.

Bey vielen Pflanzentheilen ist es gewiß, daß ihre Bewegungen nur vom Trocknen und Feuchtwerden abhängen, z. B.

das Drehen der Wimpern an der Moosbüchse, der Grannen der Gräser, der Haare der Samenkronen bey den salatartigen Pflanzen u. s. w. Auch begegnet dieses vielen Fruchtcapseln oder Bälgen. Die Bewegung mancher Blätter dagegen, so wie der Staubfäden, läßt sich auf diese Weise nicht erklären.

Dagegen ist es ausgemacht, daß der Saft der Pflanzen nur aufsteigt während des lebendigen Zustandes der Gewebe, und daß alle Pflanzentheile dem Lichte folgen, mithin durch seinen Reiz oder seine Einwirkung in Bewegung gesetzt werden. Man hat dieses Vermögen der Pflanzen, einer fremden Einwirkung empfänglich zu seyn und derselben entgegen zu wirken oder ihr zu folgen, Erregbarkeit genannt; und es hat damit auch allerdings viele Aehnlichkeit, jedoch mit dem Unterschiede, daß sie im Thierreiche sowohl auf der immateriellen Bewegung der vesten Theile, als auch auf dem Zufluß der Säfte beruht, welch letztere bey den Pflanzen allein vorzukommen scheint.

Alle Umstände deuten nehmlich dahin, daß das Licht nicht die vesten Theile der Pflanze polarisiert, sondern bloß die flüssigen, und dieselben zur Zersetzung, nehmlich des Wassers bestimmt. Bey den Bewegungen der Pflanzen ist daher immer ein materieller Proceß in Thätigkeit, wodurch Flüssiges verschwindet und anderes nach sich zieht.

Wo irgend ein Pflanzentheil dem Lichte ausgesetzt wird, da entwickelt sich auf seiner Oberfläche Sauerstoffgas, während er im Finstern Sauerstoffgas einzieht, und kohlensaures Gas aushaucht. Dadurch treten die beleuchteten Theile ohne Zweifel in einen polaren Gegensatz mit den finstern, also mit den innern Theilen und mit der Wurzel, wodurch die Säfte bestimmt werden, sich sowohl nach Außen, als nach Oben zu bewegen.

Die Pflanzen-Polarität ist daher durch einen chemischen Proceß vermittelt, während sie beym Thier unmittelbar ist in seinen rein thierischen Theilen, und mittelbar nur in seinen vegetativen.

Das Leben der Pflanzen oder seine Erregbarkeit beruht daher nur auf einer materiellen, nicht auf einer geistigen Veränderlichkeit ihrer Theile.

Das fortdauernde Thränen der Pflanzen erklärt sich hinlänglich aus dem beständigen Nachdringen des Saftes, angeregt durch die allgemeine Polarität oder die Einwirkung des Lichts und der Oxydation der Luft.

Von einer Sensibilität kann bey den Pflanzen daher überhaupt keine Rede seyn, obschon einige Erscheinungen vorkommen, welche daran erinnern, wie das Winden der Ranken um Stangen, der Schlaf der Blätter und Blumen, das Oeffnen derselben bey Tag und ihre Bewegung nach der Sonne, und endlich besonders die Bewegungen der Blätter der sogenannten Sinn-Mimose und des Sinnhahnen-Kopfs (**Hedysarum gyrans**). Allein diese Erscheinungen beschränken sich nur auf einzelne Theile, und haben mithin mit der ganzen Pflanze nichts zu thun; auch lassen sich die meisten, wenigstens der Schlaf und das Wachen, oder das Folgen der Sonne aus dem ungleichen Zudrang der Säfte erklären. Da nun die Bewegungen der Sinnpflanzen im Grunde nur ein schnellerer Wechsel von Schlafen und Wachen sind, so müssen sie in dieselbe Rubrik gestellt werden.

Das Winden der Ranken beruht höchst wahrscheinlich auf einem theilweisen Vertrocknen derselben.

Man hat auch die Wirkung der Gifte auf die Pflanzen für die Sensibilität angeführt, besonders solcher, welche im thierischen Körper nicht chemisch wirken, wie das Opium: denn daß eingesogene äzende Stoffe die Pflanze tödten, ist wohl nicht schwer zu begreifen. Mir scheint es aber, daß es ebenso leicht zu begreifen ist, warum eingesogenes Opium tödtet: denn jeder Saft in den Pflanzen, der kein Pflanzensaft ist, muß tödten. Das unschuldige Wasser in den thierischen Gefäßen tödtet ebenfalls, und zwar aus dem einfachen Grunde, weil es kein Blut ist.

Nerven wird in den Pflanzen niemand im Ernste suchen. Ich vergleiche zwar die Spiralgefäße mit den Nerven, aber nur im Sinne der Wiederholung. Die Luftröhrchen sind nehmlich im Thiere für die vegetativen Systeme das, was die Nerven für die animalen sind, das polarisirende oder belebende Princip. Der Athem-Proceß bringt die Bewegung im Blute hervor, der Sensibilitäts-Proceß in den Muskeln.

b. **Beſondere Verrichtungen.**

Da es in der Pflanze nur drey anatomiſche Syſteme gibt, oder wenigſtens nur drey Räume, worinn Proceſſe ſtattfinden können; ſo kann es auch nur dreyerley Verrichtungen geben: die Verrichtung der Zellen, der Adern oder Intercellular-Gänge und der Spiralgefäße oder Droſſeln.

1. **Verdauung oder Einſaugung.**

Es kann keinem Zweifel unterliegen, daß die Einſaugung der Nahrung und des Getränks durch die Wurzeln geſchehe, und daß bey der Pflanze das Getränk die Hauptſache, und der Nahrungsſtoff demſelben nur beygemiſcht iſt. Beym Thiere umgekehrt: es nimmt die Nahrung zuerſt auf und trinkt dann nach Bedürfniß, je nachdem nehmlich die Nahrungsſtoffe mehr oder weniger Flüſſigkeit zu ihrer Auflöſung bedürfen. Daher hat das Thier in der Regel nur eine große Oeffnung, den Mund, während die Pflanze mit unendlich viel phyſiſchen Poren bedeckt iſt, welche nach phyſiſchen Geſetzen einſaugen, wie die Haarröhrchen und alſo wie alle poröſen Körper und ſelbſt todte Pflanzen. Dazu kommt aber die allgemeine Lebenspolarität, führt das Getränke weiter und ſcheidet die Nahrungsſtoffe daraus ab. Die Einſaugung bey den Pflanzen gleicht daher der Einſaugung unſerer Haut, und geſchieht ohne einen beſondern Verdauungs-Apparat, der nehmlich in einem Tödten durch Zerreißung, Kauung, Beſpeicheln, Auflöſen in einem Magen und Scheiden durch Galle beſteht. Die Verdauung der Pflanzen fängt ſo zu ſagen erſt mit dem Einſaugen des Nahrungsſaftes (Chylus) im Dünndarme an, und geht in den Milchſaft-Gefäßen, vorzüglich in den Gekrösdrüſen, denen etwa die Zellen entſprechen, vor ſich.

Es ſaugt deßhalb die ganze Oberfläche der Pflanze ein, wie unſere Haut. So wie aber die Haut nicht im Stande iſt, fortdauernd den Leib zu ernähren, ſo auch nicht die Rinde und die Blätter der Pflanze. Dazu iſt vorzugsweiſe die Wurzel beſtimmt, wie beym Thiere der Dünndarm oder eigentlich das Gekröſe. Für die Pflanze iſt die Dammerde der Dünndarm mit dem

Nahrungssaft, und die Wurzel vertritt die Stelle der Milchsaft=
gefäße, woraus die Flüssigkeit in die Zellen dringt, um die ge=
ringe Verdauung zu erleiden, deren die Pflanze bedarf.

Legt man Blätter mit ihrer äußern oder innern Seite, wo
viele Spaltmündungen sind, auf Wasser; so bleiben sie länger
grün. Ob die Einsaugung durch die Spaltmündungen geschieht
oder ob diese zur Ausdünstung bestimmt sind, weiß man freylich
nicht: da aber bey der thierischen Haut offenbar beides geschieht,
so kann man es auch von den Oberflächen des Blattes anneh=
men, ohne daß deßhalb weder Einsaugen, noch Ausdünsten ihr
wesentliches Geschäft ist. Die Haut saugt ein, wann sie sich
unter Wasser befindet; sie dünstet aus in der Luft. Da nun
die Flächen der Pflanzen sich gewöhnlich in der Luft befinden,
so kann ihr Hauptgeschäft kein anderes als Ausdünstung seyn.
Dem steht nicht entgegen, daß die Fettpflanzen ihre Feuchtigkeit
vorzüglich aus der Luft einsaugen. Extreme muß es in jedem
Reiche geben. Dasselbe gilt von den Schmarotzerpflanzen, welche
übrigens durch ihre Warzen immer Feuchtigkeit genug an oder
in andern Pflanzen finden.

Uebrigens haben Versuche gezeigt, daß die Rinde der Wur=
zel nur wenig einsaugt, und daß die zelligen Zasern eigentlich
dieses Geschäft besorgen.

Das zeigt sich auch dadurch, daß abgeschnittene Zweige nur
kurze Zeit in Wasser fortleben, und man ihr unteres Ende von
Zeit zu Zeit abschneiden muß, wahrscheinlich weil sich die In=
tercellular=Gänge verstopfen oder die Zellen überschmiert werden.
Haben sie Laub, so saugen sie mehr und länger ein, besonders
wenn sie in der Sonne stehen, ohne Zweifel wegen des polaren
Verhältnisses der Blätter zum Stamm oder den untern Theilen
der Pflanze. Verschmiert man die abgeschnittene Fläche, so hört
fast die Einsaugung ganz auf, ein Beweis, daß die Rinde selbst
wenig einsaugt. Selbst unverletzte Wurzeln hören im schleimi=
gen Wasser früher auf einzusaugen, als in dünnem Wasser,
wenn es gleich schädliche Salze enthält, wie Vitriol u. dergl.,
wie denn auch die thierische Haut Brechmittel einsaugt.

Es ist übrigens bekannt, daß auch umgekehrt ins Wasser

gestellte Zweige einsaugen, und selbst Wurzeln und Blätter treiben: ein Beweis für die Gleichförmigkeit der Gewebe, und für das Umschlagen der Polarität, je nachdem ein Theil im Wasser oder in der Luft sich befindet.

Es wurde schon gesagt, welche Kräfte man annimmt, um die Einsaugung zu erklären: Haarröhrchen, Wärme, Ausdünstung, leeren Raum und Zusammenziehung der Zellen in den Wurzelzasern. Es wirkt ohne Zweifel alles zusammen: allein die Fortdauer der Einsaugung kann nur auf der Zersetzung der Stoffe, mithin auf dem galvanischen Proceß oder der Lebenspolarität beruhen.

Es ist sehr schwer zu bestimmen, welches eigentlich die Nahrung oder Speise der Pflanzen ist; ja man streitet sich sogar darüber, ob sie aus organischen oder unorganischen Stoffen besteht, so wie, ob sie im letztern Falle aus der Erde oder aus der Luft eingesogen werde. Ungeachtet zahlloser Versuche ist die Sache doch noch nicht zum Spruche reif, und so zeigt es sich auch hier, daß Versuche und Beobachtungen zwar auf die Erklärung oder die Theorie führen, aber sie nicht selbst hervorbringen können. Nur die Vergleichung der Einsaugungsorgane beider Reiche kann die Entscheidung geben.

Allgemein berühmt ist Helmonts Versuch, wodurch bewiesen werden sollte, daß die Pflanze bloß von reinem Wasser lebe. Er that 200 Pfund im Ofen getrocknete Erde in einen Kübel, setzte einen 5 Pfund schweren Weidenzweig hinein, und begoß ihn fünf Jahr lang mit Regenwasser. Nun wog er 169 Pfund, und die Erde war nur um 2 Unzen leichter. Es ist zu bedauern, daß Helmont die Weide nicht getrocknet hat, um die Menge des in ihr enthaltenen Wassers zu bestimmen: denn Bohnen und Zwiebeln treiben Schuh lange Stengel mit Blättern, ohne wirklich schwerer zu werden, wenn man nehmlich das eingesogene Wasser abzieht. Das Mehl in dem Samen oder der Zwiebel wird aufgelöst und in Zellen verwandelt, wodurch die Pflanze eine bedeutende Größe erreicht, ohne an vesten Stoffen zu gewinnen. Indessen kann man die Gewichtszunahme der Weide nicht wohl dem bloßen Wasser zuschreiben. Robert Boyle bekam bey ähnlicher Behandlung einer Kürbsenpflanze große Früchte, welche unmöglich ihr Gewicht bloß vom Wasser erhalten konnten. Bekanntlich wächst Kresse, bloß um eine Flasche in Bindfaden gesäet und mit Wasser begossen, so mastig, daß man sie abschneiden und zu Salat benutzen kann. Zwiebeln, bloß auf eine Flasche mit Wasser gestellt, bringen Blumen hervor. Pflanzen dagegen mit destilliertem Wasser begossen, entwickeln sich nur sehr wenig, und wenn sie auch zur Blüthe gelangen, so bringen sie es doch nicht zu reifen Samen; auch enthalten sie, wie mehrere Versuche, besonders von Göppert, beweisen, nicht mehr Kohlenstoff, als vorher in den Samen oder Zwiebeln gewesen, ohne Zweifel weil das Wasser keine Kohlensäure enthielt, welche dagegen im Regenwasser vorkommt. Auch gedeihen Pflanzen sehr gut in Wasser mit Kohlensäure, wenn sie auch gleich in Sand oder gestoßenem Glase stehen. Aus diesen Versuchen schließen viele Botaniker, daß es die Kohlensäure im Wasser ist, welche die Wurzel mit einsaugt, und woraus die Pflanze sich den Kohlenstoff aneignet, indem sie den Sauerstoff fahren läßt. Daher gedeihen auch die Pflanzen nicht in bloßem Wasser, sondern nur in der Erde, wo der Sauerstoff der Luft Zutritt hat, und mit dem Kohlenstoff der Dammerde Kohlensäure bilden kann, welche sich leicht mit dem Wasser verbindet, was die Kohle nicht thut. Auch haben Versuche bewiesen, daß keine Kohlentheile durch die Wurzel eingesogen werden, und die Pflanzen in Kohlenpulver nicht anders wachsen, als wie in Sand.

Außer dem kohlensauren Wasser saugt die Wurzel die auflöslichen Salze ein, welche sich in der Dammerde finden, seyen es Neutral-, Erd- oder Metallsalze, selbst Kieselerde, was ohne Zweifel nur dann möglich ist, wenn sie mit Pottasche oder Aetzkalk die sogenannte Kieselfeuchtigkeit bildet. Vielleicht scheiden sich diese laugenartigen Stoffe erst in der Pflanze davon ab, wenn sie mit Kohlensäure gesättigt werden. Die Pflanzen auf Salzboden enthalten Kochsalz oder salzsaure Sode, während die andern nur kohlensaure Pottasche enthalten. Kalkerde kann nur eingesogen werden, wenn sie überkohlensauer ist. Eisenoxyd ist bekanntlich in vielen Stahlwassern aufgelöst.

Daraus darf man mit ziemlicher Sicherheit schließen, daß die Wurzel keine vesten Theile, z. B. den Mist selbst einsauge, sondern nur Wasser und die darinn aufgelösten Stoffe. Da nun alle Stoffe der Pflanzen Kohlenstoff enthalten, und ihre vesten Theile größtentheils daraus bestehen; so muß sie denselben mit dem Wasser bekommen, wenn man nehmlich von demjenigen absteht, welchen sie aus der Kohlensäure der Luft abscheiden könnte.

Es frägt sich daher nur, ob sie diesen Kohlenstoff aus der Kohlensäure des Wassers bekommt, oder aus auflöslichen organischen Theilen desselben, wie Schleim oder Extractivstoff der Dammerde (Humus), welch letzterer für sich zwar wenig in Wasser auflöslich ist, mehr aber mit Ammoniak verbunden, das sich bey der Fäulniß des Mistes bildet. Man hat zwar auch dabey an die Zersetzung des Wassers gedacht; allein dabey würde kein Kohlenstoff, sondern nur Wasserstoff gewonnen, welcher bekanntlich in der Pflanze nicht häufig ist.

Man findet zwar Kohlensäure in Pflanzensaft, und namentlich in den Thränen des Weinstocks, und man darf wohl nicht zweifeln, daß Kohlensäure in der Dammerde gebildet werde, so weit nehmlich die Luft in die Erde dringt. Daß das aber auch in größerer Tiefe geschehe, ist nicht wahrscheinlich.

Ebenso unwahrscheinlich ist es, daß die Pflanze aus unorganischen Stoffen sich ihre Nahrung bereiten könne, obschon es nicht geradezu geläugnet werden kann, wenigstens für diejenigen Pflanzen, welche sich großentheils aus der Luft ernähren, wie die Fettpflanzen, bey denen man gestehen muß, daß ihre Größe vorzüglich dem eingesogenen Wasser zuzuschreiben ist. Das ist aber ein ungewöhnlicher Fall, und man muß bey der Ernährung überhaupt auf die Wurzel sehen; überdieß ziehen die Pflanzen nur während des Tags Kohlensäure ein, indem sie Sauerstoff entwickeln. Zwar wäre es ein guter Unterschied von Pflanzen und Thieren, wenn jene aus unorganischen, diese aus organischen Stoffen sich ernährten. Wenn aber weder Thatsachen noch phy=

siologische Gesetze für einen solchen Wunsch sprechen, so muß man ihn fahren lassen.

Der Annahme, daß Kohlensäure die Nahrung der Pflanze sey, tritt vorzüglich der Umstand entgegen, daß sie nicht im Stande wäre, ihr den nöthigen Kohlenstoff in so kurzer Zeit zu liefern. Allerdings saugt die Pflanze viel mehr Wasser ein als sie braucht, was die starke Ausdünstung beweist; und man darf daher glauben, daß sie des vielen Wassers bedürfe, weil es zu wenig Nahrungsstoffe enthalte. Wäre aber nur Kohlensäure darinn, so scheint diese doch nicht genug Kohle zu enthalten, um auch bey noch mehr eingesogenem Wasser zur Ernährung hinzureichen.

Einmal ist das Ernährungswasser kein Sauerwasser, und auch dieses enthält in 100 Cubikzoll nicht mehr als 100 Kohlensäure, und 100 Zoll von dieser nur 12½ Gran Kohlenstoff. Wie viel müßte also nicht Sauerwasser eingesogen werden! Das Wasser der Dammerde enthält verhältnißmäßig nur wenig Kohlensäure, und könnte daher auf keinen Fall die Ernährung besorgen.

Man sagt zwar, die Kohlensäure bilde sich vielleicht aus dem Miste erst durch die Einsaugung der Wurzel: dann müßte sich mit der Einsaugung auch zugleich ein Zersetzungsproceß verbinden. Aber wo bekommt die Wurzel den Sauerstoff dazu her? Die Spiralgefäße gehen nicht bis in die Zasern, und es bringt sicherlich nicht hinlänglich Sauerstoff bis zu den Wurzelspitzen der Bäume. Wenn das auch der Fall wäre, so könnte er sich ja mit dem Extractivstoff ohne Zuthun der Wurzel verbinden. Endlich ist keine organische Fläche bekannt, welche auf äußere Stoffe anders als trennend wirkte.

Man muß daher bey dem Extractivstoff oder dem Humus stehen bleiben. Wenigstens ist er der eigentliche Boden, gleichsam der Speisenbrey, worinn die Pflanze steht. Die Zellen saugen offenbar wirklich organische Stoffe ein und schwitzen sie aus, wie Schleim, Zucker, Säuren u. dergl. Also haben sie diese Vermögen, und es ist kein Grund vorhanden zu behaupten, daß sie nur den Kohlenstoff in Luftform mit dem Wasser einzusaugen vermöchten. Als entscheidenden Beweis für die flüssige Einsaugung betrachte ich endlich das Keimen, welches in reinem Wasser und selbst in Säuren vor sich geht, wo also von Einsaugung oder Bildung der Kohlensäure keine Rede seyn kann. Diese Einsaugung dient offenbar zu nichts anderem als zum Erweichen, Verflüssigen und Zersetzen des Mehls in den Samenlappen oder dem Eyweißkörper, worauf es von dem Würzelchen und Stengelchen eingesogen wird. Das heißt also genau genommen: das Mehl wird beym Keimen in Mist oder Extractivstoff der Dammerde verwandelt, und sodann unmittelbar von den Pflanzenzellen eingesogen. Nun ist aber Wachsen nichts anderes als fortdauerndes Keimen, wobey an die Stelle der Samenlappen oder des Mehls der Mist tritt, oder vielmehr sein wässeriger Auszug, der sogenannte Extractivstoff oder Humus, welcher überhaupt von dem schleimigen Extractivstoffe, den man unmittelbar aus den Pflanzen gewinnt, wenig verschieden ist.

Dieser Extractivstoff kann begreiflicher Weise nicht eingesogen werden, so lang er als kleine Fetzen im Wasser, z. B. in der Mistjauche schwimmt. Er muß völlig im Wasser aufgelöst seyn, etwa wie Schleim oder Zucker; und das wird er durch die Salze, besonders die Pottasche, welche er in der Erde findet. Daß Salze und selbst Erden von der Wurzel eingesogen werden, ist eine ausgemachte Sache. Man findet sie nicht bloß in den Pflanzen, sondern auch im Boden: und zwar werden sie in verschiedener Menge eingesogen, je nachdem der Boden verschieden ist; aus dem Salzboden mehr Kochsalz, aus dem Kalkboden mehr Kalk, aus dem Sandboden mehr Kieselerde, und aus reichlicher Dammerde mehr Pottasche. Zu einer vollkommenen Ernährung scheinen daher alle diese Stoffe zu gehören. Der thierische Mist scheint deßhalb so vortrefflich zu wirken, weil er Ammoniak entwickelt, wodurch der Extractivstoff am schnellsten auflöslich wird.

Meiner Meynung nach saugen die Wurzeln in der Tiefe vorzüglich Wasser oder Getränk ein, in der Höhe aber Nahrungsstoff. Bey den Versuchen ist es daher nicht gleichgültig, welchen

Theil man in die Flüssigkeit bringt. Hier liegen die Nahrungs=
stoffe auf dem Boden des Glases, und das Getränk ist oben,
also umgekehrt als bey der Pflanze; und daher die Versuche so
abweichend und unsicher.

### Einsaugung der Blätter.

Wie die thierische Haut Flüssigkeiten ausschwitzt, und den=
noch zu einer andern Zeit gelegentlich solche einsaugt, wie in
einem Bad oder beym Einreiben von Arzneymitteln, so auch
die Blätter. Das thun selbst die getrockneten Moose, obschon
sie nicht wieder lebendig werden. Begießt man sie nehmlich mit
Wasser, so füllen sie sich an und werden fast augenblicklich grün.
Fällt ein Regen auf eine Pflanze, deren Topf so bedeckt ist, daß
kein Wasser hinein kommen kann, so wird sie dennoch in kurzer
Zeit schwerer. Begießt man bey welken Kräutern bloß die Blät=
ter, so richten sie sich sogleich auf. Dasselbe geschieht, wenn
man Zweige in einen Keller legt, wo sie also nicht unmittelbar
mit Wasser, sondern nur mit Dunst in Berührung kommen.
Steckt man nur einen Zweig oder ein Blatt einer Pflanze in
Wasser, so bleiben auch andere Zweige oder Blätter frisch, was
nicht anders als durch Einsaugung erklärt werden kann. Fett=
pflanzen kann man Jahre lang an eine Wand aufhängen, und
dennoch treiben sie Blüthen und Früchte, wozu freylich auch
ihre schwache Ausdünstung, wegen der geringen Zahl der Spalt=
mündungen, vieles beyträgt. Da die Zellen der Oberhaut mit
Luft angefüllt sind, und daher das Wasser wohl nicht selbst ein=
saugen; so nimmt man ebenfalls an, daß dieses Geschäft durch
die Spaltmündungen besorgt wird. Sie müßten daher vorzüg=
lich bey Nacht einsaugen, und bey Tag ausdünsten. Das Ein=
saugen der Blätter ist übrigens so unbedeutend, daß es beym
Ernährungsproceß nicht in Betracht kommen kann.

### 2. Athmung.

Zum Athmungsproceß gehört nicht bloß das Einziehen und
Ausstoßen von Luft, sondern auch von Wasser.

a. **Ausdünstung von Wasser.**

Es ist eine bekannte Sache, daß die Pflanzen vertrocknen, wenn sie kein Wasser bekommen, besonders schnell die Blätter; daß die Früchte leichter werden und einschrumpfen, wenn sie längere Zeit liegen. Versuche mit Pflanzen in einem Topfe, den man sorgfältig bedeckte, damit sein Wasser nicht verdunsten konnte, zeigten, daß die Pflanze selbst unaufhörlich viel Wasser verlor: eine 3 Schuh hohe Sonnenblume täglich 20 Unzen, Kohl 19, Welschkorn 7, Heliotrop 24, also überhaupt viel mehr als der menschliche Körper. Wasserpflanzen, ins Trockene gebracht, verdunsten schneller, weil sie keine ächte Oberhaut haben; Moose und Flechten dagegen verdunsten sehr langsam. Blätter mit vielen Spaltmündungen dünsten mehr Wasser aus, als wenn sie, wie die Fettpflanzen, weniger haben; die untere Seite aus demselben Grunde mehr als die obere, wie Versuche mit Weinblättern u. a. lehrten. Bestreicht man die Blätter mit einer Materie, welche die Ausdünstung hindert; so werden sie braun oder sterben ab, selbst wenn die Materie ganz unschuldig ist, wie fettes Oel. Das Bestreichen der obern Seite schadet in der Regel weniger, als das der untern. Ueberhaupt steht die Menge der Ausdünstung mit der Menge der Spaltmündungen im Verhältniß. Daraus schließt man, daß die Ausdünstung vorzüglich durch die Spaltmündungen geschehe, besonders da auch die Wurzeln, denen die Spaltmündungen fehlen, weniger Wasser verlieren, als die Rinde.

Die Verdunstung ist stärker bey trockener Luft, bey höherer Temperatur, bey Tage, vorzüglich aber, wenn das Sonnenlicht unmittelbar auf die Blätter scheint. Es wirken daher alle drey Kräfte zusammen, das Licht aber am stärksten, vielleicht weil es zugleich zersetzend auf das Wasser wirkt.

Das ausgedünstete Wasser ist fast ganz rein, und hat nur einen schwachen Nebengeruch. Es beträgt etwas weniger als die Einsaugung.

Das Wasser scheint nicht unmittelbar aus den Zellen der Oberhaut, als welche Luft enthalten, zu kommen; sondern aus den Intercellular-Räumen unter den Spaltmündungen, worinn sich ebenfalls Luft befindet, welche geeignet ist, das Wasser aus der innern Substanz des Blattes aufzunehmen. Man hat beobachtet, daß die Spaltmündungen des Morgens bey Sonnenschein, wo die meiste Ausdünstung stattfand, offen stehen, sonst aber geschlossen sind.

In der Regel schlägt sich der Dunst an der Glocke nieder, womit man die Pflanze bedeckt. Bisweilen zeigt er sich aber auch als Tropfen selbst auf den Blättern, besonders wenn diese groß sind, wie bey Aron und Pisang. In hohlen oder becherförmigen Blättern sammelt sich sogar das Wasser in großer Menge an, wie bey dem Kannenkraut (Nepenthes).

### b. Athmung von Luft.

Außer dem Einsaugen und Ausdünsten des Wassers athmen auch die Blätter Luft ein und aus. Schon Hales hat Versuche darüber angestellt und berechnet, daß eine bedeckte Münzpflanze viel Luft verzehrt und zum fernern Gedeihen unbrauchbar gemacht hat. Indessen haben erst Bonnet, Priestley, Ingenhouß, Senebier, Th. Saussure, Grischow und Andere den Vorgang gründlicher erforscht. Bonnet bemerkte, daß Blätter unter Wasser im Sonnenlichte Luftblasen entwickelten, daß es aber unterblieb, wenn das Wasser ausgekocht war, woraus zu folgen schien, daß es nur die mit dem Wasser vermengte Luft sey. Priestley machte jedoch die Entdeckung, daß die von den Blättern im Wasser aufsteigende Luft Sauerstoffgas ist. Das zeigt sich jedoch nur bey grünen Pflanzentheilen, und keineswegs bey gefärbten, wie Blumen, Wurzeln, Pilzen u. dergl.

Die Blätter liefern das Sauerstoffgas im Sonnenlichte, sie mögen Spaltmündungen haben oder nicht, wie die Moose, ja selbst wenn man die Oberhaut abzieht, woraus man schließen darf, daß sie aus den grünen Theilen der Pflanze selbst kommt. Ausgekochtes Wasser zieht das Sauerstoffgas wieder an, und verhindert daher die Blasenbildung. Abgestorbene, aber noch grüne Blätter sollen keine Luft entwickeln, dem jedoch Rumfords Versuche widersprechen, als welcher auch Sauerstoffblasen an

Wolle, Seide u. dergl. sich entwickeln sah, und daraus schließt, daß alle Spitzen im Stande sind, dem Wasser die Luft im Lichte zu entziehen (Rumfords kleine Schriften. 1783). Auch zeige sich keine bey lebenden Pflanzen, wenn das Wasser statt atmosphärischer Luft Stickgas, Wasserstoffgas oder selbst Sauerstoffgas enthält, wohl aber wenn Kohlensäure darinn ist, woraus man schließt, daß das Sauerstoffgas entweder von der Zersetzung des Wassers oder der Kohlensäure herrührt, welche letztere Meynung besonders Senebier und Saussure vertheidigen. Die Pflanze zöge in diesem Fall den Kohlenstoff an und ließe den Sauerstoff frey.

Bey Nacht, und selbst bey Tag, wenn das Sonnenlicht nicht unmittelbar auf die Pflanze fällt, verzehrt sie Sauerstoffgas und entwickelt Kohlensäure: nach Senebiers, Saussures und De Candolles Meynung, indem der Sauerstoff sich mit dem Kohlenstoff der Pflanze verbindet, nach Grischows, indem die schon im Pflanzensaft fertige Kohlensäure davon geht.

In Wasser mit Kohlensäure liefert die Pflanze mehr Sauerstoffgas, als ohne dasselbe.

Sperrt man Wasser mit kohlensaurem Gas, so gedeiht sie vollkommen, während die Kohlensäure verschwindet und Sauerstoffgas zurück bleibt; in destilliertem Wasser aber, mit atmosphärischer Luft, geht sie allmählich zu Grunde, und es entwickelt sich kein Sauerstoffgas.

Die Pflanzen verzehren auch Kohlensäure in der Sonne, wenn sie nicht unter Wasser getaucht sind, und zeigen bey der Zerlegung eine Zunahme des Kohlenstoffs; eine Abnahme aber, wenn sie mit Luft ohne Kohlensäure gesperrt werden, und dabey in destilliertem Wasser stehen. Saussure ließ 6 Tage lang Sinngrün mit den Wurzeln in destilliertem Wasser an der Sonne wachsen, in einer Luft mit 7 Procent Kohlensäure. Die letztere verschwand und dafür zeigten sich 3 Procent Sauerstoffgas mehr in der Luft, also nicht so viel, als die verschwundene Kohlensäure selbst enthielt. Die Pflanzen lieferten 2¼ Gran Kohlenstoff mehr als vor dem Versuch. Andere auf dieselbe Weise in Luft ohne Kohlensäure gewachsen, hatten etwas

Kohlenstoff verloren. Andere Pflanzen zeigten ebenfalls, daß die Kohlensäure im Sonnenlichte zersetzt und der Kohlenstoff zur Ernährung verwendet wird. Ist gar keine Kohlensäure in der Luft, so sterben die Pflanzen allmählich ab; viel schneller, wenn aller Sauerstoffgas fehlt, und sie bloß mit Stickgas, Wasserstoffgas und selbst kohlensaurem Gas gesperrt sind. Ueberhaupt gedeihen die Pflanzen nur in einer Luft, welche alle ihre Bestandtheile enthält. — Hieraus scheint mir nichts weiter zu folgen, als daß die Pflanze ihren Hunger stillt, wie sie kann. Gibt man ihr nichts durch die Wurzeln; so nimmt sie es mit Stengel und Laub, gerade so, wie der Mensch durch die Haut in einem Bad einsaugt, oder sich durch Clystiere kümmerlich ernährt, wenn er nichts durch den Magen oder seine Wurzel bekommt.

Während der Nacht verzehren die Pflanzen keine Kohlensäure, sondern viel Sauerstoffgas. Die Fettpflanzen verbrauchen weniger Sauerstoffgas und liefern auch weniger Kohlensäure. Am kräftigsten gehen diese Processe vor sich beym eigentlichen Laubholz, dann folgen die Kräuter, das Nadelholz, die Wasserpflanzen und endlich die Fettpflanzen.

In Saussures Versuchen verzehren die Blätter der Fettpflanzen in der Finsterniß, während 24 Stunden, $^6/_{10}$ ihres Raums Sauerstoffgas; Froschlöffel und Zaserblume $^7/_{10}$, Buchen- und Apricosen-Blätter das Achtfache, Pappel- und Pfirsich-Blätter das Sechsfache. Ueberhaupt verzehren junge Blätter mehr als alte.

Nach Grischow verzehren die Pflanzen im Durchschnitt $^4/_5$ ihres Raums Sauerstoffgas und entwickeln $^3/_4$ Kohlensäure; das Stückgas bleibt unverändert. Pflanzen, welche, wie gewöhnlich, abwechselnd bey Tag und bey Nacht in gesperrter Luft leben, ändern dieselbe nicht, weil sie das Sauerstoffgas, welches sie bey Nacht verzehren, bey Tag wieder von sich geben; dasselbe gilt von der Kohlensäure, welche sich des Nachts bildet. Im Ganzen wird daher die atmosphärische Luft durch den Athmungs-Proceß der Pflanzen weder verbessert noch verdorben.

Nicht grüne Pflanzentheile, wie Wurzeln, Holz, Rinde,

Blumenblätter, Früchte, Samen und gefärbte Herbstblätter verschlucken bey Tag und Nacht Sauerstoffgas, und entwickeln Kohlensäure.

Die Wurzeln gehen zu Grunde in Gasarten ohne Sauerstoffgas, und gedeihen daher besser in lockerer Erde. Man glaubt daher, daß die Pflanzen deßhalb bey Ueberschwemmungen zu Grunde gehen, weil das Wasser den Zutritt der Luft verhindert; fließendes Wasser ist nicht so schädlich, weil es immer etwas Sauerstoffgas mitbringt. Die an den Wurzeln entstehende Kohlensäure soll von denselben eingesogen werden. Abgeschälte Zweige verhalten sich auf dieselbe Art. Das todte Holz verzehrt ebenfalls Sauerstoffgas, mithin durch einen bloß chemischen Proceß. Eingesperrte Blumen verzehren zu jeder Zeit Sauerstoffgas, bilden Kohlensäure und stoßen auch etwas Stickgas aus.

Unreife oder noch grüne Früchte verhalten sich wie Blätter, reife aber wie Wurzeln.

Beym Keimen der Samen bildet ihr Kohlenstoff mit dem Sauerstoff der Luft Kohlensäure.

Pilze verzehren viel Sauerstoffgas, bilden damit Kohlensäure und entwickeln auch bald Stickgas, bald Wasserstoffgas. Die grünen Moose dagegen und Wasserfäden entwickeln im Lichte viel Sauerstoffgas.

Nach Vergleichung aller dieser Beobachtungen kann kein Zweifel über die Bedeutung der **Blätter** bleiben, nehmlich daß sie die eigentlichen äußeren Athemorgane sind, die **Lungen** der Pflanzen in Form von Kiemenblättern; daß ferner auch die ganze Rinde an dieser Verrichtung Theil nimmt. Es bleibt aber hiebey immer noch die Frage übrig, woher das Sauerstoffgas im Sonnenlichte komme, und die Kohlensäure bey Nacht. Das Sauerstoffgas kann nehmlich schon im Pflanzensafte frey vorhanden seyn, wie im Wasser; oder es kann durch Zersetzung des Wassers oder der Kohlensäure entstehen, in welchem Falle der Wasserstoff oder der Kohlenstoff sich an die Pflanze absetzten und ihr Gewicht vermehrten.

Manche glauben daher, die Kohlensäure sey der eigentliche Nahrungsstoff der Pflanzen, welcher sowohl aus der Luft als aus dem Wasser eingesogen würde. In diesem Fall wäre aber Athmen und Ernähren, oder vielmehr Verdauen, einerley, was der Physiologie offenbar widerspricht, wenigstens wie wir sie bey den Thieren kennen. Einzuwenden, daß Thiere und Pflanzen ganz verschieden seyen und daher keinen Schluß auf einander erlaubten, heißt die Gesetzmäßigkeit der Natur verkennen und selbst den wesentlichsten Unterschied zwischen beiden. Die Thiere sind von den Pflanzen nur verschieden durch diejenigen Organe, welche sie vor ihnen voraus haben, durch Knochen, Muskeln und Nerven, keineswegs aber durch die Organe, oder vielmehr Systeme, welche dem organischen Leben überhaupt zukommen, nehmlich Verdauungs-, Athmungs-, und Ernährungs-System.

Wäre bey den Pflanzen Einsaugungs- oder Verdauungs-Proceß und Athem-Proceß einerley, so müßte der Gegensatz der Processe wegfallen, und mithin die Lebens-Polarität; auch wären die verschiedenen Gewebe, Systeme und Organe ganz unnütz. Ihre bloße Gegenwart beweist verschiedene Processe: denn es kann keine verschiedene Materie sich absetzen, ohne eine verschiedene Thätigkeit, da sie ja nur die Producte von Thätigkeiten sind. Wo wir daher ein anderes Organ sehen, müssen wir auch eine andere Verrichtung annehmen.

Das Einsaugen oder Zersetzen der Luft muß daher einen andern Zweck haben, als das Einsaugen des Wassers, und dieses einen andern, als das der vesten Theile. Die Luft dient im Thierreiche zum Athmen oder Oxydieren, das Wasser zum Verdauen oder Chemisieren, die Speise als das Erdartige zum Ernähren oder Crystallisieren.

Beym beginnenden Thier im Ey saugt die Haut Nahrung ein, und dieser Proceß dauert auch während des Lebens einigermaßen fort, obschon die Haupteinsaugung durch die Därme geschieht. Die Haut aber wird nun vorzüglich ein Ausdünstungsorgan, und dazu muß man auch die Lungen-Zellen rechnen, obschon sie vorzugsweise Sauerstoffgas einsaugen. Dasselbe ist ohne Zweifel bey den Pflanzen der Fall; nur daß die Einsaugung auf der ganzen Oberfläche, das ganze Leben hindurch, in einem stärkern Grade stattfindet, besonders bey den wurzellosen Wasserpflanzen, wie Wasserfäden und Tangen, und bey den wurzelarmen Moosen und Pilzen, welche daher auch nur in feuchter und schattiger Luft gedeihen. Sobald aber sich die Wurzel vollständig entwickelt; so übernimmt diese die Einsaugung des Wassers und der Nahrung, und es bleibt der Rinde, und vorzüglich den Blättern, nur die Einsaugung der Luft übrig, wodurch erst der volle Gegensatz zwischen Stamm= und Wurzelwerk hervortritt.

Da nun das Athmen bloß ein Verhältniß zur Luft ist, und das Licht nichts damit zu schaffen hat; so können wir den Athemproceß nur im Schatten oder während der Nacht in seinem reinen Zustande finden: und da zeigt er sich völlig wie im Thierreich, nehmlich es wird Sauerstoffgas verzehrt und Kohlensäure entwickelt, ganz wie in unsern Lungen und auch noch in schwachem Grade auf der Haut. Dieser Zustand ist bey Weitem der längste, worinn sich die Pflanzen während ihres Lebens befinden. Bekanntlich gibt es wenige Tage im Jahr mit hellem Sonnenschein, und wenn nur eine Wolke vorüberzieht, so hört die Sauerstoff=Entwickelung der Pflanze augenblicklich auf. Man kann daher annehmen, daß die Pflanze über $^3/_4$ ihres Lebens Sauerstoffgas einzieht oder athmet.

Der Einfluß des Sonnenlichts leistet daher der Pflanze ohne Zweifel keinen andern Dienst, als dem Thiere, nehmlich nur einen zersetzenden an der Oberfläche, wodurch sie ihre grüne Farbe erhält.

Wie bringt aber das Licht diese Wirkung hervor?

Für die Physiologie scheint dieses fast gleichgültig zu seyn, und die Lösung der Frage nur Werth zu haben für die Lust nach Erforschung der Wahrheit.

Betrachten wir die physische Wirkung des Lichtes, so zeigt es sich überall Sauerstoff entwickelnd durch Zersetzung des Wassers, der Säuren und der Metallkalche. Das ist auch wahrscheinlich bey der Pflanze der Fall. Insofern die Pflanze Kohlensäure anzieht, um sich ihren Kohlenstoff anzueignen, wird diese durch den physischen Einfluß des Lichtes zersetzt. Dasselbe wird auch geschehen der Kohlensäure in dem Safte, wenn er der

Oberfläche nahe kommt. Die Erwärmung durch das Licht wird auch den Sauerstoff entwickeln aus andern Stoffen, oder aus dem Safte, wenn er frey darinn ist.

Die Hauptwirkung wird aber immer auf das Wasser gehen, wovon die Pflanze strotzt. Das Licht entwickelt aus jedem Wasser Sauerstoff, wenn es darinn einen Widerstand findet, besonders wenn es auf Spitzen trifft. Bey der Pflanze drängt sich das Wasser zur Oberfläche, um auszudünsten. Geschieht dieses im Lichte, so wird es zersetzt, im Schatten dagegen als Tropfen niedergeschlagen. Es kommt auf beide Arten aus der Pflanze. Das Licht wirkt aber auch durch die durchsichtige Oberhaut auf das Stärkemehl in den Zellen, nimmt ihm den Sauerstoff und macht es grün. Das alles hat mit dem Athmen nichts zu schaffen, und es ist daher ein großer Irrthum, zu sagen, der Athemproceß der Pflanze sey der umgekehrte vom Thier; sie entwickle dabey Sauerstoff, während er hier verschluckt werde.

### Luft im Innern.

Die bisher betrachteten Wirkungen des Athem-Processes, nehmlich die Zersetzung der Luft und des Wassers, gehen bloß an der Oberfläche der Pflanze vor, und, wie wir gesehen haben, vorzugsweise in den Blättern; daher auch die Pflanze häufig zu Grunde geht, gleichsam erstickt, wenn sie plötzlich alle Blätter, etwa durch Raupenfraß, verliert. Es gibt aber auch eine innere Athmung, vermittelt durch die Spiralgefäße oder Drosseln, welche, wie bey den Insecten, die Luft durch den ganzen Pflanzenleib bis zu den Wurzelspitzen führen, oder auf die Art, wie das Sauerstoffgas durch die Arterien in dem Leibe der höheren Thiere verbreitet wird.

Obschon man sich noch gegenwärtig über die eigentliche Bestimmung der Spiralgefäße streitet, ob sie nehmlich Luft oder Säfte führend sind; so ist es doch eine ausgemachte Thatsache, daß man sehr oft Luft darinn gefunden hat, und zwar von den ältesten Zeiten der Pflanzen-Anatomie an bis auf die unserige. Durchschneidet man Stengel mit weiten, dem bloßen Auge sichtbaren Spiralgefäßen, wie bey den Kürbsen; so wird man ihre

Mündungen trocken, die Stellen um dieselben feucht finden. Macht man diesen Durchschnitt unter Wasser, so sieht man selbst Luftblasen aus den Mündungen treten, und zwar in einer Reihe hinter einander, besonders wenn man den Stengel drückt. Legt man Längsschnitte unter das Microscop, so bemerkt man in den unverletzten Gefäßen ebenfalls Luftblasen, welche allmählich kleiner werden, so wie das Wasser durch beide Enden eindringt und dieselben verschluckt. Ueber die Natur der Luft hat Th. Bischoff Versuche angestellt, und gefunden, daß sie 28 Procent Sauerstoff enthält, also 8 Procent mehr als die atmosphärische, woraus hervorgeht, daß die Spiralgefäße mehr Sauerstoffgas einziehen als Stickgas; ohne Zweifel wegen der Verwandtschaft der Pflanzenstoffe zu demselben. W. Jocke hat dagegen in der Nacht viel Kohlensäure und kein Sauerstoffgas gefunden, woraus man schließen sollte, daß die Pflanze während dieser Zeit, wo sie das Sauerstoffgas einzieht, auch am meisten davon verzehrt.

Wie die Luft in die Spiralgefäße kommt, weiß man nicht, da diese nirgends Löcher haben, und selbst an ihren Enden geschlossen sind. Man glaubt, sie dringe durch die Spaltmündungen der grünen Theile zwischen das Zellgewebe, und werde von da durch die Spiralgefäße eingesogen. Wahrscheinlicher dringt die Luft auf dieselbe Art ein, wie in alle leeren Räume, nehmlich durch ihr eigenes Gewicht. Es frägt sich daher nur, wie der leere Raum in den Gefäßen entsteht.

Abgesehen von den künstlichen Einsaugungsversuchen der Spiralgefäße hat man bemerkt, daß auch im natürlichen Zustande Saft aus den Spiralgefäßen, welche dem Bast am nächsten liegen, dringt, wenn man sie durchschneidet. Ich glaube daher, daß wir die Sache betrachten müssen, wie bey den Thieren, wo auch die Luftröhren vor der Periode des Athmens mit Saft angefüllt sind. Die jungen Spiralgefäße sind Zellen, und können nicht anders entstehen, als wie die andern Zellen, müssen daher mit Saft angefüllt seyn. Bey ihrer Verlängerung saugen sie aber weniger Saft ein, und da ihre Wände elastisch sind, so entsteht ein leerer Raum, in welchen die Luft von selbst dringt.

Deßhalb findet man in den jüngern Spiralgefäßen an dem saft=
reichen Baste noch Saft, während er in den ältern des Holzes
verschwunden ist. Damit scheint sich auch der Streit über das
Saft= oder Luftführen der Spiralgefäße auszugleichen.

Ich habe schon früher bemerkt, daß der übereinstimmende
Bau der Spiralgefäße mit den Luftröhren der Insecten auch ein
wichtiges Zeugniß für die gleiche Verrichtung ablegt. Dazu
kommt noch vorzüglich ihr Verhältniß zu den Blättern, welches
nichts anderes als ein Gerippe von Spiralgefäß=Bündeln sind,
eine Befreyung derselben vom Zellgewebe, wodurch sie dem Ein=
fluß der Luft bloßgelegt werden, gerade wie die Arterien in den
Kiemenblättern der Muscheln und mancher Krebse, oder wie in
die Luftröhren in den Flügeln der Insecten. Das Blatt ist nur
ein aufgerolltes Spiralgefäß=Bündel, und denkt man sich ein
einzelnes Spiralgefäß mit seinen verzweigten Spiralfäden unge=
heuer vergrößert, so gleicht es vollkommen einem Scheidenblatt,
das noch nicht aufgeschlitzt ist. Ueberlegt man alle diese Ver=
hältnisse im Zusammenhang, so kann man unmöglich die Spiral=
gefäße für etwas anderes als die Athemorgane der Pflanzen halten.

Uebrigens findet sich auch Luft in den Höhlen des Zell=
gewebes, namentlich des Marks, in den Lücken der Wasser=
pflanzen, im hohlen Stengel der Gräser, in allerley Blasen der
Blätter, in den Hülsen, wie des bekannten Blasenstrauchs, und
in den Zwischenräumen mancher Capseln, wie bey der Jungfer
in Haaren (Nigella), endlich in den meisten trockenen Capseln.
Diese Luft scheint nicht von Außen hinein zu kommen, sondern
durch Zersetzung organischer Theile zu entstehen, wie in Luft=
geschwülsten und in den Därmen der Thiere. Es ist nichts an=
deres als atmosphärische Luft, welche jedoch nicht selten Kohlen=
säure enthält.

### 3. Saftlauf oder Ernährung.

Es frägt sich nun, in welche Räume der Saft eingesogen
wird, ob in die Zellen, die Adern oder Intercellular=Gänge,
oder in die Spiral=Gefäße.

Hierüber sprechen die Versuche so abweichend, und sind

daher die Meynungen so verschieden, daß man die Sache völlig müßte auf sich beruhen lassen, wenn man nicht den Bau der Organe und die Vorgänge im Thiere, so wie die Theorie des Lebensprocesses überhaupt zu Hilfe rufen könnte.

Ich bin der Meynung, daß eigentlich die Zellen einsaugen und den Saft verarbeiten oder verdauen; daß sie ihn aber von den Intercellular=Gängen zugeführt erhalten, und den verarbeiteten wieder dahin zurückgeben; daß dagegen die Spiralgefäße Luft führen, und daher wirklich Luftröhren oder Drosseln sind. All dieses ergibt sich jedoch nur aus dem ganzen Zusammenhang der Beobachtungen, und nicht aus den Versuchen mit einzelnen Geweben.

Ich habe schon früher bemerkt, daß weder eine Zusammenziehung der Zellen, mithin eine Erweiterung und Verengerung der Intercellular=Gänge, weder die Wirkung der Haarröhrchen, noch die Ausdünstung und der leere Raum die Aufsteigung des Saftes, und mithin die Einsaugung, welche damit einerley ist, erkläre, daß sie nur auf dem allgemeinen Gegensatz zwischen Wurzel und Stammwerk, mithin auf dem Lebensproceß und den damit gegebenen Zersetzungen beruhe.

Versuche von Hales, Bonnet und Andern beweisen, daß das eingesogene Wasser in Wurzeln oder Zweigen schon in wenigen Minuten mehrere Zoll hoch steigt. Das kann offenbar nur in fortlaufenden Röhren geschehen, also in den Intercellular=Gängen oder den Spiralgefäßen: denn wie wäre eine solche Schnelligkeit möglich, wenn das Wasser in die vielen Tausend Zellen eingesogen, ausgeschwitzt und wieder eingesogen werden sollte. Hales band um eine abgeschnittene Rebe eine Glasröhre und steckte andere darauf. Der Saft stieg darinn 21 Schuh hoch. Ein andermal sperrte er eine Glasröhre mit Quecksilber und dieses wurde 38 Zoll gehoben, entsprechend 43 Schuh Wasserhöhe, also mit einer Kraft, welche Erstaunen erregen muß, und sich keineswegs durch die Anziehung der Haarröhrchen erklären läßt. Andere haben den Versuch wiederholt und bestätiget.

Aus dem Weinstock, Ahorn, Pisang fließen in einem Tag mehrere Maaß Wasser aus; aus angebohrten Birken fließt in

14 Tagen so viel, als sie selbst schwer sind, was ein Begriff
gibt von der Menge des Wassers, welche die Pflanzen einsaugen
müssen, um den nöthigen Nahrungsstoff zu erhalten, der also
nur in sehr verdünntem Zustande darinn aufgelöst seyn kann.
Der Saft, woraus man Palmwein macht, fließt bekanntlich in
Menge aus den höchsten Gipfeln des Baumes, nehmlich aus
den Blüthenkolben.

Aus all diesem folgt ein ungemein schnelles Aufsteigen des
Saftes in fortlaufenden Röhren, und durch eine Kraft, welche
keine unorganische seyn kann. Wenn sich Senebier wundert,
daß doch die Knospen im Stande seyen, den Saft aufzuhalten,
so hat er nicht bedacht, oder vielmehr damals noch nicht wissen
können, daß der Grund des Aufsteigens gerade in dem Gegen=
satze der obern Theile zu den untern beruht, und keineswegs in
einem Druck oder Triebe von unten her. Dagegen einwenden: dann
könnte der Saft nicht ausfließen, heißt diese Wirkung verkennen.
Alle obern Theile, mithin viele Millionen Zellen, ziehen ja ein=
zeln den Saft an, und hören nicht auf, wenn er auch gleich zu
einer verletzten Stelle hinausfließt. Bleiben sie aber unverletzt,
so verarbeiten sie den Saft zu neuen Zellen, und befördern die
Ausdünstung, wodurch das Gleichgewicht im Polaritäts=Processe
hergestellt wird. Das ist auch der Grund, warum ein des
Winters in die Stube gezogener Zweig eines Rebstocks aus=
schlägt, während die draußen stehenden Zweige unthätig blei=
ben. Die Stubenwärme veranlaßt die Ausdünstung und erregt
dadurch die Polarität des Stocks.

Dasselbe thut das Licht, indem sich durch seinen Einfluß
das Wasser an der Oberfläche der Pflanze zersetzt; daher saugen
die Pflanzen bey Tag mehr ein, als bey Nacht: dennoch fließt
bey Nacht aus angebohrten Bäumen mehr Saft aus, als bey
Tag, ohne Zweifel, weil weniger verdunstet. Je mehr eine
Pflanze Blätter hat, desto mehr wird ausgedünstet, aus begreif=
lichen Gründen.

Derselbe Grund, welcher die Säfte in die Höhe zieht, zieht
sie auch nach den Seiten, und überhaupt nach allen Theilen der
Pflanze, obschon die Polarität nach Oben und Unten die herr=

schende ist. Jede Zelle wird gegen die andere polar, nicht bloß durch die allgemeine, senkrechte Polarität, sondern auch durch die quere und in Folge ihrer eigenen Thätigkeit, wodurch die Zersetzung und Bildung neuer Stoffe bewirkt wird. Während daher der eingesogene Saft aufsteigt, wird von allen Zellen aufgesogen, und nach der Verarbeitung wieder etwas zurückgegeben, so daß sich der eigentliche Nahrungssaft in den Röhren nur allmählich bildet, wodurch die höher oder mehr nach Außen und Innen liegenden Zellen immer andern Nahrungssaft bekommen, und daher auch andere Stoffe bereiten, wie Zucker, Gummi, Säuren, ätherische Oele u. s. w.

Frägt man nun nach dem anatomischen System, worinn sich die Säfte vorzugsweise bewegen, so meynt der eine im Bast, der andere im Holz, der dritte selbst in der Rinde. Ohne Zweifel bewegt er sich in allen lebendigen Theilen. Man braucht aber nur während des Safttriebs einen Zweig zu durchschneiden, um sogleich zu bemerken, daß der Bast bey weitem am meisten Saft enthält. Die Erfahrung lehrt, daß Bäume ganz hohl geworden, und bloß durch die Rinde fortgelebt haben, und umgekehrt andere, denen man die Rinde genommen hat. Dieses Leben ist aber immer schwach und hört vor der gehörigen Zeit auf. Schneidet man das Holz ganz aus, so stirbt der Baum, ohne Zweifel, weil der Bast dadurch zu Grunde geht. Zieht man die Rinde so ab, daß der Bast vertrocknet; so kann dennoch immer im Holze, besonders in dem jüngern oder dem Splint, Saft aussteigen und die Pflanze einigermaßen ernähren. Stellt man Baumzweige in gefärbtes Wasser, so wird nur der Bast und der äußerste Holzring gefärbt, keineswegs aber das ältere Holz und die Rinde.

Schon hieraus ergibt es sich sattsam, daß die Spiralgefäße nicht die Organe des Saftlaufs seyn können, weil sie dem Baste fehlen. Es gibt aber einen schlagenden Beweis, durch den alle scheinbar widersprechenden Beobachtungen zu nichts werden. Es sind die bekannten übergreifenden Schnitte an einem Zweige, wovon jeder bis über die Mitte reicht, so daß alle Spiralgefäße unterbrochen werden. Dennoch dauert, wie jedermann weiß, das

Ausschlagen und Blühen des Zweiges fort, als wenn nichts geschehen wäre. Es thränt selbst die obere Schnittfläche eben so gut wie die untere. Der Saft steigt mithin auch über die Schnitte hinauf, und zwar durch Zickzackwege, welche sich nur in den Intercellular=Gängen finden.

Was können nun gegen solch eine entschiedene, und in allen Fällen vorkommende, Erscheinung künstliche Versuche über das Aufsteigen gefärbter oder zu färbender Flüssigkeiten beweisen! Zwar wird auch der ganze Bast durchschnitten, und dadurch das gerade Aufsteigen gehindert. Allein die Intercellular=Gänge im Bast hängen ja ringsum zusammen, und der Saft braucht nur ein wenig zur Seite zu ziehen, um zu dem unverletzten Stück zu gelangen und seinen gewöhnlichen Weg zu finden. Doch die krummen oder vielmehr die Wege nach allen Richtungen sind ihm auch gewöhnlich, weil es überall Rinde und Blätter gibt, die ihn anziehen. Zwar steigt er in Flechten und Moosen, die man ins Wasser setzt, nicht so schnell in die Höhe, ohne Zweifel, weil ihnen die kräftigere Athmung und Polarisierung durch Spiralgefäße fehlt. Wer kann aber läugnen, daß er dennoch in die Höhe steigt, da sie ja leben und wachsen?

Man hat abgeschnittene Zweige in gefärbte Flüssigkeiten gestellt, und gefunden, daß die Spiralgefäße bald etwas davon ein=sogen, bald nicht. Man wendete dagegen die Verletzung dieser Gefäße ein, und erklärte daher die Erscheinung durch die Haarröhrchen. Man hat indessen auch bloß die Erde mit gefärbten Flüssigkeiten begossen, so daß sie durch die Wurzeln sollten eingesogen werden, was jedoch nicht geschah. Man half sich mit der Entschuldigung, daß die Farbenstoffe zu grob seyen, um von unverletzten Spiral=gefäßen eingesogen zu werden. Link begoß Topfpflanzen 8 Tage lang mit Berliner=Blau oder blausaurem Eisenkali. Sie befan=den sich wohl. Dann begoß er sie einen Tag lang mit Eisen=Vitriol und fand nun manchmal, manchmal auch nicht, einzelne Spiralgefäße mit einer blauen Flüssigkeit gefüllt, andere dane=ben nicht, und das Zellgewebe auch nicht. Hieraus will man folgern, daß die Spiralgefäße Saft einsögen, während vielmehr folgt, daß es nur zufällig geschieht, ohne Zweifel, weil da und dort eine Stelle der Wurzel verletzt war: denn wäre das Einsaugen ihre natürliche Eigenschaft, so hätten sie alle, und in allen Fällen blau werden müssen.

Hales und van Marum steckten einen Zinken eines Gabelzweiges verkehrt in Wasser: dennoch grünte der andere Zinken in der Luft fort. Das Wasser stieg demnach in dem ersten Zinken rückwärts in die Höhe, und im zweyten herunter, was nur in den Intercellular-Gängen geschehen konnte, und nicht in den Spiralgefäßen, weil die der beiden Zinken nicht mit einander in Verbindung stehen. Todte Zweige saugen nicht ein, wenigstens nicht höher, als sie im Wasser stehen.

## Absteigen des Saftes.

Es ist eine bekannte Sache, daß der Pflanzensaft auch umgekehrt läuft, nehmlich in dem Zweig in die Höhe steigt, wenn man denselben verkehrt ins Wasser stellt. Obschon dieses sonderbar aussieht, so ist doch der Grund sehr einfach. Der Zweig kann Wasser nur da einsaugen, wo er hat. Die Verarbeitung der Säfte geht in jedem Theile der Pflanze vor sich, und sie müssen sich deßhalb dahin ziehen, wo am meisten verloren geht, also nach dem trockenen Ende, es mag sich oben oder unten befinden. Anders stellt sich die Frage: ob der Saft überhaupt dem Wachsthum oder dem Leben der Pflanze gemäß eine absteigende Bewegung hat, und in welchem System oder Gewebe dieses stattfindet.

Es gibt vorzüglich eine Erscheinung, welche den Glauben an das naturgemäße Absteigen des Saftes veranlaßt hat, und zwar in der Rinde. Bey dem bekannten Ringschnitt der Zweige schwillt nehmlich der obere Rand der Wunde stark an, während der untere unverändert bleibt. Auch treibt der obere Theil des Zweiges mehr Blüthen und Früchte, und daher wendet man den Ringschnitt häufig bey den Obstbäumen an. Selbst Wurzelchen entstehen am obern Rande, besonders wenn man den Schnitt mit Erde umgibt; keineswegs aber am unteren.

Der Grund, warum der untere Rand sich nicht vergrößert, sondern vielmehr vertrocknet, liegt einfach darinn, daß er von dem Lebensproceß des Zweig=Endes nicht mehr von Oben her angeregt wird; sondern die Polarität sich nach Innen oder gegen das Holz wendet, und daher der untere Saft auch dahin strömt. Die Bildung des Wulstes am obern Rande ist, abgesehen von der größeren Saftfülle im Zweig=Ende, ganz einerley mit der Bildung und Richtung der Wurzel nach Unten, welche bloß der Schwere des in ihr enthaltenen Wassers folgt. Der Saft im obern Schnittrand senkt sich durch sein Gewicht nach Unten, und drängt die Rinde nach Außen. Wird der Schnittrand durch Erde feucht gehalten, daß er nicht vertrocknen oder vernarben kann, so bilden sich daselbst neue Zellen, welche sich zu Würzelchen verlängern oder als solche nach Unten sinken.

Das Zweigen und Aeugeln beruht auf demselben Grunde. Der Saft des Reises oder Auges senkt sich nach Unten in den Stamm und treibt Würzelchen hinein, wie er es in der Erde thun würde. Diese verwachsen mit dem Zellgewebe und ernähren sich nun wie ein anderer Zweig.

Der oben gegebenen Ursache, der Verdickung des oberen Randes des Ringschnitts, setzt man einen Versuch von Duhamel (Physique des arbres. II. 108. tax. 14.) entgegen. Er bog nehmlich Zweige von Rüstern nach Unten und ringelte dieselben. Dennoch bildete sich der Wulst an dem Rande, welcher dem Zweig=Ende am nächsten, also nun nach Oben gerichtet war. Hier ist allerdings die Schwere nicht Ursache der Verdickung, wohl aber die größere Menge von Saft in allen Theilen des Zweiges, jenseits des Ringschnitts. Der Saftzug bleibt derselbe, und der ursprünglich untere oder der dem Stamm nähere Rand muß mithin vertrocknen, wie bey dem aufrechtstehenden Zweig. Der entferntere Rand ist auf jeden Fall saftreicher, bleibt lebendig und muß dicker als der andere seyn. Ob er aber so dick wird, wie im gewöhnlichen Fall, und ob er gar Wurzeln treibt, ist nicht gesagt, und das letztere wird man wohl bezweifeln.

Anders verhält es sich mit Versuchen von Pollini. Er bog einen Platanenzweig, steckte ihn in die Erde und ringelte denselben. Der Wulst bildete sich an dem Rande des Zweig=Endes, und verlängerte sich binnen einem Jahr so weit, daß er wieder mit dem andern Rande verwuchs, sich also der Schwere entgegen ausdehnte. Bis hieher ist der Fall dem vorigen gleich. Als aber die Zweigspitze nach 2 Jahren Wurzel geschlagen hatte, schnitt er denselben ab, ringelte ihn wieder, und der Wulst bildete sich am untern Rande des Schnittes. Solch einen einzelnen Fall, welcher der allgemeinen Erfahrung widerspricht, hat man das Recht mit De Candolle zu bezweifeln, um so mehr, da Knight bey einem umgekehrt gepflanzten Johannisbeer-Strauch den Wulst am obern Schnittrand entstehen sah.

Für ein gewöhnliches Absteigen des Saftes, also für eine Art von Kreislauf, führt man auch das sogenannte Fallen desselben im Herbst oder nach dem Laubfall an. Das beweist aber gerade, daß der Saft während des vollen Lebens der Pflanze nicht fällt, sondern immer steigt, und daß die Blätter davon die Hauptursache sind, was auch die Versuche beweisen. Ein abgeschnittener und entlaubter Zweig saugt viel langsamer ein als ein anderer. Die Früchte reifen besser, wenn sich über denselben noch Blätter am Zweige befinden. Bey kümmerlichen Zweigen und Früchten, welche abzufallen drohen, verbindet man daher oberhalb derselben den Zweig durch Absaugen mit einem stark belaubten Nebenzweig, wodurch die Säfte in die Höhe gezogen werden. Das wird bewirkt durch die vermehrte Polarität, und es kann daher hier von keinem Absteigen des Saftes aus dem belaubten Zweig in den Frucht tragenden die Rede seyn.

Aber auch nach dem Laubfall tritt kein wirkliches Absteigen der Säfte ein, sondern nur ein langsameres Aufsteigen aus begreiflichen Gründen. Auch im Winter sind die Zweige nicht saftlos, ja sie verlängern sich sogar, obschon, natürlicher Weise, in geringerem Grade als bey warmer Witterung. Dabey muß man nicht vergessen, daß die Schwere des Saftes freyer wirkt, sobald die Polarität durch die Blätter aufhört und nur durch die Rinde vermittelt wird. In der indifferenteren Wurzel wirkt die Schwere stärker als im Stengel. Von einem Kreislauf der Säfte kann daher bey den Pflanzen keine Rede seyn.

Man spricht aber von einem andern Kreislauf, der wirklich ein solcher seyn soll, d. h., worinn Säfte in eigenen zusammenhängenden Gefäßen auf- und absteigen und umkehren, ganz wie in Arterien und Venen.

C. H. Schultz hat eine solche Bewegung in den milchsaftführenden Pflanzen, 1822, entdeckt, und dieselbe Cyclose genannt. Diese Bewegung wurde beobachtet im Schöllkraut, Ahorn, Sumach, Feigenbaum, bey den Glockenblumen, den Winden, auch bey dem Froschlöffel (Alisma), dem Aron, der Aloe, dem Welschkorn u. s. w. Da vieles dagegen gesprochen wurde, so hat er bey der Versammlung der Naturforscher zu München, 1827, diese Bewegung in einem Längsschnitt des Blattstiels von einem Feigenbaum gezeigt, und ich habe sie selbst mit vielen Andern gesehen. Der Saft lief aus zwo neben einander liegenden Röhren, mit ziemlicher Schnelligkeit, mehrere Secunden lang aus. An der Thatsache ist daher nicht zu zweifeln, wie denn auch an der Saftbewegung überhaupt nie jemand gezweifelt hat. Es handelt sich bloß um die Erklärung: ob nehmlich der Saft sich mit einer solchen Schnelligkeit (mit Rücksicht auf die microscopische Vergrößerung) in der unverletzten Pflanze auf- und abbewegt, oder ob sowohl diese Schnelligkeit, als auch die verschiedenen Richtungen von dem Zerschneiden der Gefäße abhängen. Nach allen Erscheinungen, welche wir in der Pflanze kennen, muß man das letztere annehmen. Es gibt überhaupt keinen Grund zum Absteigen des Saftes in der Pflanze, und daher auch keinen für eine solche Bewegung des Milchsaftes. Wäre es aber auch wirklich der Fall, so würde es nur für die Milchpflanzen gelten, also nicht für das Pflanzenreich, und sie hätte mit der Bewegung des Nahrungssaftes, der dem thierischen Blut entspricht, nichts zu schaffen. Ueberdieß ist der Milchsaft offenbar nur ein ausgeschiedener, meist harziger, oft giftiger Saft, der also unter die Rubrik von ätherischen Oelen, Harzen u. dgl. gehört, und daher den Namen Lebenssaft (Latex) keineswegs verdient; ja vielmehr den irrigen Begriff hervorbringt, als wenn er zur Ernährung der Pflanze diente. Endlich sind die Milchsaftgefäße so zerstreut in der Pflanze, und lassen eine Menge Zellen und mithin Intercellular-Gänge für den Nahrungssaft zwischen sich, daß sie unmöglich die ganze Pflanze ernähren könnten. Sie müssen daher als zusammenhängende Lückengänge betrachtet werden, welche hin und wieder auch durch Quergänge verbunden sind. Der Milchsaft selbst steigt ohne Zweifel nicht schneller in die Höhe, als die Verdunstung seines Wassers ihm gestattet; daher ist die Bewegung auch schneller bey warmer Witterung und nach Regen, wodurch die Pflanze saftreicher wird.

### Ueberblick.

Der ganze Ernährungs-Proceß, insofern er auf Veränderung der Stoffe und Absatz derselben beruht, läßt sich zwar nicht Stuffe für Stuffe verfolgen, jedoch im Allgemeinen angeben.

Die Bewegung der Säfte überhaupt wird bestimmt durch die allgemeine Polarität in der Pflanze, welche, insofern sie als Kugel betrachtet wird, zwischen Centrum und Peripherie besteht, vorherrschend aber ist von Oben nach Unten, insofern sich die Pflanze walzenförmig bildet. Dieser Gegensatz wird ursprünglich durch das Licht hervorgerufen, und ist mithin ein Gegensatz von Licht und Finsterniß, also von Außen und Innen, stärker von Oben und Unten. An diesen Urgegensatz, welcher alles Leben hervorruft und unterhält, schließt sich der zweyte an zwischen Luft und Wasser, also noch entschiedener zwischen Oben und Unten, wo er durch das Stamm- und Wurzelwerk bestimmt wird. Das Wasser, als das indifferente oder polaritätslose Element, wirkt vorzüglich durch seine Schwere, und zieht daher die Pflanze in Kegelform herunter gegen den Mittelpunkt der Erde, wodurch die Wurzel bestimmt wird, alle ihre Theile in eine Spitze zu vereinigen, und mithin der Oeffnung oder dem Aufplatzen in Knospen zu widerstreben. Die Luft dagegen, als das differente oder immer polare Element, sucht die oberen Theile der Pflanze zu trennen, die Blasen als Knospen zu öffnen und in electrische Tafeln oder Blätter auszubreiten. Die Pflanze ist daher ein umgestürzter Kegel, aus einer Menge Schalen zusammengesetzt, welche sich alle an dem nach Oben gerichteten Boden öffnen. Die innersten Schalen, als die kleinsten und zartesten, werden zur Blüthe.

Wenn das Licht bloß von Außen polarisirend, zersetzend

und öffnend wirkt, so die Luft durch Oxydation nicht bloß von
Außen, sondern auch von Innen durch Eindringen in die Dros=
seln oder Spiralgefäße. Dadurch wird eine allseitige Anziehung
und Abstoßung der Säfte unterhalten, wodurch sie nach Außen
und Innen, nach Oben und Unten strömen müssen, je nachdem
die Polarität irgend eines Ortes das Uebergewicht bekommt; im
Sommer also, und bey mäßigen Winden, mehr nach Oben und
Außen, im Winter, und bey größerer Ruhe, mehr nach Unten
und Innen. Es gibt daher allerdings in der Pflanze einen Saft=
lauf nach allen Seiten, wie im Thier, aber dennoch keinen Kreislauf
wie im Thier, nehmlich so, daß der Saft in gewissen Systemen
in die Höhe stiege, wie Bast und Holz, und in andern herab=
stiege, wie in der Rinde. Entblättert man einen Zweig, so zieht
er nicht mehr so stark an, wie der Nebenzweig. Dieser zieht
daher den Saft in die Höhe aus jedem weniger polarisierten
Theil, und mithin auch aus dem entblätterten Zweig, in wel=
chem er also heruntersteigt, nicht nach dem gewöhnlichen Lauf
der Dinge, sondern auf ungewöhnliche Weise, weil er krank ge=
worden ist.

So wie die Polarität oder der Lebensproceß durch die ganze
Pflanze wirkt; so auch nothwendig von Zelle zu Zelle, und wie=
der von der Oberfläche oder der Haut einer jeden zu ihrem
Centrum. Die innern Zellenlagen ziehen daher mehr an, weil
sie den Drosseln näher liegen, wie im Bast, und dahin werden
sie vorzüglich die gehaltreichern Säfte ziehen, weil ihre Stoffe
Verwandtschaft zum Sauerstoff haben; auch die äußern Zellen=
lagen ziehen an, aber ohne Zweifel mehr wässerige Säfte, weil
sie von dem Sauerstoff der Drosseln abgestoßen werden, weil sie
ausdünsten, sich am Lichte zersetzen, und daher meistens reducierte
Stoffe, wie ätherische Oele und Harze, zurücklassen.

Zuerst scheint nun der rohe oder von der Wurzel eingesogene
Saft in die Zellen zu kommen, wo sich der Schleim durch das
beständige Umrollen allmählich in Stärkekügelchen formt, welche
sich an die Wände legen und zu Holz werden. Ein anderer
Theil scheint sich in Zucker zu verwandeln, und als auflöslicherer
Stoff aus der Zelle in die Adern oder Intercellular=Gänge zu

schwitzen, wo er sodann aufsteigt, und sich unterwegs in Säure, besonders Essigsäure, verwandelt, welche sich mit Laugen und Erden zu Salzen verbinden. So steigt endlich der zuckerige Saft in die Höhe, verliert in den Blättern sein Wasser, und der gehaltreichere Theil begibt sich zu den Blüthen, wo er sich auswendig in Blumen und Staubbeuteln in ätherische Oele und Wachs verwandelt, nach Innen in Mehl, zwischen beiden aber in Schleim und verschiedene Säuren, nehmlich in der Frucht. Die Blüthe ist eine totale Darstellung aller Pflanzenstoffe in ihrer gänzlichen Verarbeitung oder Trennung. In der Blume liegen die luftartigen Stoffe, die Oele, nach Außen, die erdartigen, das Mehl, nach Innen, die wasserartigen oder die Säuren in der Mitte. Es ist also augenscheinlich, daß der Ernährungsproceß in einer Reihe von chemischen Processen besteht, vom eingesogenen Schleim an bis zu den getrennten Stoffen in der Blüthe. Diese Stoffe selbst werden schon im Stengel und im Blatt vorbereitet: denn schon da entwickeln sich nach Außen ätherische Oele, nach Innen Holz, welches nur verhärtetes Mehl ist, zwischen beiden Säuren und Salze, nehmlich im Bast; und so geht es fort, bis endlich diese Stoffe ganz geschieden sind, wodurch jeder weitere chemische Proceß, mithin die Vegetation, nothwendig aufhören muß. Unter den gehörigen Umständen tritt sodann der Gährungs- und Fäulniß-Proceß ein, wodurch die Stoffe in unorganischere und endlich in ganz einfache zerlegt werden, womit erst der völlige Tod eintritt.

In der Pflanze werden daher keine Stoffe erzeugt, welche aus den vegetativen Systemen ausgeschieden, zu neuen Systemen werden mit einem eigenthümlichen Geschäft, wie es im Thierreiche der Fall ist, wo aus den Blutgefäßen Nerven-, Muskel- und Knochenmasse ausgeschieden wird, welche neue Systeme darstellen mit ganz andern Geschäften als Verdauen, Athmen und Ernähren.

### 4. Erscheinungen.

Der Verdauungs-, Athmungs- und Ernährungs-Proceß hat seine natürlichen Folgen sowohl in den flüssigen als vesten

Theilen. Jene erscheinen als Ab- und Aussonderungen; diese als Maaß und Zahl; Vergrößerung und Gestaltung, Theilung und Vermehrung.

a. **Die Absonderungen**

sind entweder innere oder äußere, und in beiden Fällen allgemeine oder besondere.

1. Die inneren sind durch das gewöhnliche Zellgewebe vermittelt, und die Stoffe bleiben entweder in den Zellen selbst, wie Oele und Farbenstoffe, oder sie schwitzen aus in Lücken, wie die Harze, oder in zusammenhängende Lückengänge, wie die Milchsäfte.

Die allgemeinen äußern Absonderungen geschehen ebenfalls durch das gewöhnliche Zellgewebe, wie das Wasser, die ätherischen Oele, das Wachs, die Manna u. dergl. Bildungen von Zucker, Schleim, Säuren kann man nicht wohl zu den Absonderungen rechnen, da sie zum Wachsthum wieder verwendet werden und nur vorübergehende Erscheinungen im Lebensprocesse sind.

Die besondern äußern Absonderungs- oder Auswurfsstoffe kommen aus sogenannten Drüsen und Haaren, welche aber auch aus bloßem Zellgewebe bestehen, und daher wesentlich keine eigenthümlichen Organe sind; sondern sich nur dadurch auszeichnen, daß sie über die Oberfläche der Pflanze hervorragen, und zwar nur an den Theilen über der Erde, am häufigsten am Rande der Blätter und an den Blumenblättern.

Die Drüsen sind ein zartes, in eine Warze zusammengedrängtes Zellgewebe, meistens durchsichtig oder gefärbt, an den Fettpflanzen gewöhnlich weiß wie Perlen, an den Aloe-Arten braun. Sie sind entweder aufsitzend oder gestielt, d. h. am Ende eines Haars, wie an den Rosenkelchen, am Stengel der Doldenpflanzen, am Sonnenthau u. s. w. Stiellos sind sie am Johanniskraut, an den Rauten, Myrten. Wenn sie durchsichtig sind, so sieht das Blatt wie durchstochen aus, wie beym Johanniskraut. Ausführungsgänge, wie bey den Drüsen der Thiere, sind nirgends vorhanden, und die Stoffe können daher nur durch die Wände schwitzen. Die Drüsen sind aber meistens nicht mit der Oberhaut überzogen, und daher freye Hervorragungen des darunter liegenden Zellgewebes.

Obschon die Absonderungen einen innern Grund haben, so wirken doch Wärme und Licht mächtig darauf; Feuchtigkeit dagegen scheint sie zu hemmen; in der Jugend gehen sie auch rascher vor sich als im Alter, wo am meisten Harze und Farbenstoffe erscheinen.

Der Grund der verschiedenen Absonderungen liegt ohne Zweifel im Gegensatz der Stoffe, und dieser wieder im Gegensatz der äußern Oberfläche zu den innern Geweben, und der Spiralgefäße zum Zellgewebe, was im Grunde dasselbe ist, indem diese Gefäße die äußere Luft in die Pflanze bringen; daher sind auch die Absonderungen meist reducierter Natur, wie Oele, Harze, Honig, während die im Innern bleibenden Stoffe sich zur Säure neigen; aus demselben Grunde fehlen sie auch fast gänzlich den Pflanzen ohne Spiralgefäße.

Schmierige Absonderungen finden sich an den Stengeln von Lichtnelken, Erdmandeln, Schlüsselblumen, an den Kelchen der Steinbreche, Rosen, Hülsenfrüchte, auch auf einigen Hutpilzen.

Schleim wird abgesondert von vielen Samen, wie von Lein, Wegerich, Salbey, Quitten.

Vertrockneter Schleim oder Gummi von Kirsch- und Zwetschenbäumen, Terebinthen, Mimosen, Traganth.

Manna auf den Aeschen, dem Alhagi-Strauch, den Tamarisken, manchen Alpenrosen.

Wachs an Palmen und dem Gagel; als Reif auf verschiedenen Früchten und Blättern. Oel wird nicht nach Außen abgesondert, auch nicht in den Blättern, sondern meistens nur in den Samen und im Blüthenstaub, selten in der Fruchthülle, wie bey den Oliven. Auch Farbenstoffe erscheinen nicht äußerlich, so wenig als Gerbestoff, und dieser fast nur in der Rinde, aber nicht von jährigen Pflanzen. Auch die Milchsäfte blieben im Innern, so wie die Säuren, mit wenigen Ausnahmen.

Die ätherischen Oele dünsten zum Theil aus besonderen Drüsen, welche als dunkle Puncte an der Oberfläche erscheinen, wie bey den meisten Lippenblumen, den Myrten, Lorbeerbäumen und Citronen, bey welchen letztern auch die Fruchtschale voll davon ist; endlich aus den meisten Blumen, ohne daß man jedoch Drüsen bemerkte. Es gehört dazu warme Witterung oder warmes Clima.

Ein anderer Theil vertrocknet im Innern; bey den Scheidenpflanzen fast nur in der Wurzel, wie bey Calmus, dem Aron und den eigentlichen Gewürzpflanzen; bey diesen jedoch auch in der Frucht, wie Amomen und Vanille. Bey den Stauden der Netzpflanzen bald in der Wurzel, wie bey den Doldenpflanzen, Baldrian; bey den Bäumen meistens in der Rinde, wie bey den Myrten und Lorbeeren, wo jedoch der Campher auch im Holze vorkommt.

Die Harze bleiben in der Regel im Stamme der Nadelhölzer, Terebinthen, mancher Hülsenpflanzen, und sickern nur durch Risse aus. Bey den Scheidenpflanzen ist es selten, wie bey Aloe, noch seltener bey den blumenlosen Pflanzen, wie bey einigen baumartigen Farren.

Die Säuren bleiben in der Regel im Innern, und werden zur weitern Entwickelung, besonders der Früchte, verwendet. Nur bey den Kichererbsen schwitzt Sauerkleesäure aus den Haaren an Kelch und Hülse aus.

2. Die Ausdünstungen der ätherischen Oele oder der Riechstoffe zeigen am meisten Manchfaltigkeit, welche sowohl von der Natur der Gewächse, als von ihren Theilen und von den äußern Einflüssen abhängt, besonders bey den Blumen.

Die blumenlosen Pflanzen haben selten einen Geruch, und bey den Pilzen ist er fast immer stinkend; nur das sogenannte Veilchenmoos (Byssus iolithus) riecht angenehm, so wie einige Laubmoose, Lebermoose und Farren. Bey den Scheidenpflanzen sind Stengel und Blätter meistens geruchlos, und dagegen riechen die Wurzeln, Blumen und Samen; bey den Netzpflanzen endlich sind die Wurzeln fast immer geruchlos, während alle andern Theile Geruch verbreiten können, die Blumen am meisten, und zwar gewöhnlich einen angenehmen, die Blätter und Stengel dagegen nicht selten einen unangenehmen.

Wurzel, Stengel und Blatt riechen gewöhnlich auch, nachdem sie vertrocknet sind, fort, wie die Lippenkräuter, das Holz der Cypressen und Cedern, das Rosenholz (Convolvulus scoparius), die Zimmetrinde. Einige Gräser, wie das Ruchgras und Honiggras, fangen erst an zu riechen, wann sie Heu geworden sind; ebenso einige Knabwurze und der Waldmeister. Die meisten Blumen verlieren ihren Geruch nach dem Trocknen, wie die Nelken; die Rosen behalten ihn jedoch sehr lang.

Die meisten Blumen riechen ununterbrochen fort, so lang sie leben; es gibt aber auch aussetzende, welche nur bey Nacht riechen, wie die Nachtviole und überhaupt die Blumen, welche unter Tags geschossen und bey Nacht geöffnet sind. Davon läßt sich der Grund schwer angeben, da überhaupt die meisten Blumen vorzüglich bey Tag ihre Wohlgerüche verbreiten. In der Regel riechen vorzüglich die weißen Blumen und die rothen; selten die blauen.

Es gibt wenig Blumen, welche stinken, wie die der Stapelien und des Schlangenarons, und zwar wie faules Fleisch, so daß die Schmeißmucken darauf legen. Bey dem Stechapfel und den Volkamerien riechen die Blumen gut, während die Blätter stinken, wenn man sie reibt.

3. Als eine eigenthümliche Art von Drüsen muß man die Honigdrüsen in den Blumen ansehen, weil sie größtentheils verkümmerte Organe sind, und zwar meistens Staubfäden, welche statt Blüthenstaub Honig absondern. Dieser Honig scheint aus Zucker und Schleim zu bestehen, dem manchmal ätherisches Oel oder ein betäubender Stoff fremdartige Eigenschaften ertheilt, wie Farbe, Geruch, Geschmack, wohlthätige oder schädliche Eigenschaften.

Am meisten liefert solchen Saft die Kaiserkrone und die sogenannte Honigblume (Melianthus). Bey jener kommt der Saft aus 6 Gruben unten in der Blume, und fließt so häufig aus, daß er bey der geringsten Erschütterung abträufelt; bey der Honigblume kommt noch mehr aus einer einzigen Drüse an derselben Stelle, welche wohl als verkümmerter Staubfaden betrachtet werden muß, da nur ihrer vier in der fünfzähligen

Blume vorhanden sind. Uebrigens findet sich kaum bey der
Hälfte der Pflanzen eine solche Honigabsonderung.
Diese Säfte schmecken in der Regel angenehm, so wie die
meisten Früchte, wenn sie nicht herb sind. Die andern Pflanzentheile dagegen erregen fast durchgängig einen unangenehmen
und ekelhaften, oder wenigstens faden Geschmack. Die ausgezeichneten Geschmäcke beschränken sich auf drey, auf den sauren,
bittern und scharfen, und man kann im Allgemeinen sagen, der
erstere gehöre den Früchten, der letztere den Wurzeln, der bittere
dem Kraut an. Er fehlt jedoch den blumenlosen und Scheidenpflanzen fast gänzlich; am stärksten ist er bey den Enzianen
und Rauten.

b. Vergrößerung.

Die andern Folgen des Verdauungs-, Athmungs- und Er-
nährungs-Processes sind die Vergrößerung, Gestaltung, die Theilung und endlich die Vermehrung.

1. Die Vergrößerung oder das Wachsen geschieht ohne
Zweifel durch Veränderung des Schleims in Stärke, durch Gerinnung derselben zu Körnern, welche durch Oxydation eine dich-
tere Oberfläche oder Haut bekommen, und auf diese Art zu
einer Zelle werden. Diese Bildung von neuen Zellen, wodurch
die Pflanze wirklich wächst, kann aber nur außerhalb der frühe-
ren Zellen vor sich gehen, also in den Zwischenräumen oder Intercellular-Gängen, vorzüglich im Bast: denn geschähe sie in den
Zellen selbst, so müßten diese nothwendig zerreißen und in
Fetzen herumhängen, deren man aber keine bemerkt. Die Körner innerhalb der Zellen hängen sich vielmehr an deren Wand
und verdicken dieselbe, wodurch das eigentliche Holz entsteht.
Mit den neuen Zellen bilden sich auch zugleich die Spiralgefäße,
welche man für nichts anderes als langgezogene Zellen ansehen
kann, in welchen sich die Stärkekörner in einem oder mehreren
Spiralfäden an einander legen.

2. Das Wachsthum ist daher eine Vermehrung der Zellen,
keineswegs eine Vergrößerung derselben. Würde nichts auf die
Pflanze wirken, als der bloße Ernährungsproceß; so würde sie

sich ohne Zweifel gleichförmig nach allen Seiten oder kugelförmig ausdehnen, und die neuen Zellen würden in der Höhle der alten eine große Blase oder Haut bilden, unter welcher immer neue Blasen entständen. Solch eine Pflanze wäre mithin eine Einschachtelung von zahlreichen hohlen Kugeln oder Schalen, wie eine Zwiebel oder ein Pilz. Das ist im Grunde auch jede Pflanze; nur mit dem Unterschiede, daß die Schalen oder Rinden in die Höhe gezogen sind und Walzen bilden.

Mithin muß ein Grund der Verlängerung der Pflanzen vorhanden seyn, und zwar ein solcher, welcher außerhalb liegt; sonst würden alle zu Kugeln werden, wie die Balgpilze.

Der Grund kann nicht in einem Triebe von unten liegen; denn dieser wirkte nur auf Wasser, welches sich eher seitwärts als nach oben drängen, und mithin nur kuchenförmige Pflanzen veranlassen würde. Er kann auch nicht in der Wärme liegen: denn diese würde nur Kugeln hervorbringen, vorausgesetzt, daß sie gleichförmig einwirkte.

Es bleibt daher nur Schwere, Luft und Licht übrig, welche noch auf die Pflanze wirken. Die Schwere allein würde das Zellgewebe zu einem umgekehrten Kegel formen, nehmlich zur Wurzel: mithin bleibt für die überirdische Pflanze nichts anderes als Luft und Licht übrig. Aber auch die Luft wirkt von allen Seiten gleichförmig ein, und sie mag daher durch Oxydation oder Electricität das Wachsthum befördern; so könnte es doch immer nur auf die Hervorbringung einer Kugel gehen, wie wir denn auch sehen, daß die Pflanzen im Dunkeln dick und weich werden.

Es bleibt mithin nichts anderes als die Einwirkung des Lichtes übrig, wodurch die Pflanze bestimmt wird, in die Höhe zu wachsen. Das Licht selbst kann aber nicht etwa eine ziehende Kraft anwenden, sondern muß nur der Thätigkeit, innerhalb der Pflanze, die Richtung nach oben geben; und dieses ohne Zweifel dadurch, daß es durch seine desoxydierende Eigenschaft eine Polarität zwischen Stamm- und Wurzelwerk hervorruft, und zugleich die obern Theile mehr erwärmt als die untern, wodurch sie mehr ausdünsten, und daher die Gerinnung des Saftes zu

Zellen befördern. Aus demselben Grunde bekommen die Stoffe mehr Verwandtschaft zum Sauerstoff, ziehen denselben an, vermindern mithin die Luft in den Spiralgefäßen, wodurch neue einzubringen gezwungen ist. Da auch dieser Athemproceß vorzüglich auf die obern Theile wirkt, so wird nun die Luft in zweyter Reihe ein Grund zum Wachsen in die Höhe, und zwar in völlig senkrechter Richtung, weil sie von allen Seiten gleich stark einwirkt. Wenn sich daher die Pflanzen im Lichte nach der Sonne richten, so wachsen sie bey bedecktem Himmel und während der Nacht gegen den Zenith. Da die Pflanze am längsten in diesem Verhältniß bleibt, so ist es begreiflich, daß die meisten ganz senkrecht stehen.

Die Dicke richtet sich natürlich nach der Schnelligkeit des Wachsthums in die Länge. Schnell wachsende Pflanzen können nicht dick werden. Es sind solche, deren Saft sehr wässerig ist und mithin wenig Stärkemehl absetzt, wie bey Kräutern, Stauden und Schlingpflanzen. Wo der Saft reich ist an gerinnbaren Stoffen, da verdicken sich die Wände der Zellen zu Holz, und das Wachsthum geht langsamer vor sich, so daß der Stengel Zeit hat, auch Masse in die Dicke anzulegen. Pflanzen mit wässerigem Saft pflegen daher bald zu sterben, und dauern nur ein und das andere Jahr; Hölzer dagegen bleiben wegen ihrer Starrheit stehen, und umgeben sich in der warmen Jahreszeit, in heißen Ländern fast beständig, mit neuem Bast, oder gleichsam einem neuen hohlen Kraut, welches wieder Blätter und Blüthen treibt. Ein Baum, kann man sagen, ist ein ausdauerndes Kraut, um welches jährlich ein neues Kraut wächst. Das ist der einzige Grund seines langen Lebens. Er hat im Grunde keine Dauer, sondern stirbt jährlich ab und wird jährlich eine neue Pflanze.

3. Die Schnelligkeit des Wachsthums ist bekanntlich sehr verschieden. Es gibt viele Grasarten, welche in einem Sommer weit über mannshoch werden; die sogenannte baumartige Aloe oder Agave treibt in wenigen Wochen einen Stengel 20 Schuh in die Höhe. Die Bäume wachsen viel langsamer. Genaue Messungen über das Wachsthum in die Länge hat nur Ernst

Meyer zu Königsberg angestellt. Die Stengel von Amaryllis, Weitzen und Gerste wachsen bey Tag viel rascher als bey Nacht, und zwar fast noch einmal so viel; am schnellsten gegen 8 und 10 Uhr; dann folgt ein Nachlaß, wahrscheinlich aus Erschöpfung, und dann folgt eine zweyte Beschleunigung zwischen 12 und 4 Uhr. Mulder in Holland hat ähnliche Beobachtungen über die Verlängerung eines Blatts an der Uranie angestellt; er hat ebenfalls einen Nachlaß um die Mittagszeit wahrgenommen, also wann das Sonnenlicht und die Wärme einen hohen Grad erreicht hatten. Die Blumenknospe vom großblüthigen Cactus wuchs in der Nacht fast gar nicht, am meisten dagegen um Mittag im Sonnenlicht, wahrscheinlich, weil die Fettpflanzen nur langsam erwärmt werden. Auch die baumartige Aloe wuchs am schnellsten während der warmen Tagszeit.

Die Wurzeln scheinen sich ohne Unterbrechung zu verlängern, auch während des Winters, weil sie der Schwere folgen; indessen muß doch das Wachsthum des Stengels auch darauf Einfluß üben, was aber noch nicht untersucht worden ist. Die Stengel verlängern sich in Ländern, welche einen Winter haben, nur während der wärmern Jahrszeit. Sie verlängern sich gleichförmig, so wie die Zweige, und daher treten die Blätter aus einander.

Sind die Blätter einmal ausgebreitet, so wachsen sie nicht mehr, mit Ausnahme des Stiels. Die obern Knospen und Zweige entwickeln sich früher, und wachsen schneller als die untern, ohne Zweifel wegen stärkerer Einwirkung des Lichts, der Luft und des Windes.

c. Theilung.

1. Hat das Wachsthum ein gewisses Maaß erreicht, so finden die neugebildeten Gewebe keinen Platz mehr im Innern. Die äußere Blase zerreißt, wird zur Scheide oder zum Blatt, und läßt die innern Blasen als fortgesetzten Stengel oder als Zweige heraus. Bey den höhern Pilzen reißt die Blase unten ringsum und breitet sich als Hut aus; darauf reißt die zweyte, dritte u.s.f., und legt sich ebenfalls an den Hut an. Die Samen-

schläuche, welche bey höheren Pflanzen als Zweige hervorschießen würden, bleiben hier an der untern oder innern Fläche des Hutes stehen. Bey den Moosen reißt, so zu sagen, die Oberhaut in eine Menge Blättchen auf, aus deren Mitte die Blase hervorschießt. Bey den Farrenkräutern platzt eine einzige Blase, rollt sich fast wie der Hut eines Pilzes auf, trägt aber die Samen auf der äußern Fläche. Bey den Scheidenpflanzen spaltet sich ein Theil der Rinde, läßt eine innere Blase hervorschießen, welche sich wieder spaltet u. s. f. Alle diese Pflanzen verzweigen sich nicht, oder nur sehr wenig, und meistens nur als Blüthenstiele. Bey den Netzpflanzen treten endlich innere Blasen durch die Rinde hervor, rollen sich oft wie Farrenkräuter auf und lassen Zweige heraus, welche es wieder so machen bis zur Blüthe.

Da rings um den Stengel die Einwirkungen gleich sind, so ist es begreiflich, daß die innern Blasen ringsum hervortreten, und daher sowohl in der Zahl als in der Stellung regelmäßig oder symmetrisch erscheinen. Die Unregelmäßigkeit beruht bloß auf Verkümmerung, wovon jedoch der Grund in der Pflanze selbst liegt, nehmlich in dem Standpuncte, den sie in den Reihen des ganzen Pflanzenreichs einnimmt. Alle Organe können nicht in allen Pflanzen seyn, auch nicht in gleicher Zahl und in gleicher Größe; daher treten die größern früher hervor und die kleinern später oder kraftloser, wodurch die Unregelmäßigkeit in Zahl, Gestalt und Größe entsteht. Darauf beruht eben der Unterschied der Pflanzen und die Möglichkeit ihrer Menge.

2. Ueber das Zahlenverhältniß wurde schon geredet. Die untern Pflanzen spalten sich nur einmal, und sind daher zwey= oder vierzählig u. s. w., oder überhaupt gradzählig. Sobald Spiralgefäße auftreten, erscheinen sie nur in der Mitte als ein einziges Bündel, wie bey den Farren, weil die Pflanze ihrer Urform nach ein schleimiger Wassertropfen oder eine Kugel ist, mithin eine runde Walze wird. Bey der Vermehrung der Spiralgefäßbündel ist daher kein Grund zur Trennung in zwey Bündel vorhanden: denn sonst müßte die Pflanze eine Fläche seyn, was unmöglich ist. Es entstehen daher sogleich in der

Walze 3 Spiralgefäßbündel, und verwandeln dieselbe in Scheiden=
pflanzen, die sich überall in drey theilen. Die nächste Zahl
wäre 4: allein diese ist nur Wiederholung der Zahl 2, mithin
der blumenlosen Pflanzen. Sie kommt daher selten bey den
Netzpflanzen, mit viereckigem Stengel vor, und selbst da scheint
sie nur Folge einer Verkümmerung zu seyn, da die Blumen
überall die Anlage zur Fünfzahl zeigen. Die nächste, der run=
den Walze entsprechende Zahl der Spiralgefäßbündel ist daher
5, und diese kann für die allgemeine der Netzpflanzen angesehen
werden. Die Combinationen schweben also zwischen 2, 3 und
5, und daraus ergibt sich schon der große Unterschied in der
Zahl der Formen unter den blumenlosen, Scheiden= und Netz=
pflanzen, von der vielfachen Verschiedenheit, welche durch die
Größe, Verkümmerung und die Stellung hervorgebracht wird,
nicht zu reden. Die Zahl der Netzpflanzen ist daher nothwen=
diger Weise unverhältnißmäßig viel größer, als die der andern.

### d. Vermehrung.

1. Die Theilung eines Stengels ist eigentlich schon eine Ver=
mehrung: denn jeder Zweig ist wieder ein ganzer Stengel, der
Blätter und Blüthen treibt, und dem nur die eigentliche Wurzel
fehlt. Er wurzelt aber, seinem Ernährungsproceß nach, im
Stengel ganz so, wie die Wurzel in der Erde, und kann daher
auch abgeschnitten und in die Erde gesteckt fortwachsen.

Das geschieht jedoch nur, wenn er Knospen hat, die sich
zu Blättern entwickeln. Ohne diesen Vorgang treibt das Steck=
reis keine Wurzeln, theils weil der Gegensatz in beiden Zweig=
enden zu schwach ist, theils und wohl vorzüglich deßhalb, weil
die Blätter die Safteinsaugung hervorrufen, welcher Saft sodann
am abgeschnittenen Rande einen Wulst bildet, aus dem die
Wurzeln niederfallen. Stecklinge, welche schon entwickelte Blät=
ter, aber keine Knospen haben, sterben bald ab, wenn man den
beblätterten Theil nicht bedeckt, um die Ausdünstung, mithin
den Verlust des Saftes zu verhindern. Am besten ist es, wenn
man den Zweig so abschneidet, daß ein Knoten in die Erde
kommt, welcher ein natürlicher Wulst ist, der leichter Wurzel

schlägt, wie der Weinstock, die Nelken, Quecken u. s. w. Wo es keine Knoten gibt, schnürt man die Zweige ein, damit sich ein Wulst bildet; oder man macht einen Ringschnitt in derselben Absicht und bindet feuchtes Moos oder Erde darum, damit der Wulst schon am Baume Wurzeln treiben kann. Hat man zu befürchten, daß ein ganzer Ringschnitt schadet, so macht man nur einen halben, wodurch derselbe Zweck erreicht wird. Ist der Zweig hinlänglich angewurzelt, so schneidet man ihn ab.

Bey saftreichen Pflanzen braucht man den Zweig nur zu krümmen und einen Theil mit Erde zu bedecken, um Wurzeln zu bekommen. Solche Zweige nennt man Absenker.

Es können alle Pflanzen durch Reiser oder Absenker vermehrt werden, jedoch mit mehr oder weniger Leichtigkeit; weiche, saftreiche Holzarten, wie Weiden, sehr leicht; harte, wie der Apfelbaum, dagegen viel schwerer; daher pflegt man solche Pflanzen nicht durch Stecklinge zu vermehren. Noch schwieriger gelingt es bey saftarmen Pflanzen, wie bey den Nadelhölzern.

Es gibt nicht wenig Pflanzen, welche sich selbst durch Absenker vermehren, nehmlich diejenigen, welche Ausläufer treiben, wie die Erdbeeren, Brombeeren, Farrenkräuter u. s. w. Da sie auf der Erde liegen, so schlagen ihre Spitzen Wurzeln, laufen weiter, schlagen wieder u. s. f. Selbst auf der Erde liegende Stengel schlagen Wurzel, besonders wenn sie Knoten haben.

Endlich gibt es Pflanzen, welche auch, an Theilen entfernt von der Erde, sogenannte **Luftwurzeln** fallen lassen, wie die Fettpflanzen, manche Feigenbäume, die Mangel- oder Wurzelbäume.

Man hat selbst Beyspiele, daß abgeschnittene und mit dem Stiel in die Erde gesteckte Blätter Wurzel schlagen, besonders wenn sie derb sind, und also einen Vorrath von Saft enthalten, wie die Citronen-Blätter, die von der Aucuba, des elastischen Feigenbaums, Lorbeer- und Myrtenblätter. Die Wurzeln kommen aus der Rückseite des Stiels und bisweilen der Hauptrippe. Die Blätter von der sichelförmigen Crassula in die Erde gesteckt, treiben auf der obern Fläche Knospen; ebenso die der Wiesenkresse (**Cardamine**), Bryophyllum in den Kerben des Randes;

die Schopflilie (Eucomis) und die Vogelmilch selbst in der Presse.

2. Die gewöhnliche Vermehrungsart der Pflanzen aber geschieht durch Knollen und Zwiebeln, wovon sich jene in der Erde bilden, diese aber in und außer derselben. Die Knollen sind eigentlich unterirdische Zweige, welche aus Mangel an Licht und Luft mehr in die Dicke wachsen, viel Nahrungssaft ansammeln und weiß oder braun bleiben. Sie entwickeln sich nur, wenn sie Knospen haben, und das ist der gewöhnliche Fall, wie bey den Erdäpfeln, dem körnigen Steinbrech, der Zahnwurz, dem rothen Steinbrech (Spiraea filipendula), dem Bisamkraut, den Georginen, Nachtkerzen u. s. w. Da die Erdäpfel mehrere Knospen oder Augen haben, so kann man sie in eben so viele Theile zerschneiden, und von jedem einen Stock bekommen.

Die eigentlichen Zwiebeln sind nichts anderes als Knospen unter der Erde, über deren Entwickelung man sich daher nicht wundern kann.

Es gibt aber auch Luftzwiebeln in den Blattachseln, wie bey manchen Lilien, Jrien, Lauchen u. dergl., oder an den Rändern der Blätter, wie bey der Sumpforchis (Malaxis paludosa), bey mehreren Farren und selbst Moosen und Lebermoosen. Diese Zwiebelchen fallen ab und wachsen fort. Sie sind nichts anderes als knollige Knospen.

Alle Vermehrung der Pflanzen durch Theilung beruht daher auf der Bildung von Knospen und auf ihrer freywilligen Entblößung, wohl allgemein vermittelt durch eine Ansammlung von Nahrungssaft, welche wieder gegründet ist auf die Hemmung des senkrechten Wachsthums, und diese wieder auf den zu schwachen Einfluß des Lichtes.

3. Die Knospen oder Augen können sich überall entwickeln, wo sie Feuchtigkeit bekommen. Darauf beruht das Pfropfen, wobey man nehmlich die Knospe in den aufgeschnittenen Bast setzt, wo sie hinlänglich Saft bekommt. Setzt man die Knospe unmittelbar hinein, so nennt man es Aeugeln; setzt man den Zweig hinein, so heißt es Zweigen; nimmt man von zwey Zweigen nahe stehende Bäume einen Längsschnitt weg und

bindet die Flächen an einander, bis sie verwachsen sind, so nennt man es Absaugen oder Ablactieren. Dieses kann zu jeder Jahreszeit geschehen, und bisweilen geschieht es von selbst, wenn Aeste verschiedener Bäume dicht an einander stehen und sich drücken. In botanischen Gärten thut man es mit seltenen Pflanzen, wie Magnolien, Passionsblumen u. dergl., wo zu fürchten ist, daß die andern Pfropfungsarten fehlschlagen.

Das Zweigen kann nur im Frühjahr geschehen, wann die Bäume im Saft stehen; das Aeugeln gelingt im ersten und zweyten Saft, nehmlich im Frühling und am Ende des Sommers.

Durch das Pfropfen sucht man vorzüglich bessere Obstsorten auf schlechtere Bäume oder auf wilde zu bringen. Die Pflanzen müssen sich aber nahe verwandt seyn, wenigstens zu demselben Geschlecht gehören. Das Pfropfreis behält seine Natur und ist daher im Stande, den Saft des alten Baums in den seinigen zu verwandeln.

4. Diese Entwickelung von Knospen und ihre freywillige Trennung ist die eigentliche und einzige Vermehrungsart der blumenlosen Pflanzen, bey welchen jedoch die Knospen entweder im Stocke eingeschlossen bleiben, wie bey den Pilzen, und nur durch Platzen desselben frey werden; oder in Gestalt von Samen und Capseln hervortreten, wie bey den Moosen und Farren. Jedes Samenstäubchen ist eine kleine Knospe, von der allgemeinen Haut oder Rinde des Stocks umgeben bey den Pilzen, und im Grunde auch bey den Moosen und Farren. Reißt die Hülle auf, so zerfallen sie zerstreut auf den Boden, wachsen unmittelbar fort, wie eine Zwiebel. Man hat zwar bey den Moosen Theile mit einem Staub entdeckt, welcher Blüthenstaub seyn soll; wie er aber in die sogenannte Moosbüchse kommen und sich an jedes Keimkörnchen oder sogenannten Samen vertheilen soll, hat noch niemand gezeigt und noch weniger die Möglichkeit eines solchen Vorgangs begreiflich gemacht. Man könnte daher die blumenlosen Pflanzen auf positive Art Knospenpflanzen nennen, im Gegensatze der Samenpflanzen, welches die Pflanzen mit Staubfäden wären. Da man jedoch bey der Knospe an eine Blattbildung denkt, während

die Keime der blumenlosen Pflanzen eher Knöllchen sind, so wird ihnen der Name Knollenpflanzen besser anstehen.

Die Keimkörner der Farren und Moose sind vollkommener als bey den Flechten, Tangen und Pilzen. Bey den Farren zerreißt das Korn, und läßt ein grünes Bläschen heraus, welches sich in einen gegliederten, aus einer Reihe von Zellen bestehenden Faden verlängert. Unten daraus kommen feine Würzelchen; oben setzen sich seitwärts neue Zellen an, wodurch ein Blättchen entsteht aus einer einzigen Zellenlage. Nun treiben auch Wurzelfäden aus der untern Seite des schmälern Endes und dringen in die Erde; am breiten Ende entsteht eine Verdickung oder Knospe, welche wieder Würzelchen treibt, die nun Rinde und Spiralgefäße haben. Man nennt das erste Blättchen Samenlappen, was es offenbar nicht ist, weil es sich unmittelbar in eine Knospe verwandelt und daher dem Stengel entspricht. Daher hat man es Vorkeim genannt. Die aufgeplatzte Haut des Korns bleibt am Grunde dieses Vorkeimes sitzen. Auf dieselbe Weise entwickeln sich auch die Körner des Schachtelhalms, und im Grunde selbst der Moose. Die aus dem zerrissenen Korn tretende, formlose Keimmasse verlängert sich nach unten in ein Würzelchen, nach oben in einen gegliederten Faden als Vorkeim, welcher sich allmählich in Aeste theilt, aus deren Mittelpunct die Knospe kommt, welche nun erst die bleibenden Wurzeln treibt.

Bey den tiefern Pflanzen entwickelt sich kein Vorkeim mehr; bey den eigentlichen Tangen hat jedoch das Korn noch eine Haut, aus welcher die Keimmasse tritt. Bey den Wasserfäden und Ulven, so wie bey den Flechten und Pilzen, ist keine Haut mehr vorhanden, welche zerrisse und die Masse heraus ließe; oder vielmehr die Haut selbst verlängert sich unmittelbar in den Stengel, Lappen oder die Kugel. Das Korn gibt verschiedene Verlängerungen ab, welche da, wo sie sich berühren, zusammenwachsen und die verschiedenen Gestalten bilden. Wahrscheinlich ziehen sie von Außen schleimiges Wasser an, woraus neue Zellen werden.

Uebrigens mag man die Pilze, die Wasserfäden und Flechten

in so viele Theile zerreißen, als man will; es wird jeder Theil wieder eine ganze Pflanze, d. h. also jede Zelle kann als Knollen oder Knospe betrachtet werden, welche Nahrungsstoffe anzieht und sich vergrößert. Im strengen Sinn nennt man jedoch Knospen nur die Zweiganfänge der Pflanzen mit Blättern. Alles Uebrige, was sich fortpflanzt durch unmittelbare Vergrößerung, ist ein Knollen.

e. Ersatz verlorener Theile.

Im Thierreich ersetzen sich sehr oft verlorene Theile wieder. Zerschnittene Polypen bekommen wieder Fühlfäden, die Schnecken wieder einen Kopf, wenn der Nervenring nicht verletzt ist; viele Würmer ersetzen gleichgültig die vordere oder hintere Hälfte des Leibes, Meersterne abgebissene Strahlen, manche Lurche sogar die Zehen.

Obschon man im Pflanzenreiche viel gewöhnlicher vom Wiederersatz der Organe oder der sogenannten Reproduction spricht; so gibt es doch, streng genommen, darinn gar keine, wenigstens keine von der vorgenannten Art im Thierreich. Kein verloren gegangenes Organ der Pflanze wird wieder ersetzt; kein Blatt, kein Zweig und keine Wurzel. In einem solchen Falle kommen nur andere Knospen zur Entwickelung, oder ein kleineres Würzelchen wird zu einem großen. Höchstens könnte man etwa von der Reproduction der Rinde reden: allein wenn sich ein abgeschältes Stück wieder ersetzt, so geschieht es nur durch die Verlängerung des zurückgebliebenen Theils. Was man daher bey den Pflanzen Reproduction nennt, ist nichts weiter als die frühere Entwickelung von neuen Theilen, welche sich später doch entwickelt hätten.

Bey den Blüthentheilen vollends wird kein einziger auch nur auf diese Art wieder ersetzt. Nach dem Abschneiden von jungen Blättern, Staubfäden, Bälgen und Samen tritt nichts Neues mehr an ihre Stelle. Die Pflanze reproduciert sich daher nicht; sondern wächst nur fort, und zwar ins Unendliche, wenn sie Gelegenheit dazu erhält, nehmlich wenn die jüngern und weichern Theile, die von den ältern und vertrockneten nicht mehr ernährt werden können, in die Erde kommen.

Indessen nennt man die Vermehrung durch Knollen und Zwiebeln, auch das jährliche Hervortreiben des Stengels aus ausdauernden Wurzeln, Reproduction, obschon es immer andere Theile sind, welche an ihre Stelle treten und sich doch mit der Zeit entwickelt hätten, also schon vorhanden waren, ungefähr wie die bleibenden Zähne unter den Milchzähnen: denn das Schieben der Zähne kann man eben so wenig Reproduction nennen, als das Vorschieben der Fingerglieder. Die jährlich treibenden Zwiebeln und Knollen werden immer neu gebildet, und sind, wie früher gesagt, nichts anderes als Knospen des absterbenden Knollens oder der Zwiebel. Bey Hyacinthen, Tulpen, Lauch bilden sich die neuen Zwiebeln in den Schalen der alten; bey der Zeitlose und der Knabwurz auswendig zur Seite; beym Safran und Schwerdel am Gipfel; in allen Fällen aber in einem Blattwinkel. Die neue Knospe treibt Würzelchen nach unten, und wird anfangs ernährt durch die alte Zwiebel oder den Knollen, wodurch diese einschrumpfen, wie die Samenlappen der Bohnen. Daher kommt es auch, daß die Seitenzwiebeln ungewöhnlich an einer andern Stelle aus der Erde bringen, und daher zu wandern scheinen.

Bey den gewöhnlichen Wurzeln sterben die Zasern größtentheils ab, und es entwickeln sich im Frühjahr neue. Dasselbe geschieht mit den Stengeln der ausdauernden Wurzeln, wie bey Gräsern, Mayblümchen, Schwertlilien, zusammengesetzten Blumen, Doldenblumen u. dergl.

An der Stelle eines abgefallenen Blatts kommt nie wieder ein anderes, sondern nur aus neuen Knospen.

### B. Fortpflanzung.

Außer der Vermehrung durch Theilung, welche allen Pflanzen zukommt, während sie im Thierreiche sehr beschränkt ist, gibt es auch bey den meisten Pflanzen noch eine andere, welche mit der Geschlechtsfortpflanzung der Thiere übereinstimmt, und die wir zum Unterschiede Fortpflanzung schlechthin nennen wollen.

Diese geschieht in der Blüthe, welche selbst, wie wir gesehen haben, eine Wiederholung des Pflanzenstocks im Kleinen ist, die Blume des Blatts, der Gröps des Stengels, der Same der Wurzel.

Es wiederholt sich daher in der Blüthe auch das Wachsthum des Stocks, und es bilden sich in ihr Knospen zur Vermehrung, welche hier Samen heißen. Die Samen sind daher Knospen der Blüthe, und die Knospen sind Samen des Stocks. Wie die Blüthe schon ein abgesonderter Pflanzenstock ist, so der Same eine sich selbst ablösende, und nach der Ablösung sich ausbildende und entwickelnde Knospe. Dieses ist ein Hauptunterschied des Samens von der Knospe; er unterscheidet sich aber auch durch seine Organe, indem er schon alle drey Haupttheile besitzt, nehmlich Wurzel, Stengel und Blatt, während die Knospen nur aus Blättern bestehen. Der Same ist daher eine Knospe mit allen Theilen des Stocks; Knospe dagegen ist nur ein Same, der bloß aus Blättern besteht. Der Same ist ein ganzer, noch nicht entwickelter Pflanzenstock; die Knospe ist eine Blattblase, woraus sich erst Wurzel und Stengel entwickelt, also nur ein Drittels-Stock.

### Geschichtliches.

Was das Geschlecht der Pflanzen betrifft, so wurde es erst vor ungefähr 1½ Hundert Jahren wirklich als solches anerkannt. Damals sprach man, wie es scheint, es zuerst in England aus, daß die Blume mit ihren Staubfäden dem männlichen Geschlechte der Thiere, der Gröps mit seinem Griffel dem weiblichen und die Samen dem Ey entsprechen. Der Tübinger Professor Camerarius bewies es aber zuerst auf eine wissenschaftliche Weise im Jahr 1694. (De sexu plantarum). Zwar haben die Alten schon zu Herodots Zeiten gewußt, daß die Frucht tragenden Palmen keine Früchte ansetzen, wenn nicht die Staub tragenden sich in ihrer Nähe befinden, und man ließ daher in den Dattelwäldern einzelne Bäume von den letztern stehen, hieng auch wohl, wie man es jetzt noch thut, abgeschnittene Sträußer derselben auf die Fruchtpalmen, jedoch ohne dabey an eine Befruchtung zu denken. Man verglich vielmehr dieses Verfahren mit der sogenannten Caprification der Feigen, wobey man wilde Zweige auf zahme Bäume hängt. Dadurch werden aber nur Gallwespen übertragen, welche die Gröpse der Feigen anstechen, wodurch sie sich weniger, die Feigen dagegen desto mehr und schneller entwickeln.

Theophrast und Plinius legen wirklich den Pflanzen ein Geschlecht bey, wenigstens da, wo sie von den Palmen sprechen, und erwähnen ausdrücklich des Blüthenstaubs, welcher sich mit den Fruchtbäumen vermähle; ohne diesen Vorgang blieben sie unfruchtbar. Allein diese Aeußerungen waren nicht hinlänglich bestimmt, giengen nicht auf das ganze Pflanzenreich über und wurden auch nicht weiter beachtet, außer hin und wieder von Dichtern, wobey man aber die Sache auch bloß figürlich nehmen konnte. Nach Erstehung der Wissenschaften kamen dieselben Aeußerungen über die Palmen zum Vorschein; aber erst Cesalpin sprach, 1583, von dem getrennten Geschlechte bey noch andern Pflanzen, wie bey unserem Laubholz. Zaluziansky aus Böhmen sagt, 1604, ausdrücklich, daß die meisten Pflanzen Zwitter seyen, daß es aber auch getrennte gebe, wie bey den Palmen, nennt aber weder andere Pflanzen noch bestimmte Theile, und setzt ausdrücklich bey, man nenne auch die stärkeren Pflanzen die männlichen, wie beym Hanf, wo aber der stärkere bekanntlich der Samentragende ist.

Von nun an wurde die Ansicht, daß die Pflanzen wirklich ein Geschlecht haben, und daß den Blüthen diese Bedeutung zukomme, so allgemein, daß niemand mehr daran zweifelte. Linne betrachtete daher diese Theile der Blüthe, nehmlich die Staubfäden und die Griffel, für die wichtigsten Theile der Pflanze, und gründete darauf, 1735, sein Pflanzensystem, welches er deßhalb Sexual-System nannte. Die Staubbeutel, als die wichtigsten, dienten ihm zur obersten Eintheilung, nehmlich der Classen; die Griffel zur nächsten Unterabtheilung, nehmlich der Ordnungen; Blume, Kelch, Capsel und Samen benutzte er zu weitern Abtheilungen und zu Bildung der Geschlechter oder

Sippen (Genera); Theile des Stocks, besonders die Blätter, zu Bestimmung der Gattungen (Species).

### Gründe.

Seit dieser Zeit hat fast niemand mehr am Geschlechte der Pflanzen gezweifelt; man hat auch so viele Gründe dafür, daß Einwendungen kaum möglich scheinen. Abgesehen von dem uralten Gebrauch, die Dattelpalme künstlich zu bestäuben, hat man auch vielfältige Erfahrungen gemacht, daß andere zwey=häusige Pflanzen unfruchtbar bleiben, wenn sie weit von einander getrennt sind. Reißt man den Staubhanf aus, ehe er gestäubt hat, so setzt der andere keinen Samen an; die italiä=nische Pappel trägt in Deutschland keinen Samen, weil nur eine weibliche Pflanze über die Alpen gebracht wurde, von der man alle andern durch Stecklinge gewonnen hat; dasselbe geschieht mit der Trauerweide.

Bey einhäusigen Pflanzen machte man dieselbe Erfahrung. Schneidet man dem Welschkorn die Rispen ab, so tragen die Kolben keine Körner; dasselbe erfolgt, wenn man die Staub=beutel der Zwitterblumen wegnimmt, und daher tragen auch gefüllte Blumen keinen Samen, wenn sich alle Staubfäden in Blumenblätter verwandeln. Auch wenn die Griffel abgeschnitten werden, bleibt die Capsel leer. Ein Hauptbeweis endlich für diese Fortpflanzungsart ist die Entstehung von Bastardpflanzen, wenn man den Blüthenstaub von verschiedenen Gattungen auf die Narben von andern bringt. Die neue Pflanze ist ein Mit=telding zwischen den ältern, und kehrt bey fortgesetzter eigener Bestäubung bald in die eine, bald in die andere Gattung wie=der zurück.

Dazu kommen noch die Vorgänge bey der Bestäubung selbst. Die Staubfäden thun alles Mögliche, um den Staub auf die Narbe zu bringen, und diese, um denselben zu bekommen. Von den merkwürdigen Bewegungen der Staubfäden zu den Narben, und von ihrer Rückkehr nach der Bestäubung, ist schon gesprochen. Das kann man fast bey allen Blüthen beobachten. Auch manche Griffel neigen sich den Staubfäden entgegen, wie bey den Lilien,

Tulpen, Paßfloren, Weidenröslein, Nachtkerzen, dem Schwarz=
kümmel; bey manchen öffnen sich die Lappen der Narbe, wie
bey der Gauklerblume (Mimulus).

In der Regel rufen auch Staubbeutel und Narben zu
gleicher Zeit, selbst bey ein= und zweyhäusigen Pflanzen; auch
sind meistens die Staubfäden so gestellt, daß der Staub leicht
auf die Narbe fallen kann. Bey aufrechten Blumen sind sie
gewöhnlich länger als der Griffel, bey hängenden kürzer; bey
einhäusigen Pflanzen stehen die Staubblumen meistens höher,
wie bey dem Welschkorn, Aron, Rohrkolben, den Riedgräsern.

Bey den Zwitterblumen, deren Staubfäden und Griffel
gleich hoch sind, so wie bey den zweyhäusigen, wo die Staub=
und Samenblüthen weit von einander entfernt stehen, hilft Wind
und Insecten. Von den letztern kriechen besonders die haarigen
Bienen in den Blumen umher, und streifen den Staub auf den
Narben ab.

Es gibt indessen auch manche Schwierigkeiten für die Ueber=
tragung des Staubs auf die Narbe. Hieher gehört vorzüglich
das Wasser. Bey anhaltendem Regen schließen sich die Blumen,
und wenn er zu lange dauert, so setzen sie nicht an. Die
Wasserpflanzen wissen sich jedoch zu helfen. Sie blühen kaum
unter dem Wasser, sondern heben die Blumen meistens durch
Luft im Stiel über die Oberfläche, wie die Seerosen, die Wasser=
nuß, der Wasserschlauch, Wasserhahnenfuß. Am merkwürdigsten
benimmt sich hiebey die Vallisnerie, ein zweyhäusiges Wasserkraut
im südlichen Europa. Die Samenblume erhebt sich auf ihrem
langen Stiel an die Oberfläche des Wassers; die Staubblume
dagegen reißt von ihrem kurzen Stiel ab und schwimmt auf der
Oberfläche herum. Nach der Bestäubung zieht sich der lange
Stiel wieder in Spiralen und sinkt unter. Solche Anstrengungen
der beiden Blüthen, um zusammen zu kommen, gleichen so auf=
fallend den ähnlichen im Thierreich, daß man es für ein Wun=
der erklären müßte, wenn sie nicht dieselbe Bedeutung hätten.

Schwierigkeiten endlich machen die Staubbeutel bey den
Knab= und Schwalbwurzen, wo der Staub wachsartig an
einander hängt, und daher nicht herumfliegen kann. In

diesem Fall stehen aber die Beutel selbst in Berührung mit der Narbe.

Diese Umstände riefen hin und wieder Zweifel über die Nothwendigkeit der Bestäubung hervor, und mithin über die Bedeutung der Blüthentheile und ihrer Verrichtungen. Man stellte daher Untersuchungen an, ob es wirklich keine Blüthenpflanzen gebe, deren Samen sich auch ohne alle Bestäubung entwickeln könnten. Spallanzani sonderte Samenpflanzen von Staubpflanzen sorgfältig ab, namentlich Hanf, Spinat, und dennoch fand er, daß hin und wieder sich eine Frucht ansetzte; ebenso bey der einhäusigen Wassermelone, nachdem er alle Staubblumen entfernt hatte; selbst bey Zwitterblumen, deren Staubfäden weggenommen wurden, wie beym Basilicum. Vielen andern Beobachtern sind solche Versuche nicht gelungen, und es hat sich später sogar gefunden, daß selbst bey dem Hanf, Spinat und den Kürbsen Staubblüthen auf den Samenpflanzen hin und wieder vorkommen, welche wahrscheinlich Spallanzani übersehen hat. Wenn aber auch wirklich sich einmal ein Samen ohne Bestäubung entwickeln sollte, so folgte daraus noch nichts gegen das Geschlecht der Pflanzen, als bey welchen die Entwickelung der Knospen so allgemein vorkommt, von den vielen staublosen Pflanzen, wie Pilze u. dergl., nicht zu reden. Da die Samen doch nichts anderes als die letzten und daher verkümmerten Knospen sind, welche zu ihrer Entwickelung der Einwirkung des Blüthenstaubs bedürfen; so wäre es ja keine Unmöglichkeit, daß solch eine Knospe sich von selbst fortbildete, vielleicht dadurch, daß sie sich, wegen Mangel der Bestäubung, erst später von dem Samenloch (Micropyle) ablöste. Wenigstens hat man Beyspiele, daß unbestäubte Samenblumen sich länger frisch erhalten, gleichsam, als wenn sie auf die Bestäubung warteten. Zu der alten Meynung, als wenn die Beutel nur Drüsen wären und der Staub ein Auswurfsstoff, kann man in unsern Zeiten, wo man seinen merkwürdigen Bau und seine noch merkwürdigere Thätigkeit kennt, nicht mehr zurückkehren.

Betrachtet man nun den Vorgang bey der Bestäubung, so kann man ihn mit nichts anderem vergleichen, als mit dem ähnlichen Vorgang im Thierreich. Die Entwickelung des Korns, welches nun einmal als Ey betrachtet werden muß, weil es die junge Pflanze enthält, wird bestimmt durch die Einwirkung des Blüthenstaubs. Es tragen also hier zwey Individuen zur Hervorbringung eines dritten bey; und das kann man doch wohl nicht anders, als ein Geschlechtsverhältniß nennen. Die Blüthentheile selbst sind auch ebenso vertheilt, wie im Thierreiche, wo es nicht minder Zwitter gibt, einhäusige und zweyhäusige, nur mit dem Unterschied, daß jene bey den Pflanzen, die letztern bey den Thieren häufiger sind, ganz gemäß der Entwicklungsgeschichte ter organischen Reiche, nach welcher alles sich zu trennen strebt, was auf eine höhere Stuffe gelangen will. Je höher das Thier, desto höher die Trennung; von den fliegenden Insecten an gibt es keine Zwitter mehr. Selbst im Pflanzenreiche stehen die zweyhäusigen Pflanzen, nach meiner Ueberzeugung, in den höchsten Classen, obschon man diese Ansicht noch nicht will gelten lassen.

### Bestäubung.

Die Staubfäden und Beutel sind nicht bloß die zartesten Organe der Pflanzen, sondern zeigen auch Erscheinungen, welche man mit der Reizbarkeit im Thierreiche verglichen hat, wenn gleich dieselbe nicht auf Nerventhätigkeit beruht, sondern bloß auf der des Zellgewebes, ungefähr so wie in ten häutigen Organen der Thiere, des Darmcanals u. dergl.

Der Blüthenstaub besteht, wie schon früher bemerkt, aus Kügelchen, welche ganz frey in dem Beutel liegen, also wie ein Saft abgesondert werden, und nicht, wie kleine Knospen, mit einem Stiel hervorwachsen. Jedes Staubkorn ist von zwo Häuten umgeben, wovon die äußere irgendwo ein Loch bekommt und die innere oder deren gallertartigen Saft herausläßt. Der Saft selbst enthält wieder viel kleinere Körperchen, welche man Duft (Fovilla) nennt. Unger hat gefunden, daß diese Körperchen Schwänze haben, und sich im Wasser völlig wie Infusionsthierchen bewegen. Die Uebereinstimmung mit den Erscheinungen im Thierreich kann daher nicht größer seyn.

Der Blüthenstaub nun, welcher auf die Narbe fällt, schwillt

in der dortigen Feuchtigkeit an, platzt und läßt eine wurstförmige Masse heraus, von der man nicht recht weiß, ob es die innere Haut selbst ist, oder nur ihr Innhalt. Dem sey nun wie ihm wolle; es bildet sich eine Wurst, welche zuerst Amici, 1823, beobachtet hat. Robert Brown und Adolph Brongniart haben nun bey verschiedenen Pflanzen gesehen, daß diese Wurst wie ein lebendiger Wurm in den Griffel hineindringt, und zwischen dessen Zellgewebe, nicht in seinem natürlichen Gang, welcher von den zusammengeschlagenen Rändern des Balgs gebildet wird, fortkriecht, bis zu dem Samen. Daselbst glaubte man nun platze die Wurst und lasse den Duft heraus, wodurch das Zellgewebe des Balgs angeregt werde, mehr Säfte dem Samen zuzuführen; oder dieser werde selbst dadurch bestimmt, den Saft einzusaugen und sich zu entwickeln. Corda, Schleiden und L. Treviranus sahen endlich die Wurst in das Samenloch (Micropyle) bringen, und also unmittelbar auf den Samen wirken.

Endlich trug Schleiden bey der Versammlung der Naturforscher zu Freyburg im Breisgau, 1838, vor, daß die Wurst selbst sich in den Keim verwandle, und der Same daher nichts anderes sey als ein Tragsack, worinn sich die junge Pflanze entwickle. Die Keime lägen also ursprünglich nicht in der Capsel, sondern in den Staubbeuteln, und diese müsse man als die Eyerstöcke betrachten. Das eingedrungene Ende der Wurst schwelle zu Samenlappen an, und der Schwanz werde zum Würzelchen. Dieser Meynung traten Wydler und Endlicher, ebenfalls auf eigene Beobachtungen gestützt, bey. Der letztere glaubt, daß die Befruchtung des Keims durch den Griffel vermittelt werde, also etwa durch die Feuchtigkeit auf der Narbe. Solch eine neue und höchst unerwartete Lehre konnte nicht anders als das größte Aufsehen erregen. Sie wird ohne Zweifel eine große Thätigkeit in microscopischen Beobachtungen hervorrufen, welche man mithin abwarten muß.

Uebereinstimmend mit dieser Ansicht führt man die umgekehrte Lage des Keims im Samen an, und das Vorkommen mehrerer Keime in manchen Samen, z. B. bey der Mistel und

Citrone. Der Keim liegt nehmlich so, daß sein Würzelchen gegen das Samenloch gerichtet ist, und sein Kopf oder die Samenlappen gegen den Stiel des Samens, also verkehrt: denn wüchse er aus dem Samen hervor, so müßte sein Würzelchen am Ende des Samenstiels stehen und sein Kopf am Samenloch liegen.

So müßte es allerdings seyn, nach der Vorstellung, welche man sich vom Bau des Samens macht; aber keineswegs nach der meinigen, welche ich Seite 80 entwickelt habe. Der Same ist kein oben geöffneter Becher, sondern ein eingerolltes Blatt, wie ein Farrenblatt, welches das Samenloch an seiner Spitze hat, aus welcher der Keim ursprünglich hervor wächst, und keineswegs aus dem Ende des Samenstiels. Das Keimwürzel= chen, welches sich später, wahrscheinlich durch den Einfluß des Blüthenstaubs, nehmlich des bis zu ihm bringenden Duftes, ablöst, muß daher nothwendig gegen das Samenloch gerichtet seyn, oder verkehrt gegen das Ende des Samenstiels, nehmlich den Nabel sehen. In der Lage des Keims kommt daher nichts vor, was für die oben gegebene Ansicht spräche. Was die Mehrzahl der Keime in manchen Samen betrifft, so ist es ja nicht unmöglich, daß bey manchen Pflanzen mehrere Knospen aus der Spitze des Samenblatts wachsen. Vor der Hand wollen wir also bey der alten Meynung bleiben, welche über= dieß das ganze Thierreich für sich hat, wo die feinsten und ge= nauesten Beobachtungen die ursprüngliche Entstehung des Keimes im Ey selbst so höchst wahrscheinlich machen, daß ein ungewöhn= licher Muth dazu gehörte, um das Gegentheil zu behaupten. Allerdings haben die sogenannten Samen der blüthenlosen Pflanzen große Aehnlichkeit mit dem Blüthenstaub. Sie sind aber Knospen, welche sich im indifferenten Stock entwickeln, ohne einen Gegen= satz; die Staubkörner aber sind Knospen in der differenten Blüthe, und haben ihren Gegensatz in andern Knospen, nehmlich den Samen. Beide sind daher nur halbe Knospen, welche sich nur durch Vereinigung wieder ergänzen können. Auch diejenigen Thiere, welche sich bloß aus Eyern fortpflanzen, wie die Po= lypen, Quallen, vielleicht die Muscheln, sind entschieden bloß weiblicher Natur. Das erste in der organischen Welt ist ein Schleimbläschen, und dieses Schleimbläschen ist ein Ey.

Kehren wir nun zu den Infusionsthierchen zurück, welche man im Blüthenstaub gefunden, so wäre es nicht unmöglich, daß die sogenannte Wurst selbst nichts anderes wäre. Dann wäre der Bestäubungsact der Pflanzen ganz gleich dem der Thiere, und nimmt man noch dazu, daß die Gährung nur durch Hefe hervorgerufen wird, und die Wirkung der Hefe selbst nichts anderes ist, als ihre Zerfallung in unendlich viele microscopische Pflanzen, welche in der ganzen gährungsfähigen Masse ähnliche hervorbringen; so wird es immer klarer, daß alle Erzeugung von neuen Geschöpfen einerley ist mit der Urerzeugung der organischen Masse, wie ich es schon in meinem Buche: Ueber die Zeugung, 1805, ausgesprochen habe, nehmlich eine Wechselwirkung von wirklich lebendigen Wesen, wovon die einen schon thierische Bewegungen haben, wie hier die Staubthierchen; die andern aber, nehmlich die Eyer der Thiere oder die Samen der Pflanzen, diese selbstständige Bewegung erst erhalten durch die Einwirkung der ersteren. Die Staubthierchen sind die Hefe welche schon in lebendige Grundmasse zerfallen der gährungsfähigen Masse des Dotters oder des Samenkorns, oder vielmehr des bereits darinn entworfenen Keims die gleiche Lebensbewegung ertheilt, welche aber, da sie hier bereits in materielle Gränzen eingeschlossen ist, es nicht mehr zur gänzlichen Zerfallung in Infusorien, sondern nur zur Bildung von Zellen bringt, in deren jeder sich vegetative Kügelchen entwickeln, zuletzt aber auch animalische, nehmlich im Blüthenstaub, wo die Zellen ihre völlige Trennung von der Herrschaft des Stockes erreicht haben.

Alle Entstehung des Organischen ist ein infusorialer Proceß, worinn sich Thiere und Pflanzen mit einander vermählen; und jeder neue Organismus, sey er Pflanze oder Thier, ist nichts anderes als eine Anhäufung von Infusorien, nicht von solchen, welche schon als fertige Geschöpfe herumgeschwommen sind, sondern von solchen, die sich noch im schlafenden Zustande oder im gebundenen befinden, und erst frey werden wollen und können, nachdem sie während des Wachsthums eine Hülle nach der andern abgestreift haben. In der offenen und beleuchteten Blume werden sie ganz frey im Blüthenstaub; in der verschlossenen finstern Capsel bleiben sie dagegen gebunden, bis jene sich mit ihnen vereinigen und sie durch ihre rastlosen Bewegungen und Reizungen aufwecken. Das geschieht wohl ohne Zweifel durch Hervorrufung einer Polarität in den Zellen oder Säften des Korns.

Man hat auch den Nutzen der Blüthenhüllen, nehmlich des Kelchs, der Blumenblätter und der Honigdrüsen beym Bestäubungsgeschäft in Betrachtung gezogen. Daß jene das Wasser und die Kälte abhalten, ist ein bloß zufälliger Nutzen; wichtiger aber ist der starke Verbrauch des Sauerstoffgases durch die gefärbten Theile, nehmlich die Blumenblätter und die Staubfäden. Im Finstern verzehren diese meistens noch einmal so viel, als die Blätter, z. B. acht Theile, wenn jene nur vier; und es entsteht eine entsprechende Menge Kohlensäure. Hieraus folgt also, daß die gefärbten Theile mehr Kohlenstoff verlieren, und daher wässeriger, schleimiger und zarter werden, mithin günstiger für die endliche Trennung der Zellen oder Staubkörner in den Beuteln, so wie des Keimpulvers in den Pilzen, Moosen u. s. w. Die Blumen sind daher nicht bloß eine Zierde der Pflanze, sondern haben wirklich ein Geschäft, nehmlich die Stoffe zu entziehen, welche die infusoriale Masse gefangen halten.

Mit diesem starken Verbrauch des Sauerstoffgases scheint auch größere Wärme-Entwickelung verbunden zu seyn. Man hat gefunden, daß beym Aron die Blüthenscheide das Fünffache ihrer Größe von Sauerstoffgas verzehre, der Kolben sogar das Dreißigfache. Um die Zeit der Bestäubung entwickelt sich eine Wärme, welche, je nach den verschiedenen Gattungen, sieben, fünfzehn, ja zwanzig Grad höher ist als die der Luft. Die Erscheinung ist also dieselbe, welche sich beym Keimen zeigt, wo ebenfalls die Wärme nur bemerkbar wird, wenn viele Samen beysammen liegen.

Die Honigdrüsen sondern ihrerseits den Zucker ab, auf daß das Mehl in den Samen rein erscheine, und sind mithin ein

Ansatz von Frucht, worinn sich die salzartigen Theile sammeln, wie die Säuren und der überflüssige Schleim in den Aepfeln und Beeren. Jeder Theil hat daher seinen Nutzen und sein Geschäft, und steht nicht bloß da, um zu figurieren. Es kann überhaupt in der organischen Welt kein Theil sich entwickeln, der nichts thut. Er zeigt sich entweder nur als Uebergangsglied zu einem andern Organ, oder als Abstreifung desselben, damit sein Proceß rein dargestellt werden könne. Man kann sagen, die Blumenblätter sind der erste Anfang der Staubbildung, und sie setzen ihren mißlungenen Staub als Farbenmehl ab; nach und nach nähert sich der Staubbildungsproceß mehr seinem Ziele in der Ablösung der Staubfäden, und erreicht es endlich in den Beuteln. Ebenso regt sich die Samenbildung in der Entwickelung der Bälge, kommt aber erst zur Vollendung im Hervortreiben ihrer Randknospen, nehmlich der Samen. Die Blumenblätter sind der Leib der Staubbeutel, und diese seine Drüsen: so sind die Samenkörner die Drüsen der Bälge. Es ist daher alles eins, und nur die Stuffe der Entwickelung ist verschieden.

### Bestäubung der blüthenlosen Pflanzen.

Bey den sogenannten Cryptogamen oder blüthenlosen Pflanzen, deren Capsel, wie ich gezeigt habe, der Samen selbst ist, also bey den nacktsamigen Pflanzen, findet man, mit Ausnahme der Moose, keine Theile, welche man für Stauborgane ausgeben könnte. Schon Hedwig hat im Winkel der knospenförmigen Blätter Fäden gefunden, welche in der Feuchtigkeit platzen und eine schleimige Flüssigkeit herauslassen. Unger hat sogar darinn Staubthierchen entdeckt. Man kann daher hier die erste Regung zur höhern oder polaren Fortpflanzungsart anerkennen. Merkwürdig bleibt es aber immer, daß bey den offenbar höher stehenden Farren man nichts Aehnliches entdeckt hat. Indessen finden sich bey manchen Farrenkräutern an den Spiralgefäß=Bündeln gegen den Rand kleine Höhlen mit gelblichen Körnern, welche vielleicht Blüthenstaub seyn können.

Bey den Flechten und Tangen finden sich noch zweyerley Körner, wovon die kleinern vielleicht dem Blüthenstaub entsprechen. Bey den Pilzen kommt aber nur einerley Art von Körnern vor. Das wäre alles der allmählichen Entwickelung der Pflanze und ihrer Trennung in polare Organe gemäß. Die Pilze sind noch eine ganz indifferente Zellen- oder Pulvermasse; bey den grünlichen Tangen und Flechten tritt schon ein Gegensatz hervor, sowohl zwischen Stock und Fortpflanzungsorganen, als zwischen den letztern selbst; bey den grünen Moosen scheiden sie sich schon bestimmt in Samen oder sogenannte Capseln und in Fäden; bey den Farren ebenfalls in solche Capseln und Körnerhöhlen, welche jedoch noch zweifelhaft sind.

Die Nadelhölzer schließen sich nicht bloß durch die Gestalt ihres Stammes, ihrer Aeste und Blätter, und durch den kümmerlichen Zustand ihrer Spiralgefäße an die Farren; sondern auch auffallend durch ihre unbedeckten oder capsellosen Samen. Sie haben auch keine Blumenblätter, aber vollkommene Staubfäden und Beutel. Da jedoch die Stauborgane sich schon bey den ächten blüthenlosen Pflanzen oder Cryptogamen zeigen, so scheint mir der nahen Verwandtschaft der Nadelhölzer mit ihnen nichts entgegen zu stehen.

### Reifung.

Die Reifung bezieht sich auf die der Samen und des Gröpses.

Selten werden alle Samen befruchtet, was ohne Zweifel davon abhängt, ob der Duft des Blüthenstaubs zu allen gelangt, oder nicht. In der Regel entwickelt sich auch der Gröps oder die Frucht nicht, wenn gar kein Samen Staub bekommt, wohl aber wenn nur ein einziger reifen kann. Es gibt jedoch Ausnahmen, wie bey den Trauben, der Ananas und dem Brodfruchtbaum, wo die Frucht sich auch stark entwickelt, und meistens schmackhafter wird, wenn keine Samen sich ansetzen. Ebenso gibt es sehr viele Pflanzen, bey welchen regelmäßig mehrere Samen zu Grunde gehen, was aber größtentheils durch den Druck von andern Samen veranlaßt wird.

Bey gelungener Bestäubung strömt der Saft mehr nach dem Gröps, weil durch die Belebung des Samens ein Gegensatz zwischen ihm und dem Balg hervorgerufen wird, wie zwischen der Knospe und dem Zweig, oder zwischen den Blättern und der Wurzel. Der Balg wird nun die Wurzel für den Samen. Stellt man Zweige mit Früchten, z. B. von einem Apfelbaum, in Wasser, so saugen sie viel mehr ein, als wenn sie bloß Blätter haben. Der Stock der Kräuter vertrocknet gewöhnlich während dieses Vorganges, und selbst Bäume gehen zu Grunde, oder leiden wenigstens, wenn sie übermäßig Früchte tragen.

Der Erfolg dieses Saftzuflusses äußert sich aber auf zweyerley Art. Es geht entweder aller Saft zu den Samen, oder es bleibt ein Ueberschuß, welcher das Zellgewebe des Gröpses ausdehnt und in Frucht verwandelt.

Das Reifen erfolgt in sehr verschiedener Zeit, wie bey den Thieren, und man hat die Gesetze dafür ebenfalls noch nicht aufgefunden. In der Regel dauert es vom Frühling bis zum Herbst, also ein halbes Jahr; indessen gibt es viele Ausnahmen, besonders bey den Kräutern, welche meistens kürzere Zeit brauchen, oft nur einige Wochen, besonders die Gräser.

Diese Zeit hängt nicht von der Größe des Samens ab: denn wo sie klein sind, ersetzt gewöhnlich die Menge die Größe. Auch hängt sie nicht von der Größe der Frucht ab: das Baumobst braucht fast ein halbes Jahr, während die Kürbsen, besonders die Melonen, nur einige Monate nöthig haben. Die Kirschen werden früher reif, als die Birnen, diese früher als die Zwetschen, diese früher als die Aepfel, und diese früher als die Trauben. In der Regel bedürfen die Früchte längerer Zeit, als die Bälge oder Capseln, die Nüsse ebenso mehr als die Fleischfrüchte.

Es gibt indessen auch Pflanzen, deren Früchte zur Reifung mehr als ein Jahr brauchen. So die meisten Nadelhölzer und selbst die Pomeranzen. Der Unterschied der Temperatur trägt natürlich auch viel dazu bey. An Spalierbäumen reifen die Früchte früher als in der freyen Luft; ebenso in Gewächshäusern oder unter Gläsern.

Man hat bemerkt, daß die Gröpse mit Spaltmündungen, wie die Hülsen, viel früher reifen, als die ohne dieselben, wie bey unsern Obstbäumen.

Die allgemeine Erscheinung nach einer gelungenen Bestäubung ist das Anschwellen des Gröpses oder des sogenannten Fruchtknotens, welcher in der Regel grün ist, und es meistens bleibt bis gegen die vollkommene Reife, wo er gewöhnlich allerley Farben annimmt, wie die Blätter, doch noch zahlreichere, wie gelb, roth, blau, weiß, wie bey der Eyerfrucht (Solanum melongena), und selbst schwarz und geschäckt. Die saftigen Früchte bekommen meistens eine gewisse Durchsichtigkeit.

Die Farben der Gröpse oder Früchte stehen weder in Beziehung zu denen der Blumen noch der Samen; indessen werden die meisten häutigen oder trockenen Gröpse bloß graulichgelb oder braun. Die Manchfaltigkeit der Farben zeigt sich nur bey den fleischigen Früchten, und rührt wohl von der Verwandlung der verschiedenen Säuren her. Die rothen sind gern sauer, wie die Weichseln, Johannis-, Sauerach- und Preißelbeeren; die blauen oder schwarzen gern süß, und enthalten mithin mehr Zucker, wie die Heidelbeeren, Pflaumen, Schwarzkirschen und die schwarzen Johannisbeeren. Indessen kann man nicht aus den Farben auf den Geschmack der Früchte schließen; die Citronen sind sauer, die Pomeranzen süß bey gleicher Färbung; jedoch ist hier die Decke nicht unmittelbar die des Gröpses. Ueberhaupt scheint der süße Geschmack bey den gelben Früchten vorwaltend, wie bey der Ananas, Apricose, Stachelbeere, den Pflaumen und Aepfeln.

Bey anhaltendem Regenwetter werden die Früchte wässerig und fad; ebenso auf jungen Bäumen, wo sie zugleich weniger zahlreich erscheinen, weil die Hauptnahrung auf die Ausbildung des Stocks verwendet wird. Eine gewisse Trockenheit ist dem Reifen der Früchte zuträglich, besonders wenn sie viel Mehl hervorbringen sollen, wie das Getraide; den saftigen Früchten ist hin und wieder ein Regen zuträglich, besonders dem Weinstock und den Obstbäumen. Die Engländer baben die Stachelbeeren, indem fie fie in Gläfer mit Waffer hängen laffen, um fie recht groß zu machen.

Die meiften Früchte reifen noch nach, nehmlich, nachdem fie vom Baum genommen worden, wie die Winterbirnen, Aepfel, Mifpeln, Melonen u. dergl. Ihre herben Säfte verwandeln fich dabey allmählich in Zucker, und zwar, wie es fcheint, vorzüglich deßhalb, weil fie keinen wäfferigen Saft mehr bekommen.

Früchte, von Infecten angeftochen, reifen früher und werden füßer als andere, wie Kirfchen, Zwetfchen und Aepfel. Die Feige ift zwar nur ein fleifchiger Fruchtboden; fie wird aber auch früher reif, wenn ihre Gallwefpe die Eyer in die Samen legt, und, wie man behauptet, felbft wenn man den Fruchtboden von Außen anfticht, was auch bey Melonen gelingen foll. Es ift hier diefelbe Erfcheinung, wie bey den Galläpfeln, wo durch die Verwundung, befonders durch das beftändige Nagen der Larve, mehr Säfte zufließen; und diefes hat wieder Aehnlichkeit mit der Beftäubung, wo der Duft der Staubkörner oder die Staubthierchen das Samenkorn beftändig zur Thätigkeit reizen. Das Anftechen der Blätter oder Früchte ift eine unnatürliche Beftäubung, wodurch Mißgeburten entftehen. Diefes Verhältniß erinnert an die Läufefucht liederlicher Menfchen, was weiter auszuführen hier nicht feines Ortes ift.

Auch reifen die Früchte fchneller, wenn man einen Ringfchnitt unter denfelben in den Zweig macht, wahrfcheinlich weil fie fodann weniger Waffer bekommen, wodurch das Reifen immer verzögert wird, indem die Frucht gleichfam immer jung bleibt und noch zu wachfen ftrebt. Auch muß die gehörige Menge von Waffer ausdünften, ehe fich die Fruchtftoffe zerfetzen und in Zucker oder Mehl verwandeln.

Früchte, welche viel vom Winde hin und her gefchaukelt werden, bleiben kleiner, ohne Zweifel weil fie mehr vertrocknen; daher werden fie an Spalieren größer.

Es ift gewiß, daß die Früchte im unreifen Zuftand mehr Waffer enthalten als im reifen, und zwar ungefähr 10 Procent mehr; umgekehrt vermehrt fich um eben foviel der Zucker, ohne Zweifel auf Koften des Schleims, der Gallert und der

Säuren. Das Kochen bringt eine ähnliche Veränderung in den Früchten hervor, und daher ist warme Witterung der Reifung so zuträglich. Herbe Früchte, wie die Mispeln, werden durch langes Liegen süß und teig wie gekocht.

### Reifung der Samen.

Alle diese Vorgänge in der Frucht, nehmlich die chemischen Zersetzungen, können als Mittel zur Reifung des Samens betrachtet werden, wie das Wachsthum des Stocks, nehmlich Verbauen, Athmen und Ernähren zusammen wirken, um die Blüthe hervorzubringen. Solche Umstände scheinen jedoch nur nöthig zu seyn bey denjenigen Pflanzen, die Fleischfrüchte hervorbringen, d. h. größtentheils solchen, deren Gröps vom Kelch umgeben ist, wie bey den Aepfeln, Kürbsen, vielen Beeren und selbst Pflaumen, wo also die Haut des Gröpses nicht unmittelbar ausdünsten kann, wie bey den bloßen Hülsen, Bälgen und Capseln. Bey den mit Kelchen überzogenen Gröpsen scheint die Ausdünstung so zu sagen im Kelche stecken zu bleiben, und sich zu Säften verschiedener Arten zu sammeln. Es gibt bekanntlich nicht viele Früchte, bey welchen sich die Säfte zwischen den Gröpshäuten selbst anhäufen, wie bey Kirschen und Pflaumen. Was also hier als Saft ausgeschieden und aufbewahrt wird, geht bey den meisten Gröpsen durch die Ausdünstung wirklich verloren, und so bleibt in beiden Fällen das Mehl für die Ernährung und die Ausfüllung der Samen zurück. Jenes wird in den Samenlappen abgesetzt, dieses in der Höhle der Samenschale als Eyweißkörper.

Die erste Erscheinung der Samen zeigt sich als eine kleine Anschwellung des sogenannten Samenträgers, welcher in den meisten Fällen nichts anderes, als das Gefäßbündel des Balzrandes ist. Diese Anschwellung oder Warze verdickt sich an der Spitze in eine Blase, die künftige Samenschale, und sie selbst wird zum Samenstiel. Der Samen bekommt entweder an seinem Gipfel oder auch in der Nähe der Einfügung des Stiels, also an seinem Grunde, eine kleine Oeffnung, das Samenloch (Micropyle). Dadurch sieht man, daß der Samen aus zwey

zelligen Häuten besteht, welche einen weichen, aber auch zelligen
Körper einschließen, den man Kernlein (Nucelle) nennt. Der
Stiel krümmt und verlängert sich auf manchfaltige Art, und
dadurch entsteht seine verschiedene Richtung und Lage. Das
Kernlein wird allmählich hohl oder sackt sich ein, wie einige
meynen, und dann zeigt sich darinn die erste Spur des Keims,
ungefähr nach dem ersten Drittel der ganzen Entwickelungszeit
des Samens, also nach 4 Wochen, wenn der Samen 3 Monat
zum Reifen braucht; bey Samen mit einem großen Eyweißkörper
zeigt er sich später als bey solchen, denen das Eyweiß fehlt;
wahrscheinlich deßhalb, weil er dort viel kleiner bleibt, hier
aber die ganze Samenhöhle ausfüllt und daher schneller wächst,
also erst nach vorangegangener Bestäubung. Es wurde schon
gesagt, daß dieser Keim, nach Einigen, nichts anderes seyn soll,
als die eingedrungene Wurst oder das Staubthierchen selbst,
nach meiner Meynung aber die aus der Spitze des Samenblatts
hervorgesproßten Blätter, so nehmlich, daß das Samenblatt oder
die Schale die Blattscheide vorstellt, der Keim aber den Schaft
und die Fiederblättchen, bey den zweylappigen Samen nehmlich.

Die äußere Samenhaut fängt an, dichter und härter zu
werden; die innere aber, worauf sich die Gefäße vertheilen,
bleibt weich, und wird zuletzt sehr dünn. Das Kernlein sondert
in seine Höhle Flüssigkeit ab, das Samenwasser, welches dem
Keim zur Nahrung dient, und bey vielen Pflanzen ganz verbraucht wird, wie bey den Hülsenfrüchten, aber auch bey vielen
andern einen mehligen Absatz fallen läßt, den Eyweißkörper,
der nach seiner Menge den Keim bald ganz umgibt, bald ihm
nur zur Seite liegt.

Das vertrocknete Zellgewebe des Kernleins bleibt bisweilen
als ein dünnes Häutlein an der innern Samenhaut zurück, wie
bey den Kürbsen, Zwetschen, Wolfsmilcharten u.s.w.; oft verschwindet es aber auch gänzlich.

Der Embryo zeigt sich immer zuerst in der Nähe des
Samenlochs, also am Gipfel des Samens oder der Blattscheide,
und wächst nie aus dem Grunde desselben oder dem Samenstiel
heraus. Er erscheint Anfangs als ein ganz kleines, weiches

und farbloses Körnchen, besonders bey den Scheidenpflanzen, häufig aber grün bey den Netzpflanzen, besonders den Bohnen, Malven, dem Lein u.s.w. Das Körnchen schwimmt nicht frey im Samenwasser, sondern hängt, nach L. Treviranus und Adolph Brongniart, durch einen zarten Faden mit dem Gipfel des Samens, also ohne Zweifel mit der Mittelrippe desselben zusammen. Der Faden ist meistens sehr kurz, bey den Hülsenfrüchten jedoch und der Capucinerblume ziemlich lang. Dieser Faden oder Keimstiel widerspricht mithin gänzlich der Ansicht, daß der Keim von Außen in den Samen komme. Dieser Faden schrumpft bald ein und löst sich ab, weil der Keim nun durch seine Oberfläche mehr Saft einzuziehen bekommt, als aus dem Gröps. Beym Keimen saugt er auf ähnliche Art das Wasser von Außen ein. Von nun an scheidet sich der Samen in ein unteres und oberes Ende, oder Würzelchen und Samenlappen, indem hier der dickere Theil sich allmählich spaltet, wenn er nehmlich zween Lappen bekommen soll. Er wächst gewöhnlich so lang fort, bis er die Höhle des Samens oder des Eyweißkörpers ausfüllt. Anfangs besteht er bloß aus Zellgewebe, in welchem sich aber allmählich die Spiralgefäße entwickeln. Die Substanz ist fast allgemein süßlicher Schleim, welcher bey der Verhärtung sich größtentheils in Stärkemehl verwandelt und etwas Kleber. Manchmal schwitzt der überschüssige Schleim aus, manchmal setzt sich auch Oel in den Zellen des Keimes ab. Durch die Vertrocknung werden alle Samen schwerer als Wasser, und keimen daher immer auf dem Grunde desselben.

### Ausstreuen der Samen.

Hiebey muß man die bloßen Gröpse und die Früchte unterscheiden. Jene vertrocknen mit der Reife der Samen, spalten sich bald am Rande der Bälge oder in der Achse, bald im Rücken, bald an den Seiten, bald endlich auch nach der Quere, und lassen dem Samen freyen Ausgang. Bey den Früchten aber bleiben die Samen eingeschlossen, und werden erst frey nach der Fäulniß derselben. Das letztere ist auch der Fall bey den schlauch= und nußartigen Gröpsen, welche ebenfalls mit dem

Samen abfallen und sich erst bey der Verwitterung öffnen, wie bey den eigentlichen Nüssen, oder auch zersprengt werden durch die eingesogene Flüssigkeit, wie beym Getraide, den Kopf- und Doldenpflanzen. Die Stiele der Früchte haben ziemlich allgemein ein Gelenk, worinn sie abfallen. Dieses Gelenk bildet sich hier wahrscheinlich deßhalb stärker aus als bey den bloßen Gröpsen, weil die Früchte eine viel stärkere Blattbildung haben. Damit hängen auch die Flügel, Rippen und Haarkronen zusammen, womit viele trockene Früchte versehen sind, und wodurch sie vom Winde fortgeführt, also weit verbreitet werden. Bey vielen Gräsern bleibt das Korn in den Spelzen stecken, und wird dadurch ebenfalls bauschiger und leichter. Auch bey vielen Samen kommen Flügel vor, wie bey Nadelhölzern und Bignonien, oder Haare, wie bey den Weiden, Pappeln, Schwalbwurzen, Weidenröslein, Baumwolle u.s.w.

Bey den Fleischfrüchten sind die Beeren in der Regel vielsamig, alle andern wenig- oder einsamig, wie Aepfel und Pflaumen. Es scheint nicht, daß das Fleisch zum Keimen der Samen etwas beytrage, ja sie leiden sogar, wenn das Fleisch langsam fault, nehmlich wenn man das Obst aufbewahrt. In der freyen Natur sind die Früchte der Feuchtigkeit ausgesetzt und faulen daher schneller. Auch wird das Fleisch häufig von Thieren verzehrt. Bey den Kürbsen, wo die Einlenkung fehlt, verschrumpft und verwest der Stengel von selbst.

Früchte oder Samen, welche leicht vom Winde fortgeführt werden, gedeihen meistens auf jedem Boden; nicht so die Fleischfrüchte. Unter den trockenen Gröpsen streuen die Hülsen und Bälge ihre Samen am leichtesten aus, indem sie an der innern Naht klaffen und sich drehen oder herabhängen. Die meisten Capseln öffnen sich an der Spitze und hängen auch häufig über, wobey die Samen durch ihr Gewicht ausfallen. Uebrigens werden die Capseln hinlänglich durch den Wind geschüttelt, so daß es den Samen nicht an Gelegenheit fehlen kann, von ihrem Behältniß frey zu werden.

Endlich gibt es Capseln, welche beym Vertrocknen elastisch werden und plötzlich aufspringen, sich meistens schraubenförmig zusammenrollen und die Samen fortschleudern, wie bey dem Springkraut, den Storchschnäbeln und selbst der Springgurke.

Die Samen reißen am Ende des Stiels ab und behalten sodann die Nabelstelle, also nicht wie die Blätter, an denen der Stiel hängen bleibt.

### Keimen.

In der Regel keimen die Samen nur, wenn sie vollkommen reif sind, nehmlich so mit Mehl angefüllt und eingetrocknet, daß sie in der Folge nicht einschrumpfen. Bey solchen verschrumpften Samen entwickelt sich gewöhnlich Luft in Lücken, weil das verdunstende Wasser nicht mehr ersetzt wird, und daher pflegen sie oben aufzuschwimmen, wenn man sie in Wasser wirft. Es gibt zwar Beyspiele, daß noch nicht ganz reife Samen gekeimt haben, besonders Hülsenfrüchte, jedoch nur, wenn sie gleich wieder in die Erde kamen. Das sind aber Ausnahmen, welche selten vorkommen, und wohl von zufälligen Umständen abhängen.

Da zum Keimen Wasser, Sauerstoffgas und ein gewisser Wärmegrad erforderlich ist; so können die Samen lange liegen und ihre Keimfähigkeit behalten, wenn sie vor diesen Einflüssen geschützt sind. Die meisten bleiben mehrere Jahre gesund, und man nimmt als mittlere Zeit 6 Jahre an. Das ist aber begreiflicher Weise nach der Natur oder den Bestandtheilen der Samen sehr verschieden. Samen von Wasserpflanzen dürfen nicht austrocknen, und müssen unmittelbar ins Wasser fallen oder wenigstens feucht gehalten werden, wenn sie keimen sollen. Sehr kleine Samen pflegen auch bald ihre Keimfähigkeit zu verlieren, ohne Zweifel, weil sie zu hart werden. Die Samen der Sternpflanzen, worunter auch die Caffeebohnen gehören, dürfen nicht lang liegen; ebenso die von Doldenpflanzen, wie Kümmel, Engelwurz u. dergl.; ferner die der Rachenblumen, wie Hahnenkamm, Kuhweizen, die vom Diptam und von den Myrten.

Das Getraide bleibt am längsten keimfähig, in der Regel 6—10 Jahre. Man hat aber Beyspiele, daß Körner mehr als 100 Jahr alt noch zum Keimen gebracht werden konnten, ja

sogar noch welche aus ägyptischen Mumien, die mithin einige
Tausend Jahr alt waren. Freylich waren sie auch vor allen
äußern Einflüssen bewahrt. Auch die Hülsenfrüchte, besonders
die Bohnen, können über Hundert Jahr alt werden; Samen
von Sinnpflanzen keimten noch nach 60 Jahren. Fast dasselbe
kann man von den Kernen der Kürbsen und den Samen der
Malven sagen. Farrensamen, obschon sehr klein, keimte noch
aus einem Herbario, obschon er 50 Jahr alt.

Tief in der Erde vergrabene Samen halten sich ungewöhnlich lang, wenigstens sucht man daraus die Erscheinung zu erklären, daß Unkräuter viele Jahre lang wieder kommen, obschon
man die jungen Pflanzen ausrauft; daß nach einem Holzabtrieb
ein Nachwuchs von einer andern Holzart folgt, dessen Samen
mithin vielleicht Hundert Jahr unter der Erde ausgehalten
hätten. Aus Gräben, die seit Menschengedenken zugeworfen
waren, sah man den Flohsamen (Plantago psyllium) und Stechapfel hervorwachsen. Brandplätze bedecken sich plötzlich mit
Rauke (Sisymbrium irio); und mit Kreuzkraut (Senecio vis-
cosus). Da übrigens diese Pflanzen auf Schutt oder Mauern
wachsen, so ist ein schnelles Ueberhandnehmen in diesem Falle
wohl begreiflich. Um Getraide lang aufzubewahren, schüttet
man es in große Gruben (Silo) und bedeckt es mit Erde.

Am meisten schadet der Keimkraft die Feuchtigkeit, weil die
Samen zu keimen anfangen und sodann schimmelig werden, was
ihnen besonders an dunklen Orten widerfährt.

Die Wärme wirkt nicht so nachtheilig ein, vorausgesetzt,
daß sie trocken ist. Getraide kann man bey 90 Grad Reaumur
trocknen, ohne daß es seine Keimkraft verliert; bringt man es
aber eine Zeitlang in Wasser, das nicht viel wärmer ist, als das
Blut, so verdirbt es schon. Die Kälte wirkt gar nicht auf
trockene Samen.

Um Getraide auf Speichern lang zu erhalten, muß Feuchtigkeit und Wärme abgehalten werden, und das geschieht am
besten durch freyen Luftzug und Umwerfen. Will man es nicht
zur Saat brauchen, sondern für die Zeit des Mangels aufbe-

wahren, so trocknet man es in besonders dazu eingerichteten Oefen. Man hat dann die Kornwürmer nicht zu fürchten.

Die Samen von Obst macht man aus, und hebt sie trocken auf.

Das Obst selbst, besonders Aepfel, halten sich an einem luftigen, kühlen Ort fast ein Jahr lang; oder auch, indem man sie in kleinen Fässern unter die Erde vergräbt. Sehr saftreiches Obst, wie Kirschen und Zwetschen, muß schnell getrocknet werden. Man hat dazu eigene Oefen und Darren. Auch schneidet man die Aepfel in Schnitze und trocknet sie an der Luft.

In Bezug auf die Schnelligkeit des Keimens verhalten sich die Samen sehr verschieden.

In der Regel treiben die Samen ihren Keim am schnellsten aus, wenn sie sogleich auf die Erde fallen; und dann erfolgt es gewöhnlich schon im nächsten Frühjahr. Sind sie älter, so können sie ein halbes Jahr liegen.

Samen ohne Eyweißkörper keimen früher; deßgleichen die Samen von Kräutern früher als die von Stauden und Hölzern. Samen, welche früher keimen, pflegen auch schneller zu wachsen; bey Hölzern geht beides sehr langsam.

Man hat bey künstlichen Versuchen gefunden, daß der Anfang des Keimens außerordentlich verschieden ist, ohne daß man bis jetzt ein bestimmtes Gesetz hätte ausfindig machen können. Manche keimen schon in den ersten Tagen, andere erst nach Monaten, ja erst nach einem bis zwey Jahren.

Zu denjenigen, welche schon in den ersten 8 Tagen keimen, gehören die meisten Kräuter, vorzüglich aber die Grasarten, die Kopfblüthen und die Schotenpflanzen; die Hülsen-, Dolden-, Lippen- und Rachenblumen scheinen 14 Tage und mehr zu warten. Indessen ist die Sache so veränderlich und noch zu wenig genau beobachtet, daß man noch nichts darüber sagen kann. Es hängt sehr viel davon ab, ob die Samen frisch oder alt und mithin sehr trocken sind. Abgesehen von den Samen, welche schon bey nassem Wetter in den Fruchthüllen keimen, wie das Getraide, oder in sehr wässerigen Früchten, wie manchmal die der Kürbsen, gibt es jedoch auch andere, welche dieses gewöhnlich thun, ohne besondere Einflüsse, wie die Samen der Flachsseide, mehr jedoch in heißen Ländern, wie die des Brodbaums und der Wurzelbäume (Rhizophora).

Die nothwendigen Bedingungen
zum Keimen sind Feuchtigkeit, Luft und Wärme, wenigstens über dem Gefrierpunct; Begünstigungen sind höhere Wärme, gegen 20° R., Sauerstoffgas oder verdünnte Säuren und Dunkelheit.

a. Im Wasser quellen alle Samen auf, sie mögen noch keimfähig seyn oder nicht; das Einsaugen ist daher bloß eine physicalische, und keine organische Erscheinung. Das ergibt sich auch aus dem großen Gewicht, welches die aufquellenden Samen heben oder wegschieben, entsprechend der Kraft, womit nasse Seile sich verdicken und große Lasten heben. Der Samen saugt an der ganzen Oberfläche ein, und nicht bloß an der Nabelstelle; nur bey dem Getraide scheint das Wasser leichter durch die letztere Stelle einzubringen. Was das Samenloch dabey thut, ist noch nicht ermittelt. Uebrigens kann man die Samenschale, z. B. einer Bohne, abziehen, und die Keimung wird doch von Statten gehen, weil der ganze Keim, sowohl das Würzelchen als die Lappen, einsaugt. Ueberzieht man dagegen die Samenschale mit einem Firniß, so hört das Keimen auf, nicht aber, wenn man eine Stelle davon frey läßt, sey es die des Nabels oder eine andere.

Das Wasser wird durch die Samenhaut nicht verändert, denn es dringen auch Farbenstoffe ein.

Ist der Eyweißkörper oder sind die Cotyledonen angeschwollen, so zerreißt die Samenschale, meistens in der Nähe des Nabels, wenn der Samen gleichförmig ringsum hat einsaugen können, sonst auch an andern Stellen, und daher unregelmäßig.- Bohnen, welche 4 Gran wägen, erhalten auf diese Art das doppelte Gewicht. Hat die Bohne einmal angefangen zu keimen, so kann man die Samenlappen abschneiden, ohne daß sie zu Grunde geht; sie bleibt jedoch kleiner. Das gelingt jedoch nicht immer, und noch weniger bey allen Pflanzen. Samen mit einem großen Eyweißkörper haben nur dünne, blattartige

Samenlappen, und daher ist es jener, welcher einsaugt, weich wird und die Nahrung liefert. Solche Samenlappen haben mehr Spaltmündungen, und können daher leichter einsaugen. Uebrigens kann man nach erfolgter Keimung auch den Eyweißkörper ohne Schaden wegnehmen, selbst Stücke von den Würzelchen und den Blattfederchen abschneiden. Das kann nicht in Verwunderung setzen, wenn man bedenkt, daß das Gewebe des Keimes ziemlich gleichförmig ist. Das Verstümmeln hat natürlich seine Gränze.

b. Es ist durch Versuche hinlänglich ausgemacht, daß kein Samen keimt ohne Sauerstoffgas; nicht in abgekochtem oder destilliertem Wasser, auch nicht in solchem, welches mit Kohlensäure oder Stickgas gesättigt ist; nicht in freyem Stickgas, Wasserstoffgas und kohlensaurem Gas; endlich nicht in luftleerem Raum. Schon gekeimte Samen hören auf, sobald man sie in unathembare Gasarten versetzt. Sie keimen aber schon, wenigstens eine Zeit lang, wenn man nur etwas weniges Sauerstoffgas hinzuläßt; am besten geht es in der atmosphärischen Luft; schneller freylich in einem Ueberschuß von Sauerstoffgas, aber dann geht auch gewöhnlich das Pflänzchen bald zu Grunde, ohne Zweifel, weil es nicht verhältnißmäßig Nahrung einziehen kann.

Endlich hat man, vorzüglich Th. Sauffure, auch durch positive Versuche ermittelt, daß das Sauerstoffgas während des Keimens wirklich verschwindet und Kohlensäure an seine Stelle tritt. Getraide verwandelt auf diese Art $^1/_{100}$ seines Gewichts Sauerstoffgas, Bohnen $^1/_{100}$. Sie verwenden es aber nicht in ihren eigenen Leib, sondern geben den Kohlenstoff ab zur Bildung der Kohlensäure. Sperrt man daher Samen in atmosphärischer Luft mit Kalkwasser, so steigt es in die Höhe und wird getrübt, indem sich kohlensaurer Kalk bildet. Die Stoffe des Samens geben daher Kohlenstoff ab, nehmen Wasser auf und werden dadurch chemisch verändert.

Alexander v. Humboldt hat schon früher gezeigt, daß Samen in verdünntem Chlor oder in oxygenierter Salzsäure viel schneller keimen, und daß man dadurch ganz alte und vertrocknete

Samen noch zum Keimen bringen könne. — Andere Säuren oder sauerstoffreiche Körper wirken nicht auf diese Art, selbst wenn sie leicht Sauerstoff abgeben, wie Salpetersäure und Braunstein. Berzelius glaubt daher, das Chlor weiche bloß die alte und verhärtete Samenschale auf, und befördere dadurch die Einsaugung des Wassers.

c. Hinsichtlich der Wärme richten sich die Samen nach dem Clima, worinn sie wachsen. Bey uns keimt das Getraide schon bey wenigen Graden über dem Gefrierpunct; in der Regel aber alle Samen besser, wenn die Wärme etwas höher als gewöhnlich ist, also über 16 Grad, wobey das Einsaugen beschleunigt wird. Ist die Wärme zu groß, so saugen sie jedoch zu viel ein, und werden dadurch wässerig und schwach. Die Blutwärme, also etwa 30° R., ist dem Keimen schädlich, und überhaupt dem Wachsthum.

d. Ebenso ist das unmittelbare Sonnenlicht dem Keimen schädlich, theils wegen zu starker Verdunstung, theils weil sich dann das Sauerstoffgas nicht mit dem Kohlenstoff verbinden kann. Das Tageslicht wirkt weniger nachtheilig; die Nacht am vortheilhaftesten, weil dieses die ungestörte Athemzeit der Pflanzen ist. Das Keimen beginnt daher mit dem Erweichungsproceß und dem Athemproceß, worauf die Zersetzungen folgen.

Die Einwirkung der Electricität ist noch nicht erforscht.

Da der Hauptbestandtheil der Samen Stärkemehl ist, so wird dieses zuerst erweicht, sodann dickflüssig, wie eine Art Milch; dann verschwinden die Stärkemehlkörner und verwandeln sich in Zucker und Schleim, wahrscheinlich, indem sie Kohlenstoff verlieren und mit Wasser verbunden werden.

Das Keimen ist also eine Art Gährungsproceß und umgekehrt, indem auch bey der Gährung sprossende Körper sich entwickeln, wie microscopische Pilze. Die ganze Pflanze besteht aus solchen Körperchen, welche sich von einander trennen, als Saft sich hin und her bewegen und endlich zu Zellen erstarren. Das Keimen und Wachsen ist ein lebendiger Gährungsproceß oder ein Galvanismus in unendlich kleinen Kügelchen, worinn

Vestes, Wasser und Luft beständig auf einander wirken, gleichsam mit einander spielen und sich dadurch bewegen.

Beym Keimen tritt zuerst das Würzelchen hervor, und zwar bey den Scheidenpflanzen immer durch die Nabelstelle, welche hier allein aufreißt. Es erhält seine Nahrung aus den Samenlappen, und mithin geht die erste Bewegung des Saftes nach unten, weil der Gegensatz zum Lichte noch fehlt. Darauf erst verlängert sich das Blattfederchen, auch wenn das Würzelchen noch nicht vest steht und aus der Erde einsaugen kann. Beide verlängern sich so lang, als die Nahrung aus dem Eyweißkörper und den Samenlappen hinreicht: dann sterben beide ab, wofern die Wurzel nichts einzusaugen bekommt.

In der Regel werden die Samenlappen größer und dicker, heben sich meistens über die Erde empor, werden grünlich, allmählich dünner und sehen manchmal völlig aus wie gewöhnliche Blätter. Ziemlich so bey den Hülsen, Malven, Winden und Kürbsen. Obschon sie ursprünglich keine Oberhaut hatten, so bekommen sie nun eine solche, und zwar mit vielen Spaltmündungen, und zeigen auch Spiralgefäße. Während der Zeit tritt auch das Blattfederchen hervor und verwandelt sich in den Stengel. Daß übrigens hiebey viele Verschiedenheiten vorkommen, läßt sich von selbst ermessen. Dieselben hier aufzuführen, wäre zu weitläufig und auch nicht an seinem Orte.

### Gattung (Species).

Jeder Theil, welcher sich von einer Pflanze ablöst und fortwächst, sey es Knospe oder Samen, wird der Mutterpflanze gleich, und ist daher mit ihr von derselben Gattung. Die Gattungen werden mithin von der Natur selbst hervorgebracht, und sind der unmittelbare Gegenstand unserer Beobachtungen. Die Zusammenstellungen aber von ähnlichen Gattungen, unter dem Namen von Geschlechtern oder Sippen (Genera), hängen, beym gegenwärtigen Zustande der Wissenschaft wenigstens, bloß von unserm Scharfsinn ab, ob wir nehmlich die Aehnlichkeiten richtig erkannt haben oder nicht. Die Zahl der Gattungen ist daher eine bestimmte, wenn sie auch noch so groß ist; die Zahl der Geschlechter aber eine willkührliche. Doch ist Hoffnung vorhanden, daß man auch diese einstens werde bestimmen können, ungefähr so, wie die Chemiker die möglichen Verbindungen der Stoffe zu berechnen im Stande sind. Man schlägt die Zahl aller bis jetzt bekannten Pflanzen auf 50,000; darunter Netzpflanzen 32,000, Scheidenpflanzen 7000, blüthenlose Pflanzen 11,000, welche letztere Zahl aber ohne Zweifel um vieles zu groß ist, da man hier eine Menge Gattungen gemacht hat, welche sich später als bloße Abänderungen gezeigt haben. Man kann höchstens annehmen, daß die zwo letzten Abtheilungen einander gleich sind, und etwa 14,000 betragen, was mithin weniger als die Hälfte der Netzpflanzen ausmachen würde. Die Scheidenpflanzen betragen kein Viertel der Netzpflanzen.

Die Pflanzen arten jedoch nicht selten aus, je nachdem sie auf andern Boden, in Schatten, Feuchtigkeit u. dergl. kommen. Man nennt sie Arten und Abänderungen (Varietas). Die Verschiedenheiten sind in der Regel nicht bedeutend, und bestehen meistens bloß in der Größe, der Farbe, Behaarung, dem Geschmack u. dergl. Einzelne Organe, wie Blätter und Blüthentheile, ändern sich kaum in der Gestalt, Lage und Zahl, außer etwa durch Verkümmerung. Eine Zeit lang bringen sie ähnliche hervor, kehren aber bey der Fortpflanzung durch Samen nach und nach in den ursprünglichen Zustand zurück. Durch bloße Vermehrung kann man sie lang im gleichen Zustande erhalten, und dann nennt man sie Spielarten.

Wenn manche Gattungen von selbst oder durch äußere Einflüsse sehr abweichende Formen annehmen, so nennt man sie Mißbildungen. Das kommt häufig bey cultivierten Pflanzen vor, aber sehr selten bey wilden. Hieher gehören auch die gefüllten Blumen.

Durch Vermischung verschiedener Gattungen bey der Bestäubung entstehen Mittelbildungen, welche man Bastardpflanzen (Hybrida) nennt.

Sie setzen selten Samen an, und dann kehren sie ebenfalls zur ursprünglichen Samen-Gattung zurück, wenn sie ihrer eigenen Bestäubung, deren sie jedoch selten fähig sind, überlassen werden. In der Regel gleichen sie am meisten der Samenpflanze; doch gelingt es, die Jungen allmählich in die Staubpflanze überzuführen, wenn man 3—4 Jahr lang denselben fremden Staub darauf bringt, ein Beweis, daß der Staub ebensoviel zur Hervorbringung der jungen Pflanze beyträgt, als das Samenkorn oder das sogenannte Ey.

Die Combinationen sind so manchfaltig, daß es unmöglich ist, hierüber bestimmte Gesetze aufzustellen. Als gewiß muß man aber annehmen, daß keine Gattung von selbst durch den Verlauf der Zeit sich in eine andere umbildet und daß die ganze Manchfaltigkeit der Pflanzenwelt sich aus wenig ursprünglich erschaffenen Gattungen entwickelt habe, durch Wechsel des Orts, der Feuchtigkeit, des Lichts, der Wärme u. dergl., oder auch durch wechselseitige Bestäubung. Die Pflanzen aus den ägyptischen Gräbern gleichen ganz den gegenwärtigen. Es ist kein Zweifel, daß alle Pflanzen aus dem ursprünglichen Schleime des Wassers entstanden sind, und begreiflich ist es, daß der noch ungeformte Schleim an jedem verschiedenen Orte seiner Entwickelung auch eine andere Gestalt angenommen habe, d. h. zu einer eigenthümlichen Gattung geworden sey. Man kann aber nicht annehmen, daß eine Pflanze, welche etwa 20 Spiralgefäßbündel hat, 5 Blumenblätter, 25 Staubfäden, 5 Griffel u.s.w. eine junge hervorbringen sollte mit andern Zahlen.

Es sind daher alle Pflanzengattungen ursprünglich erschaffen worden; aber deßhalb nicht nothwendig zu einer Zeit. So wie sich das Clima änderte, die geographische Breite, der Schleim- und Salzgehalt des Wassers, so mußten auch wieder andere Pflanzen entstehen.

Dabey hat man sich gewundert, warum denn gegenwärtig keine mehr entstehen. Darauf kann man antworten, daß die Verhältnisse unserer Erde sich nicht mehr so bedeutend ändern, aus dem einfachen Grunde, weil sie sich schon so viel geändert haben, als sie konnten. Indessen entstehen ohne Zweifel noch immer von selbst niedere Pflanzen, wie Wasserfäden und Pilze: aber dennoch keine eigenen Gattungen, weil begreiflicher Weise schon alle Verhältnisse in frühern Zeiten da gewesen sind, welche jetzt nur noch an Tausend Orten sich wiederholen. Aus demselben Grunde ist es auch begreiflich, warum keine höheren Pflanzen mehr entstehen. Die Unterschiede sind nirgends mehr so groß wie ehemals. Wir müssen daher annehmen, daß die Pflanzenschöpfung geendigt ist, und daß wir daher einstens werden im Stande seyn, die Zahl der Pflanzen zu bestimmen und auch die Gesetze aufzufinden, nach welchen sie sich in Geschlechter, Sippschaften, Zünfte, Ordnungen und Classen theilen. Diese Dinge sind sicherlich alle bestimmt, wenn gleich jetzt jeder es wagt, sogenannte Pflanzenfamilien nach eigenem Belieben, und oft aus bloßer Eitelkeit, aufzustellen.

### Dauer der Gewächse.

Streng genommen sterben alle Pflanzen, sobald sie Samen hervorgebracht haben: denn dieses sind die letzten thätigen Theile, welche noch polar auf den Stock wirken und die Säfte anziehen. Sind sie vertrocknet, so bleiben die Säfte stehen und das Zellgewebe vertrocknet nach und nach ebenfalls. Das widerfährt in der Regel allen blumenlosen und Scheidenpflanzen; auch den meisten Netzpflanzen, welche daher einjährige (Pl. annuae) heißen.

Es gibt jedoch Unterschiede. Bey vielen erhält sich die Wurzel als Zwiebel oder Knollen, und schlägt im nächsten Jahre wieder aus, und daher nennt man sie ausdauernde (Pl. perennes). Bey andern behält auch der Stengel noch etwas Saft und dauert aus, d. h. er verholzt. Dann bildet sich um den alten halbvertrockneten Bast ein neuer, der wieder Blätter und Blüthen treibt. Das sind die Holzpflanzen. Aber auch diese haben ein beschränktes Lebensziel: denn jährlich wird die Rinde dicker und härter, und widersteht mithin der Ausbildung des neuen Bastes, der immer dünner und dünner wird, bis er endlich keinen Platz mehr findet.

Die Bäume können daher nur langsam an Dicke und Länge zunehmen. Die Schnelligkeit hängt natürlich von der Güte des Bodens und der Witterung ab. Unsere Obstbäume werden nicht alt; die meisten Nadelhölzer über 100—200 Jahre, die Linden und Eichen gegen 1000 und mehr. Von den Cedern des Libanons

behauptet man mit großer Wahrscheinlichkeit, daß noch einige
stehen von den Zeiten Christi her, und wahrscheinlich auch noch
Oelbäume aus jener Zeit. De Candolle hat in seiner Physiologie die Geschichte von allen bekannten ungeheuern Bäumen gesammelt und das Alter angesetzt von Rüstern 335 Jahr, von
Ephen 450, Lärchen 576, Pomeranzen 630, Oelbaum 700, Platane 720, Ceder 800, Eibe 1200, Eiche 1500, Affenbrodbaum 5000.

Die Scheidenpflanzen leben in der Regel viel kürzere Zeit.
Es gibt jedoch Palmen, welche über 100 Schuh hoch werden,
und man glaubt, daß die Cocospalme 6—700 Jahr erreiche.
Der berühmte Drachenblutbaum auf den canarischen Inseln
war 1402 schon eben so dick und hohl, wie jetzt. Er hat
45 Schuh im Umfang.

## Blattfall.

Zuerst sterben also die Blüthen und Früchte und fallen ab.

In Ländern, welche einen eigentlichen Winter haben, d. h.
wo die Kälte längere Zeit unter dem Gefrierpunct bleibt und
der Boden mit Schnee bedeckt ist, fallen die Blätter am Ende
des Herbstes ab, vorzüglich bey den Bäumen; denn bey den
Kräutern stirbt der Stengel mit den Blättern, und beide bleiben
gewöhnlich an einander. Es gibt zwar Ausnahmen: Hölzer
mit derben und trockenen Blättern, behalten sie gewöhnlich den
Winter über, oder verlieren sie wenigstens nicht auf einmal,
sondern nach und nach, so wie die neuen hervorwachsen, und
daher finden sich gewöhnlich Blätter von 2—3 Jahren beysammen. So bey dem Nadelholz, Buchsbaum, Epheu, der
Stechpalme, den Heiden, Heidelbeeren u.s.w.

In wärmern Ländern behalten die Hölzer ihre Blätter
länger, und werfen sie meistens nur zu unbestimmten Zeiten ab;
Ahorn, Rainweide, Jasmin, Eichen schon in Italien. Manche
Blätter bleiben auch im vertrockneten Zustande hängen, wie bey
den Eichen und Buchen, und fallen erst im Frühjahr ab, wann
und weil sich die Knospen entwickeln.

Die Ursache des Laubfalls liegt offenbar im geringeren
Saftzufluß, also im Vertrocknen der Blätter: denn sie fallen

nicht bloß bey den ersten Winterstürmen ab, sondern auch in trockenen Sommern und überheizten Treibhäusern. Auch fallen sie früher ab an geringelten Zweigen und an saftreichen oder bleichen Pflanzen, wenn sie getrocknet werden. Die Blätter müssen jedoch reif seyn, sonst bleiben sie auch vertrocknet hängen, wenn etwa die Zweige zu früh absterben, sey es von selbst oder durch Abschneiden, oder durch Anstechen von Insecten. Die Lösung des Blatts geschieht gewöhnlich im Gelenke; man glaubt vorzüglich deßhalb, weil der Zweig sich noch vergrößert, während der Blattstiel seine Dicke behält. Damit stimmt am besten die Erscheinung überein, daß die Blätter hängen bleiben, wenn der Zweig vorher vertrocknet.

Zuerst wechselt das Blatt seine Farbe, wird blumenartig, meist gelb oder roth, und dann wird es gewöhnlich hohl, so daß die obere Fläche gewölbt erscheint. Die Blätter der Aeschen, Acacien, des Holders fallen grün ab. Sie legen sich an den Stamm oder an den gemeinschaftlichen Blattstiel, und dann fallen die letztern bald einzeln ab, wie bey dem Nußbaum, bald mit dem gemeinschaftlichen Stiel. Die Blätter an den untern Zweigen fallen früher ab, weil der Saft immer mehr nach oben strebt.

Nach den Blättern vertrocknen die Zweige, nach diesen der Stengel und nach diesem endlich die Wurzel, bey den Kräutern in einem Jahr, bey den Stauden in 2—3, bey den Hölzern in vielen. Die Blüthen und Blätter der Bäume sind als einjährige Kräuter zu betrachten. Zufällige Ursachen vom Absterben der Pflanzen gibt es sehr viele. Hindernisse im Boden, zu viel oder zu wenig Wasser, Kälte und Hitze, Verletzungen, ätzende Stoffe, Säuren, Gifte, Schmarotzer u.s.w., kurz alles, was die Zusammenwirkung der Elemente, des Lichts, der Wärme und der Schwere; der Luft, des Wassers und der Erde, oder der Nahrungsstoffe, unterbricht oder Krankheit hervorbringt, ein Gegenstand, welcher vorzüglich in den Werken über Landwirthschaft und Gärtnerey abgehandelt wird.

# Literatur.

## 1. Allgemeine Schriften.

Hieher gehören auch die Werke von N. Grew, Malpighi und Leeuwenhoek.
Duhamel, Physique des Arbres. 1758. 4., deutsch 1765.
Mustel, Traité théorique et pratique de la Végétation. 1781. 8. IV.
Joh. Hedwig, Sammlung zerstreuter Abhandlungen. 1785. 8. II.
Comparetti, Fisica vegetabile. 1791. 8.
Plenk, Physiologia et Pathologia plantarum 1794. 8.
Rafn, Pflanzen-Physiologie. 1798. 8.
Medicus, Beyträge zur Pflanzen-Physiologie. 1799. 8.
Dessen Pflanzen-physiologische Abhandlungen. 1803. 8. III.
Senebier, Physiologie végétale. 1800. 8. V.
Sprengel, Anleitung zur Kenntniß der Gewächse. 1802. 8. III. Zweyte Auflage. 1817.
Mirbel, Traité d'Anatomie et de Physiologie végétale. 1802. 8.
Idem, Elémens de Physiologie végétale. 1815. 8. III.
L. Treviranus, Vom innwendigen Bau der Gewächse. 1806. 8.
Perotti, Fisiologia delle piante. 1810. II. 12.
Link, Grundlehren der Anatomie und Physiologie der Pflanzen. 1807. 8. Nachträge. 1812. 8.
Kieser, Aphorismen aus der Physiologie der Pflanzen. 1808. 8.
Sprengel, Von dem Bau und der Natur der Gewächse. 1812. 8.
A. Dupetit-Thouars, Hist. d'un morceau de bois. 1815. 8.
R. Treviranus, Biologie IV. 1814. 8.
Kieser, Mém. sur l'Organisation des Plantes. Haarlem. 1814. 4. 345. Pl. 22. — Hauptwerk.

Keith, System of physiological Botany. 1816. 8. II.
C. H. Schultz, Die Natur der lebendigen Pflanze. 1823. 8. II.
Dutrochet, Recherches anat. et phys. sur la structure des Végétaux 1824.
Hundeshagen, Die Anatomie, der Chemismus und die Physiologie der Pflanzen. 1829. 8
Agardh, Lärobok i Botanik 1829. 8. II.; auch den sch
De Candolle, Physiologie végétale. 1832. 8. III ; auch deutsch. — Hauptwerk.
L Treviranus, Physiologie der Gewächse. 1855. 8. II. — Hauptwerk.
Dutrochet, Mémoires anat. et physiol. des Végétaux. 1857. 8. II
Rafpail, Nouveau Système de Physiologie végétale. 1837. 8. II.
Meyen, neues System der Pflanzen-Physiologie. 1837. 8. III.

Allseitige Nachweisungen geben
die bot. Berichte von Wikström, übersetzt und vermehrt von Beilschmied. 8.

## 2. Richtung der Pflanzen.

Dodart, Mém. acad. 1700.
De la Hire, ibid. 1708. 297.
H. Johnson in Edinburgh. new philosophical Journal. 1828. 312. (Linnaea. 1830. V. 145).
Ofen, Jsis 1832. S. 804.
v. Boith in Annalen der Gewächskunde. 1831. IV. 404.
Knight in phil. Transact. 1806. 99. (L. Treviranus, Beyträge. 1811. 8. 191.)
Dutrochet, Recherches sur Endosmose etc. 1828.
Idem, Mém. des Végétaux. 1837. 8. II. 1. — Viscum p. 60.
Poiteau in Ann. Soc. horticult. Paris IV. 8. 297. (Annalen der Gewächskunde IV. 406.)
Pinot in Journal de Pharmacie. 1829. 490. (Botan. Zeit. 1829. 687.) Dutrochet, ibid. 1830. p. 28.
Mulder, Bydragen tot natuurk. Wetenschappen IV. 1829. 128. (Linnaea; 1830. p. 191.)
Gleditsch, Mém. Ac. Berlin. 1765. — Vermischte Bemerk. 11.
De Candolle, Mém. Soc. d'Arcueil. II. 1809. 104.
Knight in phil. Transactions. 1812. Ranken.
Palm, Ueber das Winden der Pflanzen. 1827. 8.
Mohl, desgleichen. 1827. 4.
Mustel, Traité de la Végétation. 1785. 1. 151.
Bonnet, Usage des Feuilles pag. 104. Deutsch 1762 und 1803. 4.

Mylius in physical. Belust. II. 98.
Bose, De radicum directione. 1774. 4.

### 3. Licht.

Senebier, Expériences sur l'Action de la lumière dans les Végétaux. 1782. 8.; deutsch 1785.
Eaton, Wirkung des Lichts auf die Bäume in Sillimans Journal XIII. 1827. 93. (Literatur-Blätter f. Bot. I. 522.)
A. ab Humboldt, Aphorismi ex doctrina Physiologiae chemicae plantarum, in ejusd. flora fribergensi. 1793. 4. 179.
Grens Journal der Physik. V. 196.
Glocker, Wirkungen des Lichts. 1820. 8.

### 4. Pflanzenschlaf.

Val. Cordus, Hist. plantarum. 1561. II. 156. Glycyrrhiza.
Garcias ab Orte, Aromatum. 1574. 8. 120.
Linnaeus, Somnus plantarum. 1755., in Amoenitat. IV. 337. Phil. bot. §. 335.
Schrank, Vom Pflanzenschlaf. 1792. 8.
Dutrochet, Du Reveil et du Sommeil in An. Sc. nat. sec. série. VI. 177.
Dillenius, Hortus elthamensis II. Mesembryanthemum.
Hill, Der Schlaf der Pflanzen. 1768. — 1776. 8.

### 5. Bewegungen.

#### a. Der Blätter.

Mimosa pudica. R. Camerarius, de Herba mimosa. 1688.
Breynius, Centuria. 51.
Mirbel, Élémens de Physiologie I. 166.
Burnett, Edinburgh Journal of Sc. 1829. 166. (Literatur-Blätter für Botanik. 18 8. 124.)
Comparetti in Mém. acad. Turin prés. V. 209.
Oehme in Berliner Beschäftigungen II. 79. III. 138.
Gahagan in medic. Comment. of Edinburgh. Dec. II. 4. pag. 375.
Runge in Poggendorfs Annal. XXV. 354.
Wohl, Blätter der Robinia, botanische Zeitung. 1832. 503.
Parent, Mém.-acad. 1709.
Lamarck, Encyclopédie method. Bot. I. Acacia p. 17.
Dutrochet in Journal de Pharmacie XIV. 828. p. 322. — Mém. II. 1837. 354. Journal de phys. 1822. 474.
Ellis, Dionaea muscipula. 1770. 4., deutsch 1771.
Hayne, Getreue Darstellung. III. 1813. Nr. 59. Drosera.
Mirbel, Élémens de Physiologie I. 165. Hedysarum gyrans.

Broussonet, Mém. Acad. 1784. p. 616. (Journal de Physique 30. 364.)
Cels, Bulletin philomathique an. XI.
Olivi in Memorie Soc. italiana. VI. 161. (Ufteris Annalen VI. S. 50.) Schrant ebend. IX. S. 1.
Linnaeus fil. Suppl. plant. 352. Hedysarum.
Sylvestre, Bulletin philomathique. 1793. (Ufteris Annalen 19.) Hedysarum.
Hufeland in Voigts Mag. VI. Hedysarum.
Zinn im Hamburger Magazin 22. S. 40.
Percival in Memoirs soc. of Manchester II. 125. Hedysarum.
Pohl in Leipz. Sammlungen zur Physik I. 502. Hedysarum.
De la Hire in Mém. acad. 1712.
Meinecke, Pflanzenschlaf in hallischen Schriften. 1809. 46.
Fr. Hoffmann in Tydschrift natuurl. Gesch. III. 203.
Morren in Bulletin acad. Bruxelles. 1836. Nro. 10.
Roth, Beyträge zur Botanik I. S. 60. — Magazin für die Botanik II. 27. Drosera.
Rumph, Herbarium amboinense V. 301.
Bruce in phil. Transact. 75. 1785. 356.
Dufay in Mém. Acad. 1736.
Spittal in Edinb. n. phil. Journ. 1830. 60.
L. Treviranus, Zeitschrift für Physiol. I. 175.
Majo in quarterly Journal of Science. 1827. III. 79.
Dessen in Wiegmanns Archiv. 1838. I. 218.

b. Bewegung der Blüthentheile.

Borelli, Hist. et obs. phys. I. obs. 100.
S. Vaillant, De structura florum. p. 9.
Lups, De irritabilitate. 1748. 4.
Covolo, Irritabilità di alcuni Fiori. 1764. 8.
Kölreuter, 3te Fortsetzung 125.
Medicus, Pflanzen-physiologische Abhandlungen. I. S. 3.
Carradori in Memorie Soc. italiana XII. 33. Lactuca.
Tupper, Sensaction in Vegetabels.
A. v. Humboldts Aphorismen 90. 158.
Nasse in Müllers Archiv für Anatomie. 1835. 196.
Göppert in Linnäa. 1828. 237.
Linnaeus, Flora suecica 311. Berberis.
Smith in phil. Transact. 78. Berberis.
Hooker, Exot. fl. I. tab. 32. Stylidium.
Morren, Mém. Ac. Bruxelles XI. Stylidium.
R. Brown, Prodromus flor. n. Hollandiae. 572. Leeuwenhoekia.
Endlicher, Monographia tab. 8. Caleya.
Lindley, Orchideae I. 47. Megaclinium.
Humboldts Aphorismen 70. Berberis.
Medicus, Pflanzen-physiologische Abhandl. I. 25. Berberis.

Kölreuter, 3te Fortsetzung. Cistus, Cactus.
Smith, Engl. Flora III. 468. Centaurea.

### 6. Färbung.

Schlechtendal, geschäckte Blätter in Linnäa V. 1830. 494.
Dutrochet, Organes aërifères in Ann. Sc. nat. 25. 1832. 242.
Mustel, Traité de la Végétation I. 152.
Schübler und Frank, Untersuchungen über die Farben der Blüthen. 1826. 8. S. 31. (Schweiggers Jahrbuch der Chemie XVI. 1826. 285.)
Pieper, Das wechselnde Farben-Verhältniß des Blattes. 1834. 8.
Macaire-Prinsep, Coloration des Feuilles in Mém. Soc. Genève II. 115. IV. p. 1. (Geigers Magazin 1829. 115.) — Ann. de Chimie. 1828. p. 415.
Guibourt in Journal de Pharmacie XIII. 1827.
Lemaire in Bulletin philomatique. 1824. 290.
H. Saussure, Sur l'écorce des Feuilles et des Pétales. 1762. 12.
Lamarck, Flore française. 1778. 8. 124.
Ramon de la Sagra, Annales de Sciencias, Habana II. 1828. 116. (Bibliothèque universelle 41. 1829. 84. Linnäa VII. 1832. 54.)
Schübler und Lachenmeyer, Untersuchungen über die Farben-Veränderungen der Blüthen. 1833. 8.
G. Meyer, Die Entwickelung der Flechten. 1825. 8.
Wallroth, Naturgeschichte der Flechten. 1825. II.
Pallas, blaue Pilze, Reise I. 1771. 4. S. 46.
Bonnet, Le bel Azur des Champignons, Oeuvres 8. X. Journal de Physique III. 1774. 1779.
Fabbroni in Annales de Chimie 25. 301.
Marcet in Annalen der Gewächskunde IV. 301.
Derheim, Färbung der Blätter in Eschweilers botanisch. Litteratur-Blättern II. 403.
Runge, Chemische Untersuchungen der Cynareen. 1828. 4.
Schübler und Köhler, Ueber die Vertheilung der Farben. 1830. 8. (Annalen der Gewächskunde V. 533.)
Derselbe und Wernle, Farben-Verhältnisse der Blüthen. 1833. 8.
Mohl, Ueber die anat. Verhältnisse des Chlorophylls. 1837.
Schleiden, auch darüber in Linnä XI. 531.
Marquart, Ueber die Farben der Blüthen. 1855. 8.
Mohl, Ueber die winterliche Färbung der Blätter. 1837.

### 7. Leuchten.

Humboldt, Ueber unterirdische Gasarten. 1799. 68. Rhizomorpha.

Pl. Heinrich, Die Phosphorescenz der Körper. 1811. 4.
De Candolle, Flore française. 1815. 8. 45. Agaricus.
Nees und G. Bischof in leopoldin. Verhandlungen XI. 603. Rhizomorpha.
Laroche, Berliner Verhandlungen I. 222.
Linnes Tochter in schwedischen Abhandlungen. 1765. Tropaeolum etc.
Johnson in Edinburgh Journal of Sc. VI. 415.
Nona in Usteris Annalen V. 5.
Hoppe, Neues botanisches Taschenbuch. 1809. 52.
L. Treviranus, Zeitschrift für Physiologie III. 1829. 257.
Haggren in Crells Annalen. 1789.
Martius, Reise in Brasilien II. 726.
Mornay, Philos. Transact. 1816. 279. (Gilberts Annalen 56. 367.)
Zawadzki, Leuchten einiger Blumen in Baumgärtners Zeitschrift für Physik VI. 1829. 459.
Meidinger, Leuchten des Holzes in Berliner Beschäftigungen III. 122.
Rumph, Herbarium amboinense VI. 130. Fungus igneus.
Delile in Archives de Botanique II. 519. 1837.
Duhamel, Phys. Arb. I. 150. Dictamnus.
Bertholon, De l'Electricité de Végétaux. 1783. Dict.
Ingenhous, Versuche mit Pflanzen I. 191. Dict.
Willdenow, Kräuterkunde, Aufl. 6. 458. D.
Biot, Inflammation de la Fraxinelle in Ann. de Chimie. 1832. Août.

## 8. Wärme.

Rosenthal, Versuche über die Wärme. 1785. 8.
Göppert, Wärme-Entwickelung in den Pflanzen. 1830. 8.
Derselbe, Ueber Wärme-Entwickelung in der lebenden Pflanz. Wien. 1832. 8.
Agardh, Biologie der Pflanzen, 175.
Sprengel, Bau der Gewächse, 346.
Senebier in Mém. de l'Institut I. 1796.
Elevogt in Hermbstädts Archiv der Agricultur Chemie III. 1807. 51.
Rau in Wetterauer Annalen I. 27.
G. Hunter, Phil. Transact. 1775 et 1778. (Journal de Physique IX. et XVII.)
Schöpf in Naturforscher 23. 1788. 1.
Bjerkander in schwedischen Abhandlungen 39. 1778. — Nya handligar XIII. 1792.
Pictet, Bibliothèque britannique I.
Schübler, Beob. über Temp. der Vegetabilien. 1826. 8.
Derselbe, Temperatur-Veränderungen der Vegetabilien. 1829. 8.
Hermstädt in Berliner Magazin II. 1808. 316.

Rive et A. De Candolle in Mém. Soc. phys. Genève. IV. 71.
(Annalen der Physik XIV. 590.)
Reum, Pflanzen-Physiologie 167.
Link in Verh. des Gartenbau-Vereins I. 165.
Scherer in Jacquin Collectaneis I. 172.
Pollini in Bibl. ital. VII. 1717.
Siersdorf, Ueber verfrorne Bäume.
P. Pictet in Mém. de Genève III. 25.

## 9. Electricität.

Gardini, De influxu electricitatis in Vegetantia. 1784.
Amoretti, Ueber die Rhabdomantie I. 141.
Bertholon, Electricité des Végétaux. Deutsch 1785. 8.
Duvernoy, Ueber Keimung der Monocotyledonen. S. 54.
Duhamel, Physique des Arbres II. p. 269.
Histoire de l'Académie des Sciences. 1729.
De Candolle, Physiologie III. 1088.
Matthew, Edinburgh new phil. Journ. 1831. Oct.
Senebier, Physiologie III. 345.
Van Marum, Journal de Physique 41. 1792. 218.
R. Treviranus in Pfaffs nordischem Archiv I. 240. Biologie II. 442.
Becquerel et Dutrochet in Ann. Sc. nat. sec. Série IX. pag. 80.
Nollet in Mém. acad. 1748. p. 254.

## 10. Verdauung. — Einsaugung.

S. Gmelin, Fuci p. 38.
Kaulfuß, Farrenkräuter S. 64.
Bonnet, Usage des Feuilles §. 78. Deutsch 1762 und 1802. 4.
Dupetit-Thouars, Reponse à Monsieur Dutrochet. — Ann. Sc nat. XIX. 525.
Hedwig, Kleine Schriften II. 128.
Naumburg in Römers Archiv II. 15.
Mohl, Botan. Zeit. 1852. Nr. 5.
Simon, Jacinthes p 22.
Duhamel, Physique des Arbres II. 89. 203.
Medicus Beyträge 222.
Bowman in Linnean Transactions XVI. 599. Schmarotzer.
Vaucher in Mém. Mus. X. Orobanche.
I. Murray in Edinburgh philos. Journal XVI.
Siegmann in Marburger Schriften II.
Link in Ann. Sc. nat. XXIII. 147.
Th. Saussure, Recherches chimiques 252.

Helmont, Ortus Medicinae. 1652. p. 53. 82. Weidenzweig.
(Steht nicht auf diesen Seiten.)
R. Boyle, Chimista scepticus pag. 100. (Ist auch nicht zu finden.)
Kraft in n. Comment. petrop. 1751.
Eller, Physicalische Schriften II. 240.
Külbel in Hamburger Magazin XV.
Bonnet, Mém. ac. 1750. 143.
Münchhausen, Hausvater V. 827.
Carradori degli Organi assorbenti delle radici delle piante. 8.
De Candolle sur les Lenticelles in Ann. sc. nat. VII. 1825. 7.
Pollini osserv. sulla veget. degli Alberi. 1815. 8.

### 11. Wasser-Einsaugung der Blätter.

Humboldt, Flora fribergensis 159.
Dessen Aphorismen 173.
Hales, Vegetable Statick p. 5. 20. 24.
Duhamel, Physique des Arbres I. 153.
Mariotte, Ess. l. Vég. 81.
Bonnet usage des Feuilles 21. 67.
L. Treviranus, Vermischte Schriften IV. 77.

### 12. Einwirkung der Erde.

Davy, Agricultur-Chemie 209.
Rückert, Feldbau, chemisch untersucht I. 63. II. 139.
Sauquet, Traité du Plâtrage. 1820.
Peschier in Mém. Soc. phys. Genève V. 180.
Schübler, Einwirkung verschiedener Stoffe. 1826.

### 13. Salze und Säuren.

Pallas, Reisen I. 215.
Johnson, Anwendung des Kochsalzes auf Feldbau. 1825.
Tromsdorf in Grens Journ. der Physik VII. 29.
Eichstädt in Verh. des Gartenbau-Vereins VI. 30.
Schonder, ebenda II. 425.
Göppert, De Acido hydrocyanico. 1827.
Marcet in Mém. de Genève III. 59.

### 14. Metalle.

F. Jaeger, De Effectibus arsenici. 1808.
R. Treviranus in Pfaffs nordischem Archiv I. 268.
Göppert, Einwirkung des Quecksilbers, in Verhandl. des Gartenbau-Vereins VI. 75.
Münchhausens Hausvater V. 845.

John, Ernährung der Pflanzen 259.
Vogel, Isis 1830. 499.

### 15. Nahrungsmittel.

Hassenfratz in Annales de Chimie XIII.
Kirwan, Ueber Düngmittel 70.
Ingenhouß, Ueber die Ernährung der Pflanzen. 1798. 8.
Davy, Elemente der Agricultur-Chemie. 306.
Chaptal in Annales de Chimie 74.
Rückert, Der Feldbau chemisch untersucht I. 319.
J. Schrader, Erzeugung der erdigen Bestandtheile in den Getraidearten. 1800.
Braconnot in Annales de Chimie 61.
John, Ernährung der Pflanzen. 1819. 8.
Knight in phil. Transactions. 1820. 156.

### 16. Bewegung des Zellensafts.

Corti, Lettera sulla Circolazione del Fluido in varie piante. Modena. 1775.
Fontana, Affirmatio in Journal de Physique VIII. 1776. 232.
L. Treviranus, Beytr. zur Pflanzenphys. 1807. 91.; verm. Schriften II. 75.
Gozzi in Brugnatelli Giornale di Fisica. 1818.
Amici in Memorie soc. italiana. Modena XIX. 1823. (Annales sc. nat. 1824. 44.)
Agard in den leopoldinischen Verhandlungen XIII. 1827.
Meyen, ebenda. 2. S. 841.; Linnea II. 55.
Kaulfuß, Ueber das Keimen der Charen 51.
H. Slack, Ann. sc. nat. Nouv. Série I. 371.
Dutrochet, Ann. sc. nat. 1831. 453.
G. W. Bischoff, Cryptoganische Gewächse S. 15.
Meyen, Ueber den Innhalt der Pflanzen-Zellen. 1828. 8. 70.
R. Brown on Impregnation in orchideae 21.

### 17. Verrichtung der Zellen.

Dutrochet, Endosmose.
Meyen, Innhalt der Pflanzenzellen. 1828. 8.
L. Treviranus, Vermischte Schriften IV.
Link, El. philos. bot. 117.
Rudolphi, Anatomie der Pflanzen §. 20.
Dutrochet, Recherches sur la structure des Végétaux p. 16.
J. Moldenhawer, Beyträge S. 12.

### 18. Athmung.

#### Luftproceß der Blätter.

Hales, Vegetable Statick 329.
Priestley, Experiments and Observations I. p. 28. II. p. 1.
— Versuche und Beobachtungen I. ii.
Cavallo, On the nature of aire.
Ingenbouß, Versuche mit Pflanzen. 1786. 8.
Senebier, Einfluß des Sonnenlichts. 1785. 8.
Woodhouse, Versuche über die Vegetation, in Gilberts Annalen XIV. 348.
Th. de Saussure, Rech. chim. sur la Végétation. 1804.
Palmer, De Plantarum Exhalatione. 1817. 8.
Grischow, Unters. über die Athmungen der Gewächse. 1819.
Rumfords Versuche. 1787.; in seinen kleinen Schriften IV. 2. 1805. 321.
H. Davy, System der Agricultur-Chemie 253.
Link, Grundlehren 283.
Burnett in Journal of the royal Institution. 1830. October.
Macaire in Mém. Soc. phys. Genève. IV. 47.
Humboldt, Flora fribergensis 174.
Marcet in Mém. Soc. phys. Genève VII.
B. Heyne in Linn. Transactions VII.
Succow in Actis Theod. Palat. V. 165.
Girtanner in Grens Journal der Physik III. 317.
Uslar, Fragmente neuerer Pflanzenkunde 153.
Link in Jahrbüchern der Gewächskunde I. 73.
Guettard, Mém. acad. 1749.
Bonnet, Recherches sur l'usage des feuilles. 1754. 4., deutsch 1762 und 1803.
Knight, Philosophical Transactions. 1803. 277 1804. 185.
Th. Bischoff, De vasorum spiralium structura et indole. 1829. 8.
Ad. Brongniart, Recherches sur la structure et les fonctions des Feuilles in Ann. sc. nat. XXI. 1830. 426.
Gilby, Diss. de mutationibus quas aëri infer. etc. Edinburg. 1815. 8.
Unger, Ueber Exantheme der Pflanzen.
Krocker, De plantarum Epidermide. 1800. 8.

### 19. Verrichtung der Spaltmündungen.

Grew, Anat. of Plants. 1682. 127.
Saussure, Observations sur l'écorce des Feuilles. 1760.
Bonnet, Recherches sur l'usage des Feuilles. (Oeuvres 1779. 8. XI.)
Van Marum, De motu Fluidorum. 1773.

Hedwig, Sammlung seiner zerstreuten Abhandlungen. 1793.
129. 145.
Schrank, Von den Nebengefäßen der Pflanzen. 1794. 92.
Ingenhouß, Ueber Ernährung der Pflanzen. 1798.
Sprengel, Anleitung zur Kenntniß der Gewächse. 1802. 125.
Link, Anatomie und Physiologie der Pflanzen. 1807. S. 110.
Rudolphi, Anatomie der Pflanzen. 1807. S. 102.
De Candolle in Bulletin philomathique nr. 44. p. 156.
Kieser, Mém. p. 231.

## 20. Verrichtung der Spiralgefäße.

Malpighi, Anat. plantarum I. p. 32.
Grew, Anat. of Plants p. 125.
I. Hill, Construction of Timber p. 23.
Reichel, De vas. plant. spiral. 1758.
L. Treviranus, Bau der Gewächse 97. Beyträge S. 35.
Rudolphi, Anatomie der Pflanzen. 1807. S. 197.
Bernhardi, Ueber Pflanzen-Gefäße S. 44.
Kieser, Phytotomie S. 107.
J. Moldenhawer, Beyträge 1812. 4. S. 317.
Hedwig, De fibrae veg. ortu p. 20.
Mirbel, Hist. nat etc. I. p. 85.
Link, Anat. d. Pflanzen. 1807. S. 75; Nachträge I. 1809.
18. Grundlehren Cap. 3. 1837. I. S. 191. Sur les trachées,
Ann. Sc. nat. 23. 1831. p. 144.
C. Schultz, Natur der Pflanze I. 468.
L. Bischoff, Vas. spir. structura etc. 1829. 8.
Focke, Respir. Veget. p. 16.
Bonnet. Nutzen der Blätter §. 90.
Hales, Statick p. 45.
Sprengel, Bau der Gewächse 97. S. 153.
Kieser, Mém. sur l'Organisation des Plantes. Haarlem. 1814.
4. 173. 225.
Moldenhawer, Diss. de Vasis plantarum. 1779. 4.
Mayer, Sur les vaisseaux des Plantes in Mém. acad. Berlin. 1788.

## 21. Saftlauf.

Hales, Statick. 1727. 8.; franz. 1735. 4.; deutsch 1747. 4.
Walker, Transactions of soc. of Edinburgh. I. II. 1790.
Vauquelin, Expériences sur la sève des Végétaux. 1799. 8.
Knight, Philos. Transact. 1803. 1804. 1806. 1809.
Turpin, Essay sur la Végétation.
Idem, Histoire d'un morceau de bois.
Noretti et Guicciardi, De nonnullis physiologico-botanicis. 1831.

Mirbel, Mémoire sur les Fluides des Végétaux.
H. Cotta, Bewegung des Saftes. 1806. 4.
J. Meyer, Naturgetreue Darstellung der Bewegungen der Säfte u.s.w. 1808. 8.
Delabaisse, Sur la Circulation de la sève. 1733. 12., et in Recueil des Diss. à l'Acad de Bourdeaux IV. 65.
La Hire in Hist. Acad. des sciences. 1693.
Gouan, Sur les causes du mouvement de la sève. 1802. 4.
Goeppert, Nonnulla de plantarum nutritione. 1825. 8.
Dutrochet, l'Agent du mouvement vital chez les Végétaux etc. 1826. 8.
Idem, Nouv. rech. sur l'Endosmose. 1828.
Meyen, Ueber die Bewegung der Säfte in den Pflanzen. 1834. 8.
A. v. Humboldts Aphorismen aus der chemischen Physiologie der Pflanzen. 1794. 8.
Th. de Saussure, Recherches chimiques sur la Végétation. 1804. 8.; deutsch 1805.
Wahlenberg, De sedibus materiarum in plantis. 1806. 4.
Rafpail, Journal des sciences d'observations II. III.; Annales des sciences naturelles. 1825 et 1826.
Coulombe, Circulation de la sève in Mém. de l'Inst. nationale II. 246.
A. v. Humboldt in Gilberts Annalen der Physik. VII. 334.
L. Treviranus, Bau der Gewächse 102.
Duhamel, Physique des Arbres. 1758. II. 236. IV. 295.
Mariotte, Essay de Physique p. 82.
Tylkowsky, Philos. curiosa in Actis Eruditorum. 1682. 150.
Link, Anatomie der Pflanzen. 1807. S. 79.
Hill, Construction of Timber. 1770. 8. 32.
Walker in Edinburgh. phil. Transactions V. 1. p. 3. (Sammlung zur Physik und Naturgeschichte IV. 455.)
Van Marum, De motu Fluidorum in Plantis. 1773.
Frenzel, Umlauf der Säfte in den Pflanzen. 1804. 8.
Kieser, Mém. 237.
Rajus, Hitsoria plantarum I. p. 8.
Evelyn, Sylva p. 80.
Duroi, Wilde Baumzucht I. S. 10.
Fermin, Description de Surinam I. 195.
Rumph, Herbarium amboinense I. p. 5. V. p. 135.
Mirbel, Elémens de Physiologie végétale. 1815. I. 193.
Sprengel, Bau der Gewächse 455.
Treviranus, Beyträge 257.
Vaucher, Sève d'Août in Mém. Soc. Genève I.
Malpighi, Anat. plant. cap. 22.
Grew, Anat. of Plants 125. §. 11.
Coulon, Diss. de mutato humoris indole pag. 14.
Burnett in phil. Magazine. 1829. April.
Pollini, Vegetaz. dei Alberi p. 146.

Dupetit-Thouars, Essays.
Perrault, Oeuvres I. p. 77.
Dodart in Mém. acad. 1700. p. 78.
Eb. Wolff, Vernünftige Gedanken S. 250.
Staehelin, Obs anat. et bot. 1751. 4.
A. Hunter, Georgical Essays I. 170.
Ingenbouß, Versuche mit Pflanzen. 1780. 8. — Ueber Ernährung der Pflanzen. 1798. — Vermischte Schriften.

## 22. Cyclose.

J. P. Moldenhawer, Beyträge 148.
C. H. Schultz, Ueber den Kreislauf des Saftes im Schöllkraut. 1822.; Erläuterungen dazu. 1824.
Rudolphi, Physiologie III. 316.
Schultz, Die Natur der lebendigen Pflanze.
L. Treviranus in Tiedemanns ıc. Zeitschrift für Physiologie I. 1824. 147.
Surriray in Ann. soc. linn. du Calvados II. 56.
Schultz in Bibliothèque universelle. 1827. Novembre. — Botanische Zeitung. 1828. Nr. 2. 3. 9.
Meyen in Linnäa II. 1827. 661.; Leopoldinische Verhandlungen XIII. 2.
Mirbel, Amici, Dutrochet in Ann. sc. nat. XXII. 1831. 84. 426. 433.
Schultz in Ann. sc. nat. 1833.; Archives de Botanique II. 1833. 420.

## 23. Absonderung.

Krocker, De plantarum epidermide. 1800.
F. Fischer, De Filicum propagatione.
Meyen, Secretions=Organe der Pflanzen. 1837. 4.
Guettard in Mém. Ac. 1745. p. 268. 1747. II. p. 10.
Schrank, Von den Nebengefäßen der Pflanzen. 1794.
Mirbel in Mém. Mus. IX. 455.
Grießelich, Kleine botanische Schriften. 1836. I.
G. Struve, De Silicia in plantis nonnullis. 1835.
Bischoff, Cryptogamische Gewächse I. 14. 50.
Lehunte in Edinb. phil. Journ. 1832.
Rumph, Herbarium amboinense I. 22. IV. 9. Tabaschir.
Vauquelin in Journal de Pharmacie. 1826.
Daubeny in Edinb phil. Journ. 1835. July.
Flittner in Römers Archiv II. 294.
Brugmans et Coulon, De mutata humorum indole. 1789. pag. 77.
Backer, Diss. de radicum plantarum physiologia §. 56.
Macaire, Assolemens in Mém. Soc. phys. Genève V. 287.

## 24. Nectarien.

Pontedera, Anthologia. 1720. 4. p. 49.
G. R. Boehmer, De Nectariis. 1758. 4.
Linnaeus, Le Nectario florum. 1763. (Amoen. acad. VI.)
Roth in Magazin für die Botanik II. 1787. 39.
Weihe et Sprengel, De Nectariis. 1802.
Meinecke, Ueber die Bedeutung der Nectarien, in den hallischen neuen Schriften 1809. S. 19.
Ch. E. Sprengel, Das entdeckte Geheimniß in der Befruchtung. 1793.
Cassius, Opusc. phytol. I. 223. II. 249.
Dunal, Fonctions des Organes floraux. 1829. 4.
Soyer-Willemet, Nectaires. 1826. 8., et in Ann. soc. linn. de Paris V.; Desvaux ibid. 123.
Fischer, Mém. des Naturalistes de Moscou I. 248.
Kurr, Untersuchungen über die Bedeutung der Nectarien. 1833. 8.

## 25. Ausscheidung von Flüssigkeiten.

Hales, Statik 23.
Bjerkander, Schwedische Abhandlungen 35. 66.
Habenicht in bot. Zeit. 1823. 34.
Schmidt in Linnäa VI. 65.
Graham in bot. Mag. II. 2798.
Rumph, Herbarium amboinense V. Nepenthes.
Wallich, Plantae asiaticae II. 35.

## 26. Gerüche.

Linnaei Philosophia botanica. 1751. 8. 284.
Idem, Odores Medicamentorum. 1752. (Amoenit. III. 195.)
Stinkende Pflanzen in Linnäa II. 671. III. 194.
Clocquet, Dissertation sur les Odeurs 4.
Fourcroy, Annales de Chimie 26. 232.
Schübler und Köhler, Untersuchungen über die Geruchsverhältnisse.
Chevalier in Ann. Sc. nat. I. 444. Vulvaria.

## 27. Vergrößerung.

Mohl, Ueber Vermehrung der Pflanzenzellen. 1835.
Wangenheim, Verhandl. des preußisch. Gartenbau-Vereins XI. 55.

Dutrochet, Archives de Botanique II. 231.
Bürgsdorf, Naturg. vorzügl. Holzarten I. §. 278.
Sierstorf, Ueber erfrorne Bäume 20.
Dupetit-Thouars in Ann. Sc. nat. XIV. 322.
Desfontaines in Ann. Sc. nat. V. 374.
Duvau, ibid IX. 338.
Journal of r. Institution. 1830. October.
Göppert in Verh. des preuß. Gartenbau=Vereins VIII. 175.
Delile, Voyage horticole p. 6.
Keith in Annals of Philos. 1819. Nro. 56.
Idem in Edinburgh. phil. Magaz. 1834. 205.
Ohlert, Ueber die Wurzelzaiern in Linnäa XI. 617.
Dutrochet, Accroissement des Végétaux I. §. 2.
Martius, Palmae tab. 45. 66. 84.
Humboldt, Plantes équinoctiales I. 5. tab. 1. Ceroxylon.
Mirbel, Ann. Mus. XIII. 136. Ptychosperma.
Rumph, Herbarium amboinense V. 97. Rotang.
E. Meyer in Verhandl. des preuß. Gartenbau=Vereins V. 1828. 110.; in Linnäa IV. 1829. 98. VII. 455.
Duchaisne in Ann. Mus. VII. 248.
Mulder in Bydragen tot de natuurkundige Wetenschappen IV. 1829. 251. 420.
Vriese, Tydschrift v. nat. geschiednis III. 46.
Berthelot in novis Actis leopoldinis XIII. t. 39. Dracaena.
Dupetit-Thouars, Histoire d'un morceau de bois.
Mohl, Palmen in dem Werke von Martius.
Meneghini, Struttura del Caule. 1836.
Desfontaines, Histoire des Arbres II. 574.
Link, Bau der Farrenkräuter in Berliner Acad. 1834.

### 28. Vermehrung.

Dunal, Hist. nat. des Solanum. 1813. 4.
Turpin, Organisation des Tubercules du Solanum in Mém. mus. 1829.
Zuccarini, Monogr. der americanischen Sauerkleearten, nebst Nachtrag. 1833. 4.
Schrader in Göttinger gelehrten Anzeigen. 1830. Nr. 62.
A. Richard, Ann. sc. nat. II. 1824. p. 12.
Henslow, Ann. sc. nat. XIX. 103.
Knospen: Linne, Gemm. arb. in Amoen. II. 188.
E. Meyer in Linnäa VII. 441.
Moretti et Guicciardi, De nonn. animadv. in motum lymphae. 1831. 8.
A. Henri in nov. act. nat. cur. XVII. tab. 39.
Cassini, Bulletin philomatique. 1816. 71.
Knight in Treviranus Beyträgen 182.

Hedwigs zerstreute Abhandlung II. 125.
Turpin, Ann. soc. horticulture de Paris IV. 1829.; Ann.
sc. nat. XXIII. 1831.
Durch Blätter: Agricola, Universal-Vermehrung aller
Bäume. 1716. I. 109. II. 43.
De Candolle, Mém. sur les Lenticelles in Ann. sc. nat. 1827.
Miller, Phil. Transact. 58. p. 203.

## 29. Pfropfen.

Thouin, Monographie des Greffes in Ann. mus. hist. nat.
II. 253. XVI.
Idem, Nouveau Cours d'Agriculture VI. 496.
Tschudy, Essay sur la Greffe. 1819. 8.
Knight, Horticultural Transact I. 194. II. 199. 201. V. 292.
Turpin, Mémoire sur la Greffe in Ann. sc. nat. 1831.
Cabanis, Traité de la Greffe.
Münchhausen, Hausvater V. 683.
Dupetit-Thouars, Essay pag. 41. — Mélanges XIII.

## 30. Reproduction.

Tristan in Mém. Mus. X. tab. 2.
Morren, Bydragen natuurk. Wetensch. IV. 358.
Ehrhart, Beyträge III. 70.
Mohl, Entwickelung des Korks und der Borke. 1836.
I. Frisch, Miscellanea berolinensia Cent. II. 1727. 26.
Duhamel, Physique des Arbres II. 42.
Knight in Treviranus Beyträgen 223.

## 31. Laubfall.

Böhmer, De foliis deciduis. 1797. 4.
Pieper, Farbenverhältniß des Blattes. 1834. 8.
Vrolik, De Defoliatione arborum. 1796. 8.
Duroi, Baumzucht II. 94.
Vaucher, Sur la Chûte de Feuilles in Mém. de Genève I. 120.
Voith in bot. Zeit. 1824. Nr. 33.

## 32. Entwickelung der Blüthen.

Engelmann, Prodromus de Antholyſi. 1832. 8.
Roeper, De Organis plantarum. 1828.
Roeper, Obs. in florum naturam, Linnaea I. 437.
Schübler, Zeit der Blüthenentwickelung, botanische Zeitung. 1830. 353.
Linnaeus, Calendarium florae. 1756. (Amoen. acad. IV. 387.) Philosophia botanica. 1751. p. 272.
Stillingfleet, Miscellaneous Tracts. 1759. 8.
Lamarck in Mirbel Élémens de Botanique. 1815. I. 287.
Gilibert, Chloris grodnensis. 1781.
Idem et Madame Lortet, Calandrier des flores pour Grodno et Lyon 1809. 8.
Bigelow, Forwardness of the Spring etc. 1817.; in Sillimans Journal I. 1817. 76. Idem. 1828. 4.
Horologium florae, Linnaeus philosophia botanica 272.
De Candolle, Mémoires de Savans étrangers de l'Institut I.
Draparnaud, Sur le moeurs des Animaux et Végétaux 38.
Virey, Flore nocturne in Journal de Pharmacie XVII. 1831. 673.
Ramon de la Sagra in Ann. sc. de la Habana. 1828.
Ventenat, Bulletin soc. phil. I. 651. Agave foetida.
Linnaeus, Metamorphosis plantarum. 1755. (Amoenit. IV.)
Idem, Prolepsis plantarum. 1760. (Amoenit. IV.)
Fr. Wolff, Theoria generationis. 1759 et 1774. 8.
Göthe, Methamorphose der Pflanzen. 1790. 8.
Oken, Naturphilosophie. 1810. II. 8. 75. — 1831. 181.

## 33. Bau der Blüthen.

Mirbel, Anatomie des Fleurs in Ann. Mus. IX. 458.
Hedwigs vermischte Abhandlungen I. 65.
Mirbel, Labiées.
Kunth, Grasblüthe in Linnäa V. 57.
L. Richard, Mém. Mus. I. 366.
Gleichen, Nouv. découv. 24.
L. Treviranus, Zeitschrift für Physiologie II. Vermischte Schriften I. II. IV.
Schlechtendal, Linnaea I. 602.
Mohl, Umwandelung von Antheren in Carpelle. 1836.; über die fibrösen Zellen der Antheren in der botanischen Zeitung. 1836. 697. — Erläuterungen und Vertheidigungen 26.

Mirbel, Ann. mus. IX.
Purkinje, De Cellulis antherarum fibrosis. 1830. 4.
Boseck, De Antheris florum.
Ludwig, De Pulvere Antherarum. 1778. 4.
Robert Brown, Linn. Transactions XIII. 1821. 211.
A. Brongniart, Génération de l'Embryo in Ann. Sc. nat. XII. 1827. XV.
Mirbel, Sur le Marchantia in N. Ann. Mus. I.
Mohl, Bau und Formen der Pollenkörner. 1834.
Derselbe, Structur der Pflanzensubstanz.
Schleiden in Wiegmanns Archiv. I. 1837. 297.; Linnäa XI.
Hedwig, Fund. Hist. nat. Muscorum II. Introd. X.
Fritzsche, Beyträge zur Kenntniß des Pollens. 1832. 4. — Ann. d. Physik. 32. 482.
Kölreuter, Vorläufige Nachrichten. 1761.
Guillemin, Mém. soc. hist. nat. Paris II. — Recherches sur le Pollen. 1826.
Fritzsche, Ueber den Pollen in Mém. étrang. acad. Petersbourg III.
Beauvois, Journal de Physique. 1811.
Kützing in Linnäa VIII.
Bischoff, Ueber Charen und Equiseten. 1828.
Robert Brown, On Orchideae and Asclepiadeae. 1831. — Annals of Philosophy. 1831.
Agardh, Ann. sc. nat. sec. Série VI. 193.
Ehrenberg, Ueber das Pollen der Asclepiadeen. 1831. — Linnäa 1829. S. 94.
Amici, Osservazioni sopra varie Piante in Mém. acc. italiana XIX. — Ann. sc. nat. II. 67. et 1830. 331.
Raspail in Mém. soc. hist. nat. Paris III. 1827. 221.; et in Férussacs Bulletin XV. 89.
J. F. Hoffmann, Physiologisch-botanische Abhandlungen. 1828. 8.
Rob. Brown, A. brief account on the Particles in the Pollen. 1827. 8. (Vermischte Schriften IV. 141).
Mirbel, Sur l'Ovule. Ann. sc. nat. 1829. 302.
R. Brown, On kingia. 1826. 8. (Vermischte Schriften IV. 75.)

Der Orchiden: R. Brown, Flora N. Holl. 309.; Bauer, Illustrations; Dupetit-Thouars, Orchidés 13.; Wydler, Archives de Botanique II. 310.; A. Richard in Mém. soc. hist. nat. Paris I.; Orchides pag. 17.; Poeppig nova genera I. tab. 91.

Der Asclepiaden: Jacquin, Misc. austr. I. tab. 1.; R. Brown, On Asclepiadeae; in Linnean Transact. XVI. 722.; A. Brongniart, Ann. sc. nat. 24. 1831. p. 275.; Gleichen, Microscopische Entdeckungen Taf. 36.; Ehrenberg, Berliner Acadademie. 1829.

## 34. Entwickelung der Frucht.

Sinclair, Hortus gramineus. 1825. 8.
Bérard, Mém. sur la Maturation des Fruits 8., et in Annales de Chimie XVI. 152. (C. Sprengel, Neue Entdeck. III. 1822. 374.)
Th. de Saussure in Mém. soc. Hist. nat. de Genève I. 1821. 384.
Medicus, Beyträge zur Pflanzen-Anatomie. 1799. 262.
Thouin in Ann. Mus. VI. p. 437.
Kunth, Blüthen- und Fruchtbildung der Cruciferen in Berl. Abhandlungen. 1832.
Richard du fruit, deutsch 1811. 8.
Agardh, Lehrbuch der Botanik I. §. 103. 107.
Endlicher in Linnäa VI. 37.
L. Treviranus, Zeitschrift für Physiologie IV.
A. St. Hilaire, Placenta central libre in Mém. Mus. II.
Gaertner, De Fructibus et Seminibus plantarum I. 62.

## 35. Entwickelung der Samen.

Mirbel, Recherch. sur la Marchantia tab. 3.
I. Hedwig, Theoria generationis et fructificationis plantarum cryptogamicarum. 1784. 4.
A. W. Bischoff, Entwickelung der Salvinien und Equiseten in leopoldinischen Verhandlungen XIV. 147. II. 781. — Botan. Zeit. 1836. Nr. 6.
Kaulfuß, Das Wesen der Farrenkräuter. 1827. 4.
Keimen der Farrenkräuter; Fr. Nees in leopold. Verhandlungen XII. 1. 157.
I. Gaertner, De fructibus et seminibus plantarum. 1789. II. 4.
K. Gaertner, Carpologia. 1805. I—III. 4.
Duhamel, Des Semis et Plantations. 1760. 4.
S. Gérardin, Mém. de conserver les graines 8.
Tittmann, Embryo des Samenkorns. 1817. 8.
Tittmann, Keimung der Pflanzen. 1821. 4.
Lefebure, Germination. 1800. 8.
Roeper, Enumeratio euphorbiarum. 1824. 4.
Richard, Conifères. 1826. 98.
Trapa: Mirbel, Élémens phys. I. pag. 80.; De Candolle, Organographie II. 91.
Homberg, Mém. acad. 1693.
A. Humboldt, Aphorismen.

Schübler, Das Keimen der Samen in einfachen Erden, in den Hofwyler Blättern S. 94.
De Candolles Physiologie II. 287.
Ramon de la Sagra, Annales de scienc. de la Habana. 1827—1829.
Adanson, Famille des Plantes. 1763. I. 84.
Reuter, Der Boden und die atmosph. Luft u.f.w. 1833. 8.
Hundeshagen, Anatomie und Physiologie der Pflanzen 326.
Boehmer, Commentatio de plantarum semine. 1785. 8.
R. Brown, Linn. Transact. XII. 1. 148.
De Candolle, Leguminéuses. 1825. 4. 69.
Vastel in Bulletin philomatique Nro. 66. 138.
Knight, Philos. Transact. 1809. p. 1.
Bernhardi, Verschiedenheiten des Pflanzen=Embryos in Linnäa VII. 1832. 561.
L. Richard, Lemna in Archines de Botanique I. 201.
A. Brongniart, Fruit des Lemna ibid II. 97.
Hartmann, deßgleichen in bot. Zeit. 1824. Nr. 12.
Achard in Mém. acad. Berlin 1778. 31.
Fritzsche, Gurke in Wiegmanns Archiv. 1835. II.
Schleiden in leopoldinischen Verhandl. XIX. 34. 86. 112. — Linnäa XI. 527.
Treviranus, Entwickelung des Embryo. 1815. — Symbolae phytologicae 63.
Correa de Serra in Ann. Mus. XVIII. 206.
A. Jussieu in Mém. Mus. XII. 510.
R. Brown in Edinburgh. philos. Journal. 1827. IV. Conifera.
Schleiden in Wiegmanns Archiv. 1837. I. 307.
Corda, Befruchtung in leopold. Verhandl. XVII. 599.
Duvernoy, Keimung der Monocotyledonen.
Edwards et Colin, Germination in Ann. Sc. nat. Sec. série I. 265.
Martius in bot. Zeit. 1836. Nr. 1.
Seiffer, Unreife Samen, Isis 1838. 113.
Burgsdorf, Naturg. der Holzarten II. §. 130.
Humboldt, Flora fribergensis 156.
F. Fischer, Ueber Mono= und Polycotyledonen 20.

## 36. Bestäubung

der Palmen: Herodotus I. §. 193.; Theophrastus II. cap. 9.; Plinius XIII. cap. 4.; Casfianus Bassus pag. 103.; Jovianus Pontanus 1505.; Prosper Alpinus, Hist. nat. Aegypti II. pag. 14. cap. 7.; Gleditsch, Mém. acad. Berlin. 1749. 103.; Delile, Flore d'Égypte 172.
Caesalpinus, De Plantis. 1583.
Patrizio, Discussiones peripateticae II. Lib. 5.

A. Zaluzanius, Methodus herbariae. 1592. 4. l. cap. 24., et 1604. 4.

Rud. Jac. Camerarius, Epistola de Sexu plantarum. Tubingae. 1694. 12., et in Miscell. nat. cur. Decuria III. Annus 3. 1696. Appendix p. 31. (Non Decuria III. Annus 2. Appendix p. 37. de quercuum Gallis.)

I. H. Burckhard, Epistola de charactere plantarum naturali. 1702. 4. et 1750.

Morland in phil. Transact. XXIII. 1703. Nro. 287.

Geoffroy in Mém. ac. 1711.

S. Vaillant, Discours sur la Structure des Fleurs. 1718. 4. et 1728.

La Croise, Connubia Florum. 1728. 8.

P. Blair, Botanical Essays. 1720. 8.

Pontedera, Anthologia sive de Florum natura. 1720. 4.

A. Jussieu, De Analogia inter Plantas et Animalia. 1721. 4.

R. Bradley, Philosophical Account of the Works of natur. 1721. 4.

Calandrini et I. A. Trembley, Theses de generatione plantarum. 1734. 4.

Wächter in Römers Archiv II. 209.

Salisbury in Linn. Transact. VII.

Linnaeus, Sponsalia plantarum. 1746.

Idem, De sexu plantarum. 1760. (Amoenitates acad. X. 100.)

Gegen diese wieder: Rajus, Hist. plant. I.

Bory St. Vincent, Voyage II. 63.

Ch. C. Sprengel, Das entdeckte Geheimniß in der Natur der Befruchtung. 1793. 4. L.

Dagegen: Spallanzani, Della Generazione di diverse Piante, nella Fisica animale et vegetabile. 1782. 8. III. — En français. 1786.

Schelver, Critik der Lehre von den Geschlechtern der Pflanzen. 1812. 8. Fortsetzungen 1814 und 23.

Henschel, Ueber die Sexualität der Pflanzen. 1820. 8.

L. Treviranus: Die Lehre vom Geschlechte der Pflanzen. 1822. 8.; vermischte Schriften IV. 95.

Autenrieth, De discrimine sexuali. 1821. 4.

Mauz, Geschlecht der Pflanzen. 1822. 4.

Schweigger, De Corp. nat. affinitate. 1814.

Mikan, R. J. Camerarii Opuscula 159.

Schrank, Botanische Zeitung. 1822. Nr. 4.

Desfontaines in Mém. acad. sc. 1783.

Smith, Phil. Transact. 1788.

Medicus, Pflanzen=physiologische Abhandl. 1803. I. 58. 120.

Schkuhr, Handbuch 1791. III.

Morren in Ann. Soc. Horticulture de Paris XX.

Braconnot in Férussac Bulletin sc. nat. IX. 175.

Salisbury, Paradisus londinensis tab. 77.; asiat. Journal Nro. 154. Stylidium.

Ehrenberg in Berliner Acabemie. 1829.
Alph. De Candolle, Monographie des Campanulées. 1830. 4.
Monti, De Aldrovanda in Commentariis acad. bononiens.
1747. 4. 404.
Nuttall, De Vallisneria in Journal, Philadelphia. 1822.
Mirbel, Marchantia in Ann. mus hist. nat. I. 93. (Ann. Sc.
nat. 25. 1832. 73.) — Archives de Botanique I. 97. 143.
L. Treviranus, Zeitschrift für Physiologie II. 226.
A. Brongniart in Ann. Sc. nat. XII. 1827. 170. XXIV.
109. XV. 393.
Rob. Brown in linnean Transactions XVI. 742. Orchideae.
Vermischte Schriften IV. 1830.
Corda, Leopoldinische Verhandlungen XVII.
Schleiden in Wiegmanns Archiv f. Naturg. III. 312.
Wydler, Formation de l'Embryon des Scrophulaires in Bibliothèque universelle. 1838. October.
Endlicher, Grundzüge einer neuen Theorie der Pflanzenzeugung. 1838. 8. 22.

### 37. Bestäubung der blüthenlosen Pflanzen.

Staehelin in Mém. Acad. 1710.
Gleichen, Microscopische Entdeckungen. 1774. 4. 55. Untersuchungen. 1762. Fol.
Bernhardi in Schraders Journal f. d. Bot. V. 2.
Presl, Tent. pteridogr. 16.
Schott, Gen. filicum II.
Hedwig, Theoria gen. tab. 10.
Idem, Fundamenta I. p. 74.
Unger in bot. Zeit. 1834. Nro. 10.
Meyers Nebenstunden 130.
Schärer in Schweizer naturwissenschaftlichen Anzeigen I. 23.
Lyngbye, Hydrophytologia p. 35.
Luce in Usteris Annalen XV.
Agardh in Linnäa X. 449.
Vaucher, Hist. des Conferves p. 43.
Ehrenberg, Leopoldinische Verhandl. X. 164.
Marsigli, Generazione Fungorum p. 28.
Buxbaum in Comment. petrop. III. 264.
Audouin in Ann. Sc. nat. Sec. série. Zool. VIII. 257.

### 38. Mehrere Keime in einem Samen.

I. Gaertner, De fructibus etc., Introd. §168. Pinus cembra,
Dupetit-Thouars in Bulletin philomathique. 1808. 251.
Allium.

Idem, Hist. d'un morceau de bois p. 84. Zea.
Schleiden in Wiegmanns Archiv III. 312.
Mirbel, Elemens I. p. 58. Cynanchum.
R. Brown, Flora novae Hollandiae 296. Hemerocallis.
Bernhardi in bot. Zeit. 1835. Nr. 37.
Jäger, Mißbildungen der Gewächse 202.
A. Jussieu in Mém. Mus. XII. 519. Polembryum.
Wallich, Plantae asiaticae II. p. 5. Carpinus.

## 39. Reifen der Frucht.

Kaempfer, Amoenitates IV. 701. V. 809.
Burgsdorf, Geschichte der Holzarten II. 129.
Hermbstädt in Verhandlungen des preuß. Gartenbau-Vereins VIII. 98.
L. Treviranus in Linnäa IV. 71. Feigen.
Russell, Naturg. von Aleppo I. 108.
Willdenow in Berliner Academie. 1798. 79.
De Candolle, Mém. sur la Maturation des Fruits.
Bérard, Sur la Maturation des Fruits in Ann. de Chimie XVI. 156.
Couverchel, Ibidem. Bd. 46. p. 156.
Th. de Saussure, Influence des Fruits sur l'air in Mém. Soc. de Genève I. 245.
Morren in Ann. Horticulture de Paris XX.
R. Brown in linnean Transact. XII. 143.

## 40. Keimung alter Samen.

Duhamel, Des Semis pag. 93.; Reneaume, Mém. acad. 1708. Verhandlungen des preuß. Gartenbau-Vereins XI. 11.
Gay im Schweizer nat. Anzeiger III. 32.
Transact. Soc. linn. de Bordeaux. 1835.
Hooker, Bot. Companion II. 299.
Th. de Saussure, Dessechement des Graines in Mém. de Genève III. 2. p. 1.
Botan. Zeitung. 1835. Nr. 1. Mumien-Samen.
C. v. Sternberg, Keimung von Mumien-Samen, bey Versammlung der Naturforscher zu Stuttgart. Isis 1836. 231.

### 41. Keimung des Keimpulvers.

L. Treviranus, Vermischte Schriften II. 79. IV. 212.
Mohl, Entwickelnng und Bau der Sporen in botan. Zeit.
1833. Nr. 1.
Schott, Gen. filicum I.
Agardh, Propagation des Algues in Ann. Sc. nat. sec. Série. VI. 194.
Roth, Botanische Bemerkungen S. 180.
G. Meyer, Nebenstunden 175.
Cassini, Opusc. phyt. II. 368. Phallus.
Ehrenberg, De Mycetor. genesi in nov. act. nat. cur. X. 164.
Fr. Nees, ebenda XVI. 91.

Wärme der Blüthen des Arons.
Lamarck, Encyclopédie méthodique III. 1789. p. 9.
Hubert in Bory Voyages II. 68.
Senebier, Physiol. végétale III. 314.
Th. de Saussure, Action des Fleurs sur l'Air in Ann. de Chimie XXI. 279.
L. Treviranus in Zeitschrift für Physiologie III. 266. — Physiologie. 1838. II. 691.
Göppert, Wärme in der lebenden Pflanze. 1832. 24.
Ad. Brongniart in n. Ann. Mus. III.
Vrolik et Vriese in Tydschr. natuurl. Geschiedenis II. Nr. 4.

### 42. Arten und Abarten.

Galesio, Traité du Citrus. 1811. 8.
Idem, Teoria d. Riproduzione vegetabile. 1816.; deutsch 1814.
Pollini, Sopra la Teoria di Galesio. 1818. 8.
Duhamel, Sur les Causes de la multiplication des espèces in Mém. ac. 1728.
Duchaisne, Manuel de Botanique. 1764. 8. 34.
Idem, Hist. nat. des fraisiers. 1766. 8.
R. Sweet, Geraniaceae. 1821. 8. V.
Trattinnick, Neue Arten von Pelargonien. 1825. 8.
Herbert, A. Treatise on boulbous roots. 1824. Amaryllis.
Bernhardi, Ueber die Arten der Datura in Trommsdorf n. Journ. für Pharmacie 26. S. 118. (Linnäa 1833. 155.)
Lachenmeyer und Schübler, Ueber die Farben-Veränderungen der Blüthen. 1833. S.
Risso, Hist. nat. der Orangers 18. Fol.
Idem, Productions de l'Europe méridionale II. 1826. S.
De Candolle, Spielarten des Kohls und der Rettige. 1824. 8.
Metzger, Cultivierte Kohlarten. 1833. S.

### 43. Baſtardpflanzen.

Linnaeus, Plantae hybridae. 1751. (Amoen. acad. III. 28. VI. 293. X. 126.)
Kölreuter, Vorläufige Nachricht. 1761. 1763. 1764. 1766. 8. Idem, In nov. Comment. 1775—1788.
Sageret, Hybrides in Ann. sc. nat. VIII. 1826. 294.
K. Fr. Gärtner, Befruchtung einiger Gewächſe in Würtemberger naturw. Abhandl. I. 1826. 35.; botan. Zeitung. 1829. 686. Iſis 1832. 495.
Knight in horticultural Transactions IV. 367.
Schiede, De plantis hybridis. 1825. 8.
L. Treviranus, Vermiſchte Schriften IV. 127.
A. Wiegmann, Baſtard=Erzeugung im Pflanzenreiche. 1828. 4.
Laſch, Varietäten und Baſtardformen, in Linnäa VI. 1829. 405. VII. 1832. 74.
Lecoq, Recherches sur la Reproduction des Végétaux. 1827. 4.
G. Koch, De Salicibus. 1828. 8. 9.
Reichenbach, Flora excursoria.
Villars, Plantes hybrides in Roemeri Collect. bot. 186.
De Candolle, Hybridae in Mém. soc. hist. nat. Paris I.
Vassalli-Eandi, Calendario georgico di Torino. 1802.
Seringe, Bulletin botanique. 1830. 117.
Benj. Cook, In phil. Transact. 1745.

### 44. Schmarotzer.

Gaspard, Mém. sur le Gui (Viscum) in Magendie Journal de Physiologie VII. 1827. S. 227.
Vaucher et Desmoulins, Orobanches in Ann. Sc. nat. sec. série. III. p. 65.
Unger, Paraſiten in Wiener Annalen II. 33.
Duhamel, Mém. Acad. 1740. 695.
J. Banks on Blight in corn. 8.
Weber und Mohrs Beyträge zur Naturkunde I. 139.
Henchman, On Orchideae in Loudon Gard. Mag. 1835. 139.

### 45. Mißbildungen.

G. Fr. Jäger, Mißbildungen der Gewächſe. 1814. 8.
Lindley, Double flowers in horticultural Transact. 1826. 4.
Knight, ibid. I. 30.
Knight, Linn. Transact. IX. 268. — Striemige Blätter.
Bradley, Treatise of Gardening. 1726. S. II. 129.

Blair, Botanical Essays. 1719. 8.
Linnaeus, De Peloria. 1754. 4. (Amoen. I. 70.)
Röper, beßgleichen in Linnäa. 1827. 85.
Lelieur, La Pomone française. 1817. 8.
Moquin, Irrégularités de la Corolle in Ann. sc. nat. 1832.
Duvaux in Ann. Sc. nat. VIII. 168.
Chamisso, Chelone in Linnäa I. 57. VII. 1832. 206.
Schlechtendal in Linnäa V. 1830. 493.
Ratzeburg, De Peloriis. 1825.
Guillemin in Archives de Botanique II. 1.
Röper in Verhandl. der Basler nat. Gesch. I. 30.
G. Hoffmann in Usteris Annalen XIII. 90.

# Besondere Pflanzenkunde.

Bisher haben wir uns bloß mit der Pflanze überhaupt beschäftigt, nehmlich mit ihren Organen und deren Verrichtungen. Diese Organe, in der Zahl 13, wie wir gesehen haben (S. 10), finden sich aber nicht gleich alle beysammen, und noch weniger alle an einem bestimmten Platz, so daß jede entstehende Pflanze der andern gleich wäre, und es also überall nur eine einzige Gattung gäbe, etwa so, wie man sich denken könnte, daß zuletzt der Mensch, nach Vertilgung aller Thiere, allein die Erde bevölkerte; sondern die Organe entstehen allmählich, indem sie sich aus den Geweben entwickeln und trennen, und bald diesen, bald jenen Platz einnehmen, bis sie endlich alle beysammen und an demjenigen Platze sind, wo sie einander das Gleichgewicht halten und gemeinschaftlich wirken können. Jede solche Entwickelungsstuffe besteht mithin aus andern oder anders gestalteten Organen, und stellt eine besondere Pflanze für sich vor. Es wird daher so vielerley Pflanzen geben, als es Organe gibt, und sie werden wieder in so viele zerfallen, als Verbindungen und Stellungen dieser Organe möglich sind. Die einzelnen Pflanzen sind daher nichts anderes als die selbstständige Darstellung der Pflanzenorgane in allen ihren möglichen Verhältnissen, und die Summe dieser Pflanzen ist das Pflanzenreich.

Da sie, nach dem Vorhergehenden, in einem nothwendigen Zusammenhang, also in einer bestimmten Ordnung, über und neben einander stehen; so bilden sie eine wohlgeordnete Menge, in welcher jede ihren bestimmten Platz hat, wie die ausgezeichneten Steine oder Balken an einem Gebäude: darum vergleicht man das Pflanzenreich mit einem Gebäude, und gibt ihm den Namen **Pflanzensystem**.

Die Pflanzen stehen aber nicht bloß ihren Entwickelungsstuffen nach mit einander in Verhältniß, sondern auch mit ihren Umgebungen, also mit den Elementen, den Thieren und den Pflanzen selbst.

Ihr Verhältniß zu den Elementen bestimmt ihr **Vorkommen** oder die **Pflanzen-Geographie**.

Ihr Verhältniß zu einander bestimmt ihr **geselliges Beysammenwachsen** oder die **Pflanzen-Physiognomie**.

Ihr Verhältniß zu den Thieren und den Menschen bezieht sich auf die Einwirkung der letztern, und bestimmt die **Pflanzen-Oeconomie**; hieher vorzüglich die **Culturpflanzen**.

Die besondere Botanik zerfällt daher in 4 große Abtheilungen.
1. In das **Pflanzen-System**.
2. In die **Pflanzen-Geographie**.
3. In die **Pflanzen-Physiognomie**.
4. In die **Cultur-Pflanzen**.

Wissenschaftlich begründen sich aber diese Abtheilungen auf folgende Art.

I. Ordnung der Pflanzen nach ihren innern Verhältnissen oder nach der Entwickelung ihrer Organe in der Zeit — **Pflanzen-System**.

2. Ordnung derselben nach ihren äußern Verhältnissen oder nach dem Raume — **Pflanzen-Geographie**.

3. Nach ihren eigenen Verhältnissen — **Pflanzen-Physiognomie**.

4. Nach ihren Verhältnissen zum Thierreich — **Cultur-Pflanzen**.

Diese Verhältnisse weiter zerlegt, geben folgende Glie‑
derung.
I. **Pflanzen‑System.**
II. Verhältniß zu ihren Umgebungen — **Pflanzen‑Geo‑
graphie.**
    A. Zur Sonne oder zum Aether, nehmlich Wärme,
    Licht und Schwere — Verbreitung der Pflanzen,
    oder **Pflanzen‑Geographie** im engern Sinn.
    B. Zum Planeten — **Standort.**
        a. Zur Luft — Höhe des Standorts.
        b. Zum Wasser — Wasserpflanzen.
        c. Zu den Erden — Wahl des Bodens.
III. Zu andern **Pflanzen** — Geselligkeit, **Pflanzen‑Phy‑
siognomie,** gleichsam der Pflanzenstaat.
IV. Zum Thierreich — **Pflanzen‑Oeconomie.**
        a. Zu den Thieren, insofern sie ihnen zum
        Schutz, zur Wohnung und Nahrung dienen.
        b. Insofern ihr Wachsthum durch sie bestimmt
        wird durch Ausstreuung, Wachsthum im
        Mist.
        c. Zu dem Menschen, insofern sie durch ihn
        einen besondern Boden bekommen, Schutt,
        Anger, Wiesen, Wald, Felder — **Cultur‑
        pflanzen.**

### Zahl der Pflanzen.

Eigentlich sollte nun das Pflanzensystem folgen; da es aber
bequemer ist, dasselbe in einem besondern Bande zu haben, so
soll es den Schluß machen. Hier davon nur so viel, was die
Zahl der Pflanzen betrifft.

Dieselbe läßt sich bis jetzt nur annäherungsweise bestimmen,
weil wir die Gesetze noch nicht kennen, wornach sich die
Gattungen in den Geschlechtern entwickeln. Es geschieht ohne
Zweifel nach stuffenweisen Combinationen, wie bey den chemischen
Verbindungen. Selbst über die Zahl der Geschlechter herrscht
noch die allgemeine traurige Meynung, daß sie gränzenlos und

sogar gesetzlos sey: allein ich glaube mich nicht zu irren, wenn ich nachzuweisen suche, daß sie wieder Organen=Stuffen sind in den Pflanzen=Zünften.

Linné kannte in der letzten Ausgabe seines Werks, 1767., ungefähr 8000 Pflanzengattungen in 1228 Geschlechtern, worunter 670 blüthenlose in 50 Geschlechtern.

Persoon beschrieb vor 30 Jahren in seinem Pflanzensystem ungefähr 20,000 Blüthenpflanzen in 2304 Geschlechtern. Seitdem hat man wieder so viele neue Pflanzen kennen gelernt, daß A. v. Humboldt 10 Jahre später die Gattungen auf 44,000 rechnete, Decandolle wieder 10 Jahre später auf 56,000, und jetzt glaubt man 60,000 zu kennen.

A. v. Humboldt rechnete 6,000 blüthenlose Pflanzen, ohne die Farren, und mithin 38,000 Blüthenpflanzen nebst den Farren. Die Zahl der Scheidenpflanzen schlägt man auf 10,000 an, folglich blieben für die Netzpflanzen gegen 30,000.

Sprengel hat 1830 beschrieben 3667 Geschlechter Blüthenpflanzen und 492 Blüthenlose.

Wie viel noch zu entdecken sind, läßt sich begreiflicher Weise nicht bestimmen; wahrscheinlich aber nicht mehr halb so viel, da die pflanzenreichsten Zonen schon fast nach allen Richtungen durchsucht sind.

Wir fangen nun mit der Pflanzen=Geographie an, oder mit dem Vorkommen der Pflanzen.

## I. Pflanzen=Geographie.

Dieses ist eine Wissenschaft der neuesten Zeit, und erst durch Alexander v. Humboldt vollständig dargestellt, obschon man früher einzelne Versuche darinn gemacht hat, namentlich Linné. Meyen hat kürzlich ein umfassendes Werk darüber herausgegeben. Ich werde bey der folgenden Darstellung diese Arbeiten zu Grunde legen *).

*) Die Hauptwerke sind:
A. de Humboldt, Essay sur la Géographie des Plantes. 1805. 4.
Deutsch: Ideen zu einer Geographie der Pflanzen. 1807. 4.

Die Pflanzen-Geographie berücksichtigt die Verbreitung nach Familien, Geschlechtern und Gattungen durch alle Zonen der Erde.

Diese werden, wie oben bemerkt, durch zwey Haupt-Einflüsse bestimmt: durch die Sonne und den Planeten, wodurch das Vaterland und der Standort bestimmt wird.

### A. Verhältniß der Pflanzen zur Sonne.
#### Verbreitung oder Vaterland.

Die Sonne übt den größten Einfluß auf die Verbreitung der Pflanzen, und zwar in einer solchen Ausdehnung, daß den andern Einflüssen nur eine untergeordnete Rolle übrig bleibt.

#### a. Einfluß der Schwere.

Die Schwere scheint nur die senkrechte Richtung jeder Pflanze zu bestimmen. Ob sie auf die Höhe des Standortes, z. B. auf dem Meeresboden oder auf den Bergen, Einfluß ausübt, ist kaum zu bestimmen, da Luft und Wärme hier zu augenfällig wirken.

---

Ansichten der Natur. 1808 und 1826.
Nova genera et species plantarum etc. I. 1815. Fol.
Prolegomena de distributione geographica plantarum. 1817. 8.
Neue Untersuchungen über die Gesetze in der Vertheilung der Pflanzenformen. Isis 1821. 1033.
Beilschmied hat diese Arbeiten gesammelt, und vermehrt unter dem Titel: Pflanzen-Geographie. 1831. 8.
F. Stromeyer, Commentatio inaug. sist. hist. vegetabil. geograph. 1800. 4.
J. Ebermeier, von den Standörtern der Pflanzen im Allgemeinen. 1802. 8.
Wahlenberg, Flora lapponica. 1812. 8.; De vegetatione in Helvetia. 1813. 8.; Flora Carpathorum. 1814. 8.
Rob. Brown in Flinders Voyage II. 1814., in Tuckeys Congo; alles in dessen Vermischten Schriften. 1825. I. 8. 1—366.
Schouw, Grundzüge einer allg. Pflanzen-Geographie. 1823. 8.
Meyen, Grundriß der Pflanzen-Geographie. 1836. 8.

### b. Einfluß der Wärme.

Unter den Sonnen-Einflüssen ist offenbar die Wärme bey weitem der vorherrschende, weil sich bey ihr ein viel größerer Unterschied auf dem Planeten zeigt, als bey Licht, Luft, Wasser und Erde: denn wo Pflanzen wachsen, sey es unter dem Aequator oder gegen die Pole, auf Höhen oder Tiefen, da muß überall eine gewisse, und zwar gleichförmige Menge von Nahrungsstoff, Feuchtigkeit und Luft vorhanden seyn. Gebricht es an einem dieser Theile, so entstehen sie gar nicht und der Boden bleibt kahl; nicht so bey der Wärme. Wenn diese auch für längere Zeit unter den Gefrierpunct sinkt, so gehen deßhalb die Pflanzen nicht nothwendig zu Grunde.

Viele sind unter einer hohen, viele unter einer niedern Temperatur entstanden; und da sich diese nach der Entfernung vom Aequator richtet, so finden wir auch die verschiedensten Pflanzen in dieser Richtung, während sie in derselben Zone, rings um die Erde herum, sich ziemlich ähnlich und selbst gleich sind.

Man theilt die Zonen mit Recht in die heiße, die zwey gemäßigten und die zwey kalten. Es ist aber bekannt, daß die Wärme nicht unter allen Graden um die ganze Erde herum gleich ist, daß z. B. Europa wärmer ist als Asien, dort wegen der länger tauernden Erwärmung der Erdoberfläche, hier wegen der Abkühlung durch Ostwinde; daß Inseln eine gleichförmige Temperatur haben u.s.w. Die Linien von gleicher Wärme, oder die Isothermal-Linien sind daher nicht grad um die Erde herum, sondern bilden manchfaltige Zickzacke, indem sie bald höher gegen Norden steigen, bald tiefer gegen Süden fallen; und darnach richtet sich natürlich auch die Verbreitung gewisser Pflanzen-Familien.

Alexander v. Humboldt hat durch Zusammenstellung zahlreicher Thermometer-Beobachtungen diese Linien von gleicher Wärme um die Erde herum zu ziehen gesucht, und dieselben Isothermal-Linien genannt. Man hat darnach verschiedene Pflanzen-Zonen bestimmt, und dieselben bald durch Meere, bald durch Gebirgszüge so und anders begränzt. Uebrigens richten sich auch die Pflanzen nach den Welttheilen.

Im Ganzen steht die mittlere jährliche Wärme nach dem 100°gen Thermometer auf folgende Art:

| Nördliche Breite. | Alte Welt. | Neue Welt. |
|---|---|---|
| 0°. | 27,5°. | 27,5°. |
| 20°. | 25,4°. | 25,4°. |
| 30°. | 21,4°. | 19,4°. |
| 40°. | 17,3°. | 12,5°. |
| 50°. | 10,3°. | 3,3°. |
| 60°. | 4,8°. | — 4,6°. |

Die Wärme richtet sich demnach nicht ganz genau nach den Breitegraden, und nimmt, namentlich in America, viel schneller ab.

Auch die mittlere Sommerwärme richtet sich nicht nach der mittleren Jahreswärme.

So hat Rom unter 43° mittlere Jahreswärme 15,8 Cent. und nur 23 mittlere Sommerwärme.

Nord-America unter 36°, von jener auch 15° C., von dieser 26,7.

Paris unter 48,5° hat 10,8 und 18,9.

Stockholm unter 60° hat 5,7 und 15,1.

America unter 48° hat 5 und 19,5.

Lappland unter 68° hat 0 und 11,5.

Indien, das heiße Africa und America haben mittlere Jahreswärme 25—27°.

Rio Janeiro und das Küstenland von Peru nur 15—22°.

Die südliche gemäßigte Zone hat auf beiden Continenten, und in Australien bis gegen 34°, fast gleiches Clima; am Vorgebirg der guten Hoffnung, zu Port Jaffson, in Buenos Ayres unter 33 und 34° mittlere Jahreswärme 19,5 C.; dabey kältere Sommer, aber mildere Winter als auf der nördlichen Halbkugel: daher gibt es bis 40° noch baumartige Farrenkräuter und Orchideen und Bäume mit grünem Laub; jenseits aber bis zu 54° sind die Sommer kühler wegen des Nebels und des Schnees. In Lappland gibt es unter 70° noch hohe Kiefern, an der Magellans-Straße nur verkrüppelte Bäume. Indessen ist die südliche Erdhälfte nicht um so viel kälter, als man geglaubt hat.

In Beziehung auf die Höhe ist die mittlere Jahreswärme in Europa unter 46° Breite auf einem Berge von 6000' der von Lappland in der Ebene gleich; in der heißen Zone bey gleicher Höhe der von Sicilien. Bey einer solchen Höhe vermindert sich bey uns die mittlere Jahreswärme um 12 C. (9,6 R.). 300' Höhe sind überhaupt in der Wärme gleich einem Grad höherer Breite.

Die mittlere Wärme ist:

| | | In der gemäßigten Zone | 12. |
|---|---|---|---|
| Unter dem Aequator | 27,5 C. | | |
| 3000' hoch ist sie | 21,8 „ | | 5. |
| 6000'   „    „   „ | 18,4 „ | | 0,2. |
| 9000'   „    „   „ | 14,3 „ | | 0,4. |
| 12,000' „    „   „ | 7,3 „ | | |
| 15,000' „    „   „ | 1    „ | | |

Nach Schouw nimmt die Wärme um einen Centigrad ab bey je 500', oder um einen Grad Reaumur bey je 636'.

### Vertheilung der Pflanzen.

Da hier nur ein kurzer Begriff von der Pflanzen-Geographie gegeben werden kann; so ist es nicht nöthig, weiter in das Einzelne einzugehen.

Man kennt jetzt mehr als 30,000 Netzpflanzen oder Dicotyledonen, gegen 10,000 Scheidenpflanzen, Monocotyledonen, und fast ebenso viele blüthenlose oder Acotyledonen, also 3mal so viel Netzpflanzen als Scheidenpflanzen oder blüthenlose. Von den Blüthenpflanzen besitzt Europa 7000, das gemäßigte Asien 1500 (eigenthümliche), Indien 4500, Africa 3000, das heiße America 13,000, in beiden gemäßigten Zonen 4000, Australien 5000.

In der gemäßigten Zone betragen die Spelzen-Pflanzen, nehmlich die Gräser, Riedgräser und Simsen, nebst den kopfblüthigen (zusammengesetzte), mehr als ¼ aller daselbst vorkommenden Blüthenpflanzen (die Cryptogamen nehmlich ausgenommen).

Unter fast 4000 Pflanzen (die Cryptogamen immer ausgenommen) des heißen Americas sind über 600 Scheidenpflanzen und über 3000 Netzpflanzen, überhaupt die Scheidenpflanzen zu allen im Verhältniß von 1 : 6; in derselben Zone der alten Welt wie 1 : 5.

In der gemäßigten Zone z. B.:
Im Caucasus und der Krym wie 1 : 6.
In Aegypten wie 1 : 5.
In der Barbarey wie 1 : 4,8.
In Neapel und Frankreich wie 1 : 4,7.
In Nordamerica wie 1 : 4,6.
In Deutschland wie 1 : 4.
In England wie 1 : 3,6.

In Lappland und Island verhalten sich die Scheidenpflanzen zu den Netzpflanzen wie 1 : 2,2.

Die Scheidenpflanzen nehmen also gegen Norden zu, und da sie zugleich die Feuchtigkeit lieben, so sind sie häufiger in England als in Aegypten und am Caucasus. Nach der Höhe nehmen sie aber ab: in den Thälern der Schweiz verhalten sie sich zu allen Pflanzen wie 1 : 4,3; über den Alpenrosen wie 1 : 7.

In der Mitte von Europa, zwischen 42 und 45° N. B., wachsen gegen 6000 Pflanzen; darunter 2200 blüthenlose und 3800 Blüthenpflanzen, und unter den letzten finden sich 500 Kopfpflanzen, 300 Gräser, 250 Hülsen, 200 Kreuzpflanzen, 70 Kätzchen-Pflanzen, 60 Wolfsmilcharten und 25 Malvenarten.

In Frankreich rechnet man 3645, in Deutschland 1884 Blüthenpflanzen.

Zu allen Blüthenpflanzen verhalten sich in Deutschland:
Die Kopfpflanzen wie . 1 : 8.      Die Orchiden wie . . 1 : 43.
Die Gräser wie. . . . 1 : 13.      Die Rubiaceen wie . 1 : 70.
Die Hülsen wie. . . . 1 : 16.      Die Boragineen wie 1 : 72.
Die Kreuzpflanzen wie 1 : 18.      Die Heiden wie . . 1 : 90.
Die Dolden wie . . . 1 : 22.      Die Simsen wie . . 1 : 94.
Die Lippenblumen wie 1 : 26.      Die Euphorbiaceen wie 1 : 100.
Die Riedgräser wie . . 1 : 27.      Die Malvaceen wie . 1 : 230.
Die Kätzchenbäume wie 1 : 40.      Die Nadelhölzer wie 1 : 269.

Im gemäßigten Nord-America verhalten sich:
Die Kopfpflanzen wie 1 : 6.   Die Lippenblumen wie 1 : 40.
Die Gräser wie .... 1 : 10.   Die Dolden wie .. 1 : 47.
Die Hülsen wie.... 1 : 19.   Die Kreuzpflanzen wie 1 : 62.
Die Kätzchenbäume wie 1 : 25.   Die Nadelhölzer wie 1 : 103.
Die Heiden wie.... 1 : 36.   Die Malvaceen wie 1 : 125.
Die Riedgräser wie .. 1 : 40.   Die Simsen wie .. 1 : 152.

In Lappland:
    Die Kätzchenbäume wie .... 1 : 21.
    Die Heiden wie ........ 1 : 25.
    Die Dolden wie ........ 1 : 55.
    Die Lippenblumen wie..... 1 : 70.
    Die Nadelhölzer wie ..... 1 : 160.

Blüthenlose Pflanzen gibt es in der kalten Zone verhältnißmäßig viel mehr als Blüthenpflanzen; im heißen America verhalten sie sich wie 1 : 9.

Die Farrenkräuter in heißen Ländern wie 1 : 20.
    In Frankreich wie ..... 1 : 37.
Die Spelzenpflanzen in der heißen Zone wie 1 : 11.
    In der gemäßigten wie ... 1 : 8.
    In der kalten wie...... 1 : 4.

Besonders vermehren sich hier die Riedgräser.

In den heißen Ländern verhalten sich Simsen, Riedgräser und Gräser wie 25 : 7 : 1;
im hohen Norden wie $2^2/_5$ : $2^1/_5$ : 1.
Die Riedgräser im westlichen Africa wie 1 : 18,
Süd-America wie 1 : 57,
Ostindien wie 1 : 25,
Neuholland wie 1 : 14,
Dänemark wie 1 : 16.
Gräser in Ostindien und West-Africa wie 1 : 12.

Die Kopfpflanzen.
    Am Vorgebirg der guten Hoffnung wie 1 : 5.
    In Süd-America wie ........ 1 : 6.
    In Nord-America wie ........ 1 : 6.
    In Frankreich wie.......... 1 : 8.

In Lappland und Kamtschatka wie . 1 : 13.
In Ostindien und Neuholland wie . 1 : 16.
Am Congo wie . . . . . . . . . . . 1 : 23.

Die Hülsenpflanzen.
In West-Africa wie . . . . . . . . . 1 : 8.
In Ostindien und Neuholland wie . 1 : 9.
Im gemäßigten Sibirien wie . . . . 1 : 14.
In der Schweiz wie . . . . . . . . . 1 : 18.
In Bayern wie . . . . . . . . . . . 1 : 22.
Bey Rom wie . . . . . . . . . . . . 1 : 95.
In der Provinz wie . . . . . . . . . 1 : 103.
In England wie . . . . . . . . . . . 1 : 206.

Die Lippenblumen.
In Frankreich wie . . . . . . . . . 1 : 24.
In Nord-America wie . . . . . . . 1 : 40.

Die Kreuzblumen.
In der heißen Zone fast keine.

Die Rubiaceen.
Im heißen Africa wie . . . . . . . . 1 : 14.
Im heißen America wie . . . . . . . 1 : 29.
In Deutschland wie . . . . . . . . . 1 : 70.
In Lappland wie . . . . . . . . . . 1 : 80.

Die Euphorbiaceen.
Im westlichen Africa wie . . . . . . 1 : 28.
In Ostindien und Neuholland wie . 1 : 30.
In Lappland wie . . . . . . . . . . 1 : 500.

Die Heiden und Alpenrosen.
In Lappland wie . . . . . . . . . . 1 : 25.
Im heißen America wie . . . . . . . 1 : 130.

Die Kätzchenbäume.
In Lappland wie . . . . . . . . . . 1 : 20.
Im heißen America wie . . . . . . . 1 : 800.

Die Dolben.
Im heißen America wie . . . . . . . 1 : 100.

Daselbst nehmen die Spelzenpflanzen, Heiden und Kätzchenbäume gegen die Pole zu; die Hülsen, Rubiaceen, Euphorbiaceen und Malvaceen gegen den Aequator. In der gemäßigten Zone erreichen die Kopfblüthen, Lippenblumen, Dolden= und Kreuzblumen ihre höchste Zahl. Verglichen mit der alten Welt gibt es im heißen America weniger Riedgräser und Rubiaceen, aber mehr Kopfblüthen; im gemäßigten weniger Lippen= und Kreuzblumen, aber mehr Kopfblüthen, Heiden und Kätzchenbäume, als in der entsprechenden Zone bey uns.

Die Scheidenpflanzen

betragen in der heißen Zone $1/5$—$1/6$ aller Blüthenpflanzen; in der gemäßigten Zone (36—52°) $1/4$, in der kalten Zone $1/2$.

Gräser und Riedgräser halten die größte Kälte aus; Gewürzrohre (Scitamineen) dagegen, Pisange, Bromelien und Palmen treten kaum über den Wendekreis heraus. Mit Ausnahme der Heiden, Nelken, des Laub= und Nadelholzes, nehmen die Netzpflanzen gegen den Pol so ab, daß die Scheidenpflanzen im Verhältniß zu ihnen zunehmen. Von 600 Pflanzen um Upsala überschreiten 342 den Polarkreis nicht, und darunter sind 76 Netzpflanzen.

In Nord=America (zwischen 30 und 46°) zählt man 638 Scheiden=, 2253 Netzpflanzen; in Neuholland 860 und 2900; auf Island 135 und 239; in Lappland 157 und 340.

Nach R. Brown verhalten sich die Scheiden= zu den Netzpflanzen in der heißen Zone von 30 bis 30° wie 1 : 5;

im heißen Neuholland wie 1 : 4;

in Frankreich wie 1 : 3,3;

unter 50° N.=B. oder 55° S.=B. wie 1 : 2,5, noch nördlicher wie 1 : 2,2;

in Lappland (60—71°) wie 1 : 2; in Island wie 1 : 1,7; auf Spitzbergen unter 80° gibt es nur 30 Pflanzen.

In Frankreich stehen die blüthenlosen Pflanzen zu den andern wie 1 : 2, in der heißen Zone wie 1 : 5;

die Farrenkräuter nehmen nach Süden zu wie 1 : 2 : 5, im Polkreise, in der gemäßigten und in der heißen Zone; verhältnißmäßig aber zu den Blüthenpflanzen sind sie im Norden zahlreicher; in Lappland wie 1 : 26; in Deutschland wie 1 : 70; in Frankreich wie 1 : 72.

Die einjährigen Pflanzen überhaupt betragen in den gemäßigten Zonen den 6ten Theil, in der heißen den 20sten, in Lappland den 30sten, weil hier die Samen erfrieren, dort dagegen alles strauchartig wird.

Kopfblüthen kennt man gegen 3000, Hülsen über 2000, und man nimmt an, daß sie mit den Spelzenpflanzen den 3ten Theil aller Blüthenpflanzen ausmachen.

In der heißen Zone nehmen die Lippen= und Spelzenpflanzen, besonders die Simsen und Riedgräser, ab; die Kreuz= und Doldenpflanzen fehlen fast gänzlich; dagegen ist Ueberschuß an Hülsen, Malven und Euphorbiaceen; eigenthümlich der südlichen Erdhälfte sind die Proteen, Diosmen, Casuarinen und Dillenien.

Im heißen America gibt es ein halb Hundert Palmen, in Neuholland davon nur 6; in Nordamerica kommt unter 34° noch eine Zwergpalme vor (Chamaerops palmetto), in Europa noch unter 44° (Ch. humilis); auf Neuseeland eine unter 38° S.B., auf Neuholland unter 34°.

Im heißen America sind besonders reichlich die Pfefferarten, Bignonien (41), Nesselarten, Terenbinthaceen, Melastomen, Cappariden, Passifloren, Solaneen, rauhblätterige und Rubiaceen. Die Kreuz= und Doldenblumen finden sich nur auf Höhen.

Persoon zählt 22,000 Gattungen in 2304 Geschlechtern auf. Im Norden gibt es weniger Gattungen, im Verhältniß zu den Geschlechtern, als im Süden; in Lappland wie 2,3 : 1; um Berlin wie 2,5 : 1; in Deutschland und Nord=America wie 4 : 1; in Frankreich wie 5,7 : 1; in heißen Ländern wie 10 : 1. Es kommen also überhaupt etwa 10 Gattungen auf 1 Geschlecht.

### Uebereinstimmendes Vorkommen.

Bekanntlich sind die meisten Thiere in America von denen der alten Welt verschieden, und nur in Nord=America kommen einige gleiche vor. Unter 2890 Pflanzen daselbst gibt es 385 europäische, wovon 39 Gräser, 28 Riedgräser, 32 Kopfblüthen, 21 Kreuzpflanzen, 18 Nelken und mehrere andere.

Auch in Neuholland gibt es 45 europäische, wovon die

Hälfte Spelzenpflanzen sind. Von seinen 4160 Gattungen kommen 165 in Europa und Nord-America vor.

Auf den Gebirgen der heißen Länder gibt es auch Moose und Flechten aus Europa; Farrenkräuter dagegen sehr wenige. Das heiße America hat fast gar keine Blüthenpflanzen mit der alten Welt gemein, mit Ausnahme von etlichen 20 Spelzenpflanzen.

Was die Verbreitung der Familien betrifft,
so kommen die Flechten und Moose in mehreren Welttheilen zugleich vor;

nicht so die Farrenkräuter. Unter 1000 Gattungen sind 470 in der alten Welt, und zwar 300 in der heißen und 170 in der gemäßigten und kalten Zone.

In der neuen Welt 530; davon in jener Zone 460, in dieser nur 70; im Ganzen also in der heißen Zone 760, in den andern nur 240.

Ganz Europa hat nur 70, Deutschland 40, England 39, Lappland 19, Nord-America 45 unter 1575 Blüthenpflanzen.

Die Pfefferarten lieben feuchte und laue Luft, und wachsen in der Nähe der Wendekreise. Es gibt über 200 Gattungen, und davon die meisten in America.

Eben so verhält es sich mit den Aronarten; die meisten zwischen 30 und 45° S.B. in America.

Gräser kennt man über 1200, Riedgräser 900, Simsen 100, also zusammen 2200 oder $^1/_{10}$ aller Blüthenpflanzen. Sie nehmen vom Aequator gegen die Pole, oder von den Ebenen auf die Gebirge zu, und mehr von Deutschland aus nach Norden als vom Aequator zur gemäßigten Zone.

Die Palmen wachsen zwischen den Wendkreisen, von der Ebene bis zu 3000' hoch, bey mittlerer Temperatur von 19 bis 28°, des Winters nicht unter 15°. Sie tragen außerordentlich viel Früchte, so daß der Boden oft drey Zoll hoch damit bedeckt ist.

Auch die Orchiden gehören vorzüglich der heißen Zone an. Unter 700 Gattungen hat Europa nur 80, America 244, die meisten von 5000—7000' Höhe, und hier wieder die Schmarotzer am zahlreichsten.

Schouw gibt die hauptsächlichsten Wohnplätze auf folgende Art an:

Für die Moose und Steinbreche die Länder innerhalb des Polarkreises und die höhern Gebirge von Europa; die Riedgräser in der Polarzone.

Die Schlüsselblumen-artigen auf den südlichen Alpen.

Die Dolden und Kreuzblumen im mittleren Europa und in Sibirien; dort vorzüglich die Salatblumen, hier die Disteln.

Die Lippenblumen und Nelken im südlichen Europa, nördlichen Africa, Griechenland und Kleinasien.

Die Flechten in Scandinavien.

Die Spelzenpflanzen in Deutschland; die Ranunculaceen und Kreuzblumen in den Alpen, und die Hülsen in Italien.

Die Asterarten in Nord-America.

Die Magnolien im südlichen Nord-America.

Die Orchiden in Westindien.

Die Palmen, Pfeffer, Fackeldisteln, Rubiaceen und Passifloren in Süd-America; die China-Arten und Heidelbeeren in höhern Gegenden.

Die baumartigen Kopfpflanzen im östlichen Süd-America.

Die Proteaceen und Heiden in Westafrica und Neuholland; in dem letztern Myrten, Casuarinen, Restiaceen und blattlose Acacien.

Die Stapelien, Mesembryanthemen, Proteaceen, Polygaleen, Diosmen, Heiden, Kopfpflanzen, Irisarten und Restiaceen in Süd-Africa.

Die Hülsen, Gräser und Cyperaceen in West-Africa, wo die Palmen, Pfeffer und Fackeldisteln fast ganz fehlen.

Die Gewürzarten oder Scitamineen in Indien; die Melastomen, Orchiden und Farren auf dem Hochland. In Ost-Africa ziemlich so.

Die Mimosen und Cassien im mittleren Africa.

e. **Einfluß des Lichtes.**

Unabhängig von der Wärme, welche das Licht hervorbringt, wirkt es auch durch seine desoxydirende Kraft auf die Pflanzen, und bestimmt dadurch ihren Wohnort nach der Dunkelheit oder Helligkeit, welche theils durch die Entfernung vom Sonnenstand, theils durch die Umgebung bestimmt werden. Es gibt daher Schatten- und Lichtpflanzen.

Es ist bekannt, daß viele Pflanzen den Schatten vorziehen, besonders die blüthenlosen, wie Pilze und Moose, welche in dichten Wäldern am üppigsten gedeihen. Für die Tange wird das Licht durch das Wasser gemildert. Viele Kräuter lieben den Schatten und finden sich daher nur in Wäldern oder hinter Felsen.

Andere stehen nur an beleuchteten Bergwäldern, wie die meisten starkriechenden Kräuter, die Lippenblumen. Unter den blüthenlosen ziehen die Flechten allein das Licht vor.

Auch die Nähe oder Ferne vom Aequator wird nicht bloß durch die Wärme bestimmt, sondern sicher auch durch das Licht. Die meisten blüthenlosen stehen gegen die Pole; ebenso die Nadelhölzer, welche große Verwandtschaft mit den Farrenkräutern haben. Die Palmen lieben die Sonne.

**B. Verhältniß der Pflanzen zum Planeten.**

**Standort.**

Der Planet theilt sich in drey Massen: Luft, Wasser und Erde, wie sich die Sonne in drey Kräfte theilt.

a. **Einfluß der Luft.**

Höhe.

Die Luft wirkt ein durch ihren Druck, ihre Bewegung, ihre Electricität und Oxydation. Die Wirkung der beiden letztern ist noch nicht hinlänglich erforscht. Pilze und manche andere Pflanzen lieben stehende und dumpfe Luft. Die Wirkung der

Winde ist besser bekannt, besonders der beständigen Passatwinde und Mousson, welche sich jedoch auf die heiße Zone beschränken, wo die Pflanzen periodisch welken und sich wieder erfrischen, je nach dem Windwechsel. Es ist indessen schwer, eine Darstellung dieser Veränderungen zu geben.

Es bleibt daher nur der Druck der Luft übrig, welcher in Verbindung mit der Wärme und dem Licht die Höhe des Standortes bestimmt.

Die Pflanzen ändern sich sehr nach der verschiedenen Höhe, besonders in heißen Ländern.

In dem heißen America unterscheidet man die Ebene, die gemäßigten Hügel und die kalten Berge; jene geht 1800' hoch, hat eine mittlere Jahreswärme von 23—30°, und ist mit Sträuchern und Bäumen bedeckt, während die Wiesen fehlen. Diese Ebenen sehen im Sommer verbrannt aus; es wachsen daselbst vorzüglich bis 1800' hoch Palmen und Pisang.

Den schönsten Pflanzenwuchs hat die gemäßigte Gegend von 1800—7000', bey einer mittleren Wärme von 17—25°; Cacao, Chinabäume, Palmen, baumartige Farrenkräuter, Melastomen, Passifloren, Orchiden.

Die kalte Gegend liegt zwischen 7000 und 15,000', wo die Schneegränze anfängt, in der Schweiz bey 8000'.

Die China-Arten kommen bis 9000' vor; die Bäume hören bey 12,000' auf, und es wachsen daselbst nur sparsam Gräser und Flechten.

In Mexico, zwischen 17 und 21°, geht die heiße Gegend 1800' hoch, mit 25° Wärme; die gemäßigte bis 6000', die kalte bis 14,000'; Baumgränze bey 12,000'.

Auf den canarischen Inseln, unter 28° N.B., ist die Schneegränze 12,000' und die Baumgränze gegen 7000'.

Auf Madera gehen die Fackeldisteln 600' hoch, der Wein 2000', die Castanien gegen 3000', die Ginster und Farrenkräuter gegen 4000', die Heiden und Lorbeeren über 5000'. Nelken, Steinbreche, Laub- und Nadelholz fehlen gänzlich.

In Neapel ist der höchste Berg 9377' hoch, und fast immer mit Schnee bedeckt, die Berge von Calabrien 5—7000'.

Am Strande wächst Wein, Pappeln und Weiden, an Felsen Mesembryanthemen.

In den höhern Ebenen bis 200′ hoch Birnbäume, Rüstern, Kreuzdorn; auf den Hügeln bis 700′ hoch der Oelbaum, die immergrüne Eiche, der Judasbaum und angebaut der Zirbelbaum.

Die Waldgegend bis 2400′ ist mit Eichen, Ahorn und Castanien bedeckt; die zweyte Waldgegend bis 3600′ mit Buchen und Nadelholz untermischt; die Gebirgsregion bis 4800′ mit Wiesenkräutern, auch Krummholz und Sevenbaum; die erste Alpenregion bis 5400′ besteht fast nur aus Felsen mit Alpenpflanzen, Soldanella u.s.w.; die zweyte Alpengegend bis 6000′ hat Anemonen, Steinbreche, Enziane und einige Sträucher, wie Bärentraube; die dritte bis 9000′, wo die Gemse und der Adler hausen, nur noch kleine Alpenkräuter, Steinbreche, Androsace; in der Eisgegend Flechten, Wermuth, Kresse.

Ueberhaupt herrschen vor Laub- und Nadelholz, vom letztern mehrere Gattungen, die uns fehlen, vom andern vielerley Eichen.

In der gemäßigten Zone von Süd-America, zwischen 45 und 47° N.B., ist die mittlere Jahrestemperatur in der Ebene 12,5; bey Genf 9,6 bey 1080′; auf dem Gotthard 0,9 bey 6390′.

Auf den Berghöhen ist der Unterschied zwischen der Sommer- und Winter-, und der Tag- und Nachtwärme geringer als in den Ebenen.

In Europa blüht der Pfirsichbaum, wann die mittlere Monatswärme 5,5 ist, der Zwetschenbaum bey 8,2, die Birke bey 11, und diese schlägt aus zu Rom im März, zu Philadelphia im April, zu Paris im May, zu Upsala im Juny, wächst daher auf dem Gotthard, wo die Wärme im wärmsten Monat nur 8° ist, nicht mehr.

Im Caucasus, zwischen 42 und 43° ist die Schneegränze bey 10,000′, der Alpenrosen bey 8000′, der Eber-Aeschen bey 2500′, der Wachholderbeeren bey 6300′, der Birken bey 6000′; Haber und Gerste wächst bey 6000′, die Kiefer bey 5,400′, die Eiche bey 2700′.

Auf den **Pyrenäen**, unter 42½—43°, ist die Schneegränze bey 8400', oben stehen verschiedene Kiefern; bey 6000' Weißtannen, bey 5400' Eichen, bey 7200' Alpenrosen.

Auf den **Schweizeralpen**, unter 45¼—46½°, ist die Schneegränze 8000 bis 8040', und daselbst gibt es kleine Weiden, tiefer unten Alpenrosen; bey 5500' Weißtannen; bey 5200' Lärchen und Kiefern; bey 4500' die Rothtanne; bey 4300' die Birke; bey 4000' die Buche; bey 3300' die Eiche, und daselbst wächst auch Getraide; bey 3000' der Kirschbaum; bey 2400' die Castanie; bey 1700' der Wein (im südlichen Frankreich noch bey 2400'). Die Baumgränze ist bey 5500'.

Ueber der Schneegränze finden sich Steinbreche, Enziane, Silenen, Aretien, Wolverley, Kressen.

Auf den **Karpathen**, unter 49° N.B., ist die Schneegränze bey 8000', der kleinen Weiden bey 6600', des Krummholzes bey 5600', der Rothtanne bey 4500', der Lärche und Cimbernuß bey 4200'; tiefer die Weißtanne und Kiefer; die Buche, Erle und Birke unter 3600'.

*Kalte Zone.*

Zwischen einem südlichen und nördlichen Ort ist der Unterschied der Winterkälte viel größer als der Sommerwärme; daher ändert sich von Deutschland bis zum Polarkreis der Pflanzenwuchs wenig. Der Unterschied der Sommerwärme von London und Umea ist nur 5,3, der Winterkälte aber 14,8; von Paris und Upsala 3,3 und 7,7: denn die Sommerwärme zu Paris ist 19, zu Upsala 15,7; die Winterkälte dort 3,4, hier —4. Die Gewächse der gemäßigten Zone verbreiten sich viel weiter als in der heißen, wo die Wärme weniger wechselt, und wo sie in der Ebene und auf den Bergen immer sehr ungleich ist.

In **Lappland**, von 67½ bis 70°, ist die mittlere Temperatur unter 0, und die Schneegränze bey 3300'; Alpenrosen bey 2900', Zwergbirken bey 2600', Zwergweiden bey 2000', Weißbirke bey 1600', Kiefer bey 900'. Die Baumgränze bey 2000', in Finnmarken bey 1800', in Nordland bey 1200'. Das schnelle Erwachen aus dem Winterschlaf und das rasche Wachsthum im Norden, kommt von den längeren Tagen her, wodurch die Wärme an der Schneegränze um 6mal größer wird, als eben daselbst unter dem Aequator; darum reichen auch die Bäume im Norden näher an die Schneegränze hinauf. Selbst auf Spitzbergen schmilzt zuweilen aller Schnee ab wegen des anhaltend heitern Himmels; unter dem Aequator aber ist es bey einer Höhe von 15,000' fast immer trüb, und daher das Wetter veränderlich, was auch ziemlich von der Schweiz gilt, bey einer Höhe von 8000'.

Zu Cayenne und Pondichery hat der längste Tag 12, auf St. Domingo 13, zu Ispahan 14, zu Paris 15, Dublin 16, Kopenhagen 17, Stockholm 18, Drontheim 20, Ulea 21, Tornea 22 Stunden; zu Enontekis, unter $68\frac{1}{2}°$ N.B., in Lappland 43 Tage, zu Wardhuus 66, Cap Nord 74, Melville-Insel 102.

Die Abnahme der Wärme nach der Höhe erfolgt nicht gleichmäßig. Die geringste Abnahme zeigt sich zwischen 3000 und 6000', nehmlich um 3,4°. Setzt man in Süd-America die Abnahme von der Meeresfläche bis 3000' Höhe auf 100, so ist sie bis 6000' nur 59, bis 9000' ist sie 72, bis 12,000' 128, bis 15,000' 96; bey 6000' ist die mittlere Wärme 17°.

Wenn auch schon verschiedene Orte eine gleiche mittlere Temperatur (z. B. von 15°) haben, wie Quito (9000') oder Santa Fe de Bogota (8200'), oder Toluca in Merico (8300'), Italien und südliches Frankreich; so ist dennoch das Clima nicht gleich, weil die Vertheilung der Wärme nach den Jahreszeiten verschieden ist; zu Marseille des Winters 7°, des Sommers 22°, zu Quito fast das ganze Jahr bey Tage 17°, bey Nacht 10°.

In Europa können zwey Orte von mittlerer Temperatur nur 4—5° B. aus einander liegen; von gleicher Winter-Temperatur aber um 9—10°. Bey uns hat ein Ort von 10° mittlerer Wärme (entsprechend 10,000' Höhe zwischen den Wendkreisen) im heißesten Monat nicht unter 19°; darum gedeihen europäische Obstbäume nicht bey Quito, weil dort die Sommer zu heiß, und umgekehrt, Bäume von jener Höhe nicht bey uns, weil unsere Winter zu kalt sind.

Auch ist die Temperatur des Bodens im Norden verhältnißmäßig größer als im Süden, und darum kommen daselbst noch viele Pflanzen vor, welche sonst nicht fortkämen. Zwischen den Wendkreisen ist der Boden 2° kälter als die Luft; in Schwaben ½° wärmer, im Norden noch wärmer.

Auch die Nähe des Meers wirkt auf die Wärme ein, weil seine Temperatur Winters und Sommers ziemlich gleich ist, und daher jene milder, diese kühler sind; im Westen der scandinavischen Gebirge ist die Wärme 2° höher als im Osten derselben.

Meyen theilt die Berghöhen, wie die Breitenzonen, in 8 Regionen ein, und bestimmt für jede Region unter dem Aequator ungefähr 2000', weil dort die Schneegränze gegen 16,000' hoch liegt. Die Regionen werden mit Berücksichtigung der verschiedenen Breiten, wo die Schneelinie immer tiefer herabsinkt, bis auf 1900' in der Polarzone, auf folgende Art bestimmt:

Höhe unter dem Aequator bey
- 15,200' — Alpenkräuter,
- 13,300' — Alpenrosen,
- 11,400' — Nadelhölzer,
- 9,500' — Laubhölzer,
- 7,600' — Immergrüne Laubhölzer,
- 5,700' — Myrten und Lorbeeren,
- 3,800' — Farrenbäume und Feigen,
- 1,900' — Palmen und Bananen.

Diese Regionen sinken natürlich immer mehr herunter, je weiter man nach Norden kommt, wo ihre Pflanzen allmählich verschwinden; es versteht sich übrigens von selbst, daß sie an den Gränzen übergreifen.

Die Region der Palmen und Bananen geht von der Ebene bis 1900' hoch, und zeichnet sich außer den genannten aus durch die Wurzelbaum-Wälder, Gewürze, Fackeldisteln und Euphorbien in der alten Welt, Mimosen, höher hinauf Orchiden, Pothos und Pfeffer in der neuen.

Die Region der baumartigen Farren und Feigen reicht von 1900 bis 3800', und darinn finden sich in Indien die manchfaltigen Feigenwälder, mit Sträuchern von Justicien, Ruellien, Phyllanthen, Grewien, Solanen, Dracänen nebst vielen Aroiden, Orchiden und Pfeffern; auf den Südsee-Inseln der Brodfruchtbaum und Broussonetien; in America vorzüglich die Melastomen und mehrere rohrartige Palmen.

Die Region der Myrten und Lorbeeren geht von 3800 bis 5700', und enthält meist Holzarten mit glänzenden Blättern, Magnolien, Camellien, Proteen, Eucalypten, Acacien und große Heiden; außerdem auf den Gebirgen der Wendkreise, Storaxbäume, Nelkenbäume, Rottange und viele Rubiaceen, Eichen, Mimosen, Bignonien und Solanen.

Die Region der immergrünen Laubhölzer erstreckt sich von 5700 bis 7600', und hat unter dem Aequator das angenehmste Clima. Daselbst gibt es besonders Wälder von immergrünen Eichen, und auch die Lorbeerwälder steigen hinauf.

Die Region der Laubwälder geht von 7600 bis 9500', und enthält ebenfalls Eichen nebst Erlen, Weißbuchen, Melastomen, Rhexien, Crotonen, Ternströmien, Johanniskräutern, Fuchsien, Heidelbeeren, Sauerach, Barnadesien, Duranten, Castilleyen, Columellen, Embothryen, Clusien.

Die Region der Nadelhölzer geht von 9500 bis 11,500'; diese Bäume fehlen jedoch meistens der Aequatorial-Zone, finden sich aber häufig in Mexico, und darunter besonders die Cypressen, nebst Wachholder, baumartigen Lilien, Traganthen, Kopfblumen, Fackeldisteln und Cistrosen.

Die Region der Alpenrosen geht von 11,400 bis 13,300'; die Anden sind ganz mit diesen Sträuchern bedeckt, worunter besonders die Befarien, auch Fackeldisteln, Cassien und Loasen.

Die Region der Alpenkräuter endlich erstreckt sich von 13,300 bis 15,200', und enthält größtentheils ausdauernde und gewürzhafte oder bittere Pflanzen mit kurzen Stengeln, aber großen Blumen, wie Mimulen, Calceolarien, Lupinen, Eiben, bey uns Enziane, Aretien, Primeln, Anemonen und gelbe Kopfpflanzen, Wolverley u. dergl.; ebenso gewürzhafte Doldenpflanzen und viele Flechten. Auf dem Himalaya zeigen sich vorzüglich

Ranunkeln, Sturmhut, Storchschnäbel, Potentillen, Epilobien, Primeln, Dosten, Salbey, Disteln, Alant und Knöteriche.

### b. Einfluß des Wassers.
#### Wasserpflanzen.

Je nach der Feuchtigkeit des Bodens ändern sich die Pflanzen; andere sogar auf solchem, welcher nur der Ueberschwemmung ausgesetzt ist; andere an Ufern, in Sümpfen, Morästen, Gräben, Quellen, Bächen, Flüssen und Teichen. Es würde indessen zu weit führen, wenn wir hier diese geringen Unterschiede berücksichtigen wollten. Der Hauptunterschied liegt im süßen und gesalzenen Wasser.

Im Wasser wachsen meistens ganz eigenthümliche Pflanzen, wovon auf dem Lande nicht eine einzige Gattung vorkommt, wie die Wasserfäden und Tange, selbst höhere Pflanzen, wie Wasserlinsen, Tannenwedel, Najaden, Federkraut, Zinken, Samkraut, Schilf, Rohrkolben, Calmus, Seerosen u. dergl. Von andern gibt es Gattungen im Wasser und auf dem Lande, wie Ranunkeln, Bachbungen, Brunnenkresse u.s.w.

Von den Meerpflanzen stehen alle im Wasser; manche kommen jedoch auch im süßen Wasser vor, wie die Wasserfäden.

Dem Meer
gehören ausschließlich an die Tange oder Algen, wovon selbst im caspischen Meere vorkommen. Sie wurzeln alle auf dem Boden des Meers, bald an Felsen, bald auf Muscheln, bald an Pfählen u. bergl., meistens hoch oben in der Nähe der Luft, wo sie bey der Ebbe zum Theil ins Trockene kommen; es gibt jedoch auch, welche höchst wahrscheinlich einige Hundert Schuh tief veststehen, und das scheinen diejenigen zu seyn, welche sehr lang werden. Man hat Tange gefunden, die über 300′ lang waren, selbst in kälteren Meeren.

Ueberhaupt sind die Meerpflanzen, wegen der Gleichförmigkeit der Temperatur, nicht so an gewisse Zonen gebunden, wie die Landpflanzen, und manche Gattungen sind vom Aequator bis zu den Polen verbreitet. Sie stehen gewöhnlich in Menge beysammen, und bilden ungeheure Wiesen, besonders in den wärmern Zonen. Sie werden häufig durch Stürme abgerissen und an den Strand geworfen, wo sie die sogenannte Fluthmark bilden, oft Meilen lang 2—3′ breit und ½′ hoch.

Andere werden durch Strömungen zusammengetrieben und flözen auf der Oberfläche herum, wie das Sargasso im atlantischen Meer. Obschon es nur in einzelnen Haufen schwimmt, so sieht es doch wie eine ungeheure Wiese aus, welche viele Tausend Quadrat=Meilen bedeckt, vorzüglich zwischen 22 und 36° N.B. und 25—45° W.L. von London. Man glaubt, daß dieser Tang nie festgesessen habe, weil man keine Wurzeln daran findet; die jungen Pflänzchen scheinen wieder auf den alten zu wurzeln.

Die Salzpflanzen wachsen nicht selbst im Wasser, sondern nur im feuchten Sandboden, wie Salzkraut (Salsola), Glasschmalz (Salicornia), Milchkraut (Glaux). Sie finden sich an Salzquellen, Salzseen und selbst in Steppen wie am Meer.

Im Grunde kann man auch hieher rechnen die Bäume in heißen Ländern, welche an den Mündungen der Ströme stehen und mit ihren Wurzeln in Salzwasser reichen, wie die Mangel= oder Wurzelbäume, Avicennien und Bruguieren. Sie bilden ganze Wälder am Strande.

Im süßen Wasser schwimmen die Wasserfäden beständig herum, sind jedoch auf dem Boden entstanden und haben sich später losgerissen; aber auch hier können junge Pflanzen wieder auf alten wachsen, wie denn auch auf den aus Moos bestehenden, schwimmenden Inseln wieder junges Moos wächst, weil das alte vermodert und gleichsam zu Mist wird. In heißen Ländern sind die Wasserfäden seltener, besonders in den Ebenen; häufiger in Teichen auf Bergen, wo die Temperatur mehr gemäßigt ist.

Unter den höhern Pflanzen reißen sich bloß die Wasserlinsen vom Boden ab und schwimmen herum; sie sind in heißen Ländern selten, und werden daselbst durch die Pistia ersetzt.

Unter dem Wasser wachsen Armleuchter, Najaden, Federkraut und Samkraut; über dasselbe heraus ragen Bambus,

Schilf und andere Wassergräser, Calmus, Rohr, Binsen, Seerosen, Pfeilkraut, Blumenbinse, Froschlöffel, Froschbiß, Wassernuß, Wasserfenchel, Wasserschlauch, Hahnenfuß, Bachbungen, Brunnenkresse, Wasseraloe, Vallisneria, Ponteberia.

Die meisten lieben stehendes Wasser, oder wenigstens nur langsam fließendes; der Wasserhahnenfuß aber, Bachbungen, Brunnenkresse ziehen die Bäche vor.

Eine große Menge von Pflanzen finden sich bloß in Sümpfen, wo der Boden beständig naß ist, wie besonders die Binsen, die Dotterblumen, Trollblumen, manche Münzen, Ampfer, Wiesenkresse, Fettkraut, Schlüsselblumen, Fieberklee, Wasserviole (Hottonia), Zweyzahn, Aschenpflanze u.s.w.; das Zuckerrohr und der Reis gedeihen nur in solchem Boden; dasselbe gilt von den Riedgräsern und fast von allen ächten Gräsern. Die Wiesen verlangen reichliche Wässerung, wenn sie gedeihen sollen.

Der Torf, welcher größtentheils aus Torfmoos (Sphagnum) besteht, zeichnet sich vorzüglich durch eigenthümliche Pflanzen aus, besonders Wasserfäden, Armleuchter, Süßwasserschwamm, Schachtelhalm, Federkraut, Sonnenthau, Moosbeeren, Torfheide (Andromeda), Wollgras, Siebenfingerkraut (Comarum), mehrere Simsen und Weiden.

c. Einfluß der Erden.

Die Verschiedenheit der Erden wirkt zwar nicht bedeutend auf den Unterschied der Pflanzen, ist jedoch nicht gleichgültig.

Das Granitgebirge trägt meistens nur Nadelholz, seltener Laubholz, hat aber gute Wiesen in den Thälern.

Gneis, Glimmerschiefer und Thonschiefer verwittern leichter, und sind daher fruchtbarer als das Porphyr-Gebirge. Auch Basalt und Laven geben einen guten Boden.

Auf Sandstein gedeihen die Laubwälder.

Auf Kalkboden der Wein- und Ackerbau. Sonst verräth er sich durch die Orchiden, besonders das Frauenschühlein, auch durch das blaue Kammgras (Sesleria) und den Bergamander.

Gypsboden ist nicht günstig, doch hat er auch seine eigenthümliche Pflanze, das Gypskraut (Gypsophila).

Das aufgeschwemmte Land, welches meistens ein Gemisch ist mit vorwaltender Thonerde, ist den Pflanzen am günstigsten.

Der Salzboden hat seine eigenen Pflanzen.

Der Sandboden wirkt vorzüglich nachtheilig durch seine Trockenheit und Lockerheit: er nährt, außer einigen Weiden, fast ausschließlich nur schwache Kräuter, wie Mauerpfeffer, Huflattich, Fünffingerkraut, Bruchkraut, meistens jedoch nur Gräser, worunter der sogenannte Sandhaber (Elymus arenarius) das wichtigste ist, indem er den Sand der Dünen gegen den Wind schützt, und seine Wurzeln unter dem Namen Rothwurzeln 50', ja 100' durch denselben heruntertreibt, um den feuchten Boden zu erreichen. In sandreichen Gegenden gräbt man Gärten so tief aus, bis man auf das Schichtwasser kommt, und dann gedeihen daselbst die meisten Gartengewächse.

Auch der angebaute Boden hat seine eigenthümlichen wilden Pflanzen. Auf den Feldern z. B. Lolch, Kornblumen, Winden, Spark, Senf, Scharte, Sauerampfer, Disteln, Wermuth, Miere, Melden, Bingelkraut, Ehrenpreis, Natterkopf;

an Wegen und Zäunen Nesseln und Taubnesseln, Cichorie, Labkraut, Boretsch, Zaunrübe, Gänseblümchen, Scharbock, Anemonen, Schwalbwurz, Erdrauch, Doste, Rainfarren, Veilchen;

auf den Wiesen Hahnenfuß, Wiesenknopf, Klee, Bibernell.

## II. Verhältniß der Pflanzen unter einander.

### Pflanzen-Physiognomie.

Das zerstreute und gesellige Vorkommen der Pflanzen scheint größtentheils von der gleichförmigen Natur des Bodens abzuhängen. Wenn derselbe auf eine große Strecke feucht ist, oder einen bestimmten chemischen oder mechanischen Character hat, wie Kalk und Thon-Boden, wie Sand, lockerer Grund oder Felsen u. dergl. Indessen scheint ihre Menge doch auch von der Zahl der Samen abzuhängen. Gesellig wachsen bey uns vorzüglich die Heiden, Heidelbeeren, Knöterich, Sumpfmoos, Kiefern und das Nadelholz überhaupt, so wie vieles Laubholz, wie Eichen, Buchen und Birken.

Einzeln stehen viele Pflanzen, die Enziane, Seidelbast, Lichtnelke, Lilien, Orchiden.

In der heißen Zone stehen die Pflanzen von einerley Gattung weniger beysammen, ohne Zweifel wegen der großen Mannichfaltigkeit der Pflanzen.

Geschlossene Wälder bilden in America die Mangel- oder Wurzelbäume, Bambus, Croton, Bougainvillien am Amazonenstrom; häufiger finden sie sich schon in Mexico oder auf den Anden. Am Vorgebirg der guten Hoffnung bilden die Proteen und Mimosen Wälder.

Gesellig kann man alle Pflanzen nennen, welche angebaut werden. Sie gedeihen in Menge beysammen, weil man ihnen einen gleichförmigen Boden bereitet. Getraide aller Art Klee, Lucerne, Esparsette, Hanf, Lein, Raps u.s.w.

Dasselbe gilt von den Wiesen, wo zwar meistens verschiedene Gattungen von Gräsern dicht beysammen wachsen, manchmal jedoch auch von einerley Gattung, besonders wenn die Cultur eingreift;

ebenso von den Nadel- und Laubwäldern, weil sie einerley Boden auf großen Strecken finden, und durch ihren Schatten das Wachsthum der andern Pflanzen hindern.

Am geselligsten indessen sind in der freyen Natur die niedersten Pflanzen, besonders die Wasserfäden, Tange, Wasserlinsen, Flechten, Moose und selbst die Pilze, wenn man die eigentlichen Schmarotzer dabey in Betracht zieht. Die Rennthierflechte bedeckt im Norden ganze Länderstrecken, die Moose viele Wälder und Sümpfe. Auch die Farrenkräuter wohnen gesellig, obschon mehr in getrennten Haufen.

Nach den Moosen kann man wohl die Gräser die geselligsten Pflanzen nennen, indem sie fast allen Boden bedecken, welchen jene und die Wälder übrig lassen. Das Schilf- und Bambusrohr findet sich immer in Menge beysammen.

Unter den **Kräutern** werden oft ganze Felder von Thymian bedeckt, ganze Bergwände vom rothen Fingerhut und vom gelben Enzian; ganze Bergwälder von Heidelbeeren, ganze Landstrecken und Gebirge von Heidekraut, sowohl im Norden, als am Vorgebirg der guten Hoffnung.

Unter den **Wäldern** hat das Nadelholz bey weitem die größte Ausdehnung; südlicher auf den Gebirgen, nördlicher in den Ebenen. Die Laubwälder steigen in der Regel weniger hoch, und brechen viel mehr ab. Bey uns bestehen sie meist aus Eichen, Buchen, Hagebuchen und Erlen; im Norden aus Birken.

Die wärmern Länder zeichnen sich aus durch Wälder von eigenthümlichen Eichen, Nadelhölzern, worunter die Cypressen, Piniolen und Cedern; die heißen Länder von Palmen, Mimosen, Chinabäumen, Proteen, Eucalypten, Teckbäumen und Bambus.

Auch die **Gewürzpflanzen** oder Scitamineen wachsen gesellig; ebenso die Fackeldisteln.

Zu den geselligen Pflanzen kann man auch die Schmarotzer rechnen.

Darunter gehören die meisten kleineren Pilze, und in diesem Sinn alle Pilze, indem sie wohl nur auf faulenden Stoffen entstehen.

Die höhern Schmarotzerpflanzen wachsen auf den Wurzeln, wie die Erven-Würger, der Fichtenspargel (Monotropa), Schuppenwurz, die Balanophoren und Rafflesien; sie sind fast blattlos und mißfarbig.

Andere wachsen am Stengel oder an den Zweigen, wie Flachsseide, Mistel und Ephen in unsern Gegenden, so wie ein großer Theil von Flechten und Moosen; in den heißen Ländern die Tillandsien, viele Orchiden, Aronarten und Farrenkräuter.

Auch die Schlingpflanzen, deren es in heißen Ländern so viele gibt, wie in America die Passifloren, Bignonien, Bauhinien, Banisterien, Aristolochien, sind gesellige Pflanzen, und schließen sich an die Schmarotzer an, obschon sie in der Erde wachsen. Sie geben den Urwäldern ein ganz eigenthümliches Ansehen, indem sie wie Guirlanden von einem Baum zum an-

313

dern laufen, über die Gipfel steigen und wieder von denselben herunterfallen. In der alten Welt gibt es weniger, werden aber durch die ungeheure Länge der Rottange theilweise ersetzt. Bey uns kann man nur die Waldrebe, Zaunrübe, den Hopfen, die Schmerzwurz, das Bittersüß und einige Geißblattarten damit vergleichen.

Aus der Geselligkeit der Pflanzen entspringt die sogenannte Physiognomie des Pflanzenreiches, welche den Character einer Gegend vollendet. Den Hauptcharacter erhält eine Gegend immer von den Wiesen und Wäldern, wozu in den bewohnten Ländern noch die Felder kommen, also eigentlich von den Gräsern und Bäumen, indem auch das Getraide, welches die meisten Felder bedeckt, zu den Gräsern gehört. In Weinländern bilden Wiesen, Felder, Reben und Wälder die Hauptstuffen der Gegend, selten gekrönt mit Felsenwänden, immer aber durchströmt von einem Fluß mit seinen Nebenflüssen und Bächen. In heißen Ländern ist es anders wegen der großen Mannchfaltigkeit der Pflanzen, besonders der Bäume, welche größtentheils aus mannchfaltigem Laubholz und Palmen bestehen, während sie bey uns in einförmiges Laub- und Nadelholz zerfallen, welches letztere mit den weißstämmigen Birken die eigentlichen Schneeländer characterisiert, und in den heißen Ländern von andern Gattungen, besonders Araucarien, Cypressen und Casuarinen vertreten wird; die letzteren in Australien in Wäldern von Acacien und Eucalypten, die ungeheuern Araucarien auf den Cordilleren der Anden.

Eigentliche Wiesen gibt es nur in den gemäßigten Zonen, wo die Grasarten klein sind und einen lieblich grünen Teppich bilden; in den heißen Ländern werden sie strauch- und baumartig, wie die Hirsen, der Reiß, das Zuckerrohr, das Schilf und das Bambusrohr. Das letztere bildet hohe Wälder längs des Strandes und der Flüsse, ungefähr wie unsere Weiden; die Arten von Zuckerrohr hohes Gebüsch in denselben Lagen. Die andern Gräser sind meistens mannshoch, und bedecken unabsehbare Ebenen, wie unser Getraide. Die sandigen Niederungen werden auf kurze Zeit von den prächtigsten Blumen der lilienartigen Gewächse geschmückt, in Asien vorzüglich von Tulpen, in Africa von Ixien und Amarillen, in America von Alstromerien.

In Indien und auf den Südsee-Inseln tragen die Gewürzpflanzen oder Scitamineen, welche truppweise beysammen stehen, sowohl durch das Grün ihrer Blätter, als durch die Schönheit ihrer Blumen zum Character der Landschaft bey, welche überdieß angenehm verziert wird durch die höhern Gruppen von Bananen, fast um jede Hütte. Die Zäune werden da mit Fackeldisteln, dort mit der sogenannten baumartigen Aloe, an einem andern Orte mit dem Drachenbaum gebildet, während die sonderbaren Pandange truppweise in der Ferne stehen, vorzüglich in den Ebenen, und eine Menge Luftwurzeln fallen lassen; ebenso die niedern Bromelien mit ihren prächtigen Blumen in der Nähe der Bäche, welche oft mit den Blüthen der lang herabhängenden Tillandssen auch die Aeste der Bäume zieren.

Auf den südamericanischen Bergen bilden die Fackeldisteln, Agaven und Yucken bedeutende Bäume, welche, freylich erst nach langen Jahren, viele Tausend Blüthen in Rispen entwickeln. In der alten Welt, vorzüglich in Africa, treten die Aloe-Arten an die Stelle der letztern, die sonderbaren Wolfsmilch-Arten an die der Fackeldisteln.

Den ausgezeichnetsten Character bekommen aber die südlichen Gegenden von den Palmen mit ihren ungeheuern Blättern. Sie ragen nicht selten 80—100' in die Luft, ja es gibt die 180' hoch werden, also viel höher als unsere meisten Thürme. Oft stehen sie in Gruppen zerstreut, oft bilden sie aber auch meilenweite Wälder; oft stehen sie einzeln, und ragen wie Säulen hoch über die andern Bäume hervor. Sie lieben, wie die meisten Scheidenpflanzen, feuchten Boden, und an der Nordgränze des Wendkreises bedecken die Zwergpalmen große Strecken von Sümpfen. An sie schließen sich die baumartigen Farren an, welche bey uns nicht viel zum Character der Gegend beytragen.

Einen eigenthümlichen Character erhält vorzüglich die südliche Erdhälfte von den zahlreichen Acacien-Sträuchern und Acacien-Bäumen mit den feinern Blättchen; sie bilden Wälder von der Ebene an bis auf die Berge 2000—3000' hoch.

Die Physiognomie des südlichen Africas und Australiens wird vorzüglich durch die Heiden und Proteen bestimmt, welche ganze Wälder bilden. In Neuholland tragen dazu viele myrtenartige Bäume bey, besonders die Melaleuken, Metrosideren, und Eucalypten, welche letztere zu den höchsten Bäumen gehören und daselbst bey weitem den größten Theil der Wälder bilden.

Die Myrten nähern sich schon mehr den nördlichen Zonen, und schließen sich allmählich an unser Laubholz an. Die Weiden und Erlen bilden den Saum unserer Bäche und Flüsse, wie die Wurzelbäume der heißen Länder; die Eichen und Buchen bilden den Kranz der Hügel, und das Nadelholz das Dach der Berge.

Im Allgemeinen zeichnet sich die heiße Zone aus durch die größte Manchfaltigkeit der Gestalten, die größte Pracht der Farben und den unbeschreiblichen Wohlgeruch einer großen Anzahl von Blüthen, sowohl bey Kräutern als Bäumen; durch saftreiche Gewächse und ungeheure Bäume, fast allgemein so dicht beysammen, daß keine Sonne durchdringt. Eigenthümlich und characteristisch für diese Zone sind die baumartigen Gräser, die schönen Orchiden, die Gewürze, Bananen, Palmen, Feigen, Mimosen, die manchfaltigen Schlinggewächse und prächtigen Schmarotzer, besonders Orchiden; in den Urwäldern die ungeheuren Wollbäume.

In America fallen auf die Swietenien, Cäsalpinien, Malpighien, Anonen, Anacardien, Bertholletien und die Topfbäume; in Indien die ungeheuern Feigenbäume, Sapinden, Brodfruchtbäume, Sterculien, Ebenholz-Arten, Meliaceen, Lorbeer-Arten; in Africa der Affenbrodbaum.

Wenn einerseits die Schlingpflanzen die Wälder undurchdringlich machen, aber zugleich verzieren; so überraschen ebenso die Umschlingungen der Aeste vieler Bäume zu einem dichten Geflechte, wie bey den Clusien, Marcgravien, Ruyschien, Norranteen, also besonders bey den Guttiferen; nicht weniger die Bäume mit Luftwurzeln, woraus wieder neue Stämme werden, welche mit dem Mutterstamm einen kleinen Wald bilden, wie die Wurzelbäume. Nicht minder manche Palmen, deren Wurzeln sich gleich hohen Zeltstangen über die Erde erheben.

Eigenthümlich für Brasilien sind die sogenannten Catinga oder die lichten Gebüsche, welche unübersehbare Ebenen bedecken, in der heißen Jahrszeit die Blätter verlieren, und sodann dem Auge einen düstern Anblick darbieten. Auch die aus Europa in heißere Länder eingeführten Obstbäume verlieren ihr Laub zu derselben Jahrszeit, und sehen daher wie verdorrt aus. Dasselbe begegnet übrigens ganzen Wäldern auf trockenem Boden, so daß ihre dürren ungeheuren Aeste schauerlich in die Luft emporragen.

Auch die Zonen der Wendkreise, zwischen dem 15. und 23.°, haben ihre eigenthümliche Physiognomie. Es finden sich zwar daselbst noch Palmen, Gewürze, Anonen, Sapinden, Schlingpflanzen und schmarotzende Orchiden und Aroiden; allein nicht mehr vorherrschend, sondern dagegen die baumartigen Farren, Winden, die zahlreichen Pfefferarten und Melastomen mit sehr vielem Strauchwerk in den Wäldern, welches unter dem Aequator seltener ist, oder gewissermaaßen als Schmarotzer- und Schlingpflanzen auf den Bäumen selber steht. Unter dem Wendkreis des Steinbocks oder auf den Südsee-Inseln, bilden besonders die Pandange das Strauchwerk, die Bromelien das Schlingwerk, und die Farrenkräuter die Schmarotzer in den Wäldern von großen Bäumen aus der Familie der Nesselartigen, der Metrosideren, Jambusen und Drachenbäume. Orchiden dagegen und Doldenpflanzen fehlen. Unter dem nördlichen Wendkreise zeigen sich noch Wälder von Bambus, Wurzelbäumen und eigenthümlichen Fichten, besonders im südlichen China, wo die Cultur schon längst den natürlichen Character des Landes zerstört hat. Feigenbäume mit Zeltenwurzeln, Cocospalmen, Pisange, baumartige Hibisken u.s.w. finden sich angepflanzt.

In der Zone außerhalb der Wendkreise bis zum 34.°, worinn z. B. die canarischen Inseln liegen, zeigt sich das Pflanzenreich auch noch das ganze Jahr in seinem grünen Kleide. Es gedeihen noch Bananen und die Dattelpalme, nebst der Zwergpalme; darunter eine Menge Fettpflanzen, wie Portulak, Cras-

fulen, Mesembryanthemen, baumartige Euphorbien und Semper-
viven; dazwischen ragen die sonderbaren canarischen Wolfsmilche
wie ungeheure Armleuchter hervor, und bilden kleine Wäldchen;
für Aegypten ist die Sycomoren-Feige characteristisch. Die Felder
im Westen des Himalayas, unter 28°, prangen während der
Regenzeit mit südlichen Gewächsen, wie Reiß, Welschkorn, Hirse,
Sorghum, Sesam, Ingwer, Tomaten, Hibisken, Indigo und
Baumwolle; und in der trockenen Zeit, oder während des Winters, tragen sie europäisches Getraide, nebst Wicken, Bohnen,
Coriander, Möhren, Taback, Lein, Safflor; selbst europäische
wilde Kräuter sind dann nicht selten, sowohl auf dem trockenen
Land als im Wasser, welchen letztern aber auch die indischen Wasser-
pflanzen beygemischt sind. Unter den Bäumen finden sich Aca-
cien, Feigen, Melien, Maulbeerbäume, Bauhinien, Cordien,
Gmelinen, Kreuzdorne, Justicien, Bonduc u.s.w. Auf der Ost-
seite, näher dem Meere, finden sich noch das Bambusrohr, die
Gewürze, Bananen und manche Palmen, vorzüglich aber die
Theestaude, Aucuba und die Camellien, welche sich bis China
und Japan erstrecken.

In America herrschen in dieser Zone die Magnolien, Kal-
mien, Cypressen, Calycanthen, verschiedene Lorbeer-Arten, Dattelpflaumen, Eichen und Fichten, baumartige Gräser, Brombeer-
sträucher, mehrere Nußbäume, Ahorne und Reben als Schlingpflanzen.

Jenseits des südlichen Wendkreises steht es ganz anders
aus. Es gibt daselbst, merkwürdiger Weise, auch wieder viele
europäische Pflanzen, besonders an den Flüssen von Neuholland;
aber vorherrschend sind die Heiden, die Myrtenarten, die Proteen, Mimosen und Casuarinen mit Misteln und Riemenblumen.
Bey den Ansiedelungen gedeiht das europäische Obst aller Art,
so wie der Weinstock. Die Wiesen bestehen größtentheils aus
Känguruhgras (Anthesteria), und die Anger aus einem Knöterich
(Polygonum junceum).

Obschon das Vorgebirg der guten Hoffnung mit
Neuholland manche Aehnlichkeit hat; so herrschen doch hier vor
allen andern die Heiden, Proteen und Diosmen vor, nebst den

Kopfpflanzen, worunter hauptsächlich Immerschön, den Flecht-
gräsern (Restio) und besonders schönen Irisarten und Schwerteln.
Es fehlen durchgängig die Palmen, wie in Neuholland; dagegen
gibt es viele Zamien.

Wieder ganz verschieden ist die Physiognomie dieser Zone
in Süd-America, wo es besonders viele strauchartige Kopfpflanzen gibt, so wie Myrten; überhaupt sieht man hier fast
nichts als Sträucher und Bäume mit lederartigen und glänzenden Blättern, so wie Fackeldisteln nebst baumartigen Gräsern.
Auch Lippenblumen und prächtige Lilien zieren den Boden, welche
aber während des Sommers gänzlich verdorren.

Der wärmere Theil der gemäßigten Zone umfaßt das
Mittelmeer, das schwarze, caspische Meer, das nördliche China
und Japan, und wird besonders mild erhalten durch die großen
Wassermassen. Characteristisch sind die Oelwälder, Citronen und
Pomeranzen, Johannisbrod und Baumwolle, Mandeln, Feigen,
Fackeldisteln, Reben, Pistacien und Myrten, höher hinauf be-
sondere Eichen und Fichten.

Unter den Kräutern sind Kopfpflanzen und Schmetterlings-
blumen häufig, und dann folgen Kreuzblumen, Lippenblumen,
Nelken und Dolden; Zuckerrohr, Caffee und Indigo, nebst unserm
Getraide, lassen sich anbauen; der Weinstock wächst so zu sagen
wild und wird eine Art Schlingbaum. An die Stelle der Wiesen,
welche im Norden das Auge erfreuen, treten hier die immer-
grünen Wälder und schönblühende Sträucher, wie der Labanus-
Strauch, Oleander, Rosmarin, Erdbeerbaum, die baumartige
Heide, der Lorbeer- und Bastardlorbeer-Baum, die Lorbeerkirschen,
Myrten und Granaten; dazwischen viele Lilien-Gewächse.

Diese Zone setzt sich östlich dem Caucasus fort bis Japan,
wo sich ziemlich die Vegetation und der Ackerbau von Italien
findet.

Das südliche Nord-America zeichnet sich aus durch seine
Magnolien und Tulpenbäume, viele Mimosen mit Gleditschien,
Platanen und Nußbäume; durch große Wälder von eigenthüm-
lichen Eichen, Buchen und Aeschen.

Der entsprechende Gürtel auf der südlichen Hälfte läuft durch Neuseeland, Diemensland, die Pampas von Buenos=Ayres und Chili. Die Wälder sind ebenfalls immergrün, bestehen aber aus andern Bäumen, worunter in Australien sich der Drachenblutbaum auszeichnet, nebst verschiedenen Mimosen, Proteen, Myrten, baumartigen Farren und der Betelpalme; darunter der neuseeländische Flachs, welcher an die Bromelien erinnert. In dem americanischen Strich verschwinden die Palmen, und es treten andere immergrüne Bäume auf, wie besonders Buchen, Persea, Laurelia, worunter Fuchsien, Erdbeerbäume, Weinmannien und Myrten das Gesträuch bilden, welches wieder von strauchartigen Kräutern umgeben ist.

Die kältere gemäßigte Zone fällt zwischen 45 und 58°, oder zwischen die europäischen Gebirgsketten und das deutsche Meer, nebst der Ostsee. Sie bekommt ihren Character von den Laubwäldern, worüber das Nadelholz fortläuft. Die Wiesen werden ausgedehnter und tragen wesentlich zur Physiognomie der Länder bey; ihr Grün wird unterbrochen von Kreuz= und Doldenpflanzen, nebst Ranunkeln; die Sandebenen dagegen sind mit Heiden bedeckt; in den Zäunen und an den Traufen der Wälder blühen Schwarzdorn, Weißdorn, Schlingbaum, Rainweide, Sauerach, Pfaffenhütlein, Rosen und Brombeeren. Im Winter ändert sich die Farbe der Wälder durch den Verlust der Blätter, und nur die Wiesen zeigen sich noch grün, wenn sie vom Schnee befreyt werden. Die traurigen Steppen von Asien sind mit Salzpflanzen bedeckt, mit Melden, Wermuth und kümmerlichem Gras.

Auf der Südhälfte gibt es in diesem Gürtel, außer Patagonien, kein vestes Land, und daselbst sind die Buchen die vorherrschende Holzart.

Auch die kalte Zone hat man in eine mildere und strengere eingetheilt, jene von 58 bis 60°. Die Laubhölzer vermindern sich, und nur Birken, Aeschen, Vogelbeerbäume und Aspen bleiben übrig; dagegen nimmt das Nadelholz fast allen Boden ein; die Obstbäume gedeihen nur kümmerlich, und fangen allmählich an zu verschwinden. So verhält es sich von Island durch Norwegen, Schweden und Sibirien bis Kamtschatka.

In der strengern kalten Zone, jenseits des 66.°, werden die Wälder fast ausschließlich durch die Birke gebildet, und die Nadelwälder zeigen sich mehr zerstreut; unter den Sträuchern herrschen Wachholder und Weiden nebst Andromeden vor; der kahle Boden ist mit Flechten bedeckt, besonders mit der Rennthierflechte und dem isländischen Moos. Vom Getraide kann nur noch Gerste und Roggen angebaut werden. Die Alpen-Pflanzen reichen bis zum Strande herunter.

In der eigentlichen Polar-Zone, jenseits des 70.°, fehlen Sträucher und Bäume gänzlich, und es kommen nur noch wenige Kräuter vor, welche an die Alpen-Kräuter erinnern, besonders Steinbreche, Ranunkeln, Andromeden, Wiesenkresse, Löffelkraut, Silenen, Potentillen, Simsen und Wollgras.

### III. Verhältniß zum Thierreich.

Die meisten Pflanzen sind irgend einem Thiere von Nutzen, besonders den Vögeln, indem diese ihre Samen und Früchte fressen, auf ihre Aeste oder in ihre Höhlen nisten und Nester von ihren Stoffen machen.

Die meisten Insecten leben von Pflanzen, und zwar von allen Theilen derselben. Auch viele Säugthiere ziehen die Nahrung von ihren Früchten.

Thieren aller Art dienen die Pflanzen zum Schutz gegen Hitze, Kälte, Regen und Schnee. Dadurch erleiden indessen die Pflanzen wenig Veränderung: bedeutender ist in dieser Hinsicht der Einfluß des Mistes, indem theils dadurch viele Pflanzen ihre Nahrung finden, theils mancher Mist seine besondern Pflanzen hat, besonders unter den Pilzen.

Die größte Veränderung erleidet aber das Pflanzenreich durch den Menschen, indem er die Unkräuter vertilgt, um seinen Lieblingen oder seinen Nutzpflanzen Raum und Nahrung zu schaffen.

Das Gedeihen der angebauten Pflanzen richtet sich nicht geradezu nach der Breite und Höhe. Vom 48.° an gegen den Pol nimmt die Sommerwärme nicht in demselben Grad ab, wie die mittlere Jahreswärme, welche zu Upsala 4,3 ist, zu Edinburgh 8,8; und dennoch sind dort die Sommer viel wärmer als hier, wo der Himmel oft bewölkt ist und die Tage kürzer sind. Bey Enontekis (unter 68½.° und 1300') ist bey — 2,7 mittlerer Temperatur der Unterschied zwischen Sommer- und Winter-Wärme 29½°, hat daher noch Korn und Gärten; während das Nordcap (unter 71° 2600' hoch), um 3° wärmer, nur sparsam bewachsen ist, weil daselbst Sommer und Winter nur um 11° verschieden sind.

Pisang, bey 21° Wärme, steigt unter dem Aequator gegen 5000' hoch, wächst auch noch bis zum 35.°. Er scheint in beiden Welten zu Hause zu seyn, findet sich auch noch wild in Ostindien und der Südsee, und steht angepflanzt überall um die Hütten, wo er Schatten liefert, Nahrung und allerley Geräth. Er ist ein Baum, welcher weiter als irgend ein anderer auf der Erde verbreitet ist.

Die Citronen verlangen 17°; die Pomeranzen können 7° Kälte ertragen.

Der Oelbaum hat seinen eigentlichen Wohnplatz im südlichen Europa und in der Levante, und gedeiht bey 17° und einer Sommerwärme von 5,5 zwischen 36 und 44° N.B.; nur 34° in America, wegen der kältern Winter. Gegenwärtig findet er sich auch auf den canarischen Inseln, in Mexico, gegen 3000' hoch, auf der Westküste von Peru und Chili. Er bildet überall kleine Wäldchen mit graulichgrüner Farbe, und wird außerordentlich alt.

Das Getraide gedeiht noch bey 2° mittlerer Kälte, wenn nur die Sommerwärme 10° ist; in Lappland bey 70°, unter dem Aequator bey 9600' Höhe; auf den Seealpen bey 6600'. Es verträgt die Hitze des Aequators nicht, und gedeiht dort erst in einer Höhe, wo es im südlichen Frankreich kaum noch fortkommt. In Lappland wird unter 67° noch regelmäßiger Ackerbau getrieben; bey Enontekis werden Gerste und Rüben gepflanzt; unter 70° Erdäpfel, Braunkohl und Stachelbeeren. In Asien hört der Ackerbau schon bey Tobolsk, unter 60°, auf; in Canada schon unter 51°. Auf dem Schwarzwald, in den Vogesen geht der Getraidebau nur 2200' hoch, während er in der Schweiz über 4000' hoch steigt; dort ist er wegen Mangel der höheren Berge dem Windzug ausgesetzt, hier dagegen geschützt.

Unter allem Getraide hat der Anbau des Reißes die größte Verbreitung. Im ganzen östlichen und südlichen Asien ist er das allgemeinste Nahrungsmittel; fast ebenso in Persien, Arabien, Nubien, Aegypten, Kleinasien und in allen Ländern am Mittelmeer; gegenwärtig auch in Westindien, Nord- und Süd-America, wo er das Welschkorn und die Manioca allmählich zu verdrängen scheint. Wenn in Indien und China die Reißärnte mißlingt, so erfolgt Hungersnoth, weil man sich, unkluger Weise, auf den Anbau dieser einzigen Getraidart beschränkt. Er wächst bekanntlich auf Sumpfboden, und wo man keinen natürlichen hat, gräbt man den Boden ein, bis man auf Wasser kommt; ja man pumpt dasselbe sogar auf Anhöhen. Wo das nicht möglich ist, da säet man ihn beym Eintritt der Regenzeit, nördlich im April und May, südlich im September und October.

Das Welschkorn oder der Mais stammt bekanntlich aus America, und wurde dort schon vor der Entdeckung angepflanzt. Er gedeiht am besten in einem heißen und trockenen Clima. Er wird bis zum 38.° in Californien gebaut; in Europa noch am Rhein, also bis 49°; hier aber meist nur zum Mästen des Viehs, weil das Brod davon zwar sehr weiß, aber trocken und spröd wird. Er wird auch auf den Südsee-Inseln, in Indien, China und Japan angepflanzt. In Mexico gibt es noch Welschkornfelder 8700' hoch, in Peru 12,000'. Es wird als Mehl, Brod und auch zu einem bierartigen Getränk benutzt; der Saft aus dem Stengel zu Branntwein.

Die Hirse (Panicum) wird fast in ganz Europa, in Ostindien, China und Japan gezogen, aber nicht zu Brod, sondern als Grütze.

Die Moorhirse oder Durrah (Sorghum) ist in der alten Welt das Getraide heißer Länder, besonders Africas und Ost-

Indiens, wird jedoch auch in Portugal und in der Levante gezogen; man macht daraus meistens Grütze.

Der Buchweizen oder das Heidekorn (Polygonum fagopyrum) schließt sich dem Getraid an, und wird ebenfalls als Grütze benutzt, gehört aber dem nördlichen Europa und Asien an.

Süd-America, besonders die Hoch-Ebenen von Peru, hat eine ähnliche Pflanze, die Quinoa (Chenopodium quinoa), welche sehr häufig angebaut und als Mehl zu Brey u. dergl. gebraucht wird. Sie ist mit den Erdäpfeln die Speise der armen Leute.

Die Erdäpfel (Solanum tuberosum) verdanken wir America, wie das Welschkorn; sie kommen fast in allen Climaten fort, und schützen uns vor der Hungersnoth. Ihre eigentliche Heimath sind die kalten Höhen der Anden; und dennoch gedeihen sie nicht bloß in Lappland, sondern in Indien, China, Japan und auf den Südsee-Inseln. Wild kommen sie noch vor auf den Anden von Peru und Chili, ob auch in Mexico ist zweifelhaft.

Die Aronarten, deren Wurzeln wie Erdäpfel gegessen werden, finden sich nur in heißen Ländern, und werden daselbst auf ähnliche Art angebaut; das großwurzelige (Arum macrorhizon) in Ostindien und China; das gemeine (Caladium esculentum) in der Südsee, in Ost- und Westindien; ein anderes (Arum colocasia) in Africa; das scharfe (C. acre) in Neuholland; die meisten haben sich aber auch in andere Länder verbreitet, wo Zuckerrohr, Bananen und Cocosnüsse wachsen und gewöhnlich um die bewässerten Aronsfelder stehen. Die Knollen werden überfaustgroß, verlieren beym Trocknen ihren scharfen Stoff, und bekommen durch Rösten einen angenehmen Geschmack. Auf den Sandwich-Inseln steigen die Felder 800' hoch. Sie sind mit den Paradiesfeigen, den Cocosnüssen und der Brodfrucht das gewöhnlichste Nahrungsmittel der Einwohner.

Die Manioca-Wurzel (Jatropha manihot) ist im heißen America ebenfalls eine gewöhnliche Nahrungspflanze in dem Gebiete der Bananen, steigt aber nicht so hoch hinauf, nur ungefähr 2000'. Es gibt zwo Arten, die süße und bittere, mit einem sehr giftigen Saft, der daher ausgedrückt werden muß. Die Wurzel wird zerrieben und zu Kuchen verwendet. Ihre Felder liegen auf hohem und trockenem Boden, wo sie aber fast ein Jahr lang braucht, ehe sie ausgewachsen ist; sie wird jedoch sehr groß, armsdick und lang.

Auch die Bataten oder süßen Erdäpfel (Convolvulus batatas) sind dem heißen America eigenthümlich, und werden überall auf trockenem Boden gebaut, manchmal 8000' hoch. Sie haben sich von da über die Südsee, nach Ostindien und China verbreitet, und gedeihen selbst noch weit außerhalb der Wendkreise.

In Westindien wird die Wurzel von Ipomoea tuberosa unter demselben Namen gebaut.

Die Yamswurzel (Dioscorea alata) ist ursprünglich in Ostindien zu Hause, und wird daselbst allgemein gebaut, so wie auch auf Neu-Seeland, in der Südsee und in America. Sie ist rundlich und bekommt eine ungeheure Größe, so daß sie ein Mann kaum umklaftern kann.

Der Brodbaum (Artocarpus) hat seine eigentliche Heimath in der Südsee, wo er aber nicht mehr wild vorkommt; man vermuthet, daß er aus Ostindien stamme. Er bildet mit seiner 40' hohen Krone überall Gruppen um die Hütten, und ist fast das ganze Jahr mit seinen ungeheuern Früchten bedeckt. Von 5—6 Bäumen soll ein Mensch ein ganzes Jahr lang leben können.

Die Cocospalme hat ihr Vaterland in Ostindien und auf der Südsee, wo sie die meisten Inseln mit ihren Wäldern ziert, und den Seefahrern zuerst in die Augen fällt. In Ostindien, und besonders auf Ceylon, bildet sie Meilen lange Wälder, welche ganze Dörfer und Städte beschatten. Sie geht nicht über den 28.° hinaus, und ist überall in der alten Welt von Reiß, Pisang und Aron begleitet, in der neuen von Welschkorn und Manioca, auf den Südsee-Inseln von Bataten und Yam.

Die Dattelpalme verlangt 22°, zwischen 29 und 35° B., wächst noch an Mauern in Italien unter 44°. Ihre eigentliche Heimath ist das nördliche Africa, von Marocco an durch die Barbarey und Aegypten bis Nubien, und von da durch Arabien bis Syrien und Persien, in sandigem Boden mit Wasser. Von größter Ausdehnung findet sie sich übrigens in Arabien, wo das Einsammeln ihrer Früchte einen großen Theil der Beschäftigung der Einwohner ausmacht.

Der Sago kommt von verschiedenen Palmen-Arten in Ostindien.

Der eigentliche Sagostrauch (Cycas) bedeckt die nassen Gegenden aller dortigen Inseln, und erstreckt sich bis Siam und Japan.

Der Sagobaum (Sagus, Metroxylon) findet sich ebenfalls in Ostindien, und wird daselbst in großen Strecken angepflanzt.

Die Wein- oder Fecherpalme (Borassus) wird ebendaselbst in großen Massen angepflanzt. Es gibt indessen noch andere Palmen, woraus man Wein gewinnt, selbst in America.

Der Castanienbaum gedeiht bey 9½° mittlerer Wärme und bildet ziemliche Wälder längs dem ganzen Mittelmeer, südlich den Alpen, selbst noch am Rhein bis Frankfurt; sodann vom Caucasus bis Kaschmir und China.

Die brasilianischen oder Juvia-Nüsse (Bertholletia) bilden an den Strömen, in der Nähe des Aequators, ausgedehnte Wälder, in welche die Indianer zur Zeit der Reife ziehen, wie die Araber in die Dattelwälder.

Die Betelpalme (Areca) bildet in Ostindien und auf den Südsee-Inseln Baumgruppen oder Baumgänge in der Nähe der Wohnungen, längs der Küsten, abwechselnd mit Bananen, Anonen und Bilimbi; auch kommt sie in ausgedehnten Anpflanzungen vor, weil das Kauen der Nuß daselbst eben so gewöhnlich ist, wie bey uns das Rauchen oder Schnupfen.

Die Mohnfelder, zu Gewinnung des Opiums, haben in Ostindien Aehnlichkeit mit den Reißfeldern, und nehmen einen großen Theil des Bodens weg.

Tabacksfelder gibt es in großer Ausdehnung in China, in der Südsee und fast in ganz America, besonders Westindien, jetzt auch in Europa, vorzüglich in Ungarn und am Rhein.

Auf dem östlichen Abhange der Anden in Peru wird die Coca (Erythroxylum) in eben so großer Ausdehnung angebaut, wie anderwärts der Taback. Es ist ein Strauch, ziemlich wie unser Schwarzdorn, dessen Blätter allgemein gekaut werden.

Der Weinstock gedeiht in Europa bey 10—17°, vom 36. bis 38.° N.B., schlechter bey 1° Winter-Temperatur und 20° Sommer-Temperatur bis 50° B.; in America nur bis 40°. In den wärmern Ländern wächst er in den Ebenen halb wild; in den kältern dagegen an sonnigen Hügeln, sorgfältig gepflegt und mit Stecken gestützt. Er kommt an verschiedenen Orten in Europa, selbst am Rhein, in Buschwäldern wild oder wahrscheinlich verwildert vor, trägt aber ungenießbare Trauben. Seine eigentliche Heimath scheint die Levante zu seyn, besonders Mingrelien, südlich dem Caucasus, wo er noch gegenwärtig ohne alle Sorge gute und reichliche Trauben trägt. So scheint es durch ganz Persien, Kaschmir und China der Fall zu seyn. Der Weinbau wird nicht sowohl durch die mittlere Jahreswärme, als durch anhaltend warme Sommer begünstiget. Im südlichen Nord-America werden die Beeren immer derb, und gehen nicht von den Stielen; an der Westküste von Süd-America dagegen liefert er selbst in der Nähe des Aequators guten Wein; sonst verlangt er in heißen Ländern eine höhere Lage. Jenseits des Aequators ist der gute Wein vom Vorgebirg der guten Hoffnung bekannt; gegenwärtig hat sich sein Anbau auch auf Neuholland ausgedehnt.

Unter die Weinpflanzen kann man auch die Agave rechnen, aus deren Saft in Mexico ein geistiges Getränk bereitet wird unter dem Namen **Pulque**. Ihre Felder liegen 7000' hoch und geben der Gegend ein eigenthümliches Ansehen.

Das Zuckerrohr verlangt eine Wärme von 25° und erstreckt sich bis 36° B. und 20° Wärme; in Mexico geht es 5000' hoch. Es stammt aus Ostindien, China und den Südsee-Inseln, kam von da nach Europa bis Sicilien, auf die canarischen Inseln und von hier nach America, wo es in großer Ausdehnung gepflanzt wird. Es verlangt sumpfigen Boden.

Der Caffee gehört den untern Alpen an, und gedeiht am besten vom Aequator bis 10°, und von 1200—3000' Höhe bey einer Wärme von 22°, geht aber selbst über die Wendkreise hinaus, und nimmt mit einer Wärme von 20° fürlieb. Sein Vaterland ist Arabien; er wird aber gegenwärtig häufig in Ostindien und America gebaut, und zwar in abwechselnden Reihen.

Der Thee ist im wärmern China zu Hause, und geht nördlich bis zum 40.°, südlich bis zum Reiche der Birmanen, wo er in den Gebirgen wächst; übrigens wird er auch in Japan und Bengalen gepflanzt.

Auch der Pfeffer stammt aus Ostindien, vorzüglich von Malabar, wird aber nun auch auf den Inseln gepflanzt, und zwar auf Anhöhen, wo er Stangen bekommt, wie der Hopfen.

Der Hanf gedeiht am besten im südlichen Deutschland, in Nord-America und Asien; der Lein dagegen besser im nördlichen und östlichen.

Die Baumwollenstaude (Gossypium) verlangt eine Wärme von 24°, gedeiht vorzüglich zwischen den Wendekreisen, geht aber noch weit darüber hinaus bis zum 45.°, und wird daher um das ganze Mittelmeer gezogen, vorzüglich in Klein-Asien und Aegypten, in China und Japan, jetzt aber auch im heißen America bis zum südlichen Nord-America.

Den neuseeländischen Flachs (Phormium) vertritt in jenen Gegenden die Stelle des Hanfs, und wird jetzt auch in Neuholland gezogen.

In heißen Ländern macht man auch Hanf von den Blättern der Bananen und Agaven; aus der Schale um die Cocosnuß große und starke Seile; aus dem Bast des Papier-Maulbeerbaums allerley Zeuge in China und der Südsee.

Die Indigopflanze stammt, wie es schon der Name anzeigt, aus Ostindien, und kam von da nach America, wo besonders in Mexico viel gepflanzt wird. Sie verlangt feuchte Luft und eine

Temperatur von 26°, gedeiht aber noch bis zum 43.° R.B., bey einer Wärme von 15°.

Ziemlich so verhält es sich mit dem Cacao.

Die Fackeldistel (Cactus), worauf man die rothe Schildlaus zieht, wird vorzüglich in Mexico angebaut auf Hügeln, ziemlich nach Art unserer Reben.

Die Anpflanzung unseres Obstes ist hinlänglich bekannt.

# Angewandte Botanik.

Die angewandte Pflanzenkunde beschäftigt sich mit der Einwirkung des Menschen auf das Pflanzenreich, um es zu seinem Nutzen oder Vergnügen, oder zu seiner geistigen Unterhaltung zu verwenden. Uebrigens wird die Anwendung der Pflanzen betreffenden Orts angegeben, und der Gegenstand hier nur kurz behandelt, vorzüglich um zu zeigen, wie er nach meiner Ansicht geordnet werden sollte.

Es gehören alle Pflanzen hieher, welche in irgend einer Beziehung zu dem Menschen stehen, welche nützen oder schaden, welche zu seiner Annehmlichkeit oder Unannehmlichkeit, zu seinen sinnlichen oder geistigen Spielen gehören.

Die Pflanzen dienen entweder allen Ständen in der Haushaltung — öconomische Pflanzen, oder in den Gewerben — Gewerbspflanzen, oder zur Gesundheit — Arzneypflanzen, oder zur geistigen Unterhaltung — Sinnpflanzen und historisch merkwürdige Pflanzen.

I. In der öconomischen Botanik
stehen die Nahrungspflanzen dem Menschen am nächsten; dann folgen die Futterpflanzen für das Vieh; sodann die Forstpflanzen und endlich die Unkräuter.

#### A. Nahrungspflanzen

dienen als Speise, Gewürz und Getränk.

Die Speisepflanzen sind entweder roh genießbar, wie das Obst; oder schwach zubereitet, wie das Gemüse; oder völlig verändert, wie das Mehl.

Ich glaube, daß sie am natürlichsten nach den Organen der Pflanze abgetheilt werden.

1. Obstpflanzen.

Darunter gehören alle diejenigen Pflanzentheile, welche so, wie sie gewachsen sind, ohne alle Zubereitung genossen werden können.

a. **Wurzelobst.** Zwiebeln, Knoblauch, Rettige, Meerrettig, Sellerie.

b. **Stengelobst** als Salat: Spargel, Hopfenkeime.

c. **Blattobst** als Salat: Lattich, Cichorien, Kohl, Feldsalat, Löwenzahn, Baldrian, Kresse, Boretsch, Sauerampfer, Portulak, Brunnenkresse, Löffelkraut, Fleischkraut (Lepidium latifolium).

d. **Samenobst**: Mandeln, Haselnüsse, Walnüsse, Buchnüsse, Mohn, Cocosnuß, Brodbaum, Canarien-Nüsse, brasilische Castanien.

Die Cocosnuß (Cocos nucifera) wächst auf der bekannten, ebenfalls um die ganze Erde verbreiteten Palme, vorzüglich aber in Ostindien, in der Nähe der Küste, und ist ebenfalls ein Hauptnahrungsmittel der Bewohner. Ein einziger Baum kann 2—300 Nüsse liefern, und dabey wird er 100 Jahr alt. Die reife Frucht enthält einen Milchsaft, welcher getrunken und auch zu einer Art Arrak gebraut wird; später entwickelt sich der veste Kern, welcher wie Mandeln schmeckt, und besonders mit Zucker gekocht wird. Der Kern liefert auch das bekannte Palmenöl, welches selbst zu uns kommt. Die harte Schale wird zu allerley Drechslerwaaren verarbeitet, zu Stockknöpfen, Büchsen und Bechern. Aus den Fasern um die Schale macht man Seile, Bürsten und Decken. Die jungen Schöße, oder das sogenannte Palmenherz, welches gegen 20 Pfund schwer ist, wird als Kohl benutzt. Aus dem Safte, welcher durch Verwundung aus den Blüthenkolben rinnt, macht man Palmwein, der aber bald sauer und daher gewöhnlich zu Arrak benutzt wird. Endlich wird auch Zucker daraus gewonnen.

Die Haselnüsse sind kaum als ein Nahrungsmittel zu betrachten, sondern mehr als Unterhaltung nach dem Essen. Man läßt sie wild wachsen. Hin und wieder zieht man eine veredelte Abart in Gärten unter dem Namen Lamberts- oder Zellernüsse.

In Italien ißt man die Piniolen (Pinus pinea) und die Zürbelnüsse (Pinus cembra); in Süd-America die Nüsse der Araucaria.

In Griechenland werden die Eicheln von zweyerley Eichen gegessen (Quercus esculus et aegilops).

Die brasilischen Castanien oder Juvias (Bertholletia excelsa) sind längliche Steine, welche in Menge beysammen in einer großen Frucht stecken und schmackhafte Kerne enthalten. Der Baum bildet ganze Wälder am Orinoco.

e. Gröpsobst: Johannisbrod (Ceratonia), Inga; als Salat grüne Bohnen- und Erbsenhülsen.

f. Blumenobst: Feigen, Erdbeeren, Caschu (Anacardium), Blumenkohl, Mahwahblüthen (Bassia), Rosenapfel (Dillenia), Honig.

g. Fruchtobst:

Aepfel, Birnen, Mispeln, Rosenbutten, Granaten.

Zwetschen, Pflaumen, Schlehen, Kirschen, Pfirsche, Apricosen, Datteln, Dattelpflaumen (Diospyros).

Trauben, Rosinen, Johannisbeeren, Stachelbeeren, Himbeeren, Brombeeren, Heidelbeeren, Preiselbeeren, Maulbeeren.

Melonen, Gurken.

Paradiesfeigen, indianische Feigen (Cactus), Rangäpfel (Passiflora).

Breyäpfel, Guaven, Mangostane, Anonen, Blimbing (Averrhoa), Ananas (Bromelia).

In Surinam

zieht man, nach Fermin und Stedman, folgendes Obst:

Die **Ananas-Früchte** (Bromelia, Pomme de Pin) werden über alle europäischen Früchte gesetzt. Sie wachsen auf rohrartigen Pflanzen, und ihrer viele schmelzen in eine Art Tannzapfen zusammen oben mit einem Schopf, ein und zwey Faust dick, goldgelb oder roth und riechen sehr angenehm, theils wie Erdbeeren, theils wie Pfirsiche. Man schneidet sie klein und ißt sie mit rothem Wein und Zucker. Aus dem Saft macht man einen Wein wie Malvasier, der schnell berauscht. Wegen ihrer erfrischenden Kraft wird diese Frucht auf allen Pflanzungen gezogen und immer theuer verkauft, obschon sie wenig Pflege braucht. Eine Menge wächst ganz wild und dient dem Vieh zur Nahrnng.

Die **Pumpelmus** (Citrus decumana) ist eine Pomeranze von der Größe eines 10jährigen Kinderkopfs, die eine fingersdicke, bittere Haut, aber ein säuerliches, nach Erdbeeren und Trauben schmeckendes Fleisch hat, das man ohne Schaden in Menge essen kann. Der Baum wächst auf allen Pflanzungen.

Es gibt baselbst dreyerley **Pomeranzen**, saure, welche nicht sehr geschätzt und nur zur Auszierung der Speisen gebraucht werden, oder zur Reinigung der Häuser, indem sie ihnen einen angenehmen Geruch geben und die Insecten vertreiben.

Die süßen sind sehr erfrischend und gesund.

Die **Apfelsinen** oder Einasäpfel schmecken zuckersüß und gleichen den portugiesischen Pomeranzen.

**Citronen** gibt es auch zweyerley, eine saure, welche man besonders in hitzigen Fiebern zum Stillen des Durstes genießt; süße von gewöhnlicher Art.

Die **Limonien** (Citrus medica limon) sind kleiner als die Citronen, werden aber noch häufiger genossen, und wegen ihrer Säure zum Punsch gebraucht. Sie wachsen überall in Zäunen und selbst wild, so daß sie die Matrosen korbvostweise auf die Schiffe tragen.

Die **Zimmet-** oder **Schuppenäpfel** (Anona squamosa) sind so groß als ein Gansey, und sehen fast aus wie ein Tannzapfen, indem ihre halbfingersdicke Haut ganz mit kleinen grünen Schuppen bedeckt ist, welche bey der Reife verwelken. Das

Fleisch gleicht einem dicken Rahm, ist nicht besonders schmackhaft, aber erfrischend. Es enthält große, schwarze Samen. Er wächst auf einem großen Strauch in den Gärten.

Der Acaju-Apfel (Anacardium occidentale) ist länglichrund, gegen 4″ lang und 2″ dick, und wächst auf einem hohen Baum wie Birnbaum. Nur die Neger essen die Frucht. Darauf sitzt eine nierenförmige Nuß mit einem Kern, der besser schmeckt als Mandeln. Er wird frisch mit Salz gegessen, wie die welschen Nüsse. Man kann die Nüsse viele Jahre lang aufbewahren. Sie heißen bey den Holländern Ingui-Nooten oder indianische Nüsse.

Die Avogato-Frucht (Laurus persea) kommt in Surinam nicht häufig vor. Sie wächst auf einem Baum wie Nußbaum, gleicht einer großen Birne und das Fleisch zergeht im Munde, wie ein Pfirsich; sie enthält einen rundlichen Stein. Manche halten sie für die beste Frucht der Welt.

Die surinamischen Kirschen (Malpighia punicifolia) sind eben so gut als die europäischen, viereckig, schön roth und schmecken, recht reif, fast wie saure Kirschen. Man macht sie auch mit Zucker ein und verfertigt daraus eine Art Mus. Sie haben innwendig einen Sattel, wie die welschen Nüsse, und in jeder Abtheilung einen kleinen Stein. Der Baum sieht fast aus wie ein Granatbaum, und trägt alle 3 Monat Früchte.

Die surinamischen Mispeln (Nespero, Achras) sehen aus wie die europäischen, haben aber keinen Stein, eine zarte, rothe Haut mit vestem Fleisch, das beym Reifen weich wird und einen süßen, weinartigen Geschmack bekommt. Der Baum wächst in den Gärten.

Der Zuur-Zach (Anona) ist eine birnförmige Frucht, fast so groß wie eine Melone, mit einem Fleisch wie Milchrahm, welches sauer schmeckt und sehr erfrischend ist. Der Baum gleicht einem Birnbaum.

Die Goyaven (Psidium) sehen aus wie Reinetten, haben aber eine Krone fast wie die Mispeln, eine rauhe Schale, anfangs grünlich, dann blaßgelb. Das Fleisch ist in 4 Theile getheilt und enthält kleine, harte Körner, ist gesund und kann zu allen Zeiten gegessen werden; reif hält es offenen Leib, halbreif aber wirkt es verstopfend. Man macht allerley gute Compote daraus. Der Baum ist von mittlerer Größe und wächst in Feldern und Wäldern. Es gibt mit weißem und rothem Fleisch; die letztern sind größer und schmackhafter, und heißen Goyaven von Cayenne.

Der Sababill- oder Breyapfel (Achras mammosa) wird für eine der besten Früchte angesehen, obschon seine allzugroße Süßigkeit nicht nach eines jeden Geschmack ist. Er ist von der Größe eines Hühner-Eys, aber kugelrund, mit einer sammetartigen und zimmetfarbenen Haut bedeckt, und enthält ein musartiges Fleisch, von etwas widrigem Honiggeschmack, in Fächer wie eine Pomeranze getheilt, mit je einem schwarzen Kern. Der Baum ist sehr groß, und erst nach 5—6 Jahren tragbar.

Der Tamarindenbaum (Tamarindus) ist eingeführt, hat die Größe eines Nußbaums, trägt 6" lange, braune Hülsen, worinn graues Mark mit violetten Bohnen, welche vor der Reife eingemacht werden. Sie sind, so wie das Mark, sehr erfrischend und leicht abführend.

Der Weinstock hat fast das ganze Jahr reife und unreife Trauben, welche aber schlecht schmecken, und nur in so fern nützen, als man zweymal lesen kann.

Die Markujas oder Marcasas (Pomme de Liane, Water lemon, Passiflora laurifolia) ist eine sehr fleischige, ovale und gelbe Frucht, wie ein Granatapfel, welche eine graue, säuerliche Gallert mit eyförmigen und wohlriechenden Samen enthält. Sie wird wie ein Ey geöffnet und ausgeschlürft.

Feigen, Paradiesfeigen, Granaten, Cacao, Lianen- oder Granadill-Aepfel (Passiflora), Caffee, Cocosnuß. Noch gewinnt man Baumwolle, Zucker, Roucou, Nägelein, Indigo.

Die Cocospalme wird in Surinam 60—80' hoch, ist aber selten ganz grad. Obschon sie nicht das Lob verdient, welches man ihr in Bezug auf Nahrung, Kleidung, Wohnung u.s.w. beygelegt hat, so ist sie doch von großer Wichtigkeit. Die Rinde ist grau, das Holz hart, innwendig voll Mark;

sie liefert auch Palmkohl, aber nicht so gut, daß es der Mühe werth wäre, den Baum zu stutzen und ihn zu Grunde zu richten. Er trägt Nüsse nach dem sechsten Jahr, und dann zu jeder Jahrszeit 6—8 in einer Rispe unmittelbar am Stamm, so groß wie ein Kopf, steinhart in einer faserigen Hülle. Jung enthalten sie einen weißen Saft, wie Milch mit Wasser und Zucker, welcher ein frisches und angenehmes Getränk ist; reif bildet sich darinn ein hohler, sehr schmackhafter Kern.

Die Papayafrucht (Carica, Mamoera) wächst auf einem 25' hohen schwammigen Baum. Es gibt kleine, nicht größer als eine Quitte, von der Gestalt einer Gurke, anfangs grünlich, dann gelblich; wird vor der Reife mit Zucker eingemacht, so wie die große wohlriechende Blüthe. Beide sind gut und magenstärkend. Die andere wird so groß, wie eine Melone, bekommt ein goldgelbes Fleisch, und wird nur reif gegessen, aber gekocht, weil sie zu kühlend ist.

Die Mamay (Mammea) wird so groß wie eine Canonenkugel, 6—8 Zoll dick, mit einer dicken, röthlichen und lederartigen Rinde, die abgezogen wird. Das derbe, gelbe und balsamisch riechende Fleisch enthält einen Stein, so groß wie ein Tauben-Ey, und schmeckt und riecht so vortrefflich, daß man glaubt, Tage lang den Geschmack davon im Munde zu haben. Es ist ein Gemisch von saurem und gewürzhaftem Geschmack, der jeden andern übertrifft. Es werden davon Marmeladen und Torten gebacken, welchen die aus den besten europäischen Früchten verfertigten weit nachstehen. Der Kern ist sehr bitter; der Baum ziemlich groß mit langen Blättern.

Die Marmelade-Doos (Duroia) sind nicht größer als ein Pfirsich, aber eyförmig, rauh und gelblich. Das Fleisch ist eine Art Mus von röthlicher Farbe mit linsenartigen Samen, das mit einem Theelöffel gegessen wird und gut schmeckt. Der Baum sieht wie eine kleine Palme aus.

Die Mupees oder Mombin (Spondias) sind gelbe längliche Früchte mit wenig Fleisch, das die Zähne etwas stumpf macht, aber sehr angenehm riecht. Man macht daraus eine

Art Marmelade, wie aus der Mamay. Der Baum sieht aus wie ein Zwetschenbaum.

Die **Wassermelonen** (Cucurbita citrullus) wachsen sehr leicht in allen Gärten, schmecken gut und kühlend, und man kann nach Gefallen davon essen, ohne schlimme Folgen.

Die **Cantalupen** sind sehr große, starkgerippte Melonen mit rothem, zartem Fleisch von vortrefflichem Geschmack.

Die **gewöhnlichen** Melonen (Cucumis melo) kommen überall vor und sind sehr schmackhaft; mit Pfeffer oder Salz kann man davon essen so viel man will.

Die **Ahovai-Frucht** (Cerbera) wächst auf einem Baum, wie Birnbaum, ist aber giftig. Aus dem Stein machen die Indianer Klappern, womit sie sich bey ihren Tänzen putzen.

Die Pommes de Tettons (Solanum mammosum) wachsen auf einem Baum an den Wiesen, sind so groß wie eine Reinette, goldgelb und giftig.

Die **Vanille** (Epidendrum vanilla) ist eine 7" lange, kleinfingersbreite, röthliche Frucht, wie eine Schote, von gewürzhaftem Geschmack und angenehmem Geruch, wie der peruvianische Balsam, welche auf einer 12' hohen, rankenden Schmarotzerpflanze wächst und voll schwarzer glänzender Samen ist. Sie wird als Arzney gebraucht, um den Magen zu stärken, auch unter die Chocolade genommen.

Der **Calebassen-Baum** (Crescentia) sieht aus wie ein großer Apfelbaum, und steht auf allen Pflanzungen. Er trägt große Früchte, wie Kürbsen, runde und eyförmige, 1—2' lang und 8" dick, mit einer holzartigen Schale und einem Fleisch nebst Samen wie bey den Kürbsen. Man nimmt es aus und macht Flaschen, Schüsseln, Näpfe und dergl. aus der Schale, worauf die Neger allerley Figuren graben, und die Einschnitte mit Kreide oder Roucou (Orlean) ausfüllen, was sehr artig aussieht. Dieses ist das gewöhnliche Geschirr im ganzen Lande.

Nach **Aublet** und **Jacquin** wächst
in Guyana oder auf den Antillen
folgendes Obst, zum Theil wild:

Pamea (Badamier), Ximenia (Croc), Chrysophyllum (Macoucou, Caimito, Staer-appel), Achras sapota (Nesperia, Bulleetree, Mispel-boom), A. mammosa (Mammee, Marmelade).

Solanum pseudocapsicum, lycopersicum (Tomate), melongena (Aubergine), Ambelania, Hancornia (Mangaba).

Coccoloba (Raisinier), Guevina (Nebu), Brosimum, Pichurim (Ocotea), Elephantenlaus (Anacardium), Spondias (Ciruelo, Prunier d'Espagne, Mombin).

Arachis (Pistache de terre), Umari (Geoffroea), Angelin (Geoffroea), Inga vera, Pacai.

Melastoma, Mèles f. Cormes (Valdezia), Cupi (Acia), Parinari (Petrocarya), Hedycrea, Jcaco=Pflaumen (Chrysobalanus, Prune des Anses), Gujaven (Psidium), brasilische Castanien (Bertholletia), Topfbaum (Lecythis), Marmite des Singes (Lecythis).

Barbados-Kirschen (Malpighia), peruanische Castanien (Caryocar), Knippen (Melicocca).

Cacao-Baum (Theobroma), Bastard-Ceder (Bubroma), Guatteria, Lardizabala, Anona (Corossol, Courou, Water-Apple, Pomme de Canelle, Zuur-Sak, Custard-Apple, Cherimolia, Coeur de boeuf, Prickle-Apple, Steer-Apple).

An Küchenkräutern

gibt es in Surinam verschiedene Kohlarten, Möhren, Pastinaken, Biberneff, Kerbel, Petersilie, Portulak, Meerportulak (Sesuvium), Sauerampfer, Lauch, Zwiebeln, Schalotten, Kresse, Gurken, Kopfsalat, Endivien, Cichorien, Sellerie, Spargel, Erbsen, Bohnen, Rüben, Radischen, Kürbsen, Pfeffer, spanischer Pfeffer, Auberginen (Solanum melongena), Yam, Welschkorn, Eibisch, Reiß.

Arzneypflanzen

wachsen daselbst: Quassia, Simaruba, Cassien, Sarsaparill, indianisches Blatt (Malabathrum), Ingwer, dessen erdapfelartige Wurzel eingemacht wird, Jalappa, Süßholz, Rosmarin, Raute, Jasmin, Münze, Majoran, Malven, Hundsgras, Fenchel, Frauenhaar, Basilien, Salbey, Tausendguldenkraut, weißer Zimmet, Aloe, Rosen, Taback, Nesseln (Dalechampia),

Goldruthe, Ehrenpreis, Eisenkraut, Seerose, Melissen, Mutterkraut, Leinkraut, Bruchkraut, Zaunrübe, Wasserdosten, Hühnerdarm, Krähenaugen, Sinnkraut, Ricinus, Ipecacuanha, Puchiri (Bois de Crabe).

In den Wäldern
wächst der Capivi- oder Copahu-Balsam, das Gummi Aracocerra oder der Racossini-Balsam, welcher einerley ist mit dem peruvianischen; der große Latanier oder Mauricy, worinn der Palmwurm lebt. Der Caroubier oder Locust-Tree, auch Locus, heißt der König der Wälder, weil er einen Stamm bekommt 70′ hoch und 9′ dick, und das beste Holz liefert, auch Copal; Sandbüchsenbaum (Sablière); Mapa; Pekeia; Bagasse; Acoma; Balata; Guaiac; Eisenholz; Letterholz; Atlasholz; Ceder; Mahaut. —

Die Paradiesfeigen, Bananen oder Pisange (Musa) sind spannelange, fleischige Früchte, welche zwischen den Wendkreisen fast bey jedem Hause gepflanzt werden, selbst von den halbwilden Indianern in America. Sie stehen auf palmenartigen Bäumen, etwa 20′ hoch, fast das ganze Jahr, und oft liefert ein einziger Baum gegen einen Centner Früchte. Man ißt sie gewöhnlich roh, wie unser Obst, aber auch geröstet. Es ist überhaupt eine der gewöhnlichsten und wichtigsten Nahrungspflanzen um die ganze Erde herum. Aus den Fasern macht man überdieß sehr viel Hanf zu Seilen und Kleidern. In Surinam pflanzt man bey der Anlegung eines Gutes zuerst Bananen und später Caffee, jene 36′ aus einander und sodann Caffeesträucher dazwischen 9′ von einander; längs der Gänge setzt man Manioc, bisweilen auch Welschkorn dazwischen; kriechende Pflanzen aber, wie Yam und Bataten, muß man weglassen.

Die Dattelpalme
wird im ganzen Orient und im nördlichen Africa in großen Wäldern gezogen, und ist ebenfalls ein Hauptnahrungszweig der dortigen Bevölkerung, welche zur Zeit der Reife in die Wälder wandert, um die Datteln zu sammeln, welche bekanntlich in Menge zu uns kommen.

Indisches Obst.

Ananas, Pandanus, Nipa, Cocos, Phoenix, Areca.
Mangi (Rhizophora), Luffa, Momordica, Trichosanthes, Cucumis, Cucurbita, Zanonia.
Terminalia bellerica, moluccana, catappa, Diofpyros, Embryopteris, Ardisia, Bassia, Mimusops, Cordia, Carissa, Strychnos, Willugbeia, Thoa, Morella.

Brodbaum (Artocarpus), Feigen, Muscatnuß, Phyllanthus emblica, Bancoulnuß (Aleurites), Sauerknopf (Cicca).

Maqui (Aristotelia), Granatpflaumen (Samyda), Hovenia, Jujuba (Rhamnus), Canarien-Nüsse (Canarium), Elephantenlaus (Anacardium), Blimbing und Carambola (Averrhoa), Mangas (Mangifera).

Geoffroea horsfieldi, Kefferbaum (Hyperanthera), Cynometra, Prosopis, Inga dulcis, Tamarindus.

, Kaiserfrucht (Alangium), Melastoma, Gujaven (Psidium), Nägelein (Eugenia), Jambusen (Eugenia domestica).

Flaccurtia, Stigmarota, Crataeva, Litchi (Nephelium), Sandoricum.

Limonien (Limonia), Lansium (Cookia), Elephanten-Apfel (Feronia), Schleimapfel (Aegle), Pumpelmus (Citrus decumana).

Mangostane (Garcinia), sey die beste Frucht.

Wilde Oliven (Elaeocarpus), Grewia, Durio, Rosenäpfel (Dillenia), Uvaria, Anona.

Außerdem wird in Indien, nebst vielen anderen, angebaut:

Schwarzer Pfeffer, Betel, Cubeben.
Das eßbare Aron, die Tacca.
Galgant, Kaempferia pandurata, Zitwer, Curcuma.
Ingwer, Zerumbet, Costwurz, Cardamomen, Paradieskörner, Amomen, Heliconia, Paradiesfeigen, Ananas.
Coix, Saccharum, Eleusine Oryza, Sorghum, Bambus.
Dioscorea, Smilax, Dracaena, Cycas, Pandanus, Nipa, Sagus, Elate, Cocos, Phoenix, Caryota, Areca, Gomutus, Corypha, Lodoicea, Borassus.

Als Gemüse:

Cichorium endivia, Tuſſilago japonica, Baccharis balſamifera, Crotalaria, Coronilla grandiflora, Hedysarum umbellatum. Abrus, Clitoria, Arachis, Phaseolus radiatus, max, Dolichos, Mannsbohnen (Dalbergia glabra), Desmanthus u. a.

2. Gemüspflanzen

ſind diejenigen, welche durch bloßes Kochen eßbar werden.

a. Wurzelgemüſe: Erdäpfel, Rüben, Kohlrabi, Möhren, Paſtinaken, Zuckerwurzeln (Sium ſiſarum), Haberwurzeln (Tragopogon), Schwarzwurzeln oder Scorzoneren (Sc. hispanica), Erbbirnen (Helianthus), Bataten (Convolvulus).

Zu Salat: Rothe Rüben, Meerettig, Pilze, wie Trüffeln, Morcheln, Pfifferlinge.

Die Erdäpfel

werden gegenwärtig in der ganzen Welt angebaut, ſowohl in der heißeſten wie in der kälteſten Zone, und ſind daher das eigentliche Schutzmittel vor der Hungersnoth geworden. In Süd-America wurden ſie ſchon bey der Entdeckung in den kältern Gegenden der Anden angebaut. Das Mehl iſt zwar nicht brauchbar zu Brod, weil es zu ſpeckig oder kloſig wird; dagegen können ſie ganz geſotten oder geröſtet gegeſſen werden, und in dieſem Zuſtande vertreten ſie ziemlich die Stelle des Brods. Auch laſſen ſie ſich als verſchiedene Gemüſe zubereiten, und paſſen zu allen andern Speiſen. Aus ihrem Stärkemehl kann man Kuchen und eine Art Sago machen. Sie gedeihen faſt bey jeder Witterung, wenn es nur nicht zu anhaltend naß oder trocken iſt. Sie werden meiſtens ſchrittweiſe von einander in Löcher geſetzt, oder auch in Furchen gelegt und ſodann mit dem Pfluge bedeckt.

Die Aracacha iſt eine erdapfelartige Wurzel von einer Doldenpflanze wie Schierling (Aracacha esculenta), welche auf den kältern Anhöhen von Süd-America gebaut und ganz wie Erdäpfel genoſſen wird. Sie gibt überdieß ein feines Stärkemehl.

Die Pfeilwurzel (Arrow-root) kommt von einer Gewürzpflanze (Maranta arundinacea) in Surinam und Weſtindien, und iſt ein wagrechter, langer, weißer Knollen, welcher ſehr feines

Stärkemehl liefert und seit einiger Zeit häufig nach Europa kommt.

In den heißen Ländern gibt es mehrere **Aronarten**
mit knolligen Wurzeln, wie Erdäpfel, welche ebenfalls sehr mehlreich sind und ebenso gegessen werden. Sie enthalten zwar einen scharfen Stoff, welcher sich aber beym Kochen verliert. Sie dienen gewissermaaßen als Brod in den Ländern, wo es Paradiesfeigen, Cocosnüsse und Zucker gibt, vorzüglich auf den Inseln der Südsee, wo das gemeine eßbare Aron (Caladium esculentum) und das großwurzelige (Arum macrorhizon) unter dem Namen Tarro gebaut wird. Die Felder sind, wie Reißfelder, zum Bewässern eingerichtet, und die Pflanzen werden ungefähr wie der Kohl von einander gesetzt. Die Knollen werden so groß wie ein Kinderkopf, und werden geröstet und gesotten gegessen; sie sollen wie die Bataten schmecken. Die gewöhnliche Speise davon ist jedoch Brey, welcher Poë heißt und 24 Stunden gähren muß, ehe er genießbar ist. Die Blätter werden als Gemüse benutzt.

Die **Manioca-Wurzel** (Jatropha manioc)
ist eigentlich im heißen America zu Hause, wird aber jetzt auch in Africa angebaut. Sie liefert einer großen Menge von Menschen das Brod; oder vielmehr Kuchen, welche Cassave genannt werden. Das Mehl, unter dem Namen Tapioca-Mehl, wird zu allen Arten von Gemüsen benutzt, und auch zu einer Art Sago. Die Wurzeln werden außerordentlich groß und über armsdick, lieben trockenen Boden und brauchen meistens über ein Jahr zur Reife. Ihrem Nutzen nach ist sie einem großen Theil der americanischen Bevölkerung das, was für uns der Erdapfel ist.

Die **Bataten oder Camoten** (Convolvulus batatas)
sind mehrere faustgroße Wurzelknollen von einer Winde, welche aus America stammen, aber nun überall zwischen den Wendkreisen angebaut werden. Sie schmecken, besonders geröstet, viel besser als Erdäpfel, und haben daher auch den Namen süße Bataten bekommen: sie sind jedoch kein so allgemeines Nahrungsmittel wie die Erdäpfel, die Manioca und das

Welschkorn. Man setzt sie auf dieselbe Weise von einander, wie die Erdäpfel.

Die Bataten, welche in Westindien gebaut werden, kommen von einer andern, aber ähnlichen Pflanze (Ipomoea tuberosa).

Die Jguame- oder Yamswurzeln (Dioscorea alata) werden mehrere Schuh lang und über armsdick, 20—30 Pfund schwer und noch mehr. Sie scheinen in Ostindien zu Hause zu seyn, werden aber seit langer Zeit in allen heißen Ländern angebaut und ebenfalls zu Mehlspeisen verwendet. In Surinam werden sie nur 3—4 Pfund schwer; ein Acker kann aber 10 bis 20,000 Pfund liefern. Sie schmecken gut gesotten und geröstet, sind leicht zu verdauen und die Hauptnahrung der Neger, bey denen sie die Stelle des Brods vertreten. Man pflanzt sie nicht weit von einander, und nach 6 Monaten sind sie schon reif.

Die Wurzeln der Oca (Oxalis tuberosa) werden auch als Nahrungsmittel angebaut, aber nur auf den höhern Bergen von Chili, Peru und Mexico.

In China die faustgroße Wurzel des Pfeilkrauts (Sagittaria sagittata). Ebendaselbst, in Japan und Indien eine Seerose (die Nymphaea speciosa).

Auf den Molucken baut man eine aronartige Pflanze mit Namen Tacca (Tacca pinnatifida), welche so groß wird, wie ein Laib Brod. Sie enthält zwar einen giftigen Saft, wie die Manioca. Ist er aber ausgepreßt, so kann man aus dem zurückgebliebenen Mehl Kuchen backen, welche man dem Sago-Brod vorzieht.

An Wurzelgewächsen pflanzt man meist zu Gemüsen bey uns noch in Feldern die Rüben (Brassica rapa), die Kohlraben (B. oleracea), die Rettige (Raphanus), die Roth- und Runkelrüben (Beta), die Möhren (Daucus), Schwarzwurzel (Scorzonera), Haberwurzel (Tragopogon), Pastinak (Pastinaca), Zuckerwurzel (Sium), Meerrettig (Cochlearia); in Gärten Sellerie und Petersilie (Apium), Rhapontica (Oenothera), Rapunzel (Phyteuma), Erdbirnen (Helianthus), Erdnüsse (Lathyrus), Erdmandeln (Cyperus), Erdcastanien (Bunium), Cichorien und verschiedene Zwiebeln.

b. **Stengelgemüſe:** Spargel, Hopfenkeime, Porre.

c. **Blattgemüſe:** Kohl, Mangold, Melde, Spinat, Meerkohl (Crambe).

d. **Samengemüſe:** Gerſte, Reiß, Haber, Hirſe, Buchweizen, Bohnen, Erbſen, Linſen, Lupinen, Platt-Erbſen, Saubohnen, Quinoa, Caſtanien.

Die Caſtanien ſind bekannt. Sie werden geſotten und geröſtet gegeſſen. Es gibt Wälder davon im ganzen ſüdlichen Europa, und in demſelben Strich durch ganz Aſien hindurch.

e. **Gröpsgemüſe:** Bohnenhülſen, Erbſenhülſen.

f. **Blumengemüſe:** Blumenkohl, Artiſchofen, Erdbeerſpinat, Holderblüthen, Crotalaria, Coronilla, Dillenia.

g. **Fruchtgemüſe:** Aepfel, Birnen, Zwetſchen, Kirſchen, Roſenbutten, Kürbſen, Tomaten, Heidelbeeren, Holderbeeren.

Der **Brodbaum** (Artocarpus incisa) ſteht auf den Südſee-Inſeln und in ganz Indien, jetzt ſelbſt im heißen America, faſt um alle Hütten, und trägt unmittelbar an den Aeſten oder am Stamm ſelbſt Früchte, größer als Kürbſen, faſt das ganze Jahr. Sie werden in Fleiſchbrüh gekocht und ſchmecken dann wie Artiſchocken; oder ſie werden geröſtet und dann wie Brod gegeſſen. In Scheiben geſchnitten und getrocknet laſſen ſie ſich lang aufheben, und ſind überhaupt ein ſehr gutes Nahrungsmittel für die arbeitende Claſſe. Von wenigen Bäumen kann eine Familie faſt das ganze Jahr leben. Man pflanzt ſie durch Schößlinge fort und benutzt auch den Baſt als Hanf. Auch die Samen ſchmecken geröſtet wie Caſtanien.

### 3. Mehlpflanzen.

Zu den Mehlſpeiſen kann man erſt die Stoffe gebrauchen, wann ſie zu Staub gemacht und gekocht worden ſind; zum Brod müſſen ſie gähren.

a. **Wurzelmehl:** Erdäpfel, Maniok, Aronwurzel, Bataten, Aracacha.

Die **Waſſernuß** (Trapa) wächst in Indien und China ſehr häufig, und kommt auf die Märkte als ein mehliges Nahrungsmittel der Armen.

b. **Stengelmehl:** Sago.

Der Sago ist das Mark verschiedener Palmen und einer palmenartigen Pflanze, mit Namen Kirchenpalme (Cycas circinalis), welche vorzüglich in Ostindien und Japan wächst. Das Mark wird aus dem Stamm genommen, ehe die Frucht reif ist.

Die eigentliche Sagopalme (Metroxylon sagus) wird ebenfalls in Ostindien gezogen. Sie liefert mehrere Centner Mark, muß jedoch, wie auch die vorige, umgehauen werden, wenn man es bekommen soll. Es wird mit Wasser zerrieben und durch ein Sieb gelassen, wodurch es die bekannte Gestalt von Körnern erhält.

c. **Blattmehl:** isländisches Moos.

d. **Samenmehl:** Roggen, Weizen, Dinkel, Gerste, Haber, Welschkorn; alle zu Brod und Mehlspeisen.

e. **Gröpsmehl.**

f. **Blumenmehl.**

g. **Fruchtmehl.**

Jede Zone hat ihr eigenthümliches Getraide.

In Europa und dem nördlichen Asien wird Roggen, Weizen, Dinkel, Gerste und Haber gebaut, im Süden von Europa und im ganzen übrigen Asien Reiß und Hirse, in Africa die Mohrenhirse (Sorghum vulgare) und einige andere Hirsenarten (Eleusine caracana et Poa abessinica); in America Welschkorn, welches sich von da aus nach der alten Welt verbreitet hat. Unser Getraide stammt höchst wahrscheinlich aus Mittelasien, aus der Gegend des Euphrats, wo man' wenigstens Weizen, Dinkel und Gerste wild findet. Link hat über diesen Gegenstand besondere Untersuchungen angestellt in seiner Urwelt. 1834.

Obschon der Weizen in wärmern Gegenden am besten gedeiht, so säet man ihn doch bis zum 60.° Breite; in ganz heißen Ländern gedeiht er nicht, außer auf Bergen, deren Temperatur unsern Gegenden entspricht. Es gibt in der Nähe des Aequators noch Weizenfelder 10,000′ hoch. Bey uns treibt ein Korn gewöhnlich nur eine Aehre, und gibt mithin nur 6fältig; in Mexico 24fältig.

Der Dinkel wird mehr in südlichen Gegenden gebaut, Italien und Griechenland, und schon in den ältesten Zeiten.

Bey uns ist das allgemeine Getraide der Roggen, woraus vorzüglich Brod gebacken wird; auch die Gerste gehört den nördlichen Gegenden an, wird aber fast bloß zu Bier gebraucht; der Haber wächst auf dem schlechtern und kältern Boden, daher auf den Bergen, und dient zum Pferdefutter. Die Alten scheinen ihn nicht gekannt zu haben; sie fütterten die Pferde mit Gerste.

Die Hirse (Panicum miliaceum etc.) kommt mehr im südlichern Europa vor und im östlichen, deßgleichen in China, Japan und Ostindien; sie wird bloß zu Grütze benutzt; der Schwaden (Festuca fluitans) in Schlesien und Polen, an Ufern und auf feuchten Wiesen, in solcher Menge, daß er geschnitten und als Grütze in den Handel gebracht wird. Man gibt sich nicht die Mühe, denselben anzubauen.

Der Reiß ist das Hauptgetraide im südlichen Asien, und ist von da nach dem Mittelmeer gewandert, um das er nun ebenfalls sehr häufig gebaut wird; ebenso in America. Er wird zu Brod, Grütze, allerley Mehlspeisen und zu Branntwein, dem Arrak, verwendet. In Indien hat man Sumpf- und Bergreiß. Die Felder für den ersten werden vertieft, damit man sie unter Wasser setzen kann. Es ist merkwürdig, daß die jungen Schöße verpflanzt werden. In 3—4 Monaten ist er reif. Der Bergreiß wird wirklich auf trockenem Boden und auf Bergen gepflanzt, wo man Reute gebrannt hat. Er bringt 40fältig, der Sumpfreiß 100fältig.

Das Welschkorn oder der Mais stammt bekanntlich aus dem heißen America, wo es schon bey dessen Entdeckung angepflanzt wurde; es bringt 200—400fältig; in Californien, unter 38°, nur 70fältig. Man verwendet es zu Brod, Gemüse und Mastfutter für Rindvieh und Schweine; gegenwärtig fängt man aber an, den Weizen zum Brode vorzuziehen. Der Anbau dieses nützlichen Korns kam bald nach Europa, Africa und Asien; bey uns aber wird es nur im südlichen Deutschland mit Erfolg gebaut. Man setzt es auf den sogenannten Sommerfeldern schrittweit von einander in Löcher oder Kubben, wie die Erdäpfel und Bohnen. Die Aehren sind große Kolben, welche abgebrochen, abgezogen und an Schnüren unter die Dächer zum Trocknen aufgehängt werden. Die Körner, viel größer als Erbsen, sind gewöhnlich gelb; es gibt aber auch rothe und blaue. In Mexico gewinnt man jährlich 16 Millionen Centner bey einer Bevölkerung von 5,000,000, kommt also auf jeden Menschen 3 Centner. Es wird daher viel dem Vieh gefüttert, und selbst den Maulthieren. Man macht auch eine Art Weißbier daraus, unter dem Namen Chicha in Peru. Aus dem Zucker der Stengel macht man in Mexico den Branntwein Pulque.

Die Mohrenhirse oder das Negerkorn (Sorghum vulgare) ist das eigentliche Getraide von Africa, wird aber auch im südlichsten Europa und Asien gebaut, und sowohl zu Brod, täglich aber zu Grütze unter dem Namen Cuscussu, gebraucht.

Obschon der Buchweizen oder das Heidekorn (Polygonum fagopyrum) nicht zu den Grasarten gehört, so muß man es seinem Gebrauche nach zum Getraide rechnen. Er scheint aus der Mongoley und Sibirien zu stammen, wird aber auch in Polen und im östlichen Deutschland angebaut, meistens zu Grütze, jedoch auch zu Brod, welches aber sehr schwarz ist.

Im südlichen America gibt es eine ähnliche Pflanze mit Namen Quinoa, eine Art Melde (Chenopodium quinoa), welches auf den Hochebenen von Peru angebaut wird, wo kein anderes Getraide mehr wächst. Sie wird 3—4′ hoch, und ihre Samen werden allgemein von der ärmern Volksclasse zu Brey, Chocolade und einer Art Branntwein (Chicha de Quinoa) verwendet. Sie ist daselbst mit den Erdäpfeln fast die einzige Nahrungspflanze. Ihre Blätter werden überdieß als Gemüse, wie Spinat, benutzt.

Auf den Hochebenen des Himalaya wird, nach Meyen, der Mehl-Amarant (Amarantus fariniferus) zu ähnlichen Zwecken angebaut.

4. Gewürzpflanzen

liefern stark schmeckende Theile, welche nicht selbst zu sättigen im Stande sind, sondern nur den Speisen einen angenehmen Geschmack geben.

a. **Wurzelgewürz**: Zwiebeln, Knoblauch, Porre, Schalotten, rothe Rüben (Beta), Sellerie, Rhapontica (Oenothera), Rettig, Meerrettig, Rapunzel (Phyteuma), Petersilie, Ingwer.

Zucker aus der Runkelrübe.

Durch die allgemeine Ländersperre von Napoleon gezwungen, hat man in Europa angefangen, Zucker aus **Runkelrüben** (Beta) zu machen. Sie werden daher nun häufig angepflanzt und an die Fabriken verkauft, welche aber nur bestehen können, weil man die Consumenten zwingt, eine ungeheure Einfuhr zu bezahlen. Das ist ein hinlänglicher Beweis, daß Europa nicht zur Hervorbringung des Zuckers geschaffen ist.

b. **Stengelgewürz**: Petersilie, Kerbel, Majoran, Lavendel, Dragun (Artemisia dracunculus), Bohnenkraut (Satureia), Basilien, Thymian, Ysop, Zimmet, Zucker.

Das **Zuckerrohr** stammt aus Ostindien und kam von dort nach America, wo sich große Pflanzungen mit vielen Negern finden. Es wächst auf feuchtem Boden, gedeiht aber in der heißen Zone noch 6000′ hoch. Man pflanzt es als Stecklinge, welche sehr schnell wachsen. Nach einem Jahr werder die Halme abgeschnitten und durch eine Maschine gequetscht. Die erhaltene Flüssigkeit wird gereinigt, eingekocht und zum Crystallisieren hingestellt. Die Zuckerpflanzung beschäftiget bekanntlich Millionen von Menschen, und ist wohl einer der wichtigsten Gegenstände des Handels.

In Surinam enthält eine Zuckerpflanzung gewöhnlich 5 bis 600 Morgen, in Quadrate abgetheilt, worinn man die schuhlange Stecklinge in graben und parallelen Reihen setzt, und zwar zur Regenzeit. Die Schösse, welche aus den Knoten kommen, brauchen 12—13 Monat zur Reife, sind dann so dick wie eine Flöte und gelb; der ganze Stock 6—10′ hoch. Die Sclaven müssen sie oft behacken, um das Unkraut wegzuschaffen. Manchmal sind 400 Sclaven nöthig, und diese können 20,000 bis 24,000 Louisdor kosten. Das geschnittene Rohr kommt auf eine Mühle und wird daselbst durch 3 eiserne Walzen getrieben, wobey oft ein Finger des Sclaven gefaßt wird, so daß man augenblicklich den Arm mit einem Beil abhauen muß.

Wenn einer den Saft kostete, wurde ihm früher nicht selten die Zunge ausgerissen. Der Saft wird nach und nach in 5 kupfernen Kesseln gesotten und geschäumt, dann abgekühlt, wobey der Zucker sich absetzt. Dann kommt er in durchlöcherte Fässer, damit die Melasse abtropft. So wird er nach Europa geschickt, um raffiniert und geformt zu werden. Man macht bekanntlich auch Rhum davon, und aus dem Schaum einen schlechten Branntwein für die Neger, welcher Kill devil (Teufelstod) heißt.

c. **Blattgewürz**: Pfefferkraut (Lepidium latifolium), Salbey, Mauerpfeffer (Tripmadam), Schnittlauch, Brunnenkresse, Löffelkraut.

Zum Kauen: Betel, Taback, Coca.

Zum Rauchen: Taback.

d. **Samengewürz**: Senf, Kümmel, Coriander, Dill, Fenchel, Anis.

Muscatnuß.

Zu Oel: Rübsamen, Mohn, Hanf, Walnuß, Oliven.

Die **Betelnuß** (Areca catechu) wächst in Ostindien auf einer Palme und wird gegessen, vorzüglich aber mit Betelpfeffer und Kalk zu einer Art Teig gemacht und gekaut, wie es bey uns manche mit dem Taback thun. Dieses Kauen ist aber so allgemein, daß Männer und Weiber, und selbst Kinder, sich den ganzen Tag damit beschäftigen. Der Baum wird daher in der Nähe der Häuser gepflanzt, und die Nüsse sind der Gegenstand eines ausgedehnten Handels.

Uebereinstimmend damit ist der Anbau des **Betelpfeffers** (Piper betle), welcher, wie unsere Bohnen, fast von jeder Familie gepflanzt wird, besonders auf wasserreichem Boden.

Zu demselben Zweck pflanzt man in Peru auf den Bergen die **Coca** (Erythroxylum coca), deren Blätter von jederman den ganzen Tag gekaut werden. Es ist ein Strauch wie unser Schwarzdorn, von dem die Blätter abgestreift werden, wenn er 4—5 Jahr alt ist. Sie kommen im Handel durch ganz Peru.

Zu diesen Pflanzen, welche bloß um des Reizes willen oder zum Zeitvertreib genossen werden, gehört auch der **Taback**, welchen die Americaner schon vor der Entdeckung geraucht haben.

Er wird ungefähr wie Bohnen angepflanzt, selbst bey uns, und ist der Gegenstand eines ausgedehnten Gewerbs.

Auch das Opium oder der Mohnsaft wird in Ostindien, und besonders in China, theils gegessen, theils geraucht, und deßhalb der Mohn allgemein angepflanzt, auf Feldern, welche bewässert werden können, wie der Reiß. Man läßt den Saft durch Nadelstiche aus der Capsel sickern und an der Sonne trock‍nen; dann formt man ihn in Kuchen 4" groß, wickelt ihn in Mohnblätter und schlägt ihn in Kisten zu 133 Pfund, welche 1400 Reichsthaler kosten, wenn das Opium ganz fein ist. Der Handel geht in die Millionen. Bey uns pflanzt man ihn bloß um des guten Oeles willen, weil der Saft wenig Opium liefert.

An Oelgewächsen

werden bey uns gepflanzt Räps (Brassica rapa biennis et annua); Lewat (Brassica napus biennis et annua); Dotter (Myagrum sativum); Lein, Mohn, Hanf.

Auch der Nußbaum wird bey uns vorzüglich um des Oeles willen, meistens an den Landstraßen und in Gärten an‍gepflanzt: denn das Essen des Kerns dauert nur so lang die Nuß frisch ist, und ist bloß ein Zeitvertreib. Aus den Buch‍nüssen wird bekanntlich ebenfalls etwas Oel gewonnen.

Im Orient, in Indien, China, Africa und America pflanzt man den Wunderbaum (Ricinus) um das Ricinus- oder Castor-Oel aus den Samen zu kochen oder zu pressen. Man braucht das Oel an die Speisen und als Arzney. Bey uns steht die Pflanze bloß in Gärten.

Häufiger aber ist in Ostindien, Aegypten und der Türkey das Sesamöl (Sesamum) im Gebrauch, welches durch Kochen der Samen gewonnen und zu Speisen verwendet wird, so wie als Arzneymittel. Die krautartige Pflanze wird gesät wie bey uns der Räps; gegenwärtig auch in America.

e. Gröpsgewürz:

Muscatblüthe, Vanille, spanischer Pfeffer (Capsicum).

f. Blumengewürz:

Cappern, türkische Kresse (Tropaeolum), Hopfen, Safran, Honig, Lavendel.

g. **Fruchtgewürz:**
Wachholderbeeren, Nägelein, Pfeffer, Cubeben (Piper).
Zu Salat: Gurken, Preißelbeeren, unreife Nüsse.

Der **Pfeffer** (Piper nigrum) ist vorzüglich in Malabar zu Hause, wird aber in ganz Ostindien gepflanzt, ungefähr wie unser Hopfen an Stangen, weil er eine ausdauernde und rankende Pflanze ist. Die Pfefferfelder sind auf Anhöhen. Drey bis vier Stöcke tragen jährlich 1 Pfund Beeren, welche in 5 Monaten reif werden. Sie sind roth, werden aber beym Ausbreiten und Trocknen auf dem Boden schwarz. Der weiße Pfeffer ist nichts anderes als das Korn, nachdem man durch Fäulniß in Wasser die Leifel weggenommen hat. Der Handel beträgt auch viele Millionen Pfund.

Zu Oel:
In den wärmern Gegenden von Europa und im Morgenlande ist die vorzüglichste Oelpflanze der **Oelbaum** (Olea). Er gedeiht bis Aix, südlich von Lyon, und auch in der Krym. Man pflanzt ihn in Wäldchen, welche wie unsere Weidenwäldchen aussehen. Gegenwärtig findet man ihn auch häufig in America. Man preßt das Oel aus den Früchten oder Oliven auf besondern Trotten. Es kommt häufig zu uns unter dem Namen Baum- oder Provencer-Oel, und bildet einen Theil des Reichthums der südlichen Gegenden. Uebrigens werden auch die Oliven als eine Art Gewürz oder Salat gegessen.

An Gewürzkräutern pflanzt man bey uns meistens nur in Gärten, hin und wieder auch in ganzen Feldern,
den **Anis** (Pimpinella), den **Coriander**, den **Kümmel**, den **Schwarzkümmel** (Nigella), den **Fenchel** (Anethum), den **Hopfen** in besondern Feldern an langen Stangen, vorzüglich in Böhmen, den **Taback** am Rhein und in Ungarn.

**5. Getränkpflanzen**
liefern solche Stoffe, woraus entweder unmittelbar durch Gährung oder durch Aufguß ein Getränk gewonnen wird.

a. **Wurzelgetränk:**
Zu schleimigen Getränken: Eibisch, Malven, Salep (Orchis), Quecken, Süßholz.

Zu einer Art Caffee: Cichorien, Scorzonere, Möhren.
Zu Branntwein: Erdäpfel, Manioc.

b. **Stengelgetränk:**

Zuckerwasser, Birkensaft, Milch des Kuhbaums.

Zu Rum: Zuckerrohr.

In Süd-America gewinnt man den Palmwein aus der Königspalme (Cocos butyracea), aber nicht aus der Blüthenscheide, sondern aus dem Stamm selbst, in den man ein spannetiefes Loch schneidet, worinn sich der Saft sammelt und sich fast unmittelbar in Wein verwandelt.

c. **Blattgetränk:**

gewöhnlich zu Thee: Thee, Mate oder Paraguay-Thee (Ilex), Münze, Melisse.

Der Theestrauch ist ein Eigenthum von China, welches denselben für die ganze Welt baut. Es ist in der That merkwürdig, daß man noch nie recht ernsthaft versucht hat, diese Pflanze in andern Welttheilen anzusiedeln. Er wächst auf Bergen bis zum 40.° N.B. Der bekannte Theeaufguß ist in China seit den ältesten Zeiten im Gebrauch, und dient als allgemeines Getränk. Zu uns ist er erst vor einigen Jahrhunderten gekommen, und wird auch gegenwärtig größtentheils nur in Familien von Stande getrunken, weil er doch mehr ein bloßer Zeitvertreib ist, als ein wirkliches Getränk. Man zieht die Pflanze aus Samen, setzt sie sodann schrittweise von einander, stutzt sie ab, damit sie mehr Zweige und Blätter treibe, und pflückt die letztern mit den Händen ab. Sie muß stark gedüngt werden. Die Blätter bekommen ihren Geruch und Geschmack erst durch das Rösten, fast wie der Caffee, was auf erhitztem Blech geschieht. Dadurch entsteht der grüne Thee. Der schwarze wird von derselben Pflanze gemacht, indem man Dämpfe durch die Blätter gehen läßt, ehe sie geröstet werden. Ueberhaupt kommen alle Theearten nur von einer Pflanzengattung (Thea chinensis). Der Handel geht in die Hunderte von Millionen.

d. **Samengetränk:**

Pflanzenmilch, Mandeln, Cocos-Milch.

Zu Caffee: Caffee-Bohnen, Eicheln, Lupinen, Cacao-Bohnen.

Zu Bier: Gerste, Weizen.
Zu Branntwein: Korn, Reiß (Arrak).

Die Caffeebohnen (Coffea) kommen von einem kleinen Baum in Arabien, wo man ihn im Schatten anderer Bäume auf Anhöhen pflanzt. Er ist aber nun auch nach Ostindien, America und auf die Südsee übergegangen. Die Bohnen werden gesät und dann Klafter weit von einander gesetzt. Nach 4 Jahren tragen die 2 Mann hohen Bäumchen Früchte, welche man 3mal abnehmen kann. Die Bohnen stecken zu zweyen in rothen Beeren, wie Kirschen, von welchen sich das Fleisch leicht abnehmen läßt. Der Caffee wird nirgends so gut wie in Arabien, wo er vom Meer entfernt auf Hügeln wächst. Der Gebrauch des Caffees kam 1554 aus Arabien nach Constantinopel, von da nach Italien, 1643 nach Paris. Zuerst angepflanzt wurde er auf Jamaica 1728. In Surinam läßt man den Baum nicht über Manns hoch werden, und er stellt eigentlich nur einen Strauch vor. Er trägt zweymal und liefert jedesmal 3—4 Pfund Bohnen. Gewöhnlich stehen 2000 Stämme, 10' von einander, in einem Umfang von einem Wassergraben. Sie tragen nach 3 Jahren, sind ausgewachsen nach 6 und leben 30 Jahr. Die Beeren werden in einer Art Mühle abgeleifelt, sodann die Gröpse getrocknet, nachher in hölzernen Standen gestoßen, damit sich die Bohnen trennen. Man führt über 120,000 Centner aus. Man unterhält dabey Baumschulen; auch setzt man Bananen dazwischen, um Schatten zu haben.

Die Cacaobohnen (Theobroma) kommen von einem Baum wie ein Kirschbaum, welcher im heißen America, von Mexico bis Guyana, und auf den Antillen, an schattigen Orten angepflanzt wird. Man setzt deßhalb Manioca und Pisang dazwischen. So tragen sie schon nach drey Jahren jährlich zweymal: sind aber erst nach 12 Jahren ausgewachsen. Man pflanzt die Kerne zuerst in Baumschulen, und setzt sie dann 12 Schuh von einander. Die Bohnen stecken zu 30—40 in einer gurkenartigen, gelben Frucht, größer als eine Birne, 6 Zoll lang und 3 dick. Jeder Baum gibt auf einmal gegen 300 Früchte, wovon die Kerne 1 Pfund schwer sind. Die Bohnen werden mit den Händen aus der Frucht gemacht, gereinigt, getrocknet, in Tonnen geschlagen, versandt und dann in den bekannten Chocolat-Teig verwandelt. Man braucht dabey weniger Sclaven als bey irgend einer andern Pflanzung, und daher ist der Vortheil größer.

Im Innern des Landes gibt es ganze Wälder.

e. Gröpsgetränk:
Citronen, Pomeranzen.

f. Blumengetränk:
Chamillen, Holder, Schafgarbe, Schwarzdorn.
Zu Wein: die Sträußer der Palmen.
Zu Meth: Honig.

Palmwein wird aus verschiedenen Palmen gewonnen, vorzüglich aber aus der eigentlich sogenannten Weinpalme (Borassus) in Ostindien. Man reibt die Blüthenscheibe der Samenpflanze, ehe sie geöffnet ist, schneidet 3 Tage darauf die Spitze ab und hängt einen Topf daran, in welchen der Saft während der Nacht tropft. Durch Gähren geht er in Wein über. Er heißt Palmyra- oder Brabwein.

g. Fruchtgetränk:
Zu Wein: Trauben, Aepfel, Birnen, Johannisbeeren.
Zu Branntwein: Kirschen, Zwetschen.
Zu Syrup: Himbeeren.

Die Anpflanzung des Weinstocks so wie die Benutzung der Trauben ist allgemein bekannt. Man ißt sie frisch und getrocknet als Rosinen und Corinthen; allgemein aber wird Wein daraus gemacht, und aus diesem Essig; aus den Trestern und der Hefe Branntwein. Die Türken machen Traubenmus. In der neuen Welt will der Weinstock nicht recht gedeihen. Sein bestes Clima ist nördlich und südlich der Wendkreise. Auch in China gibt es wenig Weinbau.

B. Futterpflanzen

sind diejenigen, welche für das Vieh gezogen oder gepflegt werden.

a. **Wurzelfutter:** Rüben, Runkeln, Erdäpfel, Erdbirnen.

b. **Stengelfutter:** Gras, Disteln, Sprossen für die Ziegen.

Für Vögel: Miere (Alsine), Kreuzkraut (Senecio).

c. **Blattfutter:** Klee, Wicken, Esparsett, Lucerne, Spark, Bibernell und alle Waidekräuter.

d. **Samenfutter:** Haber, Welschkorn, Linsen.

Für Schweine: Eicheln, Buchnüsse.

Für Vögel: Canarien-Samen, Wegerich-Samen, Mohn, Hanf, Tannensamen.

e. **Gröpsfutter:** Wicken, Saubohnen.

f. **Blumenfutter:** Kleeheu.

g. **Fruchtfutter:** Kürbsen, Aepfel, Holzäpfel, Birnen, Holzbirnen, Zwetschen, Schlehen.

Auf feuchtem und gutem Boden sind die besten Wiesenpflanzen: Habergras (Avena elatior), Goldhaber (A. flavescens), Rispengras (Poa trivialis, pratensis etc.), Fuchsschwanzgras (Alopecurus pratensis), Schwingel (Festuca fluitans, elatior, pratensis), Ruchgras (Anthoxanthum), Fiorin-Gras (Agrostis alba), Strauß-Gras (A. capillaris), Roggengerste (Hordeum secalinum), Lieschgras (Phleum pratense), Roßgras (Holcus odoratus), Perlgras (Melica nutans),

Alpenklee (Trifolium alpestre), HopfenLucerne (Medicago lupulina), Vogelwicke (Vicia cracca).

Auf feuchtem, thonigem, also weniger fruchtbarem Boden sind die bessern Kräuter: Futtertrespe (Bromus giganteus), rohrartiges Canarien-Gras (Phalaris arundinacea), Rasenschmiele (Aira caespitosa), Kammgras (Cynosurus cristatus), Huntsgras (Dactylis glomerata), Raygras (Lolium perenne), Festuca elatior, Poa trivialis, Phleum pratense, Hopfen-Lucerne, Erdbeerklee.

Auf Sumpfboden steht meistens Riedgras; zu den bessern gehören: Phalaris arundinacea, Poa aquatica, Festuca fluitans, Aira aquatica, caespitosa, Bromus giganteus, Agrostis palustris, alba, capillaris, Alopecurus geniculatus, Lotus siliquosus, Trifolium hybridum, fragiferum.

Auf trockenem Boden gedeihen die Wiesenpflanzen nicht; indessen noch: Poa annua, Briza media, Avena elatior, flavescens, Alopecurus pratensis, Holcus lanatus, Poa pratensis, Festuca elatior, Anthoxanthum odoratum, Agrostis capillaris, Trifolium alpestre, repens, Medicago lupulina, Vicia cracca, dumetorum, Lathyrus pratensis, Thymus serpyllum.

Auf trockenem, sandigem Boden gedeihen noch: Poa bulbosa, Bromus mollis, inermis, Festuca ovina, duriuscula, rubra, Dactylis glomerata, Anthoxanthum odoratum, Avena flavescens, Holcus lanatus, mollis, Cynosurus caeruleus, Melica ciliata, Poa annua, Trifolium repens.

### C. Forstpflanzen

liefern Brenn- und Bauholz, Streu, Bast, Band, Reife, Dauben, Kohlen, Kienruß, Loh, Galläpfel, Zunder, Maſtung, Harz, Pech.

a. Wurzeln: Wurzelſtöcke; von dem Nußbaum, der Birke, Erle, Pappel, Kreuzdorn bekommt man Maſern.

b. Stengel:

Die Bäume liefern Bauholz: Tanne, Fichte, Fohre, Weymuthskiefer, Lärche, Eiche, Buche, Castanie, Rüſter, Aeſche.

Brennholz: dieſelben, beſonders die Buche, Birke, Erle, Weißbuche, Aſpe, Schwarzpappel.

Zu allerley Geräthſchaften: Tiſche, Schränke, Teller, Löffel, Schrauben, Geigen. Die meiſten der vorigen; beſonders aber: die Zürbelkiefer, Wachholder, Eibe, Buche, Caſtanie, Birke, Weißbuche, Aſpe, Pappel, Rüſter, Ahorn, Linde, Schotendorn oder unächte Acacie, Nußbaum, Kirſchbaum, Zwetſchenbaum, Vogelbeerbaum, Birnbaum, Apfelbaum, Faulbaum.

Zu Zäunen: Eibe, Weißbuche, Weiden, Hafel, Masholder, Schwarzdorn, Weißdorn, Hartriegel, Kreuzdorn, Schlingenbaum, Pfaffenhütlein, Buchs, Sauerdorn, Rainweide, Rosen, Brombeeren, Waldrebe, Bocksdorn (Lycium).

Loh liefern: die Rinden der Eichen, Caſtanien, Erlen, Rüſtern, Tannen, Eichen, Fohren, Sumach, Vogelbeerbaum, Porſt, Bärentraube.

Gallapfel: die Eichen.

Fackeln, Kienspahn, Harz, Pech, Theer und Kienruß: die Nadelhölzer; das Pech vorzüglich aus dem Harze der Rothtanne.

Kohlen liefern: die Buchen, Birken, Erlen, Weißbuchen, Aspen, Rüstern, Ahorn, Aeschen, Linden, Tannen, Fichten, Fohren, Lärchen. Gute Pulverkohle: Faulbaum, Aspe, Hasel, Linde, Pappel.

Die Stangen oder Lohden liefern Wellenholz, Raife: besonders die Birken, Haseln, Aeschen, Traubenkirsche.

Die Sträucher: Brennholz, Gerten, Stöcke; dergleichen sind: Hasel, Masholder, Schwarzdorn, Hartriegel.

Tabacksröhren macht man von Weichselkirschen (Prunus mahaleb), Schneeball, Schlingenbaum, Holder, Masholder, Tamarisken.

Ladstöcke: Zwergmispeln, Hartriegel, Schlingenbaum.

Band: Waldrebe; zu Körben liefern die Weiden.

Bast: die Rüster.

Besen: die Birken, Pfriemen, Heide.

Zucker: der Saft der Birken, des Ahorns.

Gummi: der Kirschbaum.

Theer liefert: das Nadelholz; die Birke zu Juchten.

Terpentin: das Harz der Weißtanne, der Weymuthskiefer, Lärche.

Terpentinöl: aus dem Harz der Krummholz-Kiefer.

Farben liefern: die Quercitron-Eiche, die Erle, Aesche, Sumach, Traubenkirsche, Kreuzdorn, Faulbaum, Ginster, Sauerdorn, Hauhechel.

Gute Pottasche liefern: die Buche, Aspe, Pfriemen.

Giftig sind: Sumach, Seidelbast, Porst.

Zur Zierde werden angepflanzt: Weymuthskiefer, Lärche, virginischer Wachholder, Eibe, Weißbuche, Pappel, Platanen, Zürgelbaum (Celtis), Ahorn, Acacien, Blasenstrauch, Vogelbeerbaum, Weißdorn, Hartriegel, Cornelkirschen, Kreuzdorn, Traubenholder, Schneeball, Sanddorn, Pimpernuß, Bohnenbaum, Pfriemen, Stechpalme, Buchsbaum, Sadebaum, Linde, Flieder, Pfeifenstrauch, Geißblatt, Epheu, Rosen, Spierstrauch, Seidelbast.

Brauchbare Pilze wachsen an der Lärche und den Eichen.

c. **Das Laub**
wird gebraucht allgemein als Streu.

Als Futter für Ziegen und Schafe: das Birkenlaub, die Erle, Rüster, Ahorn, Aesche, Acacie, Hauhechel, Ginster.

Für die Seidenwürmer: der Maulbeerbaum.

Farben liefert: das Laub der Castanien, Birken, Weiden, Nußbäume.

Galläpfel: die Eichblätter.

d. **Samen**
sind von den meisten ein gutes Vogelfutter.

Die Samenwolle der Pappeln und Weiden glaubt man zu Papier u. dergl. verarbeiten zu können.

Oel liefern: die Samen der Buchen, Haselnüsse, Wallnüsse, Pimpernüsse.

e. **Gröps.**

Zur Zierde die des Blasenstrauches, der Pimpernuß, Pfaffenhütlein.

f. **Blumen**
dienen zur **Zierde**: von Acacien, Schwarzdorn, Weißdorn, Holder, Schneeball, Pimpernuß, Bohnenbaum oder Goldregen, Pfriemen, Ginster, Flieder, Pfeifenstrauch oder wilder Jasmin, Geißblatt, Rosen, Spierstrauch, Brombeeren, Waldrebe, Heide.

Honig liefern: Linden, Ahorne, Kreuzdorn, Bohnenbäume, Pfriemen, Faulbaum, Hauhechel, Rainweide, Johannisbeeren, Geißblatt.

Wachs liefert: der Blüthenstaub der Fichten, Föhren, Lärchen u.s.w.

Farben: die Blüthen der Pfriemen, des Gagels.

g. **Frucht.**

Mastung liefern: die Eicheln und Bucheckern, Roßcastanien, Holzbirnen, Holzäpfel, Mehl= und Elzbeeren, Bärentraube.

Eßbar sind: die Zürbelnüsse, Castanien, Haselnüsse, Wallnüsse.

Die Maulbeeren, Kirschen, Schlehen, Vogelbeeren, Mispeln, Cornelkirschen, Mehl- und Elzbeeren, Johannis- und Stachelbeeren, Rosenbutten, Brom-, Himbeeren, Heidel- und Preißelbeeren.

**Essig oder andere Säuren** liefern: die Maulbeeren, Schlehen, Vogelbeeren, Holzbirnen, Holzäpfel, Mehlbeeren.

**Gewürz:** die Wachholderbeeren.

**Terpentinöl:** die jungen Zapfen der Weißtanne.

**Farben:** die Beeren des Kreuzdorns, Faulbaums, Holders, Dintenbeeren, Brombeeren, Rauschbeeren.

**Vogelfutter:** die Vogelbeeren, Mehlbeeren, Elzbeeren (Pyrus aria et torminalis), Hagebutten, Holderbeeren, Beeren des Schneeballs, der Stechpalme, Bärentraube, Rauschbeeren.

**Zur Zierde** dienen: die Vogelbeeren, Mehl- und Elzbeeren, die Beeren des Weißdorns, Hartriegels, Saucrach-Beeren.

**Giftig oder Brechen erregend** sind: die Früchte der Eiben, des Pfaffenhütleins, Nachtschattens.

### Hölzer in Nord-America.

Taxodium, Thyia, Juniperus.

Symplocos, Halesia, Heisteria, Diospyros, Bumelia, Hamiltonia, Nyssa (Sour-gum-tree), Dirca, Sassafras (Laurus l.), Celastrus, Apalachine (Ilex), Essigbaum, Giftbaum (Rhus), Copalbaum (Rhus), Nußbäume (Juglans).

Robinia, Gleditschia, Gymnocladus (Chicot).

Zucker-Ahorn, americanisches Epheu (Ampelopsis), Lederbaum (Ptelea).

Magnolia, Tulpenbaum, Asimina.

### Hölzer in Südamerica:

Colymbea, Zamia.

Mauritia vinifera, Desmoncus, Acrocomia (Macaya), Astrocaryum (Grigri, Murumuru, Ayri, Tucum), Guilielma (Pirijao, Paripou), Elaeis (Avoira), Manicaria faccifera, Cocos, Oreodoxa (Palma real), Iriartea (Baxi-uva), Ceroxylon, Geonoma (Ouai), Oenocarpus (Patavoua, Bacaba), Euterpe (Palmito, Jocara, Chou palmiste), Chamaerops (Palmetto), Corypha (Palmillo, Soyale, Carna-uba), Sabal (Swamp-palmetto).

Rhizophora (Paletuvier, Mangrove), Chimarrhis (Bois de rivière), Cuninghamia (Bois de Losteau), Siderodendrum (Bois de fer).

Morinda (Royoc), Cinchona, Genipa, Randia (Gratgal), Duroia (Marmolade-Doosies-Boom), Hamelia (Mort aux rats, Bois des Princes).

Ternſtroemia, Bucida, Jacquinia, Sideroxylon, Chrysophyllum, Cordia (Bois de Chypre), Ehretia, Citharexylon (Geigenholz, Bois cotelet), Aegiphila (Bois tabac), Tabernao montana (Bois laiteux), Thevetia (Ahovai), Lasiostoma (Curaré), Ignatia, Allamanda, Willughbeia (Pacouri).

Triplaris, Conocarpus (Button-tree), Lagetta, Embothrium.

Cecropia (Bois trompette), Brosimum, Galactodendrum, gelbes Braſilienholz (Morus).

Hernandia (Bois blanc), Virola (Voir-Ouchi), Gyrocarpus (Volador), Adenostemum, Peumus (Boldu).

Federharz (Siphonia), Jungfernholz (Phyllanthus virginea), Cascarilla (Croton), Alcornoque f. Chabarro (Alchornea), Bois à Calumet f. Piriri (Mabea), Sandbüchſenbaum (Hura), Leimbaum (Sapium), Manſchinellbaum (Hippomane), Liane papaye f. graine de l'anse (Omphalea).

Bejuco (Hippocratea), Paraguay-Thee (Ilex), Maravedi (Ilex), Acomat (Homalium), Caffé diable (Samyda), Liane brulé (Gouania).

Poirrier f. Areira (Schinus), Mädchen-Pflaumen (Comocladia), Guao (Comocladia), Balſambäume (Icica, Enceins, Tacamahaca, Aracouchini, Cèdre blanc, Chipa), Gommier (Bursera), Bois cochon (Tetragastris.)

Dog-wood (Piscidia), Balſambaum (Myroxylon), Swartzia (Bois à flèche), Trachenblut (Pterocarpus), Ebenholz (Amerimnum), Dartrier (Vatairea), Bebe-boom (Dalbergia), Quinate (Nissolia), Tongabohne (Dipteryx), Pois ſabre (Panzera), Vouapa (Macrolobium), Bois de Campèche (Haematoxylon), Fernambuc-Holz (Caesalpinia), Bauhinia, Locuſt-tree (Hymenaea Courbaril), Copaiva-Balſam (Copaifera), Mimosa sensitiva.

Bois de Luce (Petaloma, Mouriri, Silverwood), Bois puant

(Foetidia et Guſtavia), Piment- oder Jamaica-Pfeffer (Myrtus pimenta), Balata blanc (Couratari, Maou), Calebasse à Colin (Couroupita), Mabouia (Morisonia), Rocou (Bixa).

Seifenbaum (Sapindus), Bisamholz (Guarea), Mahagony (Swietenia), Cederholz (Cedrela), weißer Zimmet (Canella), Clusia, Angoſtura-Rinde (Bonplandia), Guajac (Lignum ſanctum), Xanthoxylum (Eiſenholz, Roſenholz, Herculeskeule), Sattelholz (Elaphrium), Quassia, Simaruba, Gomphia.

Smegmaria, Cacao sauvage (Carolinea), Wollbaum (Bombax), Arbol de Manitas (Chirostemum).

Apeiba et Bois à mèche (Aubletia), Bois de ſoie (Muntingia), Winterörinde (Wintera), Bitterholz (Xylopia).

Die merkwürdigen Bäume und Sträucher der indiſchen Wälder ſind:

Casuarina, Ginkgo.

Bambus, Rottang.

Rhizophora, Cleyera, Avicennia, Terminalia, Olax (Stinkholz), Styrax benzoin, Ferreola (Ebenholz), Myrsine, Bassia, Premna, Gmelina, Tectonia, Echites, Cerbera, Strychnos, Gnetum, Santalum, Antiaris, Morus.

Talgbaum (Tomex, Stillingia), Zimmet, Campherbaum, Blendholz (Excoecaria), Croton tiglium, Firnißbäume (Aleurites, Augia, Rhus), Sapium.

Adlerholz (Aquilaria), Balſam-Baum (Amyris), Olibanum oder Weihrauch (Boswellia), Bois de Colophane-bâtard (Bursera), Cussambi (Piſtacia).

Erythrina, Butea, Sophora, Santelholz (Pterocarpus), Eiſenholz (Intsia), Bauhinia, Schnellkugeln (Guilandina), Aloe-Holz (Aloëxylon), Wagbohnen (Adenanthera), Acacia ſcandens, catechu.

Alcanna (Lawsonia), Barringtonia, Stravadium, Sapindus, Eiſenholz (Stadmannia), Raſpelholz (Flindersia), Strand-Granaten (Xylocarpus), Azedarach (Melia), Shorea, Dipterocarpus, Dryobalanops, Vateria.

Tacamahaca (Calophyllum), Gummigut (Stalagmitis), Bois de ſource (Leea), Cissus, Ailanthus, Pfefferholz (Xanthoxylum), Fagara, Ochna.

Baumwolle, Wollbaum (Bombax), Bois de merde (Sterculia), Kleinhovia, Büttneria, Alaunbaum (Decadia).

Cockelskörner (Menispermum), Stern=Anis, Magnolia, Dammar=Baum (Xylopia), Arbre de Mâture (Guatteria).

Australische Hölzer.

Casuarina, papuanisches Holz (Altingia), Dammara, Dacrydium, Thalamia.

Epacris, Embothrium, Lomatia, Dryandra, Banksia, Lambertia, Hakea, Knightia, Persoonia.

Gummi=Baum (Ceratopetalum), Fabricia, Melaleuca, Metrosideros, Eucalyptus.

Bäume am Vorgebirg der guten Hoffnung.

Leucadendron, Aulax, Protea, Brabeium.

Trommelbaum (Mithridatea), Hottentotten=Kirschen (Celastrus), Bois jacot (Celastrus), Bois d'Olives (Schrebera), Bois de Colophane (Colophonia).

Rother Eisenbaum (Cunonia), Bois de Brède (Erythrospermum, Bois de Ronde (Erythroxylon), Bois d'éponge (Gastonia), Grewia.

### D. Unkräuter

gibt es sowohl auf Feld und Wiesen, als im Walde. Man kann auch die Giftpflanzen dazu rechnen.

a. Wurzelunkraut: Quecken, Brombeerstrauch, Hauhechel.

b. Stengelunkraut: Kuhweizen, Hahnenkamm, Disteln, allerley Sträucher, Windhaber, Lolch, Riedgras.

c. Blattunkraut: Nesseln, Huflattich.

d. Samenunkraut: Trespe.

e. Gröpsunkraut: Hederich.

f. Blumenunkraut: Klatschrosen, Wucherblumen, Chamillen.

g. Fruchtunkraut: Schlehen, Kletten, Tollkirsche, Nachtschatten.

#### E. Giftpflanzen.

a. **Wurzelgift:** Pilze, Nießwurz, Germer, Wasserschierling, Manioc, Zeitlose, Kaiserkrone, Haselwurz, Osterlucey, Zaunrübe.

b. **Stengelgift:** Sumach, Porst, Giftlattich, Wolfsmilch, Sevenbaum.

c. **Blattgift:** Schierling, Hundspetersilie, Gifthahnenfuß, Sturmhut, Fingerhut, Nachtschatten.

d. **Samengift:** Taumellolch, Bilsenkraut, Stechapfel.

e. **Gröpsgift:** Cockelskörner.

f. **Blumengift:** Sturmhut.

g. **Fruchtgift:** Tollkirsche, Seidelbast.

#### F. Zierpflanzen.

a. **Zierwurzeln:** Netzzwiebeln, Elephanten-Fuß (Tamus), Erdscheibe (Cyclamen).

b. **Zierstengel.**

**Stauden:** Fackeldisteln, das 5blättrige Epheu, Passifloren, Cobäa, Lupinen, Capuciner-Kresse, Corydalis, Maurandia, Wermuth, Seidenpflanze, Kermesbeeren.

**Sträucher:** Heiden, Geißblatt, Bocksdorn, Spierstaude, Camellien, Diosmen, Proteen, Myrten, Melaleuken, Metrosideros, Calycanthus, Hartriegel, Buchs, Waldrebe, Amorpha, Andromeden, Aristolochia sipho, Trompeten-Blume (Bignonia), Catalpe, Blasenstrauch, Hartriegel, Ginster, Epheu, Hibiscus syriacus, Sanddorn, Periploca, wilder Jasmin (Philadelphus), Alpenrosen, Sumach, Pfriemen, Flieder, Tamarisken, Schneeball, Keuschlamm, Judendorn.

**Bäume:** Citronen, Pomeranzen, Myrten, Acacien, Roßcastanien, Pimpernuß, Trauerweide, Cypressen, Sevenbaum, Platanen, Linden, Ahorn, Judasbaum, Bohnenbaum oder Goldregen, Seidelbast, Oleaster, Gleditschia, Lorbeer, Tulpenbaum, Magnolien, Lederbaum (Ptelea), Ginko, Sophora, Lebensbaum.

c. **Zierblätter:**

Farrenkräuter, Strelitzia, Aron, Aloe, Yucca, Agave,

Pandang, Palmen, Basilien, Hauswurz, Winden, Crassula, Zaserblume, Begonien, Phyllanthus, Mimosen, fünfblättriges Epheu, Brennbohnen (Dolichos), Stundenblumen (Hibiscus), Bärenklau, Hornkraut (Cerastium tomentosum), Steinbreche, Scabiosen, Mausdorn.

d. **Ziersamen:** zu Rosenkränzen (Abrus), zu Halsschnüren u.s.w.

e. **Ziergröpse:** Hiobsthränen, Pfaffenhütlein, Schneckenklee, Herzsamen (Cardiospermum).

f. **Zierblumen:** Lilien, Calla, Kaiserkrone, Affodill, Mayblümchen, Safran, Schneetropfen, Siegwurz, Taglilien (Hemerocallis), Hyacinthen, Schwerdel, Knotenblume (Leucojum), Narcissen, Pancratien, Stern-Hyacinthe (Scilla), Sisyrhinchien, Tulpen.

Adonis, Himmelsrose (Agrostemma), Amarant, Stachelmohn (Argemone), Aster, Baselle, Cacalia, Ringelblume, Glockenblumen, Hahnenkamm (Celosia), Kornblumen, Wachsblume, Levkoje, Chrysanthemen, Cleome, Commelyne.

Stechapfel, Rittersporn, Storchschnäbel, Kugelamarant (Gomphrena), Heliotrop, Stundenblumen (Hibiscus), Balsamine, Winden, Lobelia, Lopezia, Malven, Zaserblumen, Jungfer in Haaren, Nachtkerze, Mohn, Resede, Scabiosen, Silenen, Tradescantia, Strohblume (Xeranthemum), Zinnia.

**Zweyjährige Zierpflanzen:**

Stechnelke, Löwenmaul, Astern, Glockenblumen, Celsia, Flockenblume, Rittersporn, Nelken, Nachtviole, Mondviole, Zaserblumen, Monarde, Nachtkerze.

**Ausdauernde Zierpflanzen:**

Schafgarben, Sturmhut, Anemonen, Akeley, Maaßlieben, Rindsauge, Catananche, Flockenblumen, Aschenpflanze, Götterblume (Dodecatheen), Kugelblume, Christwurz (Helleborus), Lichtnelken, Gauklerblume (Mimulus), Gichtrose, Flammenblumen (Phlox), Schlüsselblume, Ranunkeln, Silphium, Goldruthe, Grasnelke, Baldrian, Sinngrün, Veilchen.

Hortensia (Hydraugea), Jasmin, Rosen.

In den Gewächshäusern hat man vorzüglich:

Achania, Agapanthus, Agave, Aloe, Alstroemeria, Amaryllis, Asclepias, Aucuba, Banksia, Begonia, Bignonia, Bromelia, Bryophyllum, Buddleia, Buphthalmum, Cactus, Camellia, Canna, Capparis, Casuarina, Ceratonia, Cestrum, Chironia, Cistus, Citrus, Clethra, Cneorum, Coffea, Corchorus, Cotyledon, Crassula, Crinum.

Diosma, Elichrysum, Erica, Eucomis, Euphorbia, Ferraria, Ficus, Frankenia, Fuchsia, Gardenia, Geranium, Gloriosa, Gloxinia, Gorteria, Haemanthus, Heliotropium, Hemimeris, Hermannia, Hibiscus, Hoya, Hydrangea, Hypoxis, Ipomea, Ixia, Jasminum, Justicia, Lachenalia, Lavatera, Laurus, Lobelia.

Magnolia, Manulea, Melaleuca, Melia, Melianthus, Mesembryanthemum, Metrosideros, Mimosa, Mirabilis, Moraea, Musa, Myrtus, Nerium, Olea, Osteospermum, Passiflora, Pelargonium, Phlomis, Phoenix, Phylica, Phyllis, Piper, Pistacia, Plumbago, Polyanthes, Polygala, Pothos, Protea Prunus laurocerasus, Punica, Rivina.

Sanseviera, Scilla, Sisyrinchium, Smilax, Sparrmannia, Spigelia, Stapelia, Strelitzia, Tarchonanthus, Tigridia, Veltheimia, Volkameria, Viburnum tinus, Wachendorffia, Westringia, Yucca, Zygophyllum.

g. Zierfrüchte: Eyerfrucht, Liebesäpfel, Corallenbaum, Vogelbeeren, Kürbsen, Propheten=Gurken, feuriger Busch (Mespilus pyracantha), Erdbeer=Spinat (Blitum).

Blumen in Nord=America.

Hypoxis, Crinum, Tradescantia, Helonias.

Solidago canadensis, Aster, Polymnia, Silphium, Coreopsis, Rudbeckia, Eupatorium purpureum, Liatris, Ambrosia.

Lobelia, Clethra, Kalmia, Aristolochia sipho, Malachodendron, Stewartia, Gordonia, Dodecatheon.

Chelone, Chionanthus (Schneebaum), Catalpa, Martynia, Monarda, Phlox, Spigelia, Apocynum, Iresine, Phytolacca.

Calycanthus, Säckelblume (Ceanothus).

Glycine, Podaliria, Amorpha, Cassia.

Claytonia, Itea, Mitella, Tiarella, Heuchera.

Oenothera, Gaura, Rhexia, Corydalis, Sanguinaria, Jeffersonia.

Rubus odoratus, Spiraea, Crataegus coccinea.

Blumen in Süd-America:
Dracontium, Caladium, Cymbidium, Oncidium, Dendrobium, Gongora, Anguloa, Epidendrum, Vanilla, Costus, Alpinia, Renealmia, Thalia, Maranta, Heliconia.

Tillandfia, Pitcairnia, Bromelia, Sisyrhinchium, Ferraria pavonia, Amaryllis, Yucca, Alftroemeria, Furcraea, Agave, Commelyna.

Helianthus, Tagetes, Galinsogea, Verbesina, Zinnia, Ximenesia, Georgina, Baccharis, Genipa.

Gloxinia, Trevirania, Gesneria, Lobelia, Passiflora (Murucuja), Combretum, Schousboea, Maurandia, Capraria, Buddleya, Datura arborea, Nicandra, Cestrum, Capsicum, Solanum, Mimulus, Ruellia, Bignonia, Heliotropium, Nolana, Tournefortia, Lantana.

Ipomea, Cobaea, Asclepias curassavica, Plumeria (Jasmintree), Theophrasta, Petiveria, Rivina.

Erythrina, Genêt épineux (Parkinsonia), Rofa de Monte (Brownaea).

Lopezia, Fuchsia, Cactus, Blakea, Melastoma, Bois de Gaulette (Hirtella), Ryania, Bocconia, Argemone, Tropaeolum, Waltheria, Ayenia.

Blumen am Vorgebirg der guten Hoffnung.
Calla, Satyrium, Disa, Strelitzia, Ixia, Antholyza, Aristaea, Ferraria, Moraea, Wachendorffia, Dilatris, Hypoxis, Tulbaghia, Amaryllis, Haemanthus, Massonia, Albuca, Agapanthus, Cyanella, Lachenalia, Eucomis, Aletris, Veltheimia, Apicra, Aloë, Gethyllis, Xyris, Philydrum, Commelyna.

Arctotis, Elichrysum, Tarchonanthus.

Erica, Combretum, Myrsine, Chironia, Stapelia, Achyranthes, Gnidia, Struthiola, Dais.

Cluytia, Cassine, Phylica, Crassula, Cotyledon, Mesembryanthemum

Polygala myrtifolia, Pelargonien, Buccoſtrauch (Diosma), Honigblume (Melianthus), Hermannia, Sparrmannia.

**Ausgezeichnete Blumen in Indien, China und Japan.**

Angraecum scriptum; Cymbidium praemorsum; Dendrobium moniliforme; Aërides retusa, arachnites; Epidendrum amabile. Kaempferia rotunda, Hedychium, Galanga, Blumenrohr.

Pancratium, Crinum, Amaryllis, Polyanthes, Gloriosa, Sanseviera, Xyris, Philydrum, Nymphaea, Euryale, Nelumbium, Dianella, Pandanus.

After, Chrysanthemum, Siegesbeckia, Eclipta, Vernonia.

Mirabilis, Aucuba.

Ixora, Pavetta, Muffaenda, Gardenia, Seriffa, Myonima, Guettarda.

Cochlofpermum, Camellia, Cleyera, Combretum, Quisqualis, Bladhia, Mimusops (Elengi), Datura.

Thunbergia, Jufticia, Nyctanthes, Jasminum, Incarvillea, Bignonia, Clerodendron, Vitex, Ocimum.

Asclepias carnosa, Periploca, Pergularia, Nerium, Ophioxylon.

Gomphrena, Achyranthes, Celosia, Amarantus, Begonia, Trauerkraut (Phyllanthus), Croton variegatum.

Crotalaria, Aeschynomene, Abrus, Clitoria, Erythrina, Butea, Saraca, Pfauen-Blumen (Poinciana), Cassia alata.

Hydrangea, Lagerſtroemia, Capparis, Balſaminen, Hiptage, Mesua.

Oxalis sensitiva, Sida, Helicteris, Hibiscus, Pentapetes, Champac (Michelia), Unona.

## II. Techniſche Pflanzen.

Davon braucht man entweder die Theile der Pflanzen ſelbſt, wie Holz oder Rinde, Früchte u. dergl., zu allerley Geräthſchaften und Werkzeugen, oder die chemiſchen Stoffe zur Färberey.

### A. Geräthpflanzen.

a. **Wurzelgeräth:** Maser von allerley Waldbäumen; Knotenstöcke.

b. **Stengelgeräth:** Viele Holzarten; Stöcke, Ladstöcke, Pfeifenröhren, Bogen, Körbe, Rottang.

Die Neger in Surinam machen sehr schöne Körbchen in großer Menge aus holzigen und starken Schnüren, die man in der Rinde der Kohlpalme findet; man flicht sie mit einer Art Binse, Warimbo, welche man spaltet und vom Mark absondert; man macht auch andere mit dünnen Lianen.

Stroh und Schilf zu Hüten, Stühlen, Bleystiften.

c. **Blattgeräth:** Von Palmen zum Dachdecken, die Stiele zu Stäben in Fächer und Sonnenschirme.

In Surinam macht man in den Lagern Hütten, oder vielmehr Dächer, um die Hangmatte gegen Regen und Sonne zu schützen, wozu die Fecherpalme (Latanier) fast alles Material liefert. In einer Stunde sind sie fertig, und man braucht weder Nagel noch Hammer dazu, sondern nur ein Messer, das Holz vom Latanier, der hier Parasolla, in Cayenne Pinot heißt, Lianen, die bey den Spaniern Bijacos, in Surinam Taitai heißen. Der Latanier ist eine Palme, welche in sumpfigem, auch gutem Boden wächst, schenkelsdick, 30—50′ hoch, braun, auf 1″ Dicke sehr hart und dann voll Mark, wie der Holunder. Der untere Theil des Stammes taugt nichts, oben aber wird er grün und schließt eine weiße, schmackhafte Masse oder Frucht ein, die Kohl (Chou) heißt und bey allen Palmen vorkommt. Am Gipfel hat er schöne grüne Aeste, deren Blätter wie Seidenbänder herunter hängen, und eine Art Parasol bilden. Zu den Hütten schneidet man den Stamm in 7′ lange Stücke, spaltet dieselben zu handbreiten Brettern und nimmt das Mark heraus. Dann stellt man sie dicht neben einander auf 2 Balken, und bindet die Pfosten, so wie die Bretter, mit Lianen zusammen. Diese Lianen laufen als dünne und dicke Schnüre auf die höchsten Bäume, und winden sich um einander wie Anker-

taue, fallen auch herunter auf die Erde und wurzeln wieder
vest, so daß ein Wald aussieht wie eine große Flotte mit ihrem
Tackelwerk. Die dünnern verschlingen sich wie Netze, daß kein
Wildpret durchkommt. Die platten oder eckigen sind giftig.
Die Dächer der Hütten werden mit den mannsbreiten Blättern
des Lataniers bedeckt. Diese werden später rosenroth und sehen
sehr schön aus. Fenster, Tische und Stühle werden ebenso gemacht; ebenso die Pferche für das Vieh und die Gartenzäune.
Ist solch ein Dorf abgebrannt, so steht am andern Tag schon
wieder ein neues da. Die Blüthenrispe des Lataniers kann
man zugleich als Besen brauchen.

d. Samengeräth: Zu Zierathen, Rosenkränzen (Abrus),
Samengemälden.

e. Gröpsgeräth: Cocosnuß zu Büchsen, Knöpfen und
Handhaben an Stöcke und Sonnenschirme; Kirschsteine zu Figuren,
in Wärmsäcke.

Zu Klappern: der Ahovai (Cerbera).

f. Blumengeräth: Weberdistel.

g. Fruchtgeräth: Kürbisflaschen.

### B. Faserpflanzen.

a. Wurzelfasern.

b. Stengelfasern: Bast von Hanf und Lein, Crotalaria, Corchorus, Boehmeria, Pisang, Malven, Sida, Urena,
Hibiscus, Unona, Anona.

Der Hanf, welcher vorzüglich im mittleren Europa, Asien
und Nord-America gebaut wird, ist hinlänglich bekannt. Er
liefert vorzüglich lange und starke Fasern, welche zu Strängen
und Tauen, als zu welchen der Flachs zu kurz und fein ist,
verwendet werden. Er wird in guten Boden gesät und wächst
über mannshoch. Da er getrennten Geschlechts ist, so lichtet
man den Blüthenhanf, welcher Fimmel heißt, aus, und läßt
den Samenhanf stehen, der manchmal Stengel treibt 12', ja
20' hoch. Er wird sodann geröstet, entweder im Wasser oder
auf Stoppelfeldern, sodann getrocknet, gerieben, gehechelt,

gesponnen und gewoben; der zu Seilen wird aber aus freyer Hand geschliffen, und heißt daher Schleißhanf. Der Samen liefert das Hanföl.

Der Flachs wird auf ähnlichen Feldern gebaut, jedoch mehr im Norden von Deutschland, in Po‘en, Lievland u.s.w. Da er kaum 3′ hoch wird, und dünne Stengel hat; so gibt er keine Fasern zu Seilen, sondern bloß zu Leinwand, welche sehr fein und in die ganze Welt verhandelt wird. Das Rösten geschieht im Trocknen auf den Stoppeln. Brechen, Hecheln u.s.w. ist einerley, doch wird er auch geschlagen oder mit einem schwerdförmigen Holze geschwungen. Der Samen liefert das Leinöl. Die Leinwand, sowohl von Flachs als Hanf, wird bloß zu Hemden, Vorhängen, Bett- und Tafelzeug verwendet, höchst selten zu Kleidern, außer etwa der Hanf vom Landvolk als Zwilch. Der Hanf gibt die Säcke für das Getraide.

Aus der Rinde einer Malvenart (Urena sinuata) gewinnt man durch Röstung Fasern, woraus man Schnüre zu Hangmatten macht.

Rindenfasern: Broussonetia, Brodfruchtbaum.

c. Blattfasern: Neuseeländischer Hanf (Phormium), baumartige Aloe (Agave), Bromelien (Caroa), Cocos ventricosa.

Die Neger in Surinam machen merkwürdige Netze aus einer Scheidenpflanze, einer Art Aloe (Agave), in den Wäldern, mit gezähnelten stechenden Blättern, welche weiße Fasern enthalten, die man klopft und rösten läßt, wie Hanf. Die Schnüre aus diesen Fasern sind viel stärker als die europäischen, faulen aber bald, und sind daher auf den Schiffen nicht zu brauchen. Diese Art Hanf gleicht so sehr der weißen Seide, daß seine Einfuhr in verschiedenen Ländern verboten ist, um Betrug zu verhindern. Die Indianer nennen diese Pflanze Curetta, in Surinam indische Seife, weil sie eine weiche Substanz hervorbringt, welche von den Negern und mehreren Einwohnern zum Waschen gebraucht wird. — Das Mark hält lang Feuer wie Lunte.

Zu Papier: Papyrus, Palmblätter.

In Süd-America, vorzüglich in Brasilien, macht man Seile

und Gewebe von den Blättern verschiedener Scheidenpflanzen, namentlich von Bromelien oder Ananas (Bromelia variegata, sagenaria). Sie wachsen wild, und bedecken große Strecken an den Ufern und Küsten. Sie werden in Wasser geröstet, wie Hanf, und sodann geschlagen. Man macht vorzüglich Netze davon.

Seit einiger Zeit ist der neuseeländische Hanf (Phormium tenax), welcher ebenfalls von den Blättern einer Scheidenpflanze kommt, berühmt geworden. Man pflanzt ihn jetzt in Neuholland und Diemensland, und zwar so häufig, daß er nach England verführt wird. Man macht besonders Seile davon.

d. Samenfasern: Baumwolle (Gossypium et Bombax); Seidenpflanze (Asclepias), Wollgras und viele Samenhaare.

Die Baumwolle (Catten) wird gegenwärtig am meisten zu Kleidern verwendet, vorzüglich für Frauenzimmer, und zwar in der ganzen Welt. Sie ist die Samenwolle eines Strauchs (Gossypium arboreum), welcher aus Ostindien stammt, aber gegenwärtig in allen wärmern Ländern angesät wird. Um das Mittelmeer läßt man ihn nur einmal blühen, und er bleibt daher krautartig; in Ostindien dagegen läßt man ihn mehrere Jahre stehen, und daher wird er baumartig, 10—12' hoch. In Europa und um das ganze Mittelmeer werden die Capseln im October gepflückt, auf Schilfmatten getrocknet und die Wolle zwischen Walzen von den Samen befreyt. Die letztern werden dem Vieh gefüttert. Da die Wolle sehr kurz ist, so kann sie nicht zu Seilen gebraucht werden. In Süd-America pflanzt man sie auf Strecken, wo Reute gebrannt worden. Der Nanking kommt von einer andern Gattung, welche häufig in China gebaut wird.

Der Wollbaum (Bombax) wird in Ost- und Westindien, auch in Africa und Süd-America, gezogen, und liefert sowohl Holz als auch Samenwolle, welche aber wegen ihrer Kürze nicht gesponnen, sondern nur zum Ausstopfen der Polster gebraucht wird.

371

Die **Baumwollenpflanze** wurde erst 1737 in Surinam eingeführt, hatte aber bis 1750 oder 1772 wenig Erfolg. Es gibt daselbst mehrere Arten von Baumwollenbäumen. Der gemeine und nützlichere ist ein Strauch, 6—8' hoch, der vor Jahr und Tag seinen Stoff liefert, und zwar zweymal des Jahrs. Jeder Stock gibt 20 Unzen Baumwolle. Die Blätter sind lappig, fast wie die des Weinstocks, glänzend grün, mit hellbraunen Rippen; die Frucht bisweilen fast so groß als ein Hühner-Ey, dreyfächerig, an einem langen Stiel; reif öffnet sie sich von selbst, und läßt die Flocken sehen so weiß wie Schnee; dazwischen schwärzliche Körner, fast wie die der Trauben; die Blume gelblich. Er ist leicht und überall zu pflanzen, und gedeiht sehr gut, wenn nicht zu viel Regen die Wolle zerstört. Man muß die Körner etwas weit stecken. Die Absonderung der Körner von den Flocken besorgt ein einziger Mensch auf einer besondern Maschine oder Mühle: dann bringt man sie in Ballen von 3—4 Centner; sie muß aber befeuchtet seyn, weil sie sonst aufbunset. Man führt in einem Jahr bloß nach Amsterdam und Rotterdam 3000 Ballen, Werth 4000 Pfund Sterling, aus. Die bessern Pflanzungen liefern jährlich über 25,000 Pf. Sterl. Der Preis wechselt von 8—22 Sous das Pfund. Sie wird gesponnen an der Spindel, und zwar sehr fein; die Negerinnen stricken Strümpfe, für die man oft 2 Guineen bekommt. Die Indianer machen sehr schöne Hangmatten daraus, die sie zu Paramaribo verkaufen.

e. **Gröpsfasern.**
f. **Blumenfasern.**
g. **Fruchtfasern:** Rinde oder Leisel der Cocosnuß wird zuerst geschlagen, dann im Wasser geröstet und zu vortrefflichen Ankertauen verwendet.

### C. Färberpflanzen.

a. **Wurzelfarben:** Krapp, Curcuma, Waldmeister, Labkraut, Ochsenzunge, rothe Rüben, Sauerampfer, Tormentill.

Unter den Färberpflanzen stehen Krapp (Rubia) und

Indig (Indigofera) oben an. Der erstere wird fast in ganz Europa, und besonders häufig am Rhein, angebaut, und liefert die bekannte rothe Farbe aus der Wurzel. Er wird in Furchen spanneweit von einander gelegt.

b. Stengelfarben: Indigo, Wau, Sauerdorn, Erle, Sandelholz, Fernambuc, Farbenflechten, Sauerach, Schöllkraut.

Der Indig (Indigofera) wird vorzüglich in Indien gepflanzt und gegenwärtig auch in der Südsee und in America, besonders in Mexico. Man sät ihn im März und mäht ihn schon im September. Man läßt ihn im Wasser gähren, wobey der Farbenstoff ins Wasser übergeht und zu Boden sinkt, anfangs gelb, dann blau. Die Masse wird in hölzerne Formen gepreßt, getrocknet und sodann in den Handel gebracht. Bloß aus den englischen Colonien kommen 60,000 Centner, das Pfund etwa zu 2 Thalern.

Die Cochenillpflanze (Cactus) wird nur in Mexico auf Hügeln gepflanzt, ziemlich wie unser Weinstock, und ist daselbst ähnlichen Zufällen der Witterung ausgesetzt. Man pflanzt sie aber nicht um ihrer selbst willen, sondern wegen der Schildläuse (Coccus), welche die schöne Farbe liefern und sich von ihrem Saft ernähren. Diese Thierchen fordern eine Pflege fast wie die Seidenwürmer.

Der Wau (Reseda) wird hin und wieder angesät. Das ganze Kraut liefert eine gelbe Farbe.

c. Blattfarben: Birke, Waid, Indigo, Ginster, Galläpfel, Scharte.

Der Waid (Isatis) wird jetzt nicht mehr viel gepflanzt, weil er durch den Indig verdrängt wird. Man sät ihn auf Aeckern, wie den Flachs. Die Blätter werden auf einer Mühle gequetscht, dann in Haufen geschüttet, geknetet, in Kugeln geformt und dann weiter der Gährung unterworfen.

d Samenfarben: Bockshorn.

e. Gröpsfarben: Nußschalen, Pfaffenhütlein.

f. Blumenfarben: Safflor, Saffran, Wollblumen, Färber-Chamille, Seidelbast, Sturmhut.

Der **Safflor** (Carthamus) wird gesät. Man zieht die Blüthen mit einem stumpfen Messer aus und trocknet sie im Schatten. Sie geben eine rothe Farbe. Er stammt aus dem Morgenlande.

Vom **Saffran** (Crocus) sieht man in der Levante große Felder, hin und wieder auch bey uns. Man pflückt die Blumen, kneipt die Narben ab, trocknet dieselben im Schatten und hebt sie dann in einer Schachtel oder Blase auf.

    g. **Fruchtfarben**: Kreuzbeeren, Hartriegel, Faulbaum Christophskraut.

### D. Gerberpflanzen.

    a. **Wurzeln**: Tormentill.

    b. **Stengel**: Rinde von Eichen, Weiden, Rüstern, Roßcastanien, Tamarisken.

    c. **Blätter**: Gerberstrauch (Coriaria), Gerber-Sumach (Rhus).

    d. **Samen**.

    e. **Gröps**.

    f. **Blumen**.

    g. **Früchte**: Granatschalen.

### III. Arzneypflanzen.

Von diesen gibt es so viele, daß nur einige der bekannteren angeführt werden können.

    a. **Wurzel-Arzney**: Rhabarber, Süßholz, Engelsüß, Eibisch, Salep, Chinawurzel (Smilax), Benedictenwurzel, Angelica, Osterlucey, Enzian, Schlangenwurzel, Kletten, Alant, Bertram, Baldrian, Bitterklee, Tollkirsche (Bella donna), Gichtrose, Liebstöckel, Calmus, Aron, Violenwurz.

    b. **Stengel-Arzney**: Quassia, China, Manna, Catechu, Drachenblut, Mutterkraut, Rainfarren, Gnadenkraut, Küchenschelle, Sturmhut, Liebstöckel, Bittersüß, Raute, Seidelbast, Traubenkirsche, Sevenbaum.

    c. **Blatt-Arzney**: Wegerich, Cardobenedicten, Wermuth, Raute, Münze, Thymian, Attich, Melisse.

d. Samen-Arzney: Mandeln, Quittenkerne, Ignatius-Bohne, Brechnuß, Wunderbaum, Sesamkörner, Bärlapp.

e. Gröps-Arzney: Cassia, Johannisbrod, langer Pfeffer.

f. Blumen-Arzney: Linden, Wollblumen, Holder, Chamillen, Gichtrose, Rose.

g. Frucht-Arzney: Feigen, Brustbeeren, Myrobalanen, Balsam-Apfel (Momordica), Kreuzborn.

### IV. Historische Pflanzen.

Die historischen Pflanzen kann man auf diejenigen beschränken, welche bey den Schriftstellern vor unserem Zeitalter vorkommen.

K. Sprengel, die Frau v. Genlis und Dierbach haben sich mit der Zusammenstellung derselben beschäftigt. Man kann sie wieder nach folgenden Gesichtspuncten betrachten:

### A. Mythologische Pflanzen.

Unter den Forstpflanzen waren geweiht:

die Eiche und Buche, der Nußbaum, Castanienbaum dem Jupiter, Pan und den Göttern der Druiden;

die Pappel dem Hercules und dem Mercur;

die Trauerweide der Juno;

die Rüster dem Morpheus;

die Aesche der Nemesis;

die Platane den Genien;

die Fichte der Cybele, dem Pan, Neptun, Hymenäus;

die Cypresse dem Pluto;

die Eibe den Furien;

der Loorbeer dem Apoll;

die Myrte der Venus;

der Seidelbast dem Janus;

die Tamariske dem Osiris;

die Persea (Balanites) der Isis;

das Epheu und die Malve dem Osiris;

das Epheu und Sinngrün dem Bacchus;
der Mandelbaum der Phyllis;
der Maulbeerbaum dem Pyramus und der Thisbe.

Unter den Stauden und Kräutern:
das Steckenkraut (Ferula) dem Bacchus und Prometheus;
die Seerose der Isis und dem Harpocrates;
das Schilfrohr dem Palämon;
die Gräser dem Mars.

### Mythologische Nahrungspflanzen.

Zu den mythologischen Nahrungspflanzen gehören:
das Getraide der Ceres;
die Dattelpalme des Mercurs;
der Oelbaum und Birnbaum der Minerva;
der Apfel des Apolls;
die Birne und Quitte der Venus;
der Quittenbaum des Hercules;
die Aepfel der Hesperiden;
die Mandeln der Cybele;
die Nüsse des Hymenäus;
die Pomeranzen oder Aepfel der Hesperiden;
der Feigenbaum des Bacchus, Mercurs und Saturns;
die Saubohnen der bösen Geister;
der Mohn des Morpheus, der Ceres und der Venus;
der Sesam der Ceres und Proserpina;
der Weinstock des Bacchus.

Die Gärten standen überhaupt unter dem Schutze verschiedener Gottheiten.

### Mythologische Zierpflanzen.

Zu den mythologischen Zierpflanzen gehören:
die Blume der Aurora, nehmlich der Saffran;
die Blume der Iris;
die weiße Lilie und die Immortelle (Gnaphalium stoechas) der Juno;

die Hyacinthe oder der Schwerdel des Apolls;
das Veilchen des Atys, der Janthes, der Jo;
Narcisse des Narcisses;
Saffran der Ceres und der Eumeniden;
die Sonnenblume der Clytie;
die Lotusblume oder Seerose der Isis;
Spargel der Perigone;
der Lein und Wermuth der Isis;
die Blume des Elysiums (Asphodelus);
die Blume oder Narcisse des Pluto;
der Thymian und Steinklee der Musen;
die Blume oder der Rittersporn des Ajax;
die Pflanze oder das Besenkraut des Tartarus;
die Blumen der Proserpina, Veilchen, Mistel und Affodill;
die Levkoje der Jo;
die Blume des Adonis (Adonis);
die Blumen der Venus, Anemonen und Raden;
die Blume oder Rose des Cupido;
die Blume der Diana (Ruhrkraut);
die Blume der Ariadne (Leontice);
die Blume oder Cistrose des Helios;
die Blumen des Hymenäus: Majoran, Melisse, Münze, Besenkraut, Aster;
die Blume der Helena: Katzenkraut;
die Blumen der Flora: Blumenbinse, Mimose;
die Blume oder Rosmarin des Olymps.

### Mythologische Heilkräuter.

Des Osiris: Löwenmaul, Melde, Malve;
des Horus: ein Andorn;
der Isis: Eisenkraut und Wermuth;
des Typhons: Osterlucey, Gauchheil, Meerzwiebel;
des Aesculaps: Schwalbwurz, Keuschlamm, Teufelszwirn, Schierling;
des Päans: die Gichtrose;

des Hercules: Bärenklau (Heracleum), Gnadenkraut, Seerose, — Bilsenkraut, Knöterich, Ziest (Stachys), Doste;
des Mercurs: Bingelkraut, Zwiebel;
der Lucina: Doste und Wermuth;
der Minerva: Odermennig, Mutterkraut;
des Chirons: Tausendgüldenkraut, Schmeerwurz, Opopanax;
des Achilles: Schafgarbe;
des Teucers: Gamander (Teucrium);
des Melampus: Germer (Veratrum);
des Olymps: Schlüsselblume;
im Garten der Hecate: Tollkraut, Nachtschatten, Sturmhut, Erdscheibe, Erdeichel, Lavendel, Münze, Kresse, Malve, Sesam, Chamille, Frauenhaar u.s.w.

Zauber-, Wunder- und Giftkräuter.

Der Medea: Zeitlose, Wachholder, Wegerich, Safflor, Goldblume (Chrysanthemum) u.s.w.;
der Circe: Alraun (Atropa mandragora);
des Glaucus: Mauerpfeffer,
Haselruthe, Holder, Raute, Diptam-Doste (Origanum dictamnus), Schierling, Nießwurz, Bilsenkraut, Wegerich, ABC-Pflanze (Spilanthes) der Indier.

Gegen Zauber.

Citronen, Eisenkraut, Johanniskraut, Flöhkraut (Erigeron), Molykraut (Allium nigrum), Baldrian.

Wunderkräuter.

Jerichorose, Bilsenkraut, Fünffingerkraut, Allermanns-Harnisch, Harmel (Peganum), Alraun, Ginseng, Stundenblumen, die leuchtende Baaras auf dem Libanon, Farrenkraut, Baromez, Frauenhaar.

B. Symbolische oder sinnbildliche Pflanzen.

a. Fröhliche.

Fichte, Palme, Lorbeer, Birke als Mayen, Mandelbaum, Maulbeerbaum, Granatbaum, Oelzweige, Tulpe.

Siegeszeichen.

Eppich (Apium graveolens).

b. **Bezüglich auf Liebe oder Ehe.**

Myrte, Pomeranzenblüthen, Fichte, Quitte, Nüsse, Granatapfel, Feigenbaum, Areca-Palme, Muscatnuß, Epheu, Weißdorn, Keuschbaum, Seidelbast, Rosmarin, Mohn, Sesam.

Blumen: Rosen, Vergißmeinnicht, Dreyfaltigkeitsblümchen, Lotusblume.

c. **Traurige.**

Cypresse, Rüster, Trauerweide, Rosmarin, Hyacinthe der Alten (Gladiolus), Amarant, Affodill, Eppich (Apium graveolens), Lattich, Saubohne.

d. **Zur Blumensprache der Türken gehören:**

Aloe, Birne, Jasmin, Myrte, Trauben, Tuberose, Zimmet, Pistacie, Gurke.

Zu unserer Blumensprache:

Die Maaßliebe, Vergißmeinnicht, Rose, die Haarkronen des Löwenzahns (das sogenannte Ausblasen der Lichter).

Die Indier haben eine Menge Blumen der Art.

## C. Religiöse Pflanzen.

a. **Jüdische.**

Ceder, Palme, Eiche, Birnbaum, Nüsse, Mandelbaum, Pappelbaum, Maaßholder, Granatbaum, Oelbaum, Weinstock, Myrrhe, Zimmet, Cassia, Calmus, Feigenbaum, Getraide, Paradiesfeigen, Weihrauch, Feuerbusch (Mespilus pyracantha), Buchs, Ysop (Thymbra), Alhagi-Strauch (Kimosch), Lilie.

Speisen der Juden:

Granatäpfel, Feigen, Mandeln, Rosinen, Kürbsen, Bohnen, Mangold, Knoblauch, Fenchel, Nüsse, Citronen, Lattich, Petersilie, Meerrettig, Linsen, Kürbsen, Melonen.

Nach Sprengel (Geschichte der Botanik) kommen folgende Pflanzen in der Bibel vor:
Abattichim (Pl.) = Cucurbita citrullus.
Abijjona = Capparis spinosa.
Achu = Arundo donax.
Adaschim (Plur) = Ervum lens.
Agmon, Achu = Arundo donax.
Ahalot, Ahalim (Pl.) = Excoecaria agallocha.
Algummim oder
Almuggim (Pl.) = Pterocarpus santalinus.
Allon, Elon = Pistacia terebinthus.
Allon = Quercus aegilops.
Almuggim (Pl.) = Pterocarpus santalinus
Argaman = Quercus coccifera.
Armon = Platanus orientalis.
Atad = Zizyphus Spina Christi.
Baca = Amyris gileadensis? Morus?
Bad, Schefch, et Butz = Gossypium herbaceum.
B'dolach = Borassus flabelliformis.
Besem = Balsam.
Borit = Salsola kali et Anabasis aphylla.
Botnim (Pl.) = Pistacia vera.
B'rosch, B'rot (Gopher [Celsius]) = Cupressus sempervirens.
Butz = Gossypium herbaceum.
B'zalim = Allium cepa.
Cammon = Cuminum cyminum.
Chabatzelet = Narcissus orientalis.
Challamut = Portulaca oleracea.
Carcom = Curcuma longa.
Charulelschami (arab.) = Ceratonia siliqua.
Charul = Zizyphus paliurus
Chatzir = Allium porrum f. fcorodoprasum.
Chatzatz = Lycium rauwolfii.
Chedek = Solanum sanctum.
Chitta = Triticum aestivum.

Copher = Lawsonia inermis.
Cussemet = Triticum spelta.
Dardar = Fagonia arabica.
Dochan = Sorghum faccharatum.
Du'daim (perſ. destenbieje) = Cucumis dudaim.
Egoz = Juglans regia.
El, Ela (allon, elon) = Pistacia terebinthus.
Ereb (arbe nachal) tzaphtzapha = Salix babylonica.
Erez = Pinus cedrus.
Eschel = Tamarix articulata.
Ezob = Origanum creticum.
Gad = Coriandrum sativum.
Gephen = Vitis vinifera.
Gome = Cyperus papyrus.
Gopher (Celsii) = Cupressus sempervirens
Hadas (etz abot) = Myrtus communis.
Hobnim = Dioſpyros ebenum.
Kane hattob = Acorus calamus.
Ketzach = Nigella fativa.
Kidda, K'tziot = Laurus cassia.
Kikajon (arabiſch chirva) = Ricinus communis.
Kimosch = Hedysarum alhagi.
Kinnamon = Laurus cinnamomum.
Kiſchſchuim (Pl.) = Cucurbita chate.
Kussemet = Cicer arietinum.
Laana = Artemisia judaica ſ. abſinthium.
L'bona = Amyris kafal.
Libne = Styrax officinale.
Lot = Cistus creticus.
Luz = Amygdalis communis.
Malluach = Atriplex halimus.
Michelia tsiampaca oder Eugenia malaccensis ſey der Baum der Erkenntniß.

Mor = Myrrhe.
M'ror (arab. marurieh) = Cichorium intybus.

Na-atzzutz = Zizyphus vulgaris.
Nerd = Valeriana jatamansi f. Andropogon nardus.
Nerium oleander foll ter Baum an Wafferbächen feyn, beffen Blätter nicht verwelfen, Pfalmift I., 3.
(N'kot) = Scorzonera tuberosa.
Oren = Flacourtia sepiaria.
Phakkuot (Pl.) = Momordica elaterium.
Phol = Vicia faba.
Pischta = Linum usitatissimum.
Retem, Rotem = Juniperus oxycedrus.
Rimmon = Punica granatum.
Schaked, luz = Amygdalus communis.
Schani, Tolaat, (argaman t'kelet) = Quercus coccifera.
Schesch = Gossypium herbaceum.
Schikmim (Pl.) = Ficus sycomorus.
Schitta, Schittim = Acacia vera.
Schumim (ein Pl.) = Allium sativum
Schuschan, Schoschanna = Lilium candidum.
Sirpad = Euphorbia antiquorum.
S'ne = Rubus sanctus.
S'ora = Hordeum vulgare f. hexastichon.
Suph, (jam-suph) = Arundo phragmites.
Tamar = Phoenix dactylifera.
Tappuach = Pyrus cydonia.
T'afchfchur = Buxus sempervirens.
T'ena = Ficus carica.
Tidhar = Acer creticum.
Tirza = Quercus ilex.
T'kelet = Quercus coccifera.
Tolaat = Quercus coccifera.
Tzori = Pistacia lentiscus.
Zait = Olea europaea.

 b. Chriftliche.

Palme, Feigenbaum, Johannisbrod-Baum, Weihrauch, Myrrhe, Chriftdorn (Rhamnus), Rofen, Senf.

c. Nordische.

Eiche, Fichte, Aesche, Erle, Birke, Eibe, Aepfel, Mistel.

d. Indische

Banianen-Baum (Ficus), Cocos-Palme, Gewürz-Nägelein, Sternanis, Sandelholz, Bambus, Anona-Baum, Ganiter-Baum (Elaeo carpus), Jsora-Baum (Helicteris), Raute, Rosen, Sesam, Lotusblume.

### Forst-Botanik.

Gatterers Repertorium der forst- und jagdwissenschaftlichen Literatur. 1796. 8.
Webers forstwissenschaftliche Literatur. 1803. 8.
Hundeshagens Encyclopädie der Forstwissenschaft. 1821. 8.
Duhamels Naturgeschichte der Bäume. 1764. 8. Fig.
Burgsdorfs Geschichte vorzüglicher Holzarten. 1783. 4. Fig.
Dessen Forsthandbuch. 1805. 8.
Guimpels deutsche Holzarten. 1810. 4. Fig.
Bechsteins Forst- und Jagd-Wissenschaft. 1818. 8.
Reums Forst-Botanik. 1837. 8.

### Technologische Botanik.

Böhmers technische Geschichte der Pflanzen. 1794. 8.
Reuß, Kenntniß der den Malern und Färbern nützlichen Pflanzen. 1776. 8.

### Medicinische Botanik.

Abbildungen von Arzney-Gewächsen. Nürnberg, 1779. 8. Fig.
Plenck, Icones plastarum medicinalium. 1788. Fol.
Haynes Arzney-Gewächse. 1805. 4. Fig.
De Candolles Arzneykräfte der Pflanzen. 1818. 8.
Graumüllers Handbuch der pharmaceutischen und medicinischen Botanik. 1811.
De Candolle, Versuch über die Arzneykräfte der Pflanzen, übersetzt von Perleb.
Dierbachs Handbuch ic. 1819. 8.
Richards medicinische Botanik. 1824. 8.
Fr. Nees und Ebermeyer, Handbuch der medicinisch-pharmaceutischen Botanik. 1830. 8.
Henry, Weyhe, Fr. Nees u.s.w., Sammlung officineller Pflanzen. Düsseldorf, 1828. Fol. Fig.
Kosteletzky, medicinisch-pharmaceutische Flora. 1831. 8.
Bischoffs Grundriß der medicinischen Botanik. 1831. 8.
Geigers Handbuch für Pharmacie. 1828.
Ehrmanns Lehrbuch der Pharmacie. 1832. 8.
Buchners Inbegriff der Pharmacie. 1821. 8.
Buchners Toxicologie. 1827. 8.
Gmelins allgemeine Geschichte der Pflanzengifte. 1803. 8.
Dietrich, Deutschlands Giftpflanzen. 1826. 8. Fig.
Brandt, Phöbus und Ratzeburgs Giftgewächse. 1838. 4. Fig.

### Oeconomische Botanik.

Germershausens Hausvater. 1783. 8.
Thaers rationelle Landwirthschaft. 1809 und 1822. 4.
Erharts öconomische Pflanzen-Historie. 1753. 8.
Whistlings öconomische Pflanzen-Kunde. 1805. 8.
Kerners Abbildungen aller öconomischen Pflanzen. 1786. Folio.
Reicharts Land- und Gartenschatz. 1753 und 1821. 8.
Dierbach, Grundriß der öconomisch-technischen Botanik. 1836. I. II. 8.
Berchtold, Seidl, Opiz und Fieber, öconomisch-technische Flora Böhmens. 1836. 8.
Metzgers europäische Cerealien. 1824. Fol. Fig.
Bryant, Verzeichniß der Nahrungspflanzen. 1785. 8.
J. Wolf, Deutschlands Gemüse. 1805. 4. Fig.
Millers Gartenlexicon. 1750, 1769 und 1802.
Dietrichs vollständiges Lexicon der Gärtnerey u. Botanik. 1820. 8.
Trattinnick, Auswahl schöner Gartenpflanzen. 1816. Fig.
Knoops Pomologie. 1760. Fol. Fig.
Duhamel, Arbres fruitiers. 1768. 4. Fig.
J. Mayers Pomona franconica. 1776. 4. Fig.
Christ, Pomologie. 1809. 8.
Diels Kernobstsorten. 1799. 8. Fig.
Truchseß, Kirschensorten. 1819.
Sicklers Obstgärtner. 1794. 8.
Schmidbergers Obstbaumzucht. 1820. 8.
Dietrich, ästhetische Pflanzenkunde. 1812. 8.
Dessen schöne Gartenkunst. 1815. 8.
Corthums Handbuch für Gartenfreunde. 1814. 8.
Reiders Blumisterey. 1821. 12.
Reichenbachs Magazin der ästhetischen Botanik. 1821. 4. Fig.
Bouche, der Zimmer- und Fenstergarten. 1822. 8.
Sprengers Weinbau. 1766. 8.
Chaptals Weinbau. 1801. 8.
J. Mayer, eßbare Schwämme. 1801. Fol.
Persoons eßbare Schwämme. 1822.
Trattinnicks eßbare Schwämme. 1830.
Krombholz, eßbare und schädliche Schwämme. 1831. Fol. Fig.
Lenz, nützliche und schädliche Schwämme. 1831. 4. Fig.
Andre, öconomische Neuigkeiten und Verhandlungen. Zeitschrift. 4.
Vittadini, Funghi mangerecci. 1836. 4.

# Literatur.

## Pflanzen-Geographie.
(Sieh Seite 288.)

Linnaei Stationes plantarum. 1754. (Amoenitates academicae, IV.)
De Candolle, Essay élémentaire de Géographie botanique, in Soc. d'Arcueil. III. p. 295.
Lachmanns Flora der Umgegend von Braunschweig. 1827. 8.
Unger, über den Einfluß des Bodens auf die Vertheilung der Gewächse. 1836. 8.
Watson, geographische Vertheilung der Gewächse Großbritanniens, übers. von Beilschmied. 1837. 8. 261.
Wenderoth, Versuch einer Characteristik der Vegetation von Kurhessen. 1839. 8. 155. (Marburger Schriften. IV.)
Links Urwelt. 1834. 8.
J. Scheuchzer, Herbarium diluvianum. 1709. Fol. Fig.
Büttner, Rudera diluvii testes. 1710. 4.
Schlotheim, Pflanzen-Versteinerungen. 1804. 4.
Dessen Petrefacten-Kunde. 1820. 8.
Sternbergs Flora der Vorwelt. 1820. Fol.
Rhode, Pflanzen-Kunde der Vorwelt. 1820.
Ad. Brongniart, Végétaux fossiles. 1828. 4.
Bronns Lethaea geognostica. 1834. 4.
Göpperts fossile Farrenkräuter. 1836.

## Angewandte Botanik.

Gleditsch, Geschichte aller nützlichen Pflanzen. 1777. 8.
Trattinicks Abbildungen öcon. und officin. Pflanzen. 1814. 4.
Spenner, Handbuch der angewandten Botanik. 1834. I.—III. 8.

## Historische Botanik.

Sprengels Geschichte der Botanik. 1817. 8.
Schultes, Grundriß einer Geschichte der Botanik. 1817. 8.
Böhmer, Plantae fabulosae. 1800. 4.
Frau v. Genlis, die Botanik der Geschichte. 1813. 8.
Dierbachs Flora mythologica. 1833.
Desselben Flora apiciana. 1831. 8.
J. Gessner, Phytographia sacra. 1759. 4.
Celsius, Hierobotanicon. 1745. 8.
Retzius, Flora vi.glliana. 1809.